校 企 共 建 教 材

新世纪电子信息与电气类系列规划教材

U0161463

电 路 分 析 基 础

主　编　田丽鸿

副主编　余辉龙　陈敏聪　马湘蓉　郑胜男

参　编　许小军　刘　勤　华琴娣

东南大学出版社
SOUTHEAST UNIVERSITY PRESS
·南京·

内 容 提 要

本书为本科规划教材,也为校企共建教材。全书共 11 章,系统阐述了电路分析的基本概念、基本定理和基本方法。本书的主要内容包括电路分析的基本概念和基本定律、电路分析的等效变换法、线性电路的一般分析方法、线性电路的基本定理、动态电路的时域分析、正弦稳态电路分析、电路的频率响应、非正弦周期电流电路稳态分析、二端口网络、简单非线性电阻电路、分布参数电路等。此外,本书配有大量例题、思考题、习题及参考答案,同时结合实际应用,编写"知识拓展"部分,引入实用性知识和实例。本书内容全面,难易适中,叙述清楚,语言精练,结合实际,便于教师教授和学生自学。

本书可作为电子、通信、计算机及相关专业本科学生的教材,也可供其他专业和有关工程技术人员学习参考。

图书在版编目(CIP)数据

电路分析基础 / 田丽鸿主编. —南京:东南大学
出版社,2020.11(2022.6 重印)
 ISBN 978 - 7 - 5641 - 9167 - 2

Ⅰ. ①电… Ⅱ. ①田… Ⅲ. ①电路分析—高等学校—
教材 Ⅳ. ①TM133

中国版本图书馆 CIP 数据核字(2020)第 207697 号

电路分析基础 Dianlu Fenxi Jichu

主 编	田丽鸿	
出版发行	东南大学出版社	
出 版 人	江建中	
社 址	南京市四牌楼 2 号	
邮 编	210096	
经 销	全国各地新华书店	
印 刷	丹阳兴华印务有限公司	
开 本	787mm×1092mm 1/16	
印 张	19.75	
字 数	512 千字	
版 次	2020 年 11 月第 1 版	
印 次	2022 年 6 月第 2 次印刷	
印 数	2001 - 3500 册	
书 号	ISBN 978 - 7 - 5641 - 9167 - 2	
定 价	66.00 元	

(本社图书若有印装质量问题,请直接与营销部联系,电话:025 - 83791830)

前　言

为适应应用型本科教学改革的发展,培养高素质创新应用型人才,更好地将工程教育理念融入教学中,我们依据国家教育部关于"本科电子与通信专业电路分析教学基本要求"编写了本部教材,本教材为全国应用型本科规划教材。

"电路分析"课程是大学本科电类专业重要的技术基础课。通过本课程的学习,不仅可使学生获得有关电路的基本知识、基本理论和基本分析方法,还可为后续课程的学习和从事相关专业技术工作打下坚实的基础。

在本教材编写过程中,着重考虑了应用型本科院校的教学特点和要求,并基于培养创新型人才的教育目标,力图做到:

(1)厚基础,重实践,突出对学生宽厚基础知识的奠定和应用能力的培养及训练,更好地体现当前高等教育培养创新型人才的目标。

(2)内容紧凑、深入浅出、详略合适,语言简练通常,紧扣实际应用,强调"学以致用",适用于各种层次和素质的学生,可自学也可用于正规教学。

(3)体现应用型本科特色。教材在注重基本知识、基本理论和基本分析方法的阐述,强调培养学生分析问题和解决问题的能力的同时,强调工程教育理念,在例题、思考题、习题的选择及课外拓展、校企共建等内容的编写中,通过工程实际应用中各类电路的介绍及分析,提高学生分析和解决实际电路问题的能力。

(4)习题紧扣学习要求,题目类型灵活,难度适中,数量合理,帮助学生掌握分析方法;思考题帮助学生巩固基础,拓展思维,联系实际。

(5)紧跟学科发展,提升教材可读性。教材增加"知识拓展"专题,对电路分析过程中需要掌握的一些实用知识进行介绍,旨在使学生通过自行学习,扩大知识量,感受电路分析理论与实际生活的密切联系,从而提高学习兴趣及解决电路问题的实际能力。

(6)体现校企共建思想,邀请企业技术人员参与教材编写,对当前比较新的实际应用仪器、电气设备及测试技术进行介绍,尽力做到"与时俱进",提升学生的知识面和实际能力。

(7)利用数字技术,增加教材深度和广度。教材增加"应用教学视频"资料,通过扫码可以方便地进行延伸学习,极大地扩大教材的信息量,为学有余力的学生提供较好的学习渠道。

　　本教材中标注"*"的内容可根据需要选择学习。

　　本教材适用于高等院校电子、通信、计算机及相关专业的学生使用,也可供其他专业和有关工程技术人员参考。

　　本教材主要由南京工程学院教师编写。全书共11章,其中第2、第8章由田丽鸿编写;第1、第4章由余辉龙编写;第7、第10章由陈敏聪编写;第3、第11章由马湘蓉编写;第9章由郑胜男编写;第5章由刘勤编写;第6章由许小军编写。全书"知识拓展"环节由国睿安泰信科技股份有限公司华琴娣参与编写。本书由田丽鸿担任主编并统稿。陈菊红副教授担任主审,提出了许多宝贵意见,在此表示衷心的感谢。

　　本教材的出版得到了东南大学出版社的大力支持和帮助,此外,在本书编写过程中查阅和参考了众多文献资料,获得许多启发,在此一并表示感谢。

　　由于编者水平所限,书中的疏漏和失误在所难免,敬请读者指正,以便不断完善。

编者
2020 年 6 月

目　录

1 电路分析的基本概念和基本定律

电路理论主要研究电路中发生的电磁现象,通过电流、电压等物理量描述其中的物理现象和过程,包括电路分析与电路综合(或电路设计)两部分。电路分析的主要任务是根据已知的电路结构和元件参数,在外加激励确定的情况下,分析计算电路的响应。电路综合(或电路设计)的主要任务是在给定输入、输出的条件下,综合(或设计)满足给定条件的电路(包括电路结构与元件参数)。本书主要讨论电路的基本规律与电路的各种分析计算方法。

1.1 电路与电路模型

电路是各种电工、电子器件以及一些电气设备按一定方式连接起来的整体,它提供了电流流通的路径。

电路应用于能量与信息两大领域。如电力系统中,电路的主要作用是进行能量的转换、传输和分配。而收音机或电视机系统中,电路的主要作用是对电信号进行处理、变换和传递,这种作用在自动控制、通信、计算机技术等方面得到了广泛应用。

1.1.1 实际电路

最简单的电路是由电源、负载和连接导线组成的,其中供给电路电能的装置称为电源;消耗电能的装置称为负载;连接电源与负载的中间部分称为导线。显然,电路中的电压、电流是在电源的作用下产生的。图1.1(a)所示是一个最简单的照明电路示意图。

(a) 示意图　　　　　　　　　　(b) 电路模型

图 1.1　一个简单电路及其电路模型示例

1.1.2 电路模型

实际元件在工作时由于其电磁性质比较复杂,给分析带来了困难。为解决这个问题,更好地讨论电路的普遍规律,在研究和分析具体电路时,一般根据电路的具体条件和电磁特性,取其起主要作用的性质并用理想化的电路元件模型来代替,即往往需要建立电路模型。

用抽象的理想元件及其组合近似代替实际电路元件,从而把实际电路的本质特征反映出来的理想化电路叫电路模型。今后所讨论的电路都是电路模型,通过对电路模型的基本规律的研究,达到分析实际电路的目的。

用规定的电路符号表示各种理想元件所得到的电路模型图称为电路原理图,简称电路图。值得注意的是,电路图只反映电器设备在电磁方面相互联系的实际情况,而不反映它们的几何位置等信息。图1.1(b)所示是图1.1(a)所示电路的电路(模型)图。

实际电路可分为"集中参数电路"和"分布参数电路"两大类。当实际电路的几何尺寸远远小于电路最高工作频率所对应的电磁波波长时,可作为集中参数电路分析。我国电力系统生活用电的工频为 50 Hz,其对应波长为 6 000 km,因此大多数用电设备都可以采用集中参数电路进行分析。分布参数电路模型比较复杂,其描述电路的电磁量不仅是时间的函数,同时还是空间的函数(例如微波电路和远距离的通信电路和电力输电线)。本书讨论的电路只限于集中参数电路。

思考题

(1) 理想化的电路元件是否等同于实际电路元件? 为什么?

(2) 是否可以说"电路的尺寸越小,就越可以用集中参数电路表示"? 为什么?

(3) 同一实际电路元件的理想化元件是否只有一种? 为什么?

1.2　电路分析的基本变量

电路分析中常用到电压、电流、功率等物理量,它们一般是时间的函数。本节对这些物理量以及与它们有关的概念进行简要说明。

1.2.1　电流、电压及其参考方向

1) 电流

带电粒子的定向移动形成了电流。单位时间内通过导体横截面的电荷量定义为电流强度,简称为电流,用 i 表示。根据定义有:

$$i = \frac{\mathrm{d}q}{\mathrm{d}t} \tag{1.1}$$

式(1.1)中,$\mathrm{d}q$ 为导体截面中在 $\mathrm{d}t$ 时间内通过的电量。在国际单位制(SI)中,电荷量的单位为库仑(C),时间单位为秒(s),电流单位为安培,简称安(A),常用单位有千安(kA)、毫安(mA)、微安(μA)等。通常将正电荷移动的方向规定为电流的方向。

当电流的大小和方向不随时间而变化时,称为直流电流,简称直流(DC)。本书对不随时间变化的物理量都用大写字母来表示,即式(1.1)在直流时,应写为:

$$I = \frac{Q}{t} \tag{1.2}$$

2) 电压

电压是电场力移动单位正电荷时所做的功。因电荷在电场力作用下在电路中运动,即电场力对电荷做了功。为了衡量其做功的能力,引入"电压"这一物理量。由电压定义,A、B 两点之间的电压 u_{AB} 可表示为:

$$u_{AB} = \frac{\mathrm{d}w_{AB}}{\mathrm{d}q} \tag{1.3}$$

式(1.3)中,$\mathrm{d}w_{AB}$ 表示电场力将 $\mathrm{d}q$ 的正电荷从 A 点移动到 B 点所做的功。$\mathrm{d}w_{AB}$ 单位为焦耳(J);电压单位为伏特,简称伏(V),常用单位为千伏(kV)、毫伏(mV)、微伏(μV)等。

在电压的大小和方向不随时间而变化(即直流电压)时,式(1.3)应写为:

$$U_{AB} = \frac{W_{AB}}{Q} \tag{1.4}$$

由电压的定义可见,如果正电荷从 A 点移动到 B 点是电场力做功,那么正电荷从 B 点移动到 A 点必定有一种非电场力(如化学电池中的情况)在克服电场力做功,或者说此时电场力做了负功,即 $\mathrm{d}w_{AB} = -\mathrm{d}w_{BA}$,则 $u_{AB} = -u_{BA}$。这说明,对两点间的电压必须分清楚起点和终点,也就是说,电压也是有方向的。通常规定电压的方向是电场力移动正电荷的方向。

3)电压与电流的参考方向

以上对电流、电压规定的方向,是电路中客观存在的实际方向。在一些简单的电路中,其实际方向可以直观地确定;但在分析计算一些复杂电路时,往往很难直接判断出某一段电路上电流或电压的实际方向;而对那些大小和方向都随时间变化的电流或电压,要标出它们的实际方向就更困难了,为此,在分析计算电路时采用标定"参考方向"的方法。

参考方向是人们任意选定的一个方向。如图 1.2(a)、(b)所示某电路中的一个元件,现指定电流的参考方向,用实线箭头表示。如电流的实际方向(虚线箭头)与参考方向一致,则电流 i 为正值,即 $i>0$,如图 1.2(a)所示;如电流的实际方向(虚线箭头)与参考方向相反,则电流 i 为负值,即 $i<0$,如图 1.2(b)所示。于是在选定的参考方向下,电流值的正、负就反映了它的实际方向。

图 1.2 电流的参考方向

同样道理,电路中两点间的电压也可任意选定一个参考方向,并由参考方向和电压值的正、负来反映该电压的实际方向。显然,只有数值而无参考方向的电压、电流是没有意义的。电压的参考方向可以用一个箭头表示,也可以用正(+)、负(-)极性表示(实线箭头和符号),称为参考极性,如图 1.3(a)、(b)所示;另外还可以用双下标表示,例如 u_{AB} 表示 A、B 两点间电压的参考方向是从 A 指向 B 的。因此电压的参考方向在以上几种表示方法中任选一种标出即可。

综上所述,在以后的电路分析中,完全不必先去考虑各电流、电压的实际方向究竟如何,而应首先在电路图中标定它们的参考方向,然后根据参考方向进行分析计算,由结果的正负值与标定的参考方向确定它们的实际方向,因而图中不需要标出实际方向。需要注意的是参考方向一经选定,在分析电路的过程中不能再变动。

图 1.3 电压的参考方向

对于一个元件或一段电路上的电压和电流的参考方向,可以分别独立地任意选定,但为方便起见,常将电压和电流的参考方向选得一致,称其为关联参考方向。一般情况下,只标出电压或电流中的某一个的参考方向,这就意味着另一个选定的是与之关联的参考方向。当选择电流、电压的参考方向相反时称为非关联参考方向。

值得注意的是:参考方向并不是一个抽象的概念,在用磁电式电流表测量电路中的电流时,该表带有"+""−"标记的两个端钮,事实上就已为被测电流选定了从"+"指向"−"的参考方向,如图 1.4 所示。当电流的实际方向是由"+"端流入,"−"端流出,则指针正偏,电流读数为正值,如图 1.4(a)所示;若电流的实际方向是由"−"端流入,"+"端流出,则指针反偏,电流读数为负值,如图 1.4(b)所示。

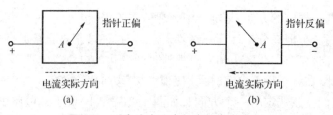

图 1.4　磁电式电流表与电流参考方向

同样,磁电式电压表的"+""−"两端钮也为被测的电压选定了参考方向。

1.2.2　电位

在电路中任选一点 O 作为参考点,则该电路中某一点 A 的电位为 A 点与 O 点之间的电压,用 V_A 表示。即

$$V_A = U_{AO} \tag{1.5}$$

显然,电位与电压的单位完全相同,也是用伏特(V)计量。

因电路参考点的电位为零,即 $V_0 = 0$,所以参考点也称零电位点。

除参考点外,电路中其他各点的电位可能是正值,也可能是负值。若某点电位是正值,则该点电位比参考点高,反之则该点电位比参考点低。

以电路中的 O 点为参考点,则另两点 A、B 的电位分别为 $V_A = U_{AO}$、$V_B = U_{BO}$,它们分别表示电场力把单位正电荷从 A 点或 B 点移到 O 点所做的功,那么电场力把单位正电荷从 A 点移到 B 点所做的功即 U_{AB} 就应该等于电场力把单位正电荷从 A 点移到 O 点,再从 O 点移到 B 点所做的功的和,即

$$U_{AB} = U_{AO} + U_{OB} = U_{AO} - U_{BO}$$

或
$$U_{AB} = V_A - V_B \tag{1.6}$$

式(1.6)说明,电路中 A、B 两点间的电压是 A 点与 B 点电位之差,因此电压又叫电位差。

【例 1.1】　在图 1.5 所示电路中,已知 $V_a = 40$ V,$V_b = -10$ V,$V_c = 0$ V。要求:①计算 U_{ba} 及 U_{ac};②若选择 b 点为参考点,试求其他两点的电位。

图 1.5　例 1.1 图

解　①因为电压就是电位差,所以

$$U_{ba} = V_b - V_a = (-10 - 40)\text{V} = -50 \text{ V}$$

$$U_{ac} = V_a - V_c = (40 - 0)\text{V} = 40 \text{ V}$$

②若选 b 点为参考点,根据电位的定义

$$U_{ba}=V_b-V_a=0-V_a=-V_a$$

由①已知　　　　　　　　　$U_{ba}=-50\ \mathrm{V}$

则　　　　　　　　　　　　$V_a=50\ \mathrm{V}$

而　　　　　　　　　　$U_{ac}=V_a-V_c=50-V_c$

得　　　　　　　　　　　　$V_c=10\ \mathrm{V}$

从例题可见,参考点是可以任意选定的,当电路参考点一经选定,电路中其他各点的电位也就确定了。当参考点选择不同时,电路中同一点的电位会随之变化,但任意两点的电位差即电压是不变的。

在电路中不指明参考点而研究某点的电位是没有意义的。注意:在一个电路系统中只能选取一个参考点。至于选哪一点为参考点,要以分析问题的方便为依据进行选择。在电子电路中常选一条特定的公共线作为参考点,这条公共线常常是很多元件的汇集处且与机壳相连,因此在电子电路中参考点用接机壳符号"⊥"表示。

1.2.3　电动势

如图 1.6 所示是一个蓄电池,两个带正、负电荷的电极 A 和 B,A 称正极,B 称负极,两极间具有电场。用导线把 A、B 两极连接起来,在电场力作用下,正电荷沿着外部导线从 A 移到 B(实质上是导体中的自由电子在电场力作用下从 B 移到 A),形成了电流 i。随着正电荷不断地从 A 移到 B,A、B 两极间的电场逐渐减弱,以至消失,导线中的电流也会减至为零。为了维持电流,则需在 A、B 间保持一定的电场(即电位差),将电

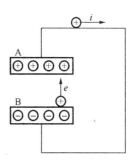

图 1.6　电源力做功

荷连续不断地从 B 极移到 A 极去。电源就是产生这种力的装置,故将这种力称之为电源力。如化学电池中化学能转换为电能、发电机中机械能转换为电能等,这些电能产生了电源力。

电源力把单位正电荷从电源的负极移到正极所做的功,称为电源的电动势,用 e 表示,即

$$e=\frac{\mathrm{d}w_{BA}}{\mathrm{d}q} \tag{1.7}$$

式(1.7)中,$\mathrm{d}w_{BA}$ 表示电源力将 $\mathrm{d}q$ 的正电荷从 B 移到 A 所做的功。显然,电动势也有与电压相同的单位。

按照定义,电动势的方向是电源力克服电场力移动正电荷的方向,是从低电位指向高电位的方向。对于一个电源设备而言,如干电池,在电源内部,其电动势是由负极指向正极,为电位升;而在电源外部,其呈现的端电压则由高电位指向低电位,为电位降。因此,若电源的电动势 e 及其两端钮间的电压 u 的参考方向选择相反时,如图 1.7(a)所示,那么当电源内部没有其他能量转换时,根据能量守恒原理,应有 $u=e$

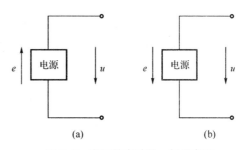

图 1.7　电源的电动势 e 与端电压 u

(电场力所做的功与非电场力所做的功相等);如果 e 和 u 的参考方向选择相同时,如图 1.7(b)所示,则 $u=-e$ 或 $e=-u$。本书在以后论及电源时一般不涉及电源内部的细节,即通常用电源的端电压 u 描述。

1.2.4　电功率与电能

1) 电功率

单位时间内某电路吸收或释放的电能称为该电路的功率,用 p 表示。设在 dt 时间内电路转换的电能为 dw,则

$$p = \frac{dw}{dt} \tag{1.8}$$

进一步推导式(1.8),可得:

$$p = \frac{dw}{dt} = \frac{dw}{dq}\frac{dq}{dt} = ui \tag{1.9}$$

即电路的功率等于该段电路的电压与电流的乘积。在直流时,式(1.9)应写为:

$$P = UI \tag{1.10}$$

国际单位制中,功率单位为瓦特,简称瓦(W),常用单位还有千瓦(kW)、毫瓦(mW)等。

功率 p 的结果可为正值也可为负值,其正负号也具有实际物理意义。若 $p>0$,说明这段电路上电压和电流的实际方向是一致的,正电荷在电场力作用下做了功,电路吸收了功率;若 $p<0$,则这段电路上电压和电流的实际方向不一致,一定是有外力克服电场力做了功,电路发出功率,也可以说电路吸收了负功率。

考虑到电压和电流的参考方向,在计算某一段电路的功率时,推荐采用下面的公式:

$$p = \pm ui \tag{1.11}$$

式(1.11)中,当 u 和 i 取关联参考方向时(即参考方向相同),选择 $p=ui$ 进行计算;当 u 和 i 取非关联参考方向时,选择 $p=-ui$ 进行计算。计算结果的正负和前面关于 p 的分析一致(即若 $p>0$,则该段电路吸收功率,等效为负载;若 $p<0$,则该段电路发出功率,等效为电源)。在使用式(1.11)时,必须注意 u 和 i 的参考方向是否关联及各数值的正、负号的含义。

由能量守恒原理可推出,一个电路中,一部分元件或电路发出的功率一定等于其他部分元件或电路吸收的功率,即整个电路的功率是平衡的。

2) 电能

当正电荷从一段电路的高电位点移动到低电位点时,电场力对正电荷做了功,该段电路吸收了电能;而当正电荷从电路的低电位点移到高电位点时,非电场力克服电场力做了功,即这段电路将其他形式的能量转换成电能释放了出来。由式(1.8)可得:

$$dw = pdt \tag{1.12}$$

在 $t_0 \sim t_1$ 的一段时间内,电路消耗的电能应为:

$$W = \int_{t_0}^{t_1} pdt \tag{1.13}$$

直流时,p 为常量,则

$$W = p(t_1 - t_0) \tag{1.14}$$

在国际单位制中,电能 W 的单位是焦耳(J),它表示功率为 1 W 的用电设备在 1 s 时间内

所消耗的电能。实际中还常用千瓦时(kW·h)(俗称度)的电能单位,即

$$1\ 度电 = 1\ kW·h = 10^3\ W \times 3\ 600\ s = 3.6 \times 10^6\ J$$

【例1.2】　图1.8为某电路的一部分,已知三个元件流过相同电流 $I = -1$ A, $U_1 = 4$ V。要求:①计算元件1的功率 P_1,并说明是吸收还是发出功率;②若已知元件2发出功率为10 W,元件3吸收功率为6 W,求 U_2、U_3。

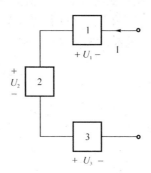

图1.8　例1.2电路图

解　①元件1
由于该元件电压与电流是非关联参考方向,此时,计算功率的公式应为:

$$P_1 = -U_1 I$$

代入数据得:　　　　$P_1 = -(4\ V) \times (-1\ A) = 4\ W(吸收)$

②元件2与元件3
因元件2的电压 U_2 与电流 I 是关联参考方向,且发出功率,则 P_2 为负值,即

$$P_2 = U_2 I = -10\ W$$

可得:　　　　$U_2 = \left(\dfrac{-10}{-1}\right)V = 10\ V$

同理,元件3吸收功率为6 W,即

$$P_3 = U_3 I = 6\ W$$

可得:　　　　$U_3 = \left(\dfrac{6}{-1}\right)V = -6\ V$

思考题

(1) 说明电压、电位、电动势三者之间有何异同。

(2) 图1.9所示电路中,已知 $V_a = -5$ V, $V_b = 3$ V,求 U_{ac}、U_{bc}、U_{ab}。若改 b 点为参考点,求 V_a、V_b、V_c,并再求 U_{ac}、U_{bc}、U_{ab}。以上计算结果可说明什么道理?

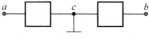

图1.9　思考题(2)电路图

(3) 电路中某元件上的电压和电流在关联参考方向下分别为 $u = 5\sqrt{2}\sin(100t + 30°)$V, $i = 2\sqrt{2}\sin(100t - 60°)$A,求 $t = 0$ 时该元件的功率,并分析该元件此时是在吸收还是发出功率。

1.3　电路的主要组成元件

依据能量转换特性,电路的组成部件主要包括负载和电源两部分,通常涉及电阻元件、电感元件、电容元件、独立电源(包括电压源和电流源)、受控电源、耦合电感、理想变压器等常用电路元件。根据元件与外部电路相连的端钮数可以将上述元件分为二端元件(前四种)和多端元件(后三种),不同电路元件端钮处的电压和电流之间都存在确定的函数关系,称为伏安关系或伏安特性,简称 VAR,描述其特性的曲线也称为伏安特性曲线。本节主要讨论直流线性电路中常用的电阻元件、独立电源和受控电源。

1.3.1　电阻元件

1)电阻元件及其伏安特性

(1)电阻元件

二端元件是指有两个端钮与外电路相连接的电路元件。能够反映电路中电能消耗这一物理特性的理想二端元件称为电阻元件。

电阻元件的伏安特性可通过伏安特性曲线来进行描述。元件的伏安特性曲线通常是通过实验测定的。

(2)电阻元件的分类

①线性电阻:若电阻的阻值与其工作电压或电流无关,为一个确定的常数,则称其为线性电阻元件。线性电阻元件的伏安特性曲线是一条通过原点的直线,该直线的斜率即为该电阻的阻值,如图 1.10 所示。

图 1.10　线性电阻元件及其伏安特性

②非线性电阻:如果电阻的阻值不是一个常数,会随着其工作电压或电流的变化而变化,则称为非线性电阻元件。其伏安特性曲线不再是一条通过原点的直线,如图 1.11 所示为某二极管的伏安特性曲线。

图 1.11　非线性电阻元件及其伏安特性示例

实际的电阻元件如电阻器、白炽灯等,都具有一定的非线性,但是在一定的工作范围内,其电阻值变化很小,可以近似地看做线性电阻元件。后面的章节中,若无特别说明,一般所讲的电阻元件都指线性电阻元件,简称电阻。

2)欧姆定律

欧姆定律反映了无源线性电阻元件的特性,即端钮处电流和电压之间的关系。在引入参考方向的概念后,关于欧姆定律的掌握和应用从以下两个方面讨论。

(1) 线性电阻在电压和电流选择关联参考方向时,满足欧姆定律:

$$u(t) = Ri(t) \text{ 或 } i(t) = Gu(t) \tag{1.15}$$

直流时
$$U = RI \text{ 或 } I = GU \tag{1.16}$$

式(1.15)、式(1.16)中,

R——线性电阻元件的电阻,描述了其阻碍电流通过能力的大小,国际单位:欧姆(Ω),常用单位:千欧($k\Omega$)、兆欧($M\Omega$)。

G——线性电阻元件的电导,大小为电阻的倒数,国际单位:西门子(S)。

注意:同一个电阻元件,既可以用电阻 R 表示,也可以用电导 G 表示。

(2) 线性电阻在电压和电流的参考方向非关联时,欧姆定律应表示成:

$$u(t) = -Ri(t) \text{ 或 } i(t) = -Gu(t) \tag{1.17}$$

3) 电阻的功率

将欧姆定律代入电阻元件功率的计算公式可得:

$$P_R = ui = Ri^2 = Gu^2 \tag{1.18}$$

在直流情况下,上式可写成:

$$P_R = UI = RI^2 = GU^2 \tag{1.19}$$

由以上公式可知,线性电阻元件的功率恒正,即总是在消耗功率,所以电阻元件是耗能元件。

在应用式(1.18)、式(1.19)时要注意:i(或 I)应为所计算电阻 R 中流过的电流,u(或者 U)应为电阻 R 两端的电压。

1.3.2 独立电源

电源是电路的基本组成元件之一,主要起到提供能量的作用。根据其能否在电路中独立工作可以分为独立电源和受控电源两部分。独立电源按照其对外提供的电量形式可分为独立电流源和独立电压源。

1) 独立电流源

(1) 理想电流源

实际电源若忽略其工作时自身的能量损耗,则可认为是理想电源。理想电源有理想电流源和理想电压源两种。

理想电流源定义如下:一个理想二端元件,若其端口电流总能保持给定的电流 $i_s(t)$,而与其两端的电压无关,则称其为理想电流源,简称电流源。图 1.12 所示为理想电流源的电路模型。

理想电流源的特性主要有以下两点:

①端口电流不变。即理想电流源外接任一电路时,其端口电流总能保持不变,与其端口电压无关。

②端口电压待定。即理想电流源两端的电压由理想电流源与其所连的外电路共同确定。

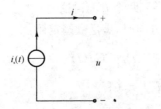
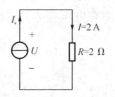

图 1.12　理想电流源的电路模型　　　　图 1.13　例 1.3 电路图

【例 1.3】 求图 1.13 所示电路中的电流 I_s 与电压 U。

解 由理想电流源的性质可知,理想电流源对外提供确定的电流 I_s,电路中负载电阻 R 和电流源相串联构成回路,所以负载 R 上的电流 I 即为电流源对外的输出电流 I_s,即

$$I_s = I = 2\ \text{A}$$

由理想电流源的性质还可知,理想电流源的端电压由与之相联的外电路共同决定,由图 1.13 可知,该电压 U 即为电阻 R 两端的电压,可得:

$$U = IR = 2 \times 2\ \text{V} = 4\ \text{V}$$

(注意:在计算时注意判断待求电压和电流的参考方向与已知电压、电流的参考方向是否一致。)

(2) 实际电源的电流源模型

理想电流源实际是不存在的,因为电源内部总会存在一定的内电导 G_s,使得电流源提供的电流将有一部分在内部分流。因此实际电流源的模型是用一个理想电流源与其内电导 G_s 的并联组合来表示的,图 1.14 为实际直流电流源的电路模型与其伏安特性。

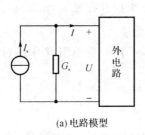
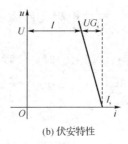

(a) 电路模型　　　　　　　　　　　　(b) 伏安特性

图 1.14　实际直流电流源电路模型及伏安特性

分析上面电路,根据电荷守恒定律可得到关系式:

$$I = I_s - UG_s \tag{1.20}$$

式(1.20)表明,实际电流源对外提供的电流 I 总是小于理想电流源的输出电流 I_s,其差值就是其内电导上的分流电流,因此,实际电流源的内电导越小,其特性越接近理想电流源。晶体管稳流电源及光电池等器件在工作时可近似地看做理想电流源。

2) 独立电压源

(1) 理想电压源

理想电压源定义如下:一个理想二端元件,若其端口电压总能保持给定的电压 $u_s(t)$,而与通过的电流无关,则称其为理想电压源,简称电压源。图 1.15 为理想电压源的电路模型。

理想电压源的特性主要有以下两点:

①端口电压不变。即理想电压源外接任一电路时,其端口电压始终保持

图 1.15　理想电压源的电路模型

不变,与流过它的电流大小无关。

②端口电流待定。即流过理想电压源的电流由理想电压源与其所连的外电路共同确定。

若理想电压源的端口电压 $u_s(t)$ 为恒定值,则可称为直流电压源。其电路符号及特性曲线如图 1.16 所示,其中长端为"+"极,短端为"-"极。

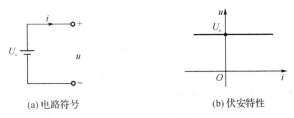

(a) 电路符号   (b) 伏安特性

图 1.16　理想直流电压源的电路模型及伏安特性

(2) 实际电源的电压源模型

理想电压源实际是不存在的,因为电源内部总会存在一定的内阻 R_s,当接入负载产生电流后,内阻上就会有能量损耗,而且电流越大,内阻的能量损耗就越大,使得端电压降低。因此实际电压源的模型是用一个理想电压源与其内阻 R_s 的串联组合来表示的,如图 1.17 所示为实际直流电压源的电路模型与伏安特性。

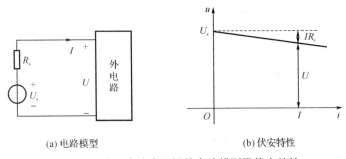

(a) 电路模型   (b) 伏安特性

图 1.17　实际直流电压源的电路模型及伏安特性

分析上面电路,根据功率守恒定律可得到关系式:

$$U_s I = UI + I^2 R_s$$

即
$$U = U_s - IR_s \tag{1.21}$$

式(1.21)表明,实际电压源的端电压 U 总是低于理想电压源的电压 U_s 的,其差值就是其内阻电压降 IR_s,因此,实际电压源的内阻越小,其特性越接近理想电压源。工程中常用的稳压电源以及大型电网等在工作时的输出电压基本不随外电路变化,一般都可近似地看做理想电压源。

【例 1.4】　求图 1.18 所示电路中各元件的功率并说明是吸收功率还是释放功率。

解　①由理想电压源的性质可知,流过理想电压源的电流由与之相连接的外电路共同确定,即由图 1.18 中的理想电流源决定。在图示参考方向下可得:

$$I = 1\ \text{A}$$

则该理想电压源的功率为:

$$P_1 = 2 \times 1\ \text{W} = 2\ \text{W}$$

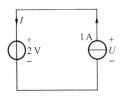

图 1.18　例 1.4 电路图

由于其功率大于零,所以该理想电压源在吸收功率。

②由理想电流源的性质可知,理想电流源两端的电压由与之相连接的外电路共同确定,即由图 1.18 中的理想电压源决定。在图示参考方向下可得:

$$U = 2 \text{ V}$$

则该理想电流源的功率为:

$$P_2 = -2 \times 1 \text{ W} = -2 \text{ W}$$

由于其功率小于零,所以该理想电流源在释放功率。

在本例中,理想电压源是理想电流源的外电路,而理想电流源是理想电压源的外电路。并且通过计算可以验证功率守恒定律,即本例中,理想电压源吸收的功率等于理想电流源释放的功率。

【例 1.5】 求图 1.19 所示电路中电压 U 及各电源的功率,并说明是吸收还是发出功率。

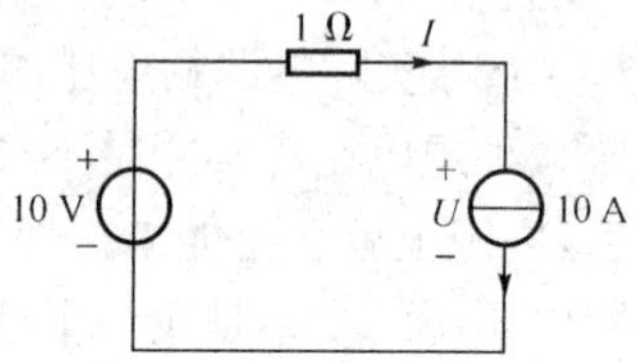

解　由理想电压源与理想电流源的性质可知,该回路中的电流 I 即为理想电流源提供的电流,由图示参考方向可得:

$$I = 10 \text{ A}$$

故理想电压源的功率为:　$P_1 = -10 \times 10 = -100 \text{ W}$(释放)

电阻元件的功率为:　$P_2 = I^2 R = 10^2 \times 1 = 100 \text{ W}$(吸收)

由功率守恒定律可知:　$P_1 + P_2 + P_3 = 0$

故理想电流源的功率为:　$P_3 = -P_1 - P_2 = -100 + 100 = 0 \text{ W}$(既不释放也不吸收)

可得图示参考方向下该理想电流源的电压 $U = P_3 / I = 0 \text{ V}$

图 1.19　例 1.5 电路图

1.3.3　受控电源

受控电源和独立电源是两个不同的物理概念。独立电源输出的电压或电流是由其本身决定的,它是实际电路中电能量或电信号的"源"的理想化模型,在电路中起"激励"作用,对外可以提供能量,在它们的作用下,电路才会产生响应;而受控电源的电压或电流受电路中某处的电压或电流控制,对外不能独立提供能量,它本身不直接起"激励"作用,它是描述电路器件中某处电压或电流对另一支路控制作用的理想化模型。

如前所述,受控电源是一个多端元件,可用一个具有两对端钮的电路模型来表示,即一对输入端和一对输出端。输入端是控制量所在的支路,称为控制支路,控制量可以是电压,也可以是电流;输出端是受控源所在的支路,它输出被控制的电压或电流。因此,受控电源有四种类型,如图 1.20 所示:

(1) 电压控制电压源(VCVS),如图 1.20(a)所示,其输入量(控制量)和输出量(受控量)均为电压,图示条件下可表示为 $u_2 = \mu u_1$,常用于变压器的电路模型。

(2) 电压控制电流源(VCCS),如图 1.20(b)所示,其输入量(控制量)为电压,输出量(受控量)为电流,图示条件下可表示为 $i_2 = g u_1$,例如双极型晶体三极管的 Ebers - Moll 模型。

(3) 电流控制电压源(CCVS),如图 1.20(c)所示,其输入量(控制量)为电流,输出量(受控量)为电压,图示条件下可表示为 $u_2 = r i_1$,例如直流发电机的电路模型。

(4) 电流控制电流源(CCCS),如图 1.20(d)所示,其输入量(控制量)为电流,输出量(受控量)为电流,图示条件下可表示为 $i_2 = \beta i_1$,例如晶体三极管的电路模型。

为与独立电源加以区别,图 2.20 中的菱形符号表示受控源,其参考方向的表示方法与独立电源相同。μ、g、r、β 都是相关的控制系数,μ 和 β 是电压或电流放大倍数(无量纲),g 和 r 分别称为转移电导和转移电阻,具有电导和电阻的量纲(S 和 Ω)。当这些系数为常数时,受控电源称为线性受控电源,本书述及的受控电源均指线性受控电源。

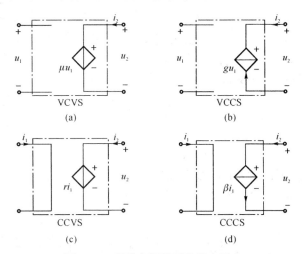

图 1.20　受控电源的四种基本形式

(注意:在电路中受控电源并不都以图 1.20 所示电路形式出现,一般只需标出受控电源的符号,控制量所在位置及参考方向即可。)

在电路分析中,受控源原则上可以像独立电源那样处理。但毕竟两者有所区别,所以在具体处理中,含受控源电路又有一些特殊性,将在后面的讨论中逐步叙述。

思考题

(1) 有时欧姆定律可写成 $u = -iR$,说明此时电阻值是负的,对吗?

(2) 两个不同阻值的电阻元件,若额定功率相同,则哪个元件的额定电流较大?

(3) 独立电压源能否短路?独立电流源能否开路?

(4) 受控电源与独立电源、电阻元件分别有何不同?

(5) 能否用图 1.21 所示两电路模型分别表示实际直流电压源和实际直流电流源?

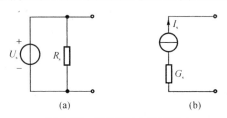

图 1.21　思考题(5)电路图

1.4　基尔霍夫定律

电路的基本定律有欧姆定律和基尔霍夫定律。欧姆定律在前面已经做了介绍,现在我们对基尔霍夫定律进行了解和学习。

电路中各元件的电压、电流按照其连接方式和元件特性一般要受到两类约束:①由于元件本身的特性所带来的对电压、电流的约束,称为元件约束,由元件伏安关系体现;②由于元件的相互连接给元件的电压、电流所带来的约束,称为拓扑约束,由基尔霍夫定律体现。

1.4.1 与拓扑约束有关的几个名词

1) 支路

电路中每个分支称为一条支路。图 1.22 中,共有 3 条支路,分别用 acb、adb、ab 表示。支路中流过的电流称为支路电流。同一支路中的各元件流过的电流均为该支路的支路电流。其中含有有源元件的支路称为有源支路,如 acb 和 adb;不含有有源元件的支路称为无源支路,如 ab。

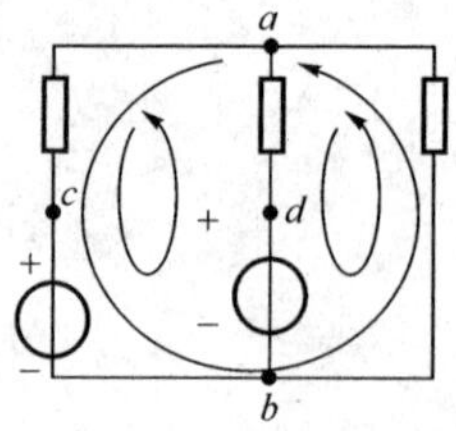

图 1.22 拓扑概念的电路举例

2) 节点

电路中三条或三条以上支路的汇接点称为节点。图 1.22 中,共有 2 个节点,分别表示为 a、b。注意:图中 c、d 不称为节点。

3) 回路

电路中任一闭合的路径称为回路。图 1.22 中,共有 3 个回路,分别表示为 $acbda$、$acba$、$adba$。

4) 网孔

内部不含支路的回路称为网孔。图 1.22 中,共有 2 个网孔,分别表示为 $acbda$、$adba$。由于回路 $acba$ 中含有 adb 支路,所以它不是网孔。注意:只有在平面电路中网孔才有意义。

1.4.2 基尔霍夫电流定律

1) 定律

基尔霍夫电流定律简称 KCL,可表述为:在集中参数电路中,任一时刻流出(或流入)任一节点的各支路电流的代数和恒等于零。写成数学表达式为:

$$\sum i = 0 \tag{1.22}$$

(注意:电流的代数和是根据电流是流出节点还是流入节点判断的。流入节点的电流前面取"+",流出节点的电流前面取"-"。)

2) 特性

(1) 任何时刻流入任一节点的电流必定等于流出该节点的电流。即 $\sum i_{流入} = \sum i_{流出}$。例如图 1.23 中,其 KCL 方程可以表示为 $i_1 + i_3 = i_2 + i_4$。

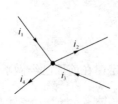

图 1.23 KCL 实用示例

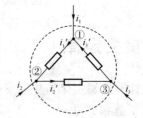

图 1.24 KCL 的推广示例

(2) 流入电路任一封闭面(也称为广义节点)的各支路电流的代数和恒等于零。例如图 1.24 中,对节点①、②、③所围成的闭合曲面,有 $i_1 + i_2 + i_3 = 0$。

基尔霍夫电流定律体现了电流的连续性原理,它的理论依据是电荷守恒定律。

【例1.6】 如图1.25所示的电路,根据图中给定的条件,求未知电流I_1、I_2。

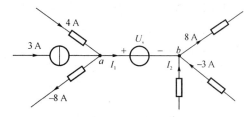

图1.25 例1.6电路图

解 对节点a列KCL方程,得: $\qquad 4+3-(-8)-I_1=0$

计算可得: $\qquad I_1=15\ \text{A}$

然后对节点b列KCL方程,得: $\qquad I_1+(-3)+I_2-8=0$

即 $\qquad\qquad\qquad\qquad\qquad\qquad I_2=-4\ \text{A}$

1.4.3 基尔霍夫电压定律

1) 定律

基尔霍夫电压定律简称KVL,可表述为:在集中参数电路中,任一时刻,在任一回路中,沿任一绕行方向,回路中各支路电压降的代数和恒等于零。

用公式表示,即 $\qquad\qquad\qquad\qquad \sum u=0 \qquad\qquad\qquad\qquad\qquad (1.23)$

2) 特性

(1) 在运用KVL时,除了考虑各电压前的"+""−"符号,还需注意各电压自身也有正负之分。

(2) 体现电路中两点间的电压与路径选择无关这一事实。

【例1.7】 列出图1.26所示电路的KVL方程(参考方向及绕向如图所示)。

解 由KVL方程的列写规则可知,沿着顺时针的绕行方向,根据各电压的参考方向判断,电压u_1、u_2、u_4分别为电压降,故在KVL方程中应以加法计入;u_3、u_5分别为电压升,应以减法计入。得到下式:

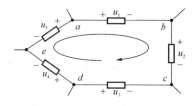

图1.26 例1.7电路图

$$u_1+u_2-u_3+u_4-u_5=0$$

【例1.8】 求图1.27(a)所示电路中的电压U_{AB}。

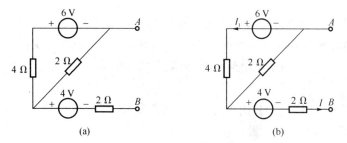

图1.27 例1.8电路图

解　在电路中标出 I、I_1 及其参考方向,如图 1.27(b)所示。其中 I_1 为 6 V 电压源和 4 Ω、2 Ω 电阻所围回路流过的电流。I 为端口电流。

由基尔霍夫电压定律(此时端口断路)可得:

$$U_{AB} = -6 + 4I_1 + 4\ V + 2I$$

或　　　　　　　　　　　　　　　　　$U_{AB} = -2I_1 + 4\ V + 2I$

由于端口断路,可得:　　　　　　　　$I = 0$

由基尔霍夫电压定律和欧姆定律可得:

$$-6 + 4I_1 + 2I_1 = 0$$

即　　　　　　　　　　　　　　　$I_1 = \dfrac{6\ V}{(2+4)\Omega} = 1\ A$

因此　　　　　　　　$U_{AB} = -2I_1 + 4\ V + 2I = -2 \times 1 + 4 = 2\ V$

或　　　　　　　　$U_{AB} = -6 + 4I_1 + 4\ V + 2I = -6 + 4 \times 1 + 4 = 2\ V$

　　基尔霍夫两个定律从电路的拓扑上分别阐述了各支路电流之间、各支路电压之间的约束关系。这种关系仅与电路的结构和连接方式有关,而与电路元件的性质无关(即同样适用于含受控电源的电路和非线性电路)。电路的这种拓扑约束和表征元件性能的元件约束共同统一了电路整体,支配着电路各处的电压与电流,它们是分析一切集中参数电路的基本依据。

思考题

(1) 基尔霍夫定律可以使用于任意电路的分析,这句话对吗? 为什么?

(2) 用 KVL 求图 1.28 中各含源支路中的未知量。

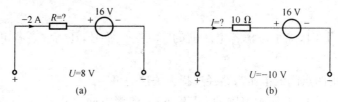

图 1.28　思考题(2)电路图

1.5　电路的工作状态

　　根据电路所接负载的情况,电路主要有三种不同的工作状态。下面以直流电路为例进行讨论。

1.5.1　开路

　　当电源和负载未构成通路时的电路状态称为开路状态,也称断路状态。此时负载上电流为零,电源空载,对外不输出功率。开路时电源两端的电压称为开路电压,用 U_{OC} 表示。

　　实际电压源在开路时,由于其电流为零,内阻上的电压降也为零,故其开路电压等于电压源电压,即 $U_{OC} = U_s$。

　　实际电流源在开路时,由于其内电导 G_s 一般都很小,导致其开路电压 $U_{OC} = I_{SC}/G_s$ 将很大,从而损坏电源设备,因此电流源不应处于开路状态。

1.5.2 短路

当电源两端由于某种原因短接在一起时的电路状态称为短路状态。此时负载电阻相当于零,电源端电压为零,对外不输出功率。短路时电源输出的电流称为短路电流,用 I_{SC} 表示。

实际电流源在短路时,由于其端电压为零,内阻上分得的电流也为零,故其短路电流 $I_{SC}=I_s$ 。

实际电压源在短路时,由于其内电阻 R_s 一般都很小,导致其短路电流 $I_{SC}=U_s/R_s$ 将很大,从而使电源发热以致损坏,因此实际工作中,应采取各种措施防止电压源处于短路状态,同时还应在电路中接入保险丝等保护装置,以便在发生短路时迅速切断电源从而保护电源与电路器件。

1.5.3 额定工作状态

任何电气设备都有一定的电压、电流和功率的限额,称为额定值。额定值通常标在产品的铭牌或说明书上,是设备制造厂对产品安全使用作出的规定限额。电气设备工作在额定值的情况称为额定工作状态。

电源设备的额定值一般包括额定电压 U_N、额定电流 I_N、额定容量 S_N。其中 U_N 和 I_N 是电源设备安全运行所需要的电压和电流限额,S_N 是指电源最大允许的输出功率。电源设备工作时不一定总是输出其规定的最大允许电压和电流,具体数值还取决于所连接的负载。

负载设备的额定值一般包括额定电压 U_N、额定电流 I_N、额定功率 P_N。其中 U_N 和 I_N 是负载设备安全稳定工作所需要的电压和电流值,P_N 是指负载在额定工作状态下消耗的功率。

在具体应用过程中,应尽量合理地使用电气设备,使其工作在额定状态,这样可以使设备既安全可靠又充分发挥作用。这种状态也称为"满载"。电气设备超过其额定值工作的状态称为"过载",长时间的过载会大大缩短设备的使用寿命,甚至损坏设备。

思考题

(1) 一台额定电流是 100 A 的直流发电机,只接有 60 A 的照明负载,对剩余的 40 A 电流如何理解? 负载的大小一般以什么来衡量?

(2) 铭牌上标有 40 kW、2 300 V、17 A 的直流发电机,什么情况下是空载、满载和过载?

(3) 实验测得一实际电源的开路电压为 40 V,短路电流为 2 A,画出其电压源模型和电流源模型,并求各参数值。当它外接 20 Ω 电阻负载时,负载电流为多大?

知识拓展

1) 电路常用仿真软件介绍——EWB 软件

电路仿真软件可以为用户提供一个经济、高效的虚拟设计平台,能够大大提高电路系统设计的快速性和精确性,使设计人员能简单、方便、有效地对电路进行精确设计及测试,有助于提高设计人员的工作效率,同时,通过对电路仿真软件的应用,可以使学生对电路结构有更清楚的认识,有助于学生更好、更快地投入电路学习中,电路仿真软件已经成为科研和教学上必不可少的工具。

电路仿真软件层出不穷,目前进入我国并具有广泛影响的电类仿真软件有:EWB、Multisim、SPICE、Matlab、Protel 等等。这些工具都有较强的功能,一般可用于几个方面,例如很多软件都可以进行电路仿真与设计,同时,还可以进行 PCB 自动布局布线,可输出多种网表文件与第三方软件接口。后面将在 1～4 章"知识拓展"环节分别对常用仿真软件进行介绍。

Electronic Workbench 简称 EWB,是一款电子电路计算机仿真设计软件,称为电子设计工作平台或虚拟电子实验室,由加拿大图像交互技术公司(Interactive Image Technologies,简称 IIT 公司)于 1988 年开发。EWB 提供的设计工具可用于电路设计、对采用 SPICE、VHDL 和 Verilog 设计的模拟电路和数字电路进行仿真,是全世界率先推出的基于 PC 的电子设计工具之一。

EWB 具有如下特点:①集成化、一体化的设计环境;②专业的原理图输入工具;③真实的仿真平台;④强大的分析工具;⑤完整、精确的元件模型。

EWB 仿真软件
应用教学视频

目前,随着其升级版本 Multisim 的推出,EWB 被逐渐取代。

2) 电阻器应用知识拓展

(1) 电阻发展简史

1885 年英国人 C. 布雷德利发明模压碳质实心电阻器,1897 年英国人 T. 甘布里尔和 A. 哈里斯用含碳墨汁制成碳膜电阻器。1913—1919 年英国人 W. 斯旺和德国人 F. 克鲁格先后发明金属膜电阻器。1925 年德国西门子-哈尔斯克公司发明热分解碳膜电阻器,打破了碳质实心电阻器垄断市场的局面。晶体管问世后,对电阻器的小型化、阻值稳定性等指标要求更严,促进了各类新型电阻器的发展。20 世纪 60 年代以来,采用滚筒磁控溅射、激光阻值微调等新工艺,使部分电阻元件产品向平面化、集成化、微型化及片状化方面发展。

(2) 电阻分类

电阻按材料分为以下几种:

①线绕电阻器

由电阻线绕成电阻器,用高阻合金线绕在绝缘骨架上制成,外面涂有耐热的釉绝缘层或绝缘漆。绕线电阻具有温度系数较低、阻值精度高、稳定性好、耐热耐腐蚀等优点,主要用作精密大功率电阻,缺点是高频性能差、时间常数大。

②碳合成电阻器

由碳及合成塑胶压制而成。

③碳膜电阻器

在瓷管上镀上一层碳制作而成,将结晶碳沉积在陶瓷棒骨架上制成。碳膜电阻器成本低、性能稳定、阻值范围宽、温度系数和电压系数低,是目前应用最广泛的电阻器。

④金属膜电阻器

在瓷管上镀上一层金属制作而成,用真空蒸发的方法将合金材料蒸镀于陶瓷棒骨架表面。金属膜电阻比碳膜电阻的精度高、稳定性好、噪声低、温度系数小。在仪器仪表及通信设备中大量采用。

⑤金属氧化膜电阻器

在瓷管上镀上一层氧化锡制作而成,在绝缘棒上沉积一层金属氧化物。由于其本身即是氧化物,因此具有高温下稳定、耐热冲击、负载能力强等特点。按用途分,有通用、精密、高频、高压、高阻、大功率和电阻网络等。

(3) 特殊电阻器

①保险电阻

保险电阻也称熔断电阻器,在正常情况下起着电阻和保险丝的双重作用,当电路出现故障而使其功率超过额定功率时,它会像保险丝一样熔断使连接电路断开。保险丝电阻一般电阻值都小(0.33 Ω～10 kΩ),功率也较小。保险丝电阻器常用型号有 RF10 型、RRD0910 型、RRD0911 型等。

②敏感电阻器

敏感电阻器是指其电阻值对于某种物理量(如温度、湿度、光照、电压、机械力及气体浓度等)具有敏感特性,当这些物理量发生变化时,敏感电阻的阻值就会随物理量变化而发生改变。根据物理量的不同,敏感电阻器可分为热敏、湿敏、光敏、压敏、力敏、磁敏和气敏等类型。敏感电阻器所用的材料几乎都是半导体材料,这类电阻器也称为半导体电阻器。

热敏电阻的阻值随温度变化而变化,温度升高阻值减小为负温度系数(NTC)热敏电阻。应用较多的是负温度系数热敏电阻,根据功能可分为普通型、稳压型和测温型负温度系数热敏电阻。光敏电阻是指阻值随入射光的强弱变化而改变的电阻。

(4) 电阻的选用

①固定电阻器的选用

固定电阻有多种类型,应根据应用电路的具体要求对电阻器的材料和结构进行选择。

高频电路应选用分布电感和分布电容小的非线绕电阻器,如碳膜电阻器、金属电阻器和金属氧化膜电阻器、薄膜电阻器、厚膜电阻器、合金电阻器、防腐蚀镀膜电阻器等。

高增益小信号放大电路应选用低噪声电阻器,如金属膜电阻器、碳膜电阻器和线绕电阻器,不能使用噪声较大的合成碳膜电阻器和有机实心电阻器。

所选电阻器的电阻值应为接近应用电路中计算值的一个标称值(优先选用标准系列的电阻器)。一般电路使用的电阻器允许误差为$\pm 5\%\sim\pm 10\%$(精密仪器及特殊电路中使用的电阻器,应选用精密电阻器)。

所选电阻器的额定功率要符合应用电路中对电阻器功率容量的要求,不应随意加大或减小电阻器的功率。若电路要求是功率型电阻器,则其额定功率可高于实际应用电路要求功率的$1\sim 2$倍。

②熔断电阻器的选用

熔断电阻器是具有保护功能的电阻器。选用时应考虑其双重性能,根据电路的具体要求选择其阻值和功率等参数。既要保证它在过负荷时能快速熔断,又要保证它在正常条件下能长期稳定地工作。电阻值过大或功率过大,均不能起到保护作用。

(5) 电阻的检测

①外观检查

对于固定电阻,首先查看标志清晰、保护漆完好、无烧焦、无伤痕、无裂痕、无腐蚀、电阻体与引脚紧密接触等是否满足要求。对于电位器,还应检查转轴灵活,松紧适当,手感舒适。有开关的电阻要检查开关动作是否正常。

②万用表检测

a. 固定电阻的检测

用万用表的电阻挡直接对电阻进行测量,不同阻值的电阻选择万用表的不同倍乘挡。对于指针式万用表,由于电阻挡的示数是非线性的,阻值越大,示数越密,所以应选择指针指示于$1/3\sim 2/3$满量程位置,以使读数更为准确。若测得阻值超过该电阻的误差范围、阻值无限大、阻值为0或阻值不稳,说明该电阻器已坏。

注意:在测量中拿电阻的手不要与电阻器的两个引脚相接触,这样会使手所呈现的电阻与被测电阻并联,影响测量的准确性。其次,不能在带电情况下用万用表电阻挡检测电路中电阻器的阻值(应首先断电,再将电阻从电路中断开出来,然后进行测量)。

b. 保险丝电阻和敏感电阻的检测

保险丝电阻一般阻值只有几欧到几十欧,若测得阻值为无限大,则已熔断。也可在线检测保险丝电阻的好坏,分别测量保险丝电阻两端对地电压,若一端为电源电压,一端电压为0伏,则说明保险丝电阻已熔断。

敏感电阻种类较多,以热敏电阻为例,分为正温度系数和负温度系数热敏电阻。对于正温度系(PTC)热敏电阻,在常温下一般阻值变化不大,在测量中用烧热的电烙铁靠近电阻,若阻值明显增大,说明该电阻正常,若无变化说明元件损坏;负温度系热敏电阻则相反。

光敏电阻在无光照(用手或物遮住光)的情况下测得阻值较大,有光照则电阻值有明显减小。若无变化,则元件损坏。

c. 可变电阻和电位器的检测

首先测量两固定端之间电阻值是否正常,若为无限大或零欧、与标称相差较大、超过误差允许范围等都说明该电阻已损坏;若电阻体阻值正常,则将万用表一只表笔接电位器滑动端,另一只表笔接电位器(可调电阻)的任一固定端,缓慢旋动轴柄,观察表针是否平稳变化,当从一端旋向另一端时,阻值从零欧变化到标称值(或相反),无跳变或抖动等现象,则说明电位器正常,若在旋转的过程中有跳变或抖动现象,说明滑动点处电阻体接触不良。

③电桥测量

如要求精确测量电阻器的阻值,可通过电桥(数字式)进行测试。将待测电阻插入电桥元件测量端,选择合适的量程,即可从显示器上读出待测电阻阻值。当用电阻丝自制电阻或对固定电阻器进行处理以获得某一较为精确的电阻值时,通常采用电桥测量。

(6) 电阻的识别方法

①色环电阻的识别方法

图 1.30 所示为色环电阻数值读取表。带有四个色环的电阻,其第一、二环分别代表阻值的前两位数;第三环代表倍率;第四环代表误差。快速识别的关键在于根据第三环的颜色把阻值确定在某一数量级范围内(如几点几千欧、还是几十几千欧),再将前两环读出的数“代”进去,就可很快读出数来。具体步骤如下:

a. 熟记第一、二环每种颜色所代表的数。图 1.31 所示为色环电阻颜色代码表(棕 1、红 2、橙 3、黄 4、绿 5、蓝 6、紫 7、灰 8、白 9、黑 0)。

b. 记准记牢第三环颜色所代表的阻值范围。从数量级来看,可划分为三个大的等级:金、黑、棕色是欧姆级的;红、橙、黄色是千欧级的;绿、蓝色则是兆欧级的。

c. 当第二环是黑色时,第三环颜色所代表的则是整数,即几、几十、几百千欧等,这是读数时的特殊情况,要注意。例如第三环是红色,则其阻值即是千欧的整数倍(倍数小于 9)。

d. 记住第四环颜色所代表的误差,即:金色为 5%;银色为 10%;无色为 20%。

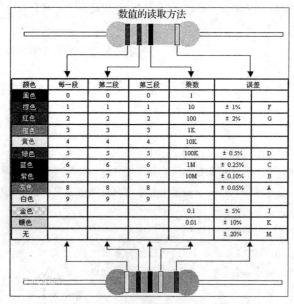

颜色	每一段	第二段	第三段	乘数	误差	
黑色	0	0	0	1		
棕色	1	1	1	10	± 1%	F
红色	2	2	2	100	± 2%	G
橙色	3	3	3	1K		
黄色	4	4	4	10K		
绿色	5	5	5	100K	± 0.5%	D
蓝色	6	6	6	1M	± 0.25%	C
紫色	7	7	7	10M	± 0.10%	B
灰色	8	8	8		± 0.05%	A
白色	9	9	9			
金色				0.1	± 5%	J
银色				0.01	± 10%	K
无					± 20%	M

图 1.30　色环电阻数值读取表

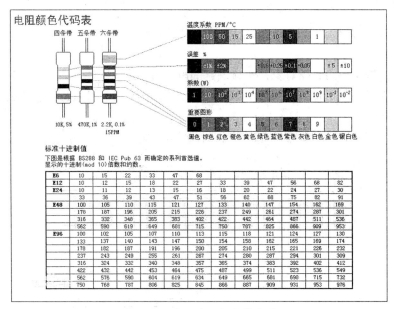

图 1.31　色环电阻颜色代码表

例如当四个色环依次是黄、橙、红、金色时，因第三环为红色、阻值范围是几点几千欧的，按照黄、橙两色分别代表的数"4"和"3"代入，则其读数为 4.3 kΩ。第四环是金色表示误差为 5%。

又如当四个色环依次是棕、黑、橙、金色时，因第三环为橙色，第二环又是黑色，阻值应是整几十千欧的，按棕色代表的数"1"代入，读数为 10 kΩ。第四环是金色，其误差为 5%。

②贴片电阻的识别方法

贴片元件具有体积小、重量轻、安装密度高、抗震性强、抗干扰能力强、高频特性好等优点，广泛应用于计算机、手机、电子词典、医疗电子产品、摄录机、电子电度表及 VCD 机等。贴片元件按其形状可分为矩形、圆柱形和异形三类；按种类分有电阻器、电容器、电感器、晶体管及小型集成电路等。贴片元件与一般元器件的标称方法有所不同。

片状电阻器的阻值和一般电阻器一样，在电阻体上标明，共有三种阻值标称法，但标称方法与一般电阻器不完全一样。

a. 数字索位标称法（一般矩形片状电阻采用这种标称法）

数字索位标称法就是在电阻体上用 3 位数字来标明其阻值。它的第 1 位和第 2 位为有效数字，第 3 位表示在有效数字后面所加"0"的个数。这一位不会出现字母。例如："472"表示"4 700 Ω"；"151"表示"150 Ω"。

如果是小数，则用"R"表示"小数点"，并占用 1 位有效数字，其余两位是有效数字。例如"2R4"表示"2.4 Ω""R15"表示"0.15 Ω"。

如果采用 4 位数字表示，则前 3 位表示有效数字，第 4 位表示倍率。例如 2 702＝27 000＝27 kΩ。

b. 色环标称法（圆柱形固定电阻器通常采用）

贴片电阻与一般电阻一样，大多采用 4 环（有时 3 环）标明其阻值。第 1 环和第 2 环是有效数字，第 3 环是倍率。例如"棕绿黑"表示"15 Ω""蓝灰橙银"表示"68 kΩ"，误差±10%。

c. E96 数字代码与字母混合标称法

数字代码与字母混合标称法也采用三位标明电阻阻值，即"两位数字加一位字母"，其中两位数字表示的是E96 系列电阻代码，第三位是用字母代码表示的倍率。例如"51D"表示"332×103"即 332 kΩ；"249Y"表示"249×10^{-2}"即 2.49 Ω。

本章小结

（1）电路分析课程的研究对象是实际电路的电路模型，是由实际元件（根据电路具体特点）抽象为理想化元件所组成的，无论简单或者复杂的实际电路都可以通过理想化的电路模型充分地描述。

（2）图 1.32 所示为"电路分析"课程的基本框架结构。

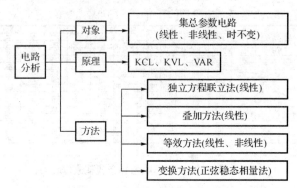

图 1.32　"电路分析"课程框架图

（3）电路分析的基本变量有电压和电流、电位、电动势、电功率和电能等。分析电压和电流时，必须注意实际方向和参考方向的不同。参考方向是人为选定的方向。后面的计算和分析中，电压和电流都是对应选定参考方向的物理量。当参考方向和实际方向一致时，某一电压或电流的值应为正；反之则为负。当同一元件（或支路）的电压与电流参考方向一致时，称为关联参考方向。

（4）在分析计算电路的电流、电压和瞬时功率时，必须注意：

①在电路图中所用到的电压、电流，一定要先设定参考方向，这是分析求解电路的前提，否则计算结果的正、负没有实际意义。

②在利用公式进行计算前，一定要先明确某支路或某元件两端的电压与其流过电流的参考方向是关联还是非关联，否则无法正确列写方程。

③在计算功率时，应注意：当 u、i 参考方向关联时，功率计算公式为 $p=ui$；非关联时，功率计算公式为 $p=-ui$。利用这两个公式进行功率计算，当计算结果 $p>0$，说明该支路或元件在吸收（或消耗）功率；当 $p<0$ 时，说明该支路或元件在放出（或产生）功率。

（5）伏安关系用来描述某一电路元件两端的电压与流过该元件的电流之间的相互关系。

①欧姆定律反映了无源线性电阻元件的伏安关系。独立电源有独立电压源和独立电流源两种，都能够独立对外提供能量。受控电源实质上是一个多端元件，对外不能独立提供能量。

②理想电压源和理想电流源都是实际电源在不考虑内阻影响时的电路模型。独立电压源输出的电压与外接负载的变化无关；独立电流源输出的电流与外接负载的变化也无关。独立电压源流过的电流受与之相连的外电路影响，独立电流源两端的电压受与之相连的外电路影响。

③一个实际电源有两种电路模型：理想电压源与内阻相串联的电压源模型和理想电流源与内阻相并联的电流源模型，其中的串、并联不能混淆。

（6）电路的拓扑约束和元件约束是电路分析的基本依据。

①KCL 是电路中各支路电流在节点（或闭合面）处所必须遵循的约束关系，与支路中元件的性质无关，体现了电荷守恒。

②KVL 是电路各支路(元件)电压在回路中所必须遵循的约束关系,与支路(或元件)的性质无关,体现了能量守恒。

③KCL 和 KVL 适用于任何集中参数电路(包括线性电路和非线性电路,时变电路和时不变电路)

④欧姆定律仅适用于线性电阻,无论线性电阻元件的电压和电流如何变化,线性电阻的欧姆定律都成立。

⑤利用上述 KVL、KCL 和欧姆定律进行电路分析时,必须先对所要用到的电压和电流设定参考方向,再进行方程列写和计算。

⑥可以证明:具有 n 个节点,b 条支路的电路,必有$(n-1)$个独立节点,$(b-n+1)$个独立回路或者网孔。

习题 1

1.1　已知某电路中 $U_{ab}=-8$ V,则 a、b 两点中哪点电位高? 若 $U_{ab}=8$ V,$U_{ab}=0$ V 呢?

1.2　图 1.33 中,已知 $U_a=-6$ V,$U_b=5$ V,要求:①求 U_{ac}、U_{bc}、U_{ab};②若改 b 为参考点,求 U_a、U_b、U_c 及 U_{ac}、U_{bc}、U_{ab};③由计算结果可说明什么道理?

1.3　计算图 1.34 中电源装置的功率,并说明它是吸收还是发出功率?

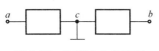

图 1.33　习题 1.2 电路图

图 1.34　习题 1.3 电路图

1.4　计算图 1.35 所示电路中各元件的功率,并验证功率守恒定律。

1.5　标出图 1.36 中的未知电流及其方向,根据已知电流确定各未知电流;标出并计算各电流源两端的电压。

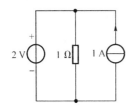

图 1.35　习题 1.4 电路图

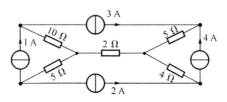

图 1.36　习题 1.5 电路图

1.6　标出图 1.37 中的未知电压及其方向,根据已知电压确定各未知电压。

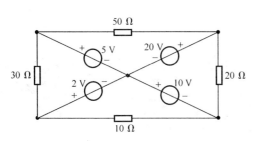

图 1.37　习题 1.6 电路图

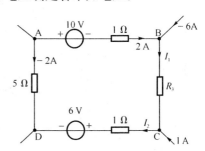

图 1.38　习题 1.7 电路图

1.7　电路如图 1.38 所示,要求:①计算电路中的电流 I_1 和 I_2;②计算电压 U_{AB}、U_{BC};③求电阻 R_3 的值。

1.8　求图 1.39 所示电路中的电压 U_{AB}。

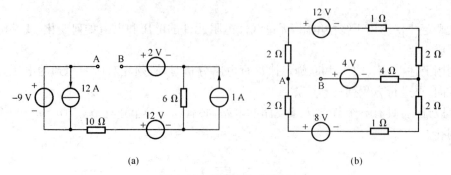

(a)　　　　　　　　　　　　　　　(b)

图 1.39　习题 1.8 电路图

1.9　求图 1.40 所示电路中的电压 U 及电流 I,并计算各元件吸收或发出的功率。

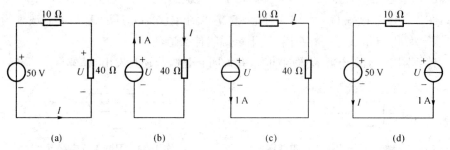

(a)　　　　　(b)　　　　　(c)　　　　　(d)

图 1.40　习题 1.9 电路图

1.10　求图 1.41 所示电路中各电源元件的功率。

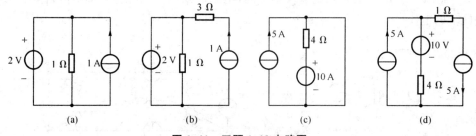

(a)　　　　　(b)　　　　　(c)　　　　　(d)

图 1.41　习题 1.10 电路图

1.11　电路如图 1.42 所示,已知 16 V 电压源发出 8 W 功率。试求 U、I 及未知元件吸收的功率。

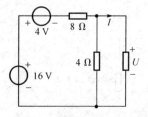

图 1.42　习题 1.11 电路图

2 电路分析的等效变换

由独立电源、线性电阻元件及受控源组成的电路称为线性电阻电路。分析线性电阻电路的基本依据是电路所普遍遵循的两类约束——"拓扑约束"和"元件约束",它们分别通过基尔霍夫定律(KCL 和 KVL)及电路元件的伏安特性(VAR)具体体现。线性电阻电路的分析方法很多,"等效变换法"是一种非常实用的方法,其核心是将电路中的某一部分用一个对外具有相同作用效果的简单电路来等效代替,以达到简化电路分析与计算的目的(尤其针对简单电阻电路)。本章将通过讨论不同二端网络的等效变换对其进行介绍。

2.1　无源电阻网络的等效变换

通常把由各电路元件相互连接组成的对外只有两个端钮的网络称为二端网络或单口网络。按照其内部是否含独立电源分为含源二端网络和无源二端网络;按照其内部元件是否具有线性分为线性二端网络和非线性二端网络。

如果两个二端网络 N_1 与 N_2 具有完全相同的伏安特性,则称二端网络 N_1 与 N_2 互为等效网络(电路)。这两个二端网络的内部结构与元件参数可能完全不同,但对其外电路而言,无论接入 N_1 或 N_2,它们的作用结果均相同,外部电路各处的电流、电压将不会变化。

通过对电阻、电源的等效变换,我们可以采用等效变换法对简单直流稳态电路进行分析与计算。首先对无源电阻网络的等效变换进行分析和讨论。

2.1.1　电阻的串联

图 2.1(a)所示是 n 个电阻相串联组成的二端网络,其特点是电路没有分支,流过各电阻的电流相同。根据 KVL 和欧姆定律有:

$$R_{eq} = \frac{u}{i} = (R_1 + R_2 + \cdots + R_n) = \sum_{k=1}^{n} R_k \tag{2.1}$$

R_{eq} 称为这些串联电阻的等效电阻。显然,串联等效电阻值大于任意一个串联其中的电阻阻值。用等效电阻替代这 n 个串联电阻的组合,电路被简化为图 2.1(b)。

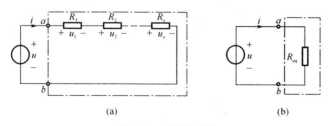

图 2.1　电阻的串联

图 2.1(a)和(b)图的内部结构显然不同,但是它们在端钮 a、b 处的伏安关系却完全相同,即它们互为等效电路,图 2.1(b)为(a)的等效电路。

若各电阻元件的电压、电流取关联参考方向,如图 2.1(a)所示,则各串联电阻上的电压可表示为：

$$u_k = R_k i = \frac{R_k}{R_{eq}} u \quad (k = 1, 2, \cdots, n) \tag{2.2}$$

式(2.2)通常称为分压公式,即:相互串联的各电阻两端的电压值与其电阻值成正比。注意:在运用式(2.2)分压公式时,必须注意各电压的参考方向。

由式(2.2)还可推出,n 个电阻串联吸收的总功率,等于各个电阻吸收的功率之和,并且等于其等效电阻吸收的功率,即

$$p = ui = (R_1 + R_2 + \cdots + R_n)i^2 = R_1 i^2 + R_2 i^2 + \cdots + R_n i^2 = \sum_{k=1}^{n} R_k i^2 = R_{eq} i^2 \tag{2.3}$$

2.1.2　电阻的并联

图 2.2(a)所示是 n 个电导(电阻)相并联组成的二端网络,其特点是相并联的各电导(电阻)两端具有相同的电压。根据 KCL 和欧姆定律则有:

$$\frac{1}{R_{eq}} = \frac{i}{u} = \frac{1}{R_1} + \frac{1}{R_2} + \cdots + \frac{1}{R_n} \text{ 或 } G_{eq} = (G_1 + G_2 + \cdots + G_n) = \sum_{k=1}^{n} G_k \tag{2.4}$$

式(2.4)中 G_{eq} 称为等效电导,图 2.2(b)为(a)的化简等效电路。

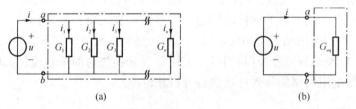

图 2.2　电阻的并联

当两个电阻并联时,其等效电阻为:

$$R_{eq} = \frac{R_1 R_2}{R_1 + R_2} \tag{2.5}$$

在关联参考方向下,电导(电阻)并联时,各并联电导(电阻)上的电流可表示为:

$$i_k = G_k u = \frac{G_k}{G_{eq}} i \quad (k = 1, 2, \cdots, n) \tag{2.6}$$

式(2.6)常称为分流公式,即相互并联的各电导中流过的电流值与其电导值成正比(或相互并联的各电阻中流过的电流值与其电阻值成反比)。同样,在运用式(2.6)求取各电导(电阻)电流时,也应注意各电流的参考方向。

通过式(2.6)还可推出,n 个电导(电阻)并联吸收的总功率,等于各个电导(电阻)吸收的功率之和,并且等于其等效电导(电阻)吸收的功率,即

$$p = ui = G_1 u^2 + G_2 u^2 + \cdots + G_n u^2 = \sum_{k=1}^{n} G_k u^2 = G_{eq} u^2 \tag{2.7}$$

电阻串联的分压性质和电阻并联的分流性质常用于电压表和电流表的量程范围的改变。

【例 2.1】　图 2.3 为电阻分压电路。已知 $R_1 = 3 \text{ k}\Omega$,$R_3 = 7 \text{ k}\Omega$,R_2 是总阻值为 10 kΩ 的电

位器(该电位器具有 3 个端钮,可以通过活动触头改变接入电路的电阻值)。
若该电路的输入电压 u_1 为 20 V,试求输出电压 u_2 的变化范围。

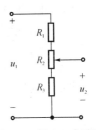

解 ①当电位器滑动触头在最下端时,输出电压 u_2 最小,表示为:

$$u_{2min}=\frac{R_3}{R_1+R_2+R_3}u_1=\frac{7}{3+7+10}\times 20=7 \text{ V}$$

②当电位器滑动触头在最上端时,输出电压 u_2 最大,表示为:

$$u_{2max}=\frac{R_2+R_3}{R_1+R_2+R_3}u_1=\frac{10+7}{3+7+10}\times 20=17 \text{ V}$$

图 2.3 例 2.1 电路图

③由前面可以得到,调节电位器 R_2 触头时,输出电压 u_2 的变化范围在 7～17 V。

2.1.3 电阻的混联

兼有电阻串联和并联的电路称为混联电路。在计算串、并及混联电路的等效电阻时,应根据电阻串联、并联的基本特征,认真判别电阻间的连接方式,然后利用前述公式进行化简。

在无源线性电阻网络的具体分析化简中应注意:

(1) 应明确串联、并联是针对某两端钮而言的,抽象地谈论串、并联是没有意义的。

(2) 电路中若存在无电阻导线,可将其缩成一点(即短路线相连的两点可等效为一点),这样并不影响电路的其他部分。

(3) 对于等电位点之间的电阻支路,既可将它看做开路,也可看做短路。

(4) 对于对称网络,也可利用对称轴上所有节点均为等电位点的性质对电路进行简化。

通过以上处理方法,可使电路得以简化,有利于判断电阻的连接关系,更快地求出等效电阻。

在无源电阻网络中,若已知网络端口的总电压(或总电流),求各电阻上的电压或电流时,一般采用下面的求解步骤:

(1) 求出该无源电阻网络的等效电阻 R_{eq} 或者等效电导 G_{eq}。

(2) 采用欧姆定律求出网络端口处的总电流(或总电压)。

(3) 利用分压公式或者分流公式求解各电阻上的电压和电流。

【例 2.2】 利用等效变换法求出图 2.4(a)所示电路的等效电阻,已知 $R_1=6 \text{ }\Omega,R_2=3 \text{ }\Omega$,$R_3=8 \text{ }\Omega,R_4=2 \text{ }\Omega$。

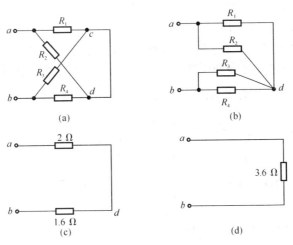

图 2.4 例 2.2 电路图

解　由图(a)观察可得,节点 c、d 之间为无电阻导线,故可将其缩为一点 d,如图(b)所示。

由图(b)观察可得,电阻 R_1、R_2 为并联连接,可根据并联等效公式得到其等效电阻为:

$$R_{ad}=R_1 /\!/ R_2=\frac{3\times 6}{3+6}=2\ \Omega$$

同理,电阻 R_3、R_4 也为并联连接,可根据并联等效公式得到其等效电阻为:

$$R_{db}=R_3 /\!/ R_4=\frac{2\times 8}{2+8}=1.6\ \Omega$$

相应等效电路如图(c)所示。

观察图(c)可知,电阻 R_{ad} 与 R_{db} 之间为串联连接,根据电阻串联等效公式可得 ab 端的等效电阻为:

$$R_{ab}=R_{ad}+R_{db}=2+1.6=3.6\ \Omega$$

相应等效电路如图(d)所示。

【例 2.3】　利用电阻的等效变换求出图 2.5(a)所示电路的等效电阻,已知 $R_1=12\ \Omega$, $R_2=6\ \Omega$,$R_3=8\ \Omega$,$R_4=4\ \Omega$,$R_5=10\ \Omega$。

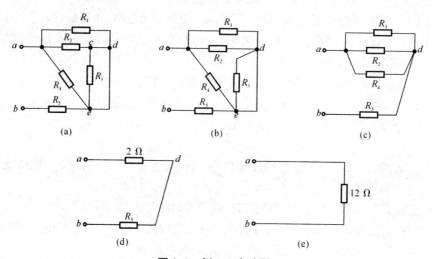

图 2.5　例 2.3 电路图

解　由图(a)观察可得,节点 c、d 之间为无电阻导线,故可将其缩为一点 d,如图(b)所示。

观察(b)图可知,节点 d、e 之间也为无电阻导线,故也可将其缩为一点 d,同时 d、e 之间的电阻 R_3 可视为短路或开路,即可以忽略(d、e 两节点为等电位点),如图(c)所示。

由图(c)观察可得,电阻 R_1、R_2、R_4 为并联连接,可根据并联等效公式得到其等效电阻为 $R_{ad}=R_1 /\!/ R_2 /\!/ R_4$,计算时可分步利用两个电阻并联的等效公式计算,得到 $R_{ad}=(R_1 /\!/ R_2) /\!/ R_4=\left(\frac{12\times 6}{12+6}\right) /\!/ 4=4 /\!/ 4=2\ \Omega$,或利用三个电阻相并联的等效公式直接计算,即

$$\frac{1}{R_{ad}}=\frac{1}{R_1}+\frac{1}{R_2}+\frac{1}{R_3}=\frac{1}{12}+\frac{1}{6}+\frac{1}{4}=\frac{1}{2}$$

可得 $R_{ad}=2\ \Omega$。其等效电路如图(d)所示。

观察图(d)可知,电阻 R_5 与 R_{ad} 之间为串联连接,可得 $R_{ab}=R_{ad}+R_5=2+10=12\ \Omega$,如图(e)所示。

2.1.4　电阻的星形与三角形连接

前面讨论的都是二端网络,当一个网络的各电路元件相互连接组成对外有三个端钮的网络

时,我们把这种网络称为三端网络。对于三端网络,也可根据其端口对外的关系完全相同的原则进行等效变换。电阻元件的星形和三角形连接网络是最简单的三端网络。

下面分别对电阻的星形连接和三角形连接及其等效进行讨论。

1) 电阻的星形连接

三个电阻各有一端连接在一起成为电路的一个节点 O,而另一端分别接到 a、b、c 三个端钮上与外电路相连,这种连接方式叫做星形(Y形)连接,如图 2.6 所示。

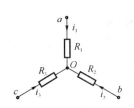

图 2.6 电阻的星形连接

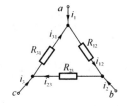

图 2.7 电阻的三角形连接

2) 电阻的三角形连接

三个电阻分别接在 a、b、c 三个端钮中的每两个之间,围成一个三角形,称为三角形(△形)连接,如图 2.7 所示。

3) 电阻星形连接和三角形连接的等效变换

电阻星形连接和三角形连接的网络都是电阻三端网络,如果能够遵循等效变换的原则将这两种三端网络相互进行等效变换,则可以通过等效变换对某些复杂电路(如桥式电路)进行简化,使电路的分析计算更为方便快捷。

电阻星形连接网络和三角形连接网络之间的等效变换原则仍然是具有完全相同的对外特性,即对应两端钮之间的电压相同,流入对应端钮的电流也相同。

依据此原则,对于图 2.6 所示电阻星形连接网络和图 2.7 所示电阻三角形连接网络,若令两三端网络的端钮 c 均对外断开,则图 2.6 中 a、b 端钮间的等效电阻应等于图 2.7 中 a、b 端钮间的等效电阻,即

$$R_1 + R_2 = \frac{R_{12}(R_{23} + R_{31})}{R_{12} + R_{23} + R_{31}} \tag{2.8}$$

同理可得:

$$R_2 + R_3 = \frac{R_{23}(R_{12} + R_{31})}{R_{12} + R_{23} + R_{31}} \tag{2.9}$$

$$R_1 + R_3 = \frac{R_{13}(R_{12} + R_{23})}{R_{12} + R_{23} + R_{31}} \tag{2.10}$$

将上面三式相加,化简后可得:

$$R_1 + R_2 + R_3 = \frac{R_{12}R_{23} + R_{23}R_{31} + R_{31}R_{12}}{R_{12} + R_{23} + R_{31}} \tag{2.11}$$

将式(2.11)分别与式(2.8)、式(2.9)、式(2.10)相减,可得:

$$\begin{cases} R_1 = \dfrac{R_{31}R_{12}}{R_{12} + R_{31} + R_{23}} \\[2mm] R_2 = \dfrac{R_{23}R_{12}}{R_{12} + R_{31} + R_{23}} \\[2mm] R_3 = \dfrac{R_{23}R_{31}}{R_{12} + R_{31} + R_{23}} \end{cases} \tag{2.12}$$

式(2.12)为三角形电阻网络等效为星形电阻网络的电阻对应关系式。为便于记忆,可将其归纳如下:

$$星形电阻 = \frac{三角形相邻两边电阻之积}{三角形三边电阻之和} \tag{2.13}$$

同理,如果已知星形电阻网络,则将式(2.8)、式(2.9)、式(2.10)两两相乘再相加,化简整理得:

$$R_1R_2 + R_2R_3 + R_3R_1 = \frac{R_{12}R_{23}R_{31}}{R_{12} + R_{23} + R_{31}} \tag{2.14}$$

将式(2.12)中各式分别除以式(2.14),可得:

$$\begin{cases} R_{12} = \dfrac{R_1R_2 + R_1R_3 + R_2R_3}{R_3} \\[2mm] R_{23} = \dfrac{R_1R_2 + R_1R_3 + R_2R_3}{R_1} \\[2mm] R_{31} = \dfrac{R_1R_2 + R_1R_3 + R_2R_3}{R_2} \end{cases} \tag{2.15}$$

式(2.15)为星形电阻网络等效为三角形电阻网络的电阻对应关系式。为便于记忆,可将其归纳如下:

$$三角形电阻 = \frac{星形中各电阻两两相乘之和}{星形中相对端钮的电阻} \tag{2.16}$$

注意:①应用式(2.12)、式(2.15)进行星形和三角形电阻网络之间的等效变换时,变换前后,对应端钮间的电压和电流都将保持不变,即外特性不变。②当星形网络中三个电阻阻值相等时(即 $R_1 = R_2 = R_3 = R_Y$),则等效的三角形电阻网络的三个电阻阻值也相等,且有 $R_\triangle = R_{12} = R_{23} = R_{31} = 3R_Y$;同理,若三角形网络的三个电阻阻值相等(即 $R_{12} = R_{23} = R_{31} = R_\triangle$),则有 $R_Y = R_1 = R_2 = R_3 = R_\triangle/3$。

思考题

(1) 某一个电路被等效变换为另一个电路,其等效的意义体现在何处?

(2) 电阻的串联和并联各有什么特点?

(3) 求图 2.8 所示电路的等效电阻 R_{ab}。

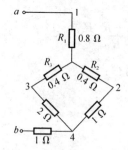

图 2.8 思考题(3)电路图

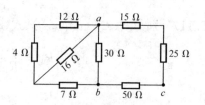

图 2.9 思考题(4)电路图

(4) 求图 2.9 所示电路的等效电阻 R_{ab}、R_{bc}。

2.2 含独立源网络的等效变换

对于含源网络,也可以利用等效变换的方法对网络进行简化。首先讨论含独立源网络的等效变换。

2.2.1 理想电压源的连接与等效

1) 串联

n 个理想电压源串联,可用一个等效电压源来替代,等效电压源的电压等于各串联电压源电压的"代数和"。如图 2.10 所示,即

$$u_s = u_{s_1} + u_{s_2} + \cdots + u_{s_n} = \sum_{k=1}^{n} u_{s_k} \tag{2.17}$$

(注意:在应用式(2.17)时,要根据各串联电压源的具体极性来确定其在"代数和"运算中的符号。)

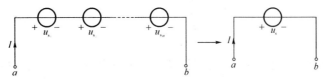

图 2.10 电压源的串联及其等效电路

2) 并联

n 个理想电压源,只有在各电压源电压值相等且极性一致的情况下才允许并联,否则违背 KVL,其等效电路为其中的任一电压源,如图 2.11 所示。

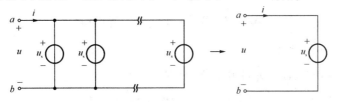

图 2.11 电压源的并联及其等效电路

3) 与其他元件的并联

与理想电压源并联的任一元件或支路,对理想电压源的电压无影响,即对该理想电压源的外特性没有影响。如图 2.12 所示,图(a)中电流源 i_s 与图(b)中电阻 R,对电压源的电压都没有影响,根据等效的概念,图 2.12(a)、(b)所示的并联电路都可用一个等效的电压源替代,即可用图 2.12(c)所示电路等效。(注意:此时等效电压源的电压仍为 u_s,但其电流不等于图 2.12(a)、(b)中电压源的电流(即等效前电压源中的电流),而是等于外部电流 i。)

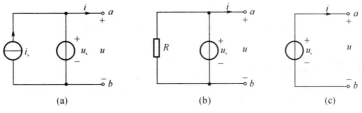

(a)　　　　　　　　(b)　　　　　　　　(c)

图 2.12 电压源的并联及其等效电路

2.2.2 理想电流源的连接与等效

1) 串联

n 个理想电流源,只有在各电流源电流值相等且方向一致的情况下才允许串联,否则违背 KCL,其等效电路为其中的任一电流源,如图 2.13 所示。

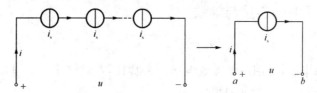

图 2.13 电流源的串联及其等效电路

2) 并联

n 个理想电流源并联电路可等效为一个电流源,等效电流源的电流为各并联电流源电流的"代数和",如图 2.14 所示。即

$$i_s = i_{s_1} + i_{s_2} + \cdots + i_{s_n} = \sum_{k=1}^{n} i_{s_k} \tag{2.18}$$

同样应注意,在应用式(2.18)时,要根据各并联电流源的具体方向来确定其在"代数和"运算中的符号。

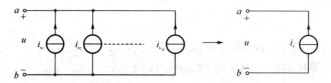

图 2.14 电压源的串联及其等效电路

3) 与其他元件的串联

与理想电流源串联的任一元件或支路,对理想电流源的电流无影响,即对该理想电流源的外特性没有影响。如图 2.15 所示,图(a)中电压源 u_s 与图(b)中电阻 R,对电流源的电流都没有影响,根据等效的概念,图 2.15(a)、(b)所示的串联电路都可用一个等效的电流源替代,即可用图 2.15(c)所示电路等效。(注意:此时等效电流源的电流仍为 i_s,但其电压不等于图 2.15(a)、(b)中电流源的电压(即等效前电流源两端的电压),而是等于外部电压 u。)

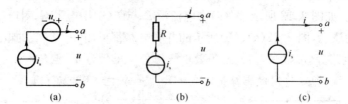

图 2.15 电流源的串联及其等效电路

2.2.3 两种实际电源模型间的等效变换

前面已经知道,实际电源存在两种电路模型:电压源模型和电流源模型。两种模型之间可

以进行等效变换。如图 2.16 所示。

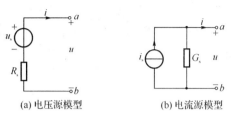

(a) 电压源模型　　　　　(b) 电流源模型

图 2.16　实际电源的等效电路模型

按照等效的概念,对于图 2.16(a)所示的电压源模型,可知其端口的伏安关系为:

$$u = u_{s} - R_{s}i \qquad (2.19)$$

同样对 2.16(b)所示的电流源模型,可知其端口的伏安关系为:

$$i = i_{s} - uG_{s} \qquad (2.20)$$

按照等效的概念,当图 2.16(a)、(b)所示电路端口的伏安关系完全相同时,两者之间互为等效电路。经过讨论,可以得到它们等效的条件是:

$$i_{s} = \frac{u_{s}}{R_{s}} \quad G_{s} = \frac{1}{R_{s}} \qquad (2.21)$$

等效变换时应注意:

(1) 理想电流源的方向对应理想电压源的负极指向正极的方向。

(2) 两种电源模型间的相互变换,只对其外部电路等效,对电源内部电路是不等效的。

(3) 理想电压源没有等效的电流源模型,理想电流源也没有等效的电压源模型。

【例 2.4】 利用等效变换法将图 2.17(a)所示电路简化为理想电压源与电阻串联的电路。

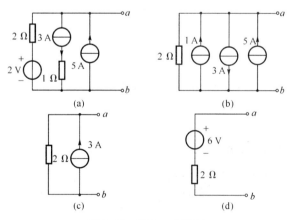

图 2.17　例 2.4 电路图

解 利用电源的串并联和等效变换的方法,按图 2.17(b)、(c)、(d)顺序逐步简化,便可得到理想电压源和电阻的串联组合等效电路,如图(d)所示。

2.2.4　含独立源网络的等效变换

两种实际电源的等效变换,也可看成是理想电压源与电阻的串联电路、理想电流源与电导的并联电路之间的等效变换,并不一定局限于电源自身。由此可推广至含独立源网络。我们可以得到含独立源网络的等效变换方法,即利用实际电源的两种模型之间的等效变换方法和电阻的等效变换方法,经过不断简化、等效,最终可将含独立源的二端网络化简为理想电压源串联电阻的等效电路模型(戴维南电路模型)或者理想电流源并联电阻的等效电路模型(诺顿电路模型)。

【例 2.5】 利用等效变换法将图 2.16(a)所示含源二端网络简化为理想电压源与电阻串联的电路模型。

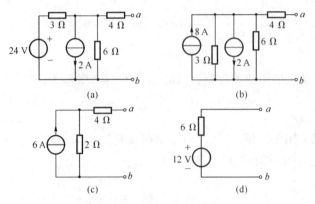

图 2.18　例 2.5 电路图

解 观察(a)图可知,24 V 电压源所在支路与 2 A 的电流源所在支路之间为并联连接,故可以将 24 V 电压源与 3 Ω 电阻串联支路等效变换为 8 A 电流源与 3 Ω 电阻并联的电路模型,如图(b)所示,然后与 2 A 电流源及 6 Ω 电阻进行简化(注意电流源的方向判断)。得到图(c)所示等效电路。

观察图(c)可知,6 A 电流源和 2 Ω 电阻组成的实际电流源模型与 4 Ω 电阻之间是串联连接,故将该实际电流源模型变换为实际电压源模型,然后进行简化,可得图(d)所示电路。

思考题

(1) 任意的独立电压源都有等效的电流源模型吗?同样,任意的独立电流源都有等效的电压源模型吗?

(2) 将图 2.19 所示各电路等效简化为实际电源的电压源模型。

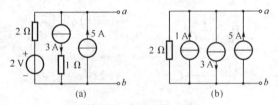

图 2.19　思考题(2)电路图

(3) 两种电源模型等效变换的条件是什么?等效变换时如何确定理想电压源和理想电流源的方向?

(4) 电压源和电阻的并联组合与电流源和电阻的串联组合能否进行等效变换?为什么?

(5) 作出图 2.20 所示各电路对 a、b 端钮的最简等效电路图。

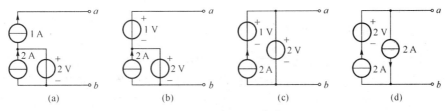

图 2.20 思考题(5)电路图

2.3 含受控源网络的等效变换

像含独立源网络的等效变换一样,含受控源网络也可依据等效的概念进行等效变换,实现简化电路的目的。含受控源网络中受控电压源和受控电流源之间也可以进行等效变换,变换方法与独立源相同。只是必须注意:①在变换时不要消除受控源的控制量(即应保持控制量所在支路不变),以免引起电路变化。②当受控源及其控制量不在同一二端网络内时,该二端网络不能进行等效变换。

2.3.1 含受控源的无源二端网络

当二端网络只由受控源和线性电阻组成时(内部不含独立电源),称该网络为含受控源的无源二端网络。下面通过例题对此类网络的等效变换进行讨论。

【例 2.6】 求图 2.21(a)所示电路的输入电阻。

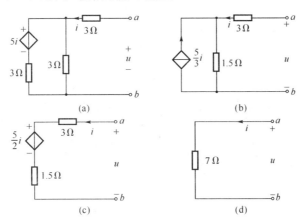

图 2.21 例 2.6 电路图

解 因受控电压源支路与其右边 3 Ω 电阻支路之间是并联关系,故先将受控电压源模型等效变换为受控电流源模型,得到图 2.21(b)所示电路,对该电路继续进行简化,将受控电流源模型再转换为受控电压源模型,得到(c)图,因(c)是简单的回路,可直接列出回路的 KVL 方程:

$$u = 4.5i + 2.5i$$

即

$$u = 7i$$

由上式可知电路的输入电阻为 $R_i = 7$ Ω,其等效电路如图(d)所示。

在例 2.6 中,因为受控源的控制量为端口处电流 i,一直保留在电路中,因此对受控电压源的变换不构成影响。由例 2.6 还可看出,在求含受控源网络的等效电路时,最终需要对电路端口处列写 KVL 方程或 KCL 方程,通过对方程进行化简,才可得到最简等效电路。

由以上分析还可得出,含受控源的无源二端网络,最终可以等效为一个电阻,阻值可正可负,这是由受控源性质的特殊性决定的。

2.3.2　含受控源的有源二端网络

当二端网络中含有独立电源、受控电源和线性电阻时,我们称该二端网络为含受控源的含源二端网络。此类网络在进行等效时,方法和前面含受控源的无源二端网络相似。

【例 2.7】　用等效变换法将图 2.22 所示电路化简为理想电压源与电阻串联的电路模型。

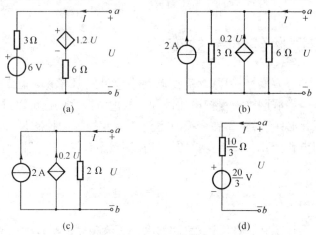

图 2.22　例 2.7 电路图

解　按电源等效变换法将原电路中的电压源支路及受控源支路分别逐步变换,变换过程如图 2.22(b)、(c)所示。对图 2.22(c)电路可列写 KCL 方程:

$$U=(I+2+0.2U)\times 2$$

即

$$0.3U=I+2$$

$$U=\frac{10}{3}I+\frac{20}{3}$$

根据此关系式,可得到其等效电路如图(d)所示。所以可知(d)图为原电路的理想电压源与电阻串联的最简等效电路。

总结:本章介绍的等效变换法,其实质就是利用电阻和电源的等效变换,对简单的电路直接进行化简计算,对较复杂的电路进行化简后再分析计算。下面以直流稳态电路为例继续介绍等效变换法的应用。

【例 2.8】　利用等效变换法求图 2.23(a)所示电路中的电流 I。

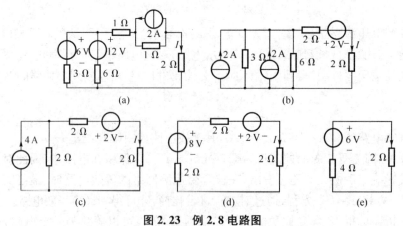

图 2.23　例 2.8 电路图

解　①先将 I 支路以左电路进行等效变换,化简为最简等效电路。

观察图(a)可知,6 V 与 12 V 电压源所在支路之间为并联连接,故需等效变换为实际电流源模型以便进行等效化简;2 A 理想电流源和 1 Ω 电阻构成的实际电流源模型与外部电路之间为串联连接,故需等效变换为实际电压源模型以便进行等效化简,如图(b)所示。化简后的等效电路如图(c)所示。

观察图(c)可得,4 A 理想电流源和 2 Ω 电阻构成的实际电流源模型与其相邻支路之间是串联连接,故需将其等效变换为实际电压源模型以便进一步对电路进行化简,如图(d)所示。

利用理想电压源的串联等效公式与电阻的串联等效公式对图(d)电路进一步进行等效变换和化简,可得到图(e)所示电路。

②利用化简后的等效电路对待求量进行计算。

由图(e)电路可得,在图示参考方向下,电路中的电流 $I = \dfrac{6}{2+4} = 1$ A。

在应用等效变换法时应注意:①等效电路与原电路的内部结构是不同的,如要计算原电路内部的电压、电流,就必须回到原电路,根据原电路的特点,对其内部的电压、电流进行分析和计算;②等效变换法适用于只求解电路中某一条支路的电压或电流的情况;③等效变换法对结构简单的电路更为适用,若电路结构较复杂,用等效变换法步骤较多,并不实用。

思考题

(1) 对受控电压源与电阻的串联支路和受控电流源与电阻的并联支路进行等效变换时,控制系数将发生什么变化?

(2) 含受控源电路的等效变换与独立电源的等效变换相比较有何特点?

(3) 含受控源的二端网络在什么条件下不能进行等效变换?

知识拓展

1) 实验法测量二端网络的等效电路

二端网络的参数测量是电路分析及研究的一项重要任务。如何通过实验方法对二端网络的参数和结构进行测试,是电路分析学习中应该掌握的一项基本技能。下面分别就无源二端网络和含源二端网络的测试进行讨论。

(1) 无源二端网络

对于结构和参数已知的无源二端网络,我们可以直接通过等效变换得到网络的等效电阻,也可以通过实验测试得到。关于等效变换方法我们不再讨论。

对于结构和参数未知的无源二端网络,只能通过实验法得到其等效电阻。

用实验方法测量无源二端网络参数的基本步骤:

①在二端网络端口处加一电压 U_s 或者电流 I_s;

②用电流表测量二端网络端口处的电流 I 或用电压表测量二端网络两端口的电压 U;

③利用公式 $R_{eq} = U_s/I$ 或 $R_{eq} = U/I_s$ 计算该二端网络的等效电阻 R_{eq}。

(2) 含源二端网络

对结构和参数已知的含源二端网络,我们可以直接通过等效变换得到网络的等效电路,也可以通过实验测试得到。关于等效变换方法我们不再讨论。

对结构和参数未知的含源二端网络,只能通过实验法得到其等效电路。实验法有多种,通常采用较多的实验法步骤如下:

①用电压表测量二端网络两个端口间的开路电压 U_{OC}(注意应在端口开路状态下测量);

②用电流表测量二端网络两个端口处的短路电流 I_{SC}(注意应在端口短路状态下测量);

③利用公式 $R_{eq} = U_{OC}/I_{SC}$ 计算出该二端网络的等效电阻(注意不能用欧姆表直接测量含源二端网络的等效电阻)。

④该含源二端网络可用一个电压源(大小和方向由开路电压 U_{OC} 确定)和一个电阻(大小为 R_{eq})的串联组合等效代替,也可用一个电流源(大小和方向由短路电流 I_{SC} 确定)和一个电阻(大小为 R_{eq})的串联组合等效代替。

还有一些方法也可以用来对含源二端网络的等效电路进行测试,如在测出该二端网络的开路电压后,可以在该二端网络两个端口加一确定的电压,测量流过端口的电流(此时假设电流 I 的参考方向为流出二端网络"+"极所在端钮),然后利用该二端网络端口处伏安关系 $U=U_{OC}-R_{eq}I$,将所测电压、电流值和 U_{OC} 值代入该式,可以计算出 R_{eq},从而得到该二端网络的等效电路。也可以利用该二端网络端口处伏安关系 $U=U_{OC}-R_{eq}I$,通过实验测量得到两组 U、I 值,代入关系式,通过计算得到 U_{OC} 和 R_{eq} 的值,从而确定其等效电路。还有一些方法,在此不再一一叙述。

2) 电路常用仿真软件介绍——Multisim10.0 软件

Multisim 是 IIT 公司推出的以 Windows 为基础的仿真工具,适用于板级的模拟/数字电路板的设计工作。它包含了电路原理图的图形输入、电路硬件描述语言输入方式,具有丰富的仿真分析能力。

Multisim 被美国 NI 公司收购以后,其性能得到了极大的提升。目前在各高校教学中普遍使用 Multisim12.0。

Multisim 提炼了 SPICE 仿真的复杂内容,使工程师可以很快地进行捕获、仿真和分析新设计。NI Multisim12.0 软件同时可以很好地解决理论教学与实际动手实验相脱节的问题。学员可以很方便地将学到的理论知识用计算机进行仿真再现,并用虚拟仪器技术创造出真正属于自己的仪表。NI Multisim 软件是电学教学的首选软件工具。

**Multisim 仿真软件
应用教学视频**

3) Multisim 软件仿真测试二端网络的等效电路

下面通过电路仿真软件 Multisim 对上面介绍的方法进行验证。

(1) 无源二端网络

此处以具体实例进行验证。如图 2.24(a)所示电路为一无源二端网络,依据电阻网络的等效变换可以得到,该网络的等效电阻为 $R_{eq}=4+0.5+2=6.5\ \Omega$。

现采用 Multisim 软件,利用实验法对其等效变换,验证其结论。步骤如下:

①在该二端网络两端加以固定电压 $U=13\ \text{V}$,用电流表测量端口处电流 I,如图(b)所示。

②由图(b)测量可知,该二端网络在外加 13 V 电压时,产生的电流为 2.000 A,即 2 A,由此可得,其等效电阻 $R_{eq}=\dfrac{U_s}{I}=\dfrac{13\ \text{V}}{2\ \text{A}}=6.5\ \Omega$。

③画出该二端网络的等效电路,如图(c)所示。

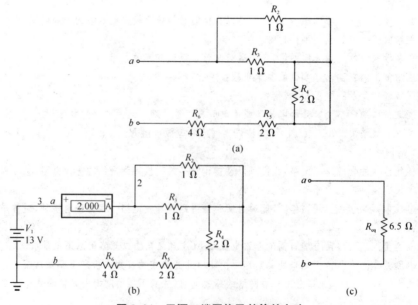

图 2.24　无源二端网络及其等效电路

由结果可知,通过实验法对无源二端网络的等效电阻进行测量和分析计算是可行的,当二端网络的结构比较复杂或二端网络的结构与参数未知时,采用实验法更为方便。

(2) 含源二端网络

图 2.25(a)所示电路为一个含源二端网络,依据含源网络的等效变换可以得到,该网络的等效电路如图(b)所示。

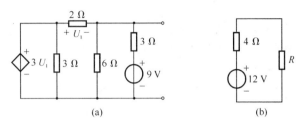

图 2.25 含源二端网络及其等效电路

现利用电路仿真软件 Multisim 对前面介绍的实验法测定等效电路参数进行验证。步骤如下:

①用电压表测量二端网络两个端口间的开路电压 U_{OC},如图 2.26(a)所示,可测得开路电压 $U_{OC}=12$ V。

②用电流表测量二端网络两个端口处的短路电流 I_{SC},如图 2.26(b)所示,可测得其短路电流 $I_{SC}=3.000$ A,可视为 3 A;

③利用公式 $R_{eq}=U_{OC}/I_{SC}$,计算出该二端网络的等效电阻 $R_{eq}=\dfrac{12\ \text{V}}{3\ \text{A}}=4$ Ω。

④通过上面实验与分析计算可知,该含源二端网络可用 12 V 的电压源与 4 Ω 的串联组合等效,也可用 3 A 的电流源与 4 Ω 电阻的并联组合等效,画出该二端网络的等效电路,如图 2.26(c)和(d)所示。

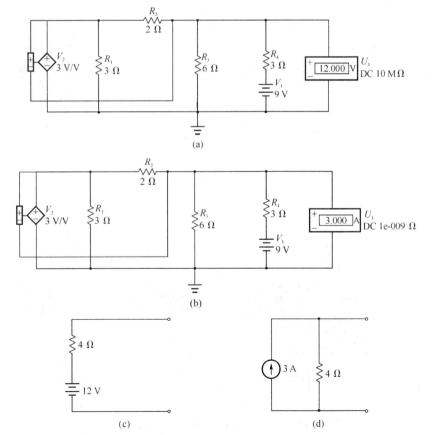

图 2.26 实验法求图 2.25 的等效电路

　　由软件仿真测试结果可知,采用实验法所得结果与等效变换法所得结果完全一致,该方法得到验证。尤其是在含源网络内部较为复杂(含有受控源)及网络内部结构与参数未知时,采用实验法具有更大优势。

　　3) MF30 型万用表直流挡单元测量线路

　　万用表是一种多功能、多量程的测量仪表,一般万用表可测量直流电流、直流电压、交流电压、电阻和音频电平等,有的还可以测交流电流、电容量、电感量及半导体的一些参数(如 β)。

　　(1)万用表的结构

　　万用表由表头、测量电路及转换开关等三个主要部分组成。

　　①表头:它是一只高灵敏度的磁电式直流电流表,万用表的主要性能指标基本上取决于表头的性能。表头的灵敏度是指表针满刻度偏转时流过表头的直流电流值,这个值越小,表头的灵敏度愈高。测电压时的内阻越大,万用表的性能就越好。表头上有四条刻度线,功能如下:第一条(从上到下)标有 R 或 Ω,指示的是电阻值,转换开关在欧姆挡时,即读此条刻度线。第二条标有"∼"和 V-mA,指示的是交、直流电压和直流电流值,当转换开关在交、直流电压或直流电流挡,量程在除交流 10 V 以外的其他位置时,即读此条刻度线。第三条标有 10 V,指示的是 10 V 的交流电压值,当转换开关在交流电压挡,量程在交流 10 V 时,即读此条刻度线。第四条标有 db,指示的是音频电平。

　　②测量线路

　　测量线路是用来把各种被测量转换到适合表头测量的微小直流电流的电路,它由电阻、半导体元件及电池组成。它能将各种不同的被测量(如电流、电压、电阻等)和不同的量程经过一系列的处理(如整流、分流、分压等)统一变成一定量限的微小直流电流送入表头进行测量。

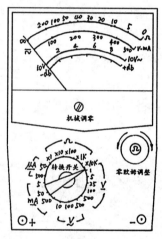

　　③转换开关

　　其作用是用来选择各种不同的测量线路,以满足不同种类和不同量程的测量要求。转换开关一般有两个,分别标有不同的挡位和量程。

　　(2)MF30 型万用表介绍

　　MF30 型万用表是一款简单实用的万用表,在进行电路学习的过程中,通过 MF30 型万用表的直流电流和直流电压挡单元电路图,我们可以较好地将理论知识和实际应用结合起来。图 2.27 为 MF30 型万用表的外形图。

　　图 2.28 所示为 MF30 型万用表的电路原理图。

图 2.27　MF30 型万用表外形图

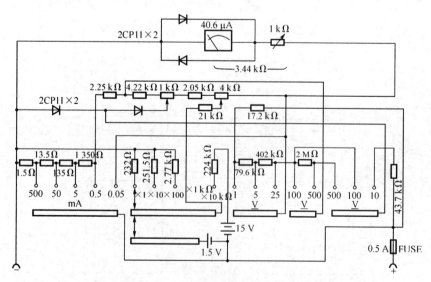

图 2.28　MF30 型万用表电路原理图

下面对 MF30 型万用表直流电流与直流电压挡的测量电路进行介绍。

①MF30 型万用表直流电流挡测量线路

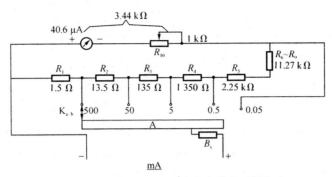

图 2.29　MF30 型万用表的直流电流测量线路

图 2.29 中为 MF30 型万用表的直流电流测量线路图,其中 R_{10} 为可调电阻,它是为保证表头内阻为 3.44 kΩ 而设置的(包含了温度补偿电阻)。$R_1 \sim R_9$ 为环形分流器,转换开关 K_{a-b} 的可动触头 a 可通过转换开关转动分别与五个电流量程挡的固定触头相接,而开关的可动触头 b 则通过与固定滑片 A 的连接与外电路相接。

由图 2.29 可以看出,当量程为 0.05 mA 时,$R_1 \sim R_9$ 全部作为分流电阻,而在 500 mA 量程时,仅 R_1 作为分流电阻,其余 $R_2 \sim R_9$ 电阻都串接在表头支路。其他各挡类推。所以转换开关在不同的量程挡位时,就有不同的电路量程。各个电阻值就可根据不同量程时的分流公式联立求解得。

②MF30 型万用表直流电压挡测量线路

图 2.30 为 MF30 型万用表的直流电压测量线路图。由图 2.30 可看出,当直流电压量程为 1 V、5 V、25 V 三挡时,外测电压是经 R_{11}、R_{12}、R_{13} 的共用式分压器换挡后再经固定滑片 D 到 M 点接入表头的,对照图 2.29 所示的直流电流测量线路,M 点即为直流电流 0.05 mA 挡的位置,即当流过电压表分压电阻的电流(该挡总电流)为 0.05 mA 时,流经表头电流为满偏电流 40.6 μA,而这时应指示的是其中某一挡的满刻度值。在 1 V 挡时,电表总内阻为 1 V/0.05 mA=20 kΩ,在 5 V 挡时,电表总内阻为 5 V/0.05 mA=100 kΩ;而在 25 V 挡时,电表总内阻为 25 V/0.05 mA=500 kΩ,可以看出,这三挡的电压表的总内阻值是 20 kΩ/V。这就是万用表在这三个电压挡的电压灵敏度。同样道理,当量程为 100 V、500 V 两挡时,外测电压是经固定滑片 E 到 N 点再接入表头的,N 点是直流电流测量线路中的 0.2 mA 挡(该表中无此挡),则 1 V/0.2 mA=5 kΩ。也就是说万用表在这两个电压挡的电压灵敏度要求仅为 5 kΩ/V。通过以上处理,仅改变了一下表头分流器的接法,既共用了分压电阻,又满足了万用表对电压灵敏度的设计要求。

这种电路的优点为若附加电阻是用锰铜线绕制的话,则可节约材料;但这种电路一旦低量程附加电阻烧毁,则高量程也不能正常使用。

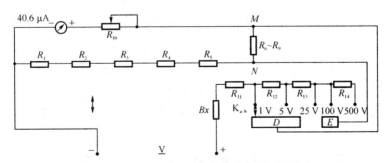

图 2.30　MF30 型万用表的直流电压测量线路

本章小结

（1）"等效"在电路分析中是一个重要的概念,当两个双端网络 N1 和 N2 对外具有完全相同的伏安特性时,尽管其内部结构和元件参数完全不同,我们也可以称 N1 和 N2 互为等效电路。在理解"等效"时,必须注意,"等效"是指对外电路的作用效果而言,对相互等效的两个网络内部而言,并不一定等效。

"等效变换"是电路分析的重要方法,其目的是简化电路,使计算更为简便快捷。

（2）电阻元件的连接方式有串联、并联、混联、星形连接和三角形连接。利用不同连接的等效计算公式对电阻网络进行等效,可以有效简化分析计算。

在进行电阻元件的等效分析时,要注意以下几点:

①串联电阻流过的电流相等,串联电阻的电压值与其阻值成正比(分压公式);并联电阻的端电压相等,并联电阻的电流值与其阻值成反比(分流公式)。

②在计算串、并及混联电路的等效电阻时,应根据电阻串联、并联的基本特征,认真判别电阻间的连接方式,然后利用前述公式进行简化。

③在进行复杂对称电阻网络的等效时,可以按照电阻网络对称性进行分析(即对称网络的对称轴上各点之间均可视为短路,或者先取对称网络的一半进行计算,再将计算结果乘 2 得到对称网络的等效电阻)。

（3）独立电源的连接方式有串联和并联两种,电压源和电流源串联时等效为电流源;电压源和电流源并联时等效为电压源;N 个电压源相串联时,等效电路为一个电压源,其电压值为 N 个相串联电压源的电压叠加(注意要考虑各电压极性);N 个电流源相并联时,等效电路为一个电流源,其电流值为 N 个相并联电流源的电流叠加(注意要考虑各电流方向)。只有大小及极性完全相同的理想电压源才允许并联,只有大小和方向完全相同的理想电流源才允许串联。

在学习独立电源的等效变换时,应当注意以下几点:

①实际电源的电流源模型中理想电流源的方向对应于该实际电源电压源模型中理想电压源从负极指向正极的方向。

②两种电源模型间的等效,只是对外部电路等效,对内并不等效。

③两种实际电源的等效变换,也可看成是理想电压源与电阻的串联电路和理想电流源与电导的并联电路之间的等效变换,并不一定局限于电源元件。

④理想电压源没有等效的电流源模型,理想电流源也没有等效的电压源模型。

（4）受控源是一种特殊的元件,其等效变换和独立源既有相同之处,也有不同之处。在学习受控源及其等效时,应当注意以下几点:

①受控源是四端元件,控制量和受控量分别是电路某处的电压或电流。它体现了电路中某处电压或电流受到电路另一处电压或电流影响的电路现象。一般用来模拟电子线路中的一些具有此类性质的电子器件,如三极管等。

②像独立电源的等效变换一样,受控电压源和受控电流源之间也可以进行等效变换,变换方法与独立电源相同。

③在变换时,必须注意不要消除受控源的控制量,一般应保持控制量所在支路不变。

习题 2

2.1　求图 2.31 所示电路中的等效电阻 R_{ab}。

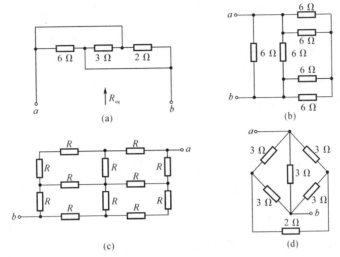

图 2.31　习题 2.1 电路图

2.2　简化图 2.32 所示电路。

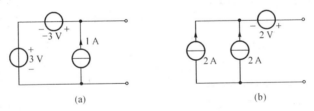

图 2.32　习题 2.2 电路图

2.3　将图 2.33 所示电路简化为理想电压源与电阻相串联的等效电路。

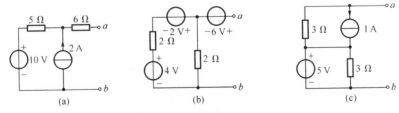

图 2.33　习题 2.3 电路图

2.4　利用等效变换法求图 2.34 所示电路中的 U、I。

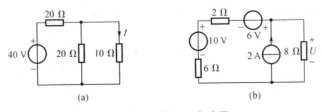

图 2.34　习题 2.4 电路图

2.5　用电源模型的等效变换法求图 2.35 所示电路中 2 Ω 电阻的电流 I。

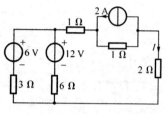

图 2.35　习题 2.5 电路图

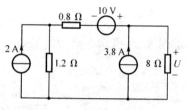

图 2.36　习题 2.6 电路图

2.6　用电源模型的等效变换法求图 2.36 所示电路中的电压 U。

2.7　求图 2.37 所示各电路中的电压 U。

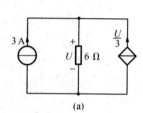
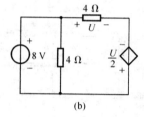

(a)　　　　　　　　　　　(b)

图 2.37　习题 2.7 电路图

2.8　求图 2.38 所示电路中的 U_s 值。已知 $U=4.9$ V。

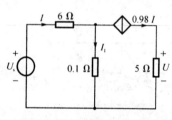

图 2.38　习题 2.8 电路图

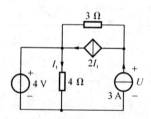

图 2.39　习题 2.9 电路图

2.9　用电源的等效变换法求图 2.39 所示电路中的电压 U。

2.10　图 2.40 所示电路中,已知 $u_s=12$ V,求 u_2 和等效电阻 R_{in}。

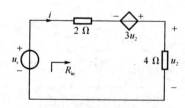

图 2.40　习题 2.10 电路图

2.11　求图 2.41 所示电路中的等效电阻 R_{ab}。

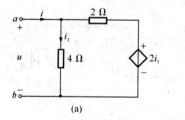
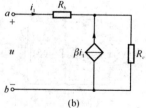

(a)　　　　　　　　　　　(b)

图 2.41　习题 2.11 电路图

2.12 求图 2.42 所示电路中的 U_0/U_s。

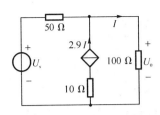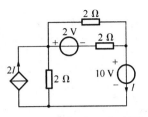

图 2.42 习题 2.12 电路图   图 2.43 习题 2.13 电路图

2.13 用电源等效变换法求图 2.43 所示电路中的电流 I。

2.14 求图 2.44 所示电路中的电流 I_0。

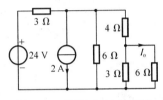

图 2.44 习题 2.14 电路图

3　线性电路的一般分析方法

前面讨论了通过等效变换对线性电路进行简化分析的方法。该方法适用于较为简单的线性电路。对于较为复杂的电路,采用简化的方法进行分析是比较困难的,需要系统化的分析方法进行全面分析。本章将介绍电阻电路的一般分析方法:支路电流法、回路电流法和节点电压法。这些方法是在不改变电路结构的基础上,以电压或者电流作为电路的一组基本变量,根据电路的拓扑约束(KCL 和 KVL)和元件自身的伏安关系(VAR)建立线性方程组,通过求解线性方程组,达到分析电路的目的。

3.1　支路电流法

支路电流法是电路最基本的系统分析方法。支路电流法是以各支路电流为电路变量,根据 KCL 和 KVL 列写电路方程组,通过求解线性方程组对电路进行分析计算。下面通过一个例子介绍支路电路法求解电路中各支路电流的过程。

图 3.1 所示电路共有 6 条支路,4 个节点,7 个回路(3 个网孔)。各支路电流 $i_1 \sim i_6$ 参考方向均已标出,元件上的电压与电流取关联参考方向。则为求 6 条支路的电流,需要建立 6 个方程的方程组。

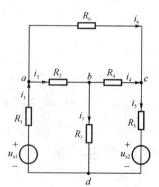

首先,规定对任一节点,流入该节点的电流取正,流出该节点的电流取负,列出各个节点的 KCL 方程:

节点 a	$i_1 - i_2 - i_6 = 0$
节点 b	$i_2 - i_3 - i_4 = 0$
节点 c	$i_4 - i_5 + i_6 = 0$
节点 d	$-i_1 + i_3 + i_5 = 0$

图 3.1　支路电流法示例

观察上面四个方程可知,任意三个方程求和取负都可以得到第四个方程。这是因为每条支路连接两个节点,支路电流从一个节点流入必然从另一个节点流出。当电路中有 n 个节点时,列出的 n 个 KCL 方程中每个支路电流出现两次,一次为正一次为负。若将 n 个方程相加则得到左右都为零的恒等式,并且由 $(n-1)$ 个方程可以得到第 n 个方程。说明这 n 个方程不是相互独立的。即上面四个方程中去掉任意一个方程,剩下的三个方程中任意一个都不能由其余两个得到,即四个方程中只有三个是独立方程。同理,对于 n 个节点的电路,有 $(n-1)$ 个独立的 KCL 方程。对应于该独立方程的节点称为独立节点,则剩下的一个节点称为非独立节点(非独立节点可以任意选择)。图 3.1 中选择节点 d 为非独立节点,a、b、c 三个节点为独立节点作独立方程。

其次,以顺时针方向绕行,根据 KVL 列写各网孔的电压方程,可得图 3.1 所示电路三个网孔的电压方程:

网孔 $abca$ 　　　　　　　　　　　$i_6 R_6 - i_4 R_4 - i_2 R_2 = 0$

| 网孔 $bcdb$ | $-i_3R_3+i_4R_4+i_5R_5+u_{s_2}=0$ |
| 网孔 $abda$ | $i_2R_2+i_3R_3-u_{s_1}+i_1R_1=0$ |

以上三个方程任意一个都不能由其余两个推导而出,因为这三个方程分别唯一含有支路电流 i_6、i_5 和 i_1,这三个方程是互相独立的。可以证明,剩下四个回路的 KVL 方程均能由以上三个方程线性组合而成。将这组独立 KVL 方程对应的回路称为一组独立回路。电路中的独立回路组合并不是唯一的,但是一组独立回路所包含的回路数目是固定的。独立回路的特征之一是回路中包含一个独有支路。网孔作为电路的特殊回路一定包含有独立支路(仅限平面电路模型中),即一个网孔就是一个独立回路,电路中的网孔数即为独立回路数。从图 3.1 中可以看出本例中选用的这三个回路即为网孔。因此通常情况下可以直接选取网孔为独立回路列写 KVL 方程。

当电路中有 b 条支路 n 个节点时,共需列写 b 个方程才能求解出所有的支路电流。如前所述,n 个节点独立的 KCL 方程数为 $(n-1)$,那么需要列写的 KVL 方程数为 $l=b-(n-1)$。上例中,已经将元件伏安关系的 VAR 方程嵌入(如 R_3 上的电压表示为 i_3R_3)。如果电路不仅要求计算支路电流,还需计算各支路电压,则应再增加 b 个 VAR 方程,因此电路方程数变为 $2b$,这就是电路分析的 $2b$ 法。使用该方法就能将电路中所有支路的电流和电压都求解出来。若将单独以支路电流为变量,列写 KCL 和 KVL 方程进行电路分析的方法称为支路电流法,则以支路电压为变量,列写电路方程组进行电路分析的方法称为支路电压法。本书中仅介绍支路电流法。

综上所述,对于含有 n 个节点、b 条支路的电路,采用支路电流法进行分析的步骤归纳为:
(1) 选定各支路的电流参考方向;
(2) 对 $(n-1)$ 个独立节点列写 KCL 电流方程;
(3) 选定 $[b-(n-1)]$ 个独立回路,指定绕行方向,列写 KVL 电压方程;
(4) 联立求解上述 b 个方程,得到各支路电流,进而求得其他待求量。

【例 3.1】 电路如图 3.2 所示,已知 $u_{s1}=5$ V,$u_{s2}=1$ V,$R_1=1$ Ω,$R_2=2$ Ω,$R_3=3$ Ω,用支路电流法求各支路电流。

解 图示电路中有 1 个独立节点 2 个独立回路,可列出 1 个独立的 KCL 方程和 2 个独立的 KVL 方程。

KCL 方程:
$$i_1-i_2-i_3=0$$

KVL 方程:
$$i_1+2i_2+1-5=0$$
$$-2i_2+3i_3-1=0$$

解上述方程组可得:

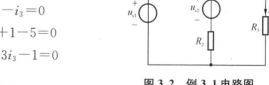

图 3.2 例 3.1 电路图

$$i_1=2 \text{ A}$$
$$i_2=i_3=1 \text{ A}$$

例题 3.1 中需要注意 KVL 方程的列写,根据电压源的电压方向沿独立回路绕行方向是从"—"到"+"(即电位升)还是从"+"到"—"(电位降),存在电位升则电压值取"—"、电位降则电压值取"+"的关系。

【例 3.2】 用支路电流法列写图 3.3 所示电路的各支流电流方程。

解 电路中共有 6 条支路,4 个节点,3 个网孔,因此需要列出 KCL 方程 3 个,KVL 方程

3 个。

对节点 A、B、C 列 KCL 方程：

$$\begin{cases} -i_1 - i_5 + i_6 = 0 \\ i_1 - i_2 - i_3 = 0 \\ i_2 + i_4 - i_6 = 0 \end{cases}$$

沿顺时针方向绕行，对 3 个网孔列 KVL 方程：

$$\begin{cases} R_1 i_1 + R_3 i_3 - R_5 i_5 = 0 \\ R_2 i_2 - R_3 i_3 - R_4 i_4 = 0 \\ R_4 i_4 + R_5 i_5 + R_6 i_6 + u_s = 0 \end{cases}$$

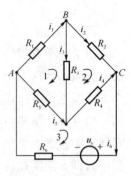

图 3.3　例 3.2 电路图

由上面例子可以看出，支路电流法的优点在于通过求解方程组直接求解所有支路的电流。但是当电路较复杂尤其是支路较多时，支路电流法的计算量较大的缺点就暴露出来。含有 b 条支路就需列写 b 个方程，且多元方程没有规律可循，方程组的计算量大又难以使用计算机辅助。因此需要寻找可以减少方程数的一般分析方法。

思考题

(1) 支路电流法主要利用到电路的什么约束关系？利用支路电流法分析时，如何确定应列电路独立方程的总数？

(2) 支路电流法中的方程独立性十分重要，如何才能保证所列写方程的独立性？

3.2　回路电流法

支路电流法以支路电流为变量，因此支路越多，电路方程的数量就越多，计算量就越大。为此需要探讨其他能够减少电路方程数目的电路分析方法。本节介绍的回路电流法就是通过一组回路电流建立电路方程组进而减少电路的方程数以简化计算的方法。

仍以图 3.1 为例(在此重新画为图 3.4)，先设定一组独立回路(由 3 个独立回路组成)。假想在这三个独立回路中沿着回路边沿分别流动着回路电流 i_{l1}、i_{l2}、i_{l3}，从图中可以看出 6 个支路电流与 3 个独立回路电流的关系如式(3.1)所示。

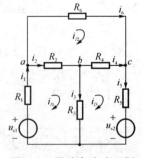

图 3.4　网孔电流法示例

$$\left.\begin{aligned} i_1 &= i_{l1} \\ i_2 &= i_{l1} - i_{l2} \\ i_3 &= i_{l1} - i_{l3} \\ i_4 &= i_{l3} - i_{l2} \\ i_5 &= i_{l3} \\ i_6 &= i_{l2} \end{aligned}\right\} \qquad (3.1)$$

由式(3.1)可知，电路所有支路电流均能由 3 个网孔电流表示，求出 3 个网孔电流就可以得到所有支路电流。由支路电流与独立回路电流的关系，使用独立回路电流代替支路电流列出各网孔的 KVL 方程：

$$
\left.\begin{array}{l}
R_1 i_{l1} + R_2(i_{l1} - i_{l2}) + R_3(i_{l1} - i_{l3}) - u_{s1} = 0 \\
R_6 i_{l2} - R_4(i_{l3} - i_{l2}) - R_2(i_{l1} - i_{l2}) = 0 \\
R_4(i_{l3} - i_{l2}) + R_5 i_{l3} + u_{s2} + R_3(i_{l3} - i_{l1}) = 0
\end{array}\right\} \qquad (3.2a)
$$

以网孔电流为变量,整理变量系数后得到:

$$
\left.\begin{array}{l}
(R_1 + R_2 + R_3)i_{l1} - R_2 i_{l2} - R_3 i_{l3} = u_{s1} \\
- R_2 i_{l1} + (R_2 + R_4 + R_6)i_{l2} - R_4 i_{l3} = 0 \\
- R_3 i_{l1} - R_4 i_{l2} + (R_3 + R_4 + R_5)i_{l3} = - u_{s2}
\end{array}\right\} \qquad (3.2b)
$$

可将以上方程组进行概括,写出回路电流法的典型方程形式:

$$
\left.\begin{array}{l}
R_{11} i_{l1} + R_{12} i_{l2} + R_{13} i_{l3} = u_{s11} \\
R_{21} i_{l1} + R_{22} i_{l2} + R_{23} i_{l3} = u_{s22} \\
R_{31} i_{l1} + R_{32} i_{l2} + R_{33} i_{l3} = u_{s33}
\end{array}\right\} \qquad (3.3)
$$

式(3.3)中,R_{11}、R_{22}、R_{33}为具有重叠的下标,称为独立回路的自电阻,分别为各独立回路中所有电阻之和,当独立回路的绕行方向与独立回路电流的方向一致时,自电阻均为正值。R_{12}、R_{13}、R_{21}、R_{23}、R_{31}、R_{32}等电阻具有不重叠的下标,称为互电阻,分别为两个独立回路公共支路上的电阻。互电阻可为正值也可为负值。当互电阻中流过的两个独立回路的电流方向一致时,互电阻取正值;反之则取负值。在线性电路中,满足 $R_{12} = R_{21}$;$R_{13} = R_{31}$;$R_{23} = R_{32}$。u_{s11}、u_{s22}、u_{s33}分别是各独立回路内所有电源电压的代数和。由于将电源电压值放在 R 方程的右边,因此电源电压方向与独立电路绕行方向一致时取负号,反之则取正号。

由方程组(3.3)可以看出该方程组的方程数比支路电流法少 3 个。对于有 n 个节点、b 条支路的电路,回路电流法列写的方程数为 $b-(n-1)$,比支路电流法少 $(n-1)$ 个。

这种以一组独立回路的回路电流为变量,将 KCL 方程融合到 KVL 方程中,只列写 KVL 方程对电路进行分析计算的方法称为回路电流法。

将式(3.3)推广到 b 条支路,l 个独立回路的电路中,其回路电流方程应该为:

$$
\left.\begin{array}{l}
R_{11} i_{l1} + R_{12} i_{l2} + \cdots + R_{1l} i_{ll} = u_{s11} \\
R_{21} i_{l1} + R_{22} i_{l2} + \cdots + R_{2l} i_{ll} = u_{s22} \\
\cdots \\
R_{l1} i_{l1} + R_{l2} i_{l2} + \cdots + R_{ll} i_{ll} = u_{sll}
\end{array}\right\} \qquad (3.4)
$$

网孔在平面电路中是特殊的回路,网孔自动为独立回路,其 KVL 方程组为独立方程组。网孔电流为环流于网孔各支路的电流。网孔电流自动满足 KCL 方程,是一组独立的可求解变量。以网孔电流为变量列 KVL 方程进而分析求解电路的方法称为网孔电流法,网孔电流法是回路电流法的一种特殊形式。

当采用网孔电流法,并将电路中所有网孔电流的方向都设为顺时针方向(此时互电阻皆为负值),可将上述典型方程组简单描述为:

自电阻×本网孔电流+互电阻×相邻网孔电流=网孔内所有电源的电压升

回路电流法的主要步骤可以归纳为:

①选一组独立的回路,标明回路电流的绕行方向;

②列写回路的 KVL 方程；

③联立求解方程组，得回路电流；

④由回路电流求各支路电流或其他需求的量。

【例 3.3】　用回路电流法求图 3.5 所示电路的支路电流 i，已知 $u_{s1}=40$ V，$u_{s2}=2$ V，$R_1=8$ Ω，$R_2=2$ Ω，$R_3=6$ Ω，$R_4=10$ Ω，$R_5=4$ Ω。

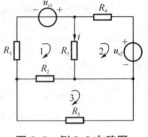

图 3.5　例 3.3 电路图

解　采用网孔电流法分析。设各网孔电流分别为 i_{l1}、i_{l2}、i_{l3}。标网孔电流的绕行方向，如图 3.5 所示。

列网孔电流方程：

$$\begin{cases} (8+6+2)i_{l1}-6i_{l2}-2i_{l3}=40 \\ -6i_{l1}+(6+10)i_{l2}=-2 \\ -2i_{l1}+(2+4)i_{l3}=0 \end{cases}$$

解上述方程得：

$$i_{l1}=3\text{ A},\ i_{l2}=1\text{ A},\ i_{l3}=1\text{ A}$$

待求支路的电流为：

$$i=i_{l1}-i_{l2}=2\text{ A}$$

当电路的支路中出现电流源时，电流源两端的电压不能直接用回路电流表示。若电流源是有伴的，可利用等效变换：先将电流源变换为电压源，再列网孔方程；若电流源是无伴的，则无法变换为电压源。这时可分两种情况分别处理：

[情况一]电流源是无伴的且为某一回路所独有，可选择该回路为独立回路，则该独立回路电流为已知，即等于该电流源的电流或其负值，不必再列写该独立回路的回路方程。

[情况二]电流源是无伴的且为两个回路所共有，则可将该电流源两端电压设为未知变量，按前述方法先列回路方程，再用补充方程将该电流源的电流用所设独立回路电流表示。或者适当选择独立回路，使得电流源为某个独立回路所独有，再按照情况一进行处理。

【例 3.4】　如图 3.6 所示电路，已知 $U_s=3$ V，$R_1=R_2=R_3=R_4=R_5=1$ Ω，求电流 I_1、I_2 和 I_3。

解法 1　由图 3.6 可以看出待求支路为网孔的独有支路，待求支路电流恰好等于各对应的网孔电流。使用网孔电流法先求网孔电流。

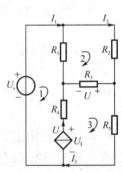

图 3.6　例 3.4 解法 1 电路图

设电流源电压 U_I 及其参考方向，受控源与独立源采取相同的处理方法。列网孔电流方程：

$$\begin{cases} I_{l1}\times R_1-I_{l2}\times R_1=U_s-U_I \\ I_{l2}\times(R_1+R_2+R_3)-I_{l1}\times R_1-I_{l3}\times R_3=0 \\ I_{l3}\times(R_3+R_5)-I_{l2}\times R_3-U_I=0 \end{cases}$$

代入电阻值，整理得：

$$\begin{cases} I_{l1}-I_{l2}=3-U_I \\ 3I_{l2}-I_{l1}-I_{l3}=0 \\ 2I_{l3}-I_{l2}-U_I=0 \end{cases}$$

①～③

针对受控电流源的控制量 U 列补充方程：

$$U=R_3(I_{l2}-I_{l3})=I_{l3}-I_{l1}$$

④

联立上述四个方程求得：

$$I_{l1}=\frac{15}{7}\ \text{A}, I_{l2}=\frac{9}{7}\ \text{A}, I_{l3}=\frac{12}{7}\ \text{A}, U=-\frac{3}{7}\ \text{V}, U_I=\frac{12}{7}\ \text{V}$$

由支路电流与网孔电流关系可得：

$$I_1=I_{l1}=\frac{15}{7}\ \text{A}$$

$$I_2=I_{l2}=\frac{9}{7}\ \text{A}$$

$$I_3=I_{l3}=\frac{12}{7}\ \text{A}$$

（注意：与受控电流源串联的电阻在列 KVL 方程时应该视为短路，但是若计算该电阻支路的电压时，则必须考虑，否则计算错误。）

解法 2   采用回路电流法，寻找一组独立回路，将受控电流源作为一个独立回路的独有支路。

选择如图 3.7 所示的一组独立回路 1、2、3。回路 1 包含两个网孔，受控源所在支路为其内部支路。回路 1 与回路 2 的共有电阻为 R_1 和 R_3，回路 1 与回路 3 共有电阻为 R_3 和 R_5。设回路电流为 I_{l1}、I_{l2} 和 I_{l3}，列 KVL 方程：

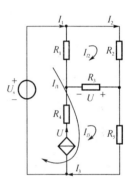

$$\begin{cases} 3I_{l1}-2I_{l2}+2I_{l3}=U_s \\ 3I_{l2}-2I_{l1}-I_{l3}=0 \\ I_{l3}=U \end{cases}$$

补充方程：$U=R_3\times(I_{l2}-I_{l1}-I_{l3})=I_{l2}-I_{l1}-I_{l3}$

解得：

$$I_{l1}=\frac{15}{7}\ \text{A}, I_{l2}=\frac{9}{7}\ \text{A}, I_{l3}=\frac{-3}{7}\ \text{A}, U=\frac{-3}{7}\ \text{V}$$

图 3.7   例 3.4 解法 2 电路图

由支路电流和回路电流的关系，可得

$$I_1=I_{l1}=\frac{15}{7}\ \text{A}, I_2=I_{l2}=\frac{9}{7}\ \text{A}, I_3=I_{l1}+I_{l3}=\frac{12}{7}\ \text{A}$$

经过计算两种方法得到的结果相同。由于在分析过程巧妙地选择了回路，采用解法二方程数更少，计算量更小。该方法中需要注意独立回路电流之间的关系，如在列写独立回路 1 的回路方程时，独立回路 1 与 3 的回路电流在流过其公共电阻 R_3 和 R_5 时方向相同，故其互电阻 (R_3+R_5) 应取正值，而独立回路 1 与 2 的回路电流再流过其公共电阻 R_1 和 R_3 时方向相反，故其互电阻 (R_1+R_3) 应取负值。因此，当电路中有电流源时，可灵活选择一组独立回路，使电流源支路为某一独立回路所独有，从而简化分析和计算。受控源的处理方法与独立源相同。

思考题

(1) 回路电流法的基本原理是什么？是否满足 KCL？

(2) 如何保证一组回路是独立的？

(3) 例 3.4 中与受控电流源串联的电阻是否可以使用等效作短路处理？什么时候能作为短路处理？

3.3 节点电压法

回路电流法是采用一组独立电流变量建立电路方程的。在实际分析中，也可以采用一组独立电压变量来列写电路方程。在 n 个节点的电路中，只有 1 个非独立节点，如果以非独立节点为参考节点，其余$(n-1)$个独立节点对该参考节点的电压就是一组独立电压变量。以电路中一组独立电压变量为电路变量，列写相应独立节点的 KCL 方程对电路进行分析计算的方法称为节点电压法。

将图 3.1 的电路重新画为图 3.8。该电路中有 6 条支路，4 个节点。以节点 d 为参考节点，设 a、b、c 的节点电压分别为 u_{n1}、u_{n2}、u_{n3}，电路中任一条支路的电压和电流都能用这组节点电压表示，KVL 方程自动满足。因此节点电压法不需列出 KVL 方程，只列 KCL 方程即可。一般先选定参考节点（即零电位点），用符号"⊥"进行标注。显然，对于具有 n 个节点的网络，有$(n-1)$个独立节点电压。

下面将以图 3.8 所示电路为例，首先利用 3 个独立节点电压表示电路所有支路的电压和电流，然后以这 3 个独立节点电压为变量列相应独立节点的 KCL 方程。

图 3.8 中，用独立节点电压表示各支路的电压为：

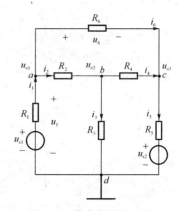

图 3.8 节点电压法示例

$$\left.\begin{aligned} u_{ad} &= u_{n1} \\ u_{ab} &= u_{n1} - u_{n2} \\ u_{bd} &= u_{n2} \\ u_{bc} &= u_{n2} - u_{n3} \\ u_{cd} &= u_{n3} \\ u_{ac} &= u_{n1} - u_{n3} \end{aligned}\right\} \quad (3.5)$$

用节点电压表示所有的支路电流为：

$$\left.\begin{aligned} i_1 &= \frac{u_{n1} - u_{s1}}{R_1} = G_1(u_{n1} - u_{s1}) \\ i_2 &= \frac{u_{n1} - u_{n2}}{R_2} = G_2(u_{n1} - u_{n2}) \\ i_3 &= \frac{u_{n2}}{R_3} = G_3 u_{n2} \\ i_4 &= \frac{u_{n2} - u_{n3}}{R_4} = G_4(u_{n2} - u_{n3}) \\ i_5 &= \frac{u_{n2} - u_{s2}}{R_5} = G_5(u_{n2} - u_{s2}) \\ i_6 &= \frac{u_{n1} - u_{n3}}{R_6} = G_6(u_{n1} - u_{n3}) \end{aligned}\right\} \quad (3.6)$$

设流入各节点的电流为正，流出为负，列写 a、b、c 节点的 KCL 方程：

$$
\left.
\begin{aligned}
i_1 - i_2 - i_6 &= 0 \\
i_2 - i_3 - i_4 &= 0 \\
i_4 - i_5 + i_6 &= 0
\end{aligned}
\right\}
\tag{3.7}
$$

将式(3.7)代入式(3.8)中,将支路电流用节点电压替换后可得:

$$
\left.
\begin{aligned}
(G_1 + G_2 + G_6)u_{n1} - G_2 u_{n2} - G_6 u_{n3} &= G_1 u_{s1} \\
-G_2 u_{n1} + (G_2 + G_3 + G_4)u_{n2} - G_4 u_{n3} &= 0 \\
-G_6 u_{n1} - G_4 u_{n2} + (G_4 + G_5 + G_6)u_{n3} &= G_5 u_{s2}
\end{aligned}
\right\}
\tag{3.8}
$$

与回路电流法类似,可将式(3.9)写成节点电压法的典型方程形式为:

$$
\left.
\begin{aligned}
G_{11}u_{n1} + G_{12}u_{n2} + G_{13}u_{n3} &= i_{s11} \\
G_{21}u_{n1} + G_{22}u_{n2} + G_{23}u_{n3} &= i_{s22} \\
G_{31}u_{n1} + G_{32}u_{n2} + G_{33}u_{n2} &= i_{s33}
\end{aligned}
\right\}
\tag{3.9}
$$

式(3.9)中,G_{11}、G_{22}、G_{33} 具有重叠的下标,称为独立节点的自电导,分别为与 a、b、c 三个独立节点相连的所有支路电导之和。自电导均取正值,如 $G_{11} = G_1 + G_2 + G_3$。G_{12}、G_{13}、G_{21}、G_{23}、G_{31}、G_{32} 等电阻具有不重叠的下标,称为互电导,分别为两个相关独立节点间共有支路的电导之和,互电导均取负值,如 $G_{12} = -G_2$、$G_{13} = -G_6$。若两独立节点间没有共有支路,或其共有支路无电导,则认为这两个独立节点的互电导为零。i_{s11}、i_{s22}、i_{s33} 分别是流入节点 a、b、c 的所有电源电流的代数和,由于将电源电流值放在方程的右边,因此电流方向流入节点时取正号,反之则取负号,如 $i_{s11} = G_1 u_{s1}$。

由此推广到 n 个节点的一般电路,得到典型表达式:

$$
\left.
\begin{aligned}
G_{11}u_{n1} + G_{12}u_{n2} + \cdots + G_{1(n-1)}u_{n(n-1)} &= i_{s11} \\
G_{21}u_{n1} + G_{22}u_{n2} + \cdots + G_{2(n-1)}u_{n(n-1)} &= i_{s22} \\
&\cdots\cdots \\
G_{(n-1)1}u_{n1} + G_{(n-1)2}u_{n2} + \cdots + G_{(n-1)(n-1)}u_{n(n-1)} &= i_{s(n-1)(n-1)}
\end{aligned}
\right\}
\tag{3.10}
$$

以上典型方程还能简要描述为:

自电导×本节点电压+互电导×相连节点电压=本节点所连电源的等效流入电流

综上所述,节点电压法是以节点电压为变量,列写 KCL 方程的方法。显然,该方法适用于节点数比回路少的电路中。节点电压法的计算步骤为:

①选定参考节点,用"⊥"表示,以其他节点电压作为电路变量;

②按照典型方程列写电路节点电压方程;

③联立求解方程组,得出各节点电压;

④求其他待求电量。

【例 3.5】 电路如图 3.9 所示,已知 $R_1 = 1\ \Omega$,$R_2 = 2\ \Omega$,$R_3 = 3\ \Omega$,$R_4 = 6\ \Omega$,$i_{s1} = 0.4\ \text{A}$,$u_{s1} = 2\ \text{V}$,$u_{s2} = 3\ \text{V}$,用节点电压法求电流 i_2、i_3 并计算各电源发出的功率。

解 设 a 点的节点电压为 U_{na},则节点电压方程为:

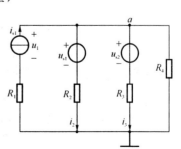

图 3.9 例 3.5 电路图

$$\left(\frac{1}{2}+\frac{1}{3}+\frac{1}{6}\right)U_{na}=0.4+\frac{2}{2}+\frac{3}{3}$$

（注：与独立电流源 i_{s1} 相串联的电阻 R_1 在列写节点电压方程时须视为短路。）

解方程得：

$$U_{na}=2.4 \text{ V}$$

因此可得：

$$i_2=\frac{U_{na}-2}{2}=0.2 \text{ A}$$

$$i_3=\frac{U_{na}-3}{3}=-0.2 \text{ A}$$

两个电压源上的功率分别为：

$$P_{2\text{ V}}=-2i_2=-0.4 \text{ W}$$

$$P_{3\text{ V}}=-3i_3=-0.6 \text{ W}$$

电流源上的功率为：

$$u_1=U_{na}+1\times0.4=2.8 \text{ V}$$

$$P_{0.4\text{ A}}=0.4\times u_1=1.12 \text{ W}$$

【例 3.6】 电路如图 3.10 所示，已知 $u_s=8$ V，$i_s=2$ A，$R_1=5 \ \Omega$，$R_2=3 \ \Omega$，$R_3=4 \ \Omega$，$R_4=6 \ \Omega$，要求列出电路的节点电压方程并求各节点电压。

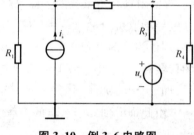

图 3.10 例 3.6 电路图

解 参考节点如图所示，设其余节点电压分别为 u_{n1}、u_{n2}。根据典型方程列节点电压方程：

$$\begin{cases}\left(\frac{1}{5}+\frac{1}{3}\right)u_{n1}-\frac{1}{3}u_{n2}=2 \\ -\frac{1}{3}u_{n1}+\left(\frac{1}{3}+\frac{1}{4}+\frac{1}{6}\right)u_{n2}=\frac{8}{4}\end{cases}$$

解方程得：

$$u_{n1}=7.5 \text{ V}$$

$$u_{n2}=6 \text{ V}$$

例 3.5 和例 3.6 都是具有三个网孔的电路，电路中节点数少于网孔数。采用节点电压法列方程比网孔电流法的方程数目更少，计算量更小，可以看出在节点数少的电路中采用节点电压法分析电路更加合适。

在应用节点电压分析法时，若电路中含有有伴电压源支路，可以将电压源转换成电流源进行处理；若电路中包含无伴电压源，由于列写的是 KCL 方程，电流未知，可采取下面两种方法进行分析：

【方法 1】选无伴电压源支路的一端为参考节点（一般选"—"极所在节点），则另一端的节点电压为已知量，即等于该无伴电压源的电压值（或其负值），不需再列写该节点的节点电压方程。

【方法 2】设无伴电压源的支路电流为未知变量，按前述方法先列节点电压方程，再列补充方程（用节点电压表示该电压源的电压）。

【例 3.7】 图 3.11 所示电路中，已知 $G_1=3$ S，$G_2=1$ S，$G_3=5$ S，$G_4=4$ S，$u_{s1}=1$ V，$u_{s2}=22$ V，$i_{s1}=8$ A，$i_{s2}=25$ A，求节点 1 与节点 2 之间的电压 u_{12}。

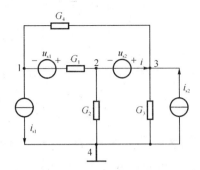

图 3.11　例 3.7 解法 1 电路图

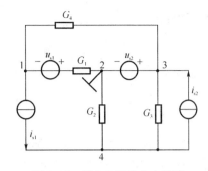

图 3.12　例 3.7 解法 2 电路图

解法 1　选 4 号节点为参考节点,设流过电压源 u_{s2} 的电流为 i,列各节点电压方程:

$$\begin{cases}(3+4)u_{n1}-3u_{n2}-4u_{n3}=-8-3\\-3u_{n1}+(1+3)u_{n2}=-i+3\\-4u_{n1}+(5+4)u_{n3}=25+i\end{cases}$$

补充方程:
$$u_{n3}-u_{n2}=22$$

联立求解得:
$$u_{n1}=-4.5\ \mathrm{V}$$
$$u_{n2}=-15.5\ \mathrm{V}$$
$$u_{n3}=6.5\ \mathrm{V}$$
$$i=51.5\ \mathrm{A}$$

可得
$$u_{12}=u_{n1}-u_{n2}=11\ \mathrm{V}$$

解法 2　选无伴电压源的一端 2 号节点为参考节点,如图 3.12 所示。

此时
$$u_{12}=u_{n1}$$

列方程:
$$\begin{cases}(3+4)u_{n1}-4u_{n3}=-8-3\\u_{n3}=u_{n2}=22\\-5u_{n3}+(1+5)u_{n4}=-25+8\end{cases}$$

解得 $u_{n1}=11\ \mathrm{V},u_{n4}=15.5\ \mathrm{V}$,可得: $u_{12}=u_{n1}=11\ \mathrm{V}$

对含受控源的电路列写节点方程时受控源视同独立源,并须将受控源的控制量用节点电压表示,即增加一个用节点电压表示控制量的方程。但如果控制量就是所求的节点电压,则不必再补充此方程。

【例 3.8】　已知图 3.13 电路中, $R_1=R_2=R_3=R_4=5\ \Omega$, $i_{s1}=4\ \mathrm{A}$, $i_{s2}=3\ \mathrm{A}$,用节点电压法求节点电压 u_1、u_2。

解　由于受控电流源的电流为一支路电流,因此先列写节点电压方程,再增加用节点电压表示该支路电流的补充方程。

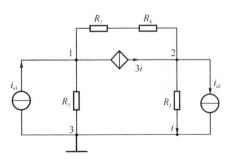

图 3.13　例 3.8 电路图

节点电压方程:
$$\begin{cases}\left(\dfrac{1}{5}+\dfrac{1}{5+5}\right)u_{n1}-\dfrac{1}{5+5}u_{n2}=4-3i\\-\dfrac{1}{5+5}u_{n1}+\left(\dfrac{1}{5}+\dfrac{1}{5+5}\right)u_{n2}=3i-3\end{cases}$$

补充方程：

$$i = \frac{u_{n2}}{5}$$

联立求解得：

$$u_{n1} = -7.5 \text{ V}$$
$$u_{n2} = 12.5 \text{ V}$$

总之，回路电流法和节点电压法都有效减少了求解电路所需线性方程的个数。从列写线性方程的多寡来看，当网络的独立回路数少于独立节点数时，用回路电流法比较方便；反之，用节点电压法比较方便。

思考题

(1) 节点电压法第一步是选择参考节点，当选择不同的参考节点时对节点电压是否有影响？对支路电流是否有影响？

(2) 节点电压法分析电路共需几个方程？如何理解节点电压法分析电路时自动满足KVL方程？

知识拓展

1) 直流电的测量

专门用来测量直流电流的仪表叫做直流电流表。直流电流表按所测量的电流范围，可分为千安表、安培表、毫安表以及微安表。最常见的是安培表和毫安表，在仪表的表面上分别标注着"A"和"mA"的字样。电表有两个接线柱，在接线柱的旁边标有"+"号和"−"号。直流电流表内部由表头和分流器组成，外面是坚固的表壳。表头是根据磁电式仪表的测量原理而制成的。这类表头允许通过的电流较小，一般设计为 $50\ \mu\text{A} \sim 5\ \text{mA}$ 的量程，测量几毫安以下的直流电流时，可直接利用表头进行测量。测量较大电流的直流电流表都在表头的两端并联附加电阻，这个并联电阻即为分流器。

测量直流电流时，须将直流电流表串联在电路中。连接时要注意：①极性应正确，电流表的"+"端接电路高电位的一端，"−"端接低电位的一端，电流从电流表的"+"极流到"−"极。②量程要适当，若量程选择过小，电流过大会将电流表损坏；若量程选择过大，指针偏转角度过小导致读数不准。③在测量时可先选大些的量程，再调节转换开关，使指针的偏转角度增大。④测量高压电路时，将电表接到接近零电位的一端。

2) 计算机辅助线性电路的分析

线性电路的一般分析方法通常求解电路中一组独立的电流或者电压值。网孔电流法是列方程组求得各网孔电流，节点电压法是求各节点的电压。Multisim12.0软件中含有丰富的仪器仪表，可通过测量的方式确定网孔电流和节点电压。图3.14所示电路包含4个直流电压源 V_1、V_2、V_3 和 V_4，其电压值分别为 4 V、6 V、16 V 和 2 V，共有 6 个电阻，其阻值分别为 2 Ω、1 Ω、3 Ω、1 Ω、3 Ω 和 2 Ω。

Multisim10.0中除了位于右侧仪器工具栏中第一个的万用表可以用来测量电压电流以外，还有专门的电压表、电流表以及探针。这里采用的是电流表和电压表。测量电流时如图3.14所示，将电流表分别串联在每个网孔的独有支路上以测得各网孔电流。观察图3.14中各电流表读数可知，网孔电流的测量结果分别为 3 A、2 A 和 1 A，与采用网孔电流法计算所得结果一致。

当测量节点电压时，将电压表一端连接待测节点，一端接至地(GND)，如图3.15所示。由图3.15中电压表读数可知，各节点电压分别为 13 V、9 V 和 8 V。可以验证，测量结果与节点电压法计算结果相符。

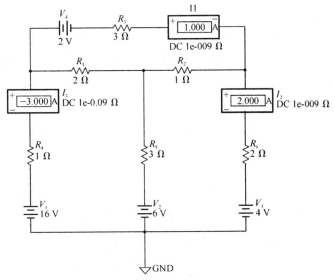

图 3.14　使用电流表测量网孔电流

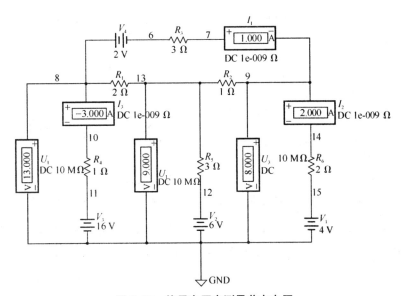

图 3.15　使用电压表测量节点电压

3) 电络常用仿真软件介绍——SPICE 软件

SPICE 仿真软件
应用教学视频

本章小结

（1）本章主要讨论线性电路的一般分析方法，主要包括支路电流法、回路电流法和节点电压法。这些分析方法都是以 KCL、KVL 方程及元件的 VAR 关系为基础，电路方程为一组独立方程组，并具有唯一解。

（2）对于 b 条支路、n 个节点的线性电路，支路电流法需要列写的方程数为 b 个，回路电流法为 $b-(n-1)$，节点电压法为 $(n-1)$ 个。根据电路中回路数目和节点数目选择适当的分析方法。

（3）当电路中出现无伴电流源和无伴电压源时需要进行特殊处理，可以巧妙选择回路或者参考节点减少方程个数，另外也可以增加补充方程。若存在受控源，受控源做独立源处理，再增加将控制量用网孔电流或节点电压表示的补充方程即可。

习题 3

3.1 图 3.16 所示电路中，已知 $u_{s1}=9$ V，$u_{s2}=3$ V，$R_1=1$ Ω，$R_2=R_3=3$ Ω。要求用支路电流法计算各支路电流。

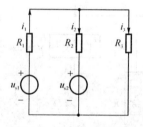
图 3.16 习题 3.1 电路图

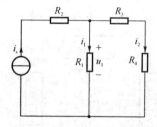
图 3.17 习题 3.2 电路图

3.2 电路如图 3.17 所示，已知 $R_2=15$ Ω，$R_3=10$ Ω，$R_4=5$ Ω，$i_s=4$ A，$u_1=30$ V，求 R_1。

3.3 图 3.18 所示电路中，已知 $u_s=12$ V，$u=4i_x$，$R_1=3$ Ω，$R_2=4$ Ω，$i_s=2$ A，用支路电流法计算 i_x。

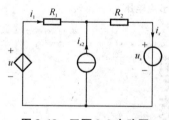
图 3.18 习题 3.3 电路图

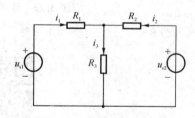
图 3.19 习题 3.4 电路图

3.4 电路如图 3.19 所示，已知 $u_{s1}=5$ V，$u_{s2}=10$ V，$R_1=1$ Ω，$R_2=2$ Ω，$R_3=1$ Ω，用网孔电流法求各支路电流。

3.5 图 3.20 所示电路中,已知 $u_{s1}=10$ V,$u_{s2}=6$ V,$u_{s3}=4$ V,$u_{s4}=11$ V,$R_5=R_6=5$ Ω,$R_2=R_3=2$ Ω,$R_1=R_4=1$ Ω,用网孔电流法求各支路电流。

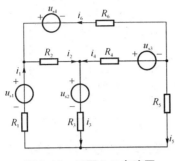

图 3.20 习题 3.5 电路图

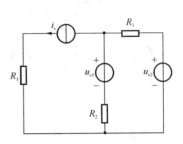

图 3.21 习题 3.6 电路图

3.6 图 3.21 所示电路中,已知 $u_{s1}=10$ V,$u_{s2}=20$ V,$i_s=5$ A,$R_1=8$ Ω,$R_2=6$ Ω,$R_3=4$ Ω,用网孔电流法求电路各网孔电流并计算电阻 R_2 的功率。

3.7 图 3.22 所示电路中,已知 $u_{s1}=30$ V,$u_{s2}=10$ V,$u_{s3}=50$ V,$i_s=2$ A,$R_1=R_2=R_3=R_4=10$ Ω,用回路电流法求电路各支路电流。

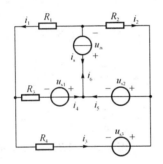

图 3.22 习题 3.7 电路图

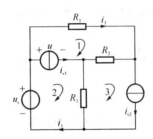

图 3.23 习题 3.8 电路图

3.8 图 3.23 所示电路中,已知 $u_s=20$ V,$i_{s1}=1$ A,$i_{s2}=2$ A,$R_1=5$ Ω,$R_2=3$ Ω,$R_3=10$ Ω,用网孔电流法求各网孔电流。

3.9 图 3.24 所示电路中,已知 $u_{s1}=6$ V,$u_{s2}=4$ V,$u_c=8i_1$,$R_1=10$ Ω,$R_2=2$ Ω,$R_3=4$ Ω,用网孔电流法求各网孔电流并计算受控源的功率。

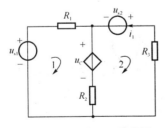

图 3.24 习题 3.9 电路图

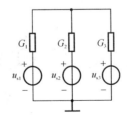

图 3.25 习题 3.10 电路图

3.10 图 3.25 所示电路中,已知 $G_1=1$ S,$G_2=0.5$ S,$G_3=0.25$ S,$u_{s1}=2$ V,$u_{s2}=4$ V,$u_{s3}=12$ V,用节点电压法计算电路中各节点的电压及各支路电流。

3.11　图 3.26 所示电路中,已知 $i_{s1}=6$ A,$i_{s2}=2$ A,$u_s=6$ V,$R_1=1$ Ω,$R_2=2$ Ω,求各节点电压。

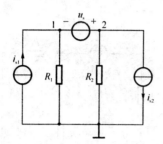

图 3.26　习题 3.11 电路图

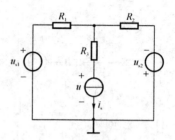

图 3.27　习题 3.12 电路图

3.12　用节点法计算图 3.27 所示电路的电压 u 及电流源发出的功率,其中 $u_{s1}=5$ V,$u_{s2}=10$ V,$i_s=7$ A,$R_1=1$ Ω,$R_2=2$ Ω,$R_3=3$ Ω。

3.13　电路如图 3.28 所示,已知 $i_{s1}=3$ A,$i_{s2}=6$ A,$u_s=2$ V,$G_1=G_2=G_3=G_4=1$ S,$G_5=2$ S,用节点电压法求电路各节点的电压。

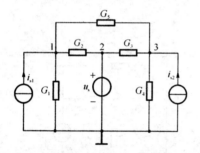

图 3.28　习题 3.13 电路图

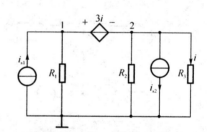

图 3.29　习题 3.14 电路图

3.14　电路如图 3.29 所示,已知 $i_{s1}=10$ A,$i_{s2}=5$ A,$R_1=5$ Ω,$R_2=4$ Ω,$R_3=2$ Ω,求电路各节点电压及受控源功率。

3.15　电路如图 3.30 所示,已知 $u_s=6$ V,$i_s=6$ A,$G_1=G_2=G_3=G_4=G_5=1$ S,求各节点电压及受控源的功率。

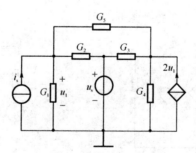

图 3.30　习题 3.15 电路图

4 线性电路的基本定理

本章主要讨论线性电路的性质与相关的定理,即线性电路的叠加定理、替代定理、有源二端网络的戴维南定理和诺顿定理、最大功率传输定理、特勒根定理及互易定理。

4.1 叠加定理

一般说来,由线性元件和独立电源组成的电路称为线性电路。线性电路的基本性质之一是具有叠加性,描述这一性质的定理就是叠加定理。

下面通过分析图 4.1 所示电路说明叠加定理。

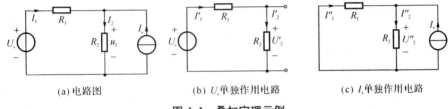

(a) 电路图　　　　　(b) U_s 单独作用电路　　　　(c) I_s 单独作用电路

图 4.1　叠加定理示例

设支路电流 I_1、I_2 的参考方向如图 4.1(a) 中所示,用支路电流法求解支路电流,对图 4.1(a) 所示电路列写 KCL、KVL 方程,可得:

$$\begin{aligned} \text{KCL:} & I_s + I_1 = I_2 \\ \text{KVL:} & -U_s + R_1 I_1 + R_2 I_2 = 0 \end{aligned} \tag{4.1}$$

解之得:

$$I_1 = \frac{U_s - R_2 I_s}{R_1 + R_2} = \frac{1}{R_1 + R_2} U_s - \frac{R_2}{R_1 + R_2} I_s \tag{4.2a}$$

$$I_2 = \frac{U_s + R_1 I_s}{R_1 + R_2} = \frac{1}{R_1 + R_2} U_s + \frac{R_1}{R_1 + R_2} I_s \tag{4.2b}$$

由式(4.2a)可知,支路电流 I_1(即流过 R_1 的电流)与两激励 U_s、I_s 有关。

在图 4.1(a)电路中,若令 $I_s = 0$,即电流源相当于开路,变换后电路如图 4.1(b)所示,则支路电流 I_1 的分量为 $I_1' = \frac{1}{R_1 + R_2} U_s$,$I_1'$ 与式(4.2a)第一项一致,这就是电压源 U_s 单独作用时在 R_1 上产生的电流,其大小与 U_s 成正比。

若令 $U_s = 0$,即电压源相当于短路,变换后电路如图 4.1(c)所示,则支路电流 I_1 的分量为 $I_1'' = -\frac{R_2}{R_1 + R_2} I_s$,$I_1''$ 与式(4.2a)第二项一致,I_1'' 就是 I_s 单独作用时在 R_1 上产生的电流,其大小与 I_s 成正比。

因此,当 U_s 和 I_s 同时作用时,则有:

$$I_1 = I_1' + I_1'' = K_1 U_s + K_2 I_s \tag{4.3}$$

同理,对于支路电流 I_2 有:

$$I_2 = I'_2 + I''_2 = K_3 U_s + K_4 I_s \tag{4.4}$$

式(4.3)和式(4.4)中系数 $K_1 = \dfrac{1}{R_1 + R_2}$、$K_2 = \dfrac{-R_2}{R_1 + R_2}$、$K_3 = \dfrac{1}{R_1 + R_2}$ 和 $K_4 = \dfrac{R_1}{R_1 + R_2}$ 由电路参数决定,显然在该线性电路中,它们均是常数。

电阻 R_2 的电压与电流 I_2 成正比,有:

$$U_2 = R_2 I_2 = \frac{R_2}{R_1 + R_2} U_s + \frac{R_2 R_1}{R_1 + R_2} I_s = K_5 U_s + K_6 I_s = U'_2 + U''_2 \tag{4.5}$$

由式(4.5)可知,U_2 由两个分量 U'_2 和 U''_2 组成,这两个分量分别与电路中的激励 U_s 和 I_s 成正比,其比例系数 K_5 和 K_6 也由电路参数决定的,也是常数。

由此可得如下结论:在线性电路中,任一支路中的电流(或电压)都是电路中各独立电源分别单独作用时在该支路中产生的电流(或电压)之代数和,这就是叠加定理。

叠加定理中所说的独立电源单独作用,是指当某个独立电源作用于电路时,其他独立电源不作用,都取零值,即:不作用的电压源用短路替代,不作用的电流源用开路替代。例如,图 4.1(a)电路中的 U_s 和 I_s 分别单独作用时的等效电路为图 4.1(b)和图 4.1(c)。

由式(4.3)、式(4.4)和式(4.5)可知,支路中的响应是各独立源单独作用时所产生的响应分量的叠加,并且该响应分量的大小与每个独立电源的大小呈线性关系。这种性质是线性电路所特有的,称为线性或比例性。支路中的响应是各个电源单独作用时所产生的响应分量的叠加,这一结论可以很容易地推广到一般情况。

在应用叠加定理时,需要注意的是:

①激励与响应的关系

当电路(网络)由单个激励作用时,响应和激励成正比,激励增大(或减小)多少倍,则响应也随之增大(或减小)多少倍;当电路(网络)由多个激励作用时,则必须是所有的激励都增大(或减小)多少倍,响应才增大(或减小)多少倍。多个激励作用下的线性电路中响应和激励成比例这一性质,应确切地理解为响应分量和产生该分量的激励成正比例。

②总响应与响应分量之间的关系

总响应是响应分量的叠加,是响应分量的代数和。因此在对响应分量进行叠加时,必须遵循的规则是:响应分量和总响应参考方向一致时取正,相反则取负。

③受控源处理

如果电路(网络)中含有受控源,则由于受控源的非独立性,当电路(网络)中无独立源时,各支路电流和电压将为零,受控源也将不复存在。故在应用叠加定理时仅考虑每个独立源的单独作用,当每个独立源单独作用时,受控源应和电阻一样保留在电路中。

④电路功率计算

由于功率不是电流或电压的一次函数,因此不能用叠加定理来计算功率。

下面以图 4.1(a)电路中计算 R_2 的功率为例说明。

根据式(4.4)和式(4.5),R_2 消耗的功率为:

$$\begin{aligned}
P_2 &= U_2 I_2 = (U'_2 + U''_2)(I'_2 + I''_2) \\
&= U'_2 I'_2 + U''_2 I'_2 + U'_2 I''_2 + U''_2 I'_2
\end{aligned} \tag{4.6}$$

如应用叠加原理计算有：

$$P_2 = P'_2 + P''_2 = U'_2 I'_2 + U''_2 I''_2 \tag{4.7}$$

比较式(4.6)和式(4.7)，显然两者不等。在计算功率时，可采用叠加定理求解电压和电流，但功率必须根据待求元件的总电压和总电流进行计算。

【例 4.1】 电路如图 4.2(a)所示，已知 $U_{s1}=12$ V，$U_{s2}=6$ V，$I_{s1}=1$ A，$I_{s2}=2$ A，$R_1=2$ Ω，$R_2=R_3=4$ Ω，试求电阻 R_1 消耗的功率。

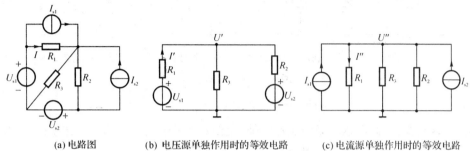

(a) 电路图　　　(b) 电压源单独作用时的等效电路　　　(c) 电流源单独作用时的等效电路

图 4.2　例 4.1 电路图

解　应用叠加定理时，可以分别计算每个独立源单独作用下的电流分量和电压分量，然后将它们叠加起来。也可以将电路所有独立源分成几组，按组计算电流、电压，再将它们叠加。

本题将独立源分成两组：电压源 U_{s1} 和 U_{s2} 为一组，电流源 I_{s1} 和 I_{s2} 为另一组，分别计算两组的响应分量。

①计算电压源产生的响应分量

令两电流源不作用，即取零值(作开路处理)，电路如图 4.2(b)所示，电路节点电压方程为：

$$\left(\frac{1}{R_1}+\frac{1}{R_2}+\frac{1}{R_3}\right)U' = \frac{U_{s1}}{R_1}+\frac{U_{s2}}{R_2}$$

解之得电压分量：

$$U'=7.5 \text{ V}$$

电流分量为：

$$I'=\frac{U_{s1}-U'}{R_1}=9 \text{ A}$$

②计算电流源产生的响应分量

令两电压源不作用，即取零值(作短路处理)，电路如图 4.2(c)所示，电路节点电压方程为：

$$\left(\frac{1}{R_1}+\frac{1}{R_2}+\frac{1}{R_3}\right)U'' = I_{s1}+I_{s2}$$

解之得电压分量：

$$U''=3 \text{ V}$$

电流分量为：

$$I''=\frac{U''}{R_1}=1.5 \text{ A}$$

③叠加求总电流 I

$$I=I'-I''=9-1.5=7.5 \text{ A}$$

(注意：叠加时，I' 取正，是因为 I' 与 I 的参考方向相同；I'' 取负，是因为 I'' 与 I 的参考方向相反。)

④计算 R_1 电阻的功率

流过电阻 R_1 电流为 $I=7.5$ A，所以其消耗的功率为：

$$P=RI^2=2\times(7.5)^2=112.5 \text{ W}$$

（注意：功率不是电流或电压的一次函数，因此功率不能用叠加定理计算，即 $P \neq R(I')^2 + R(I'')^2 = 2 \times (9)^2 + 2 \times (1.5)^2 = 166.5$ W。）

【例 4.2】 电路如图 4.3(a)所示，已知 $U_s = 10$ V，$I_s = 5$ A，$R_1 = 2$ Ω，$R_2 = 1$ Ω，试求电压 U_1。

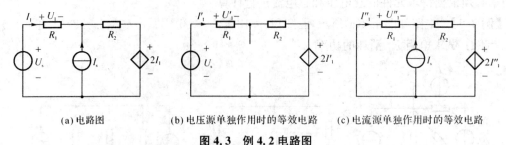

(a)电路图   (b)电压源单独作用时的等效电路   (c)电流源单独作用时的等效电路

图 4.3　例 4.2 电路图

解　由于图 4.3(a)是线性电路，因此可用叠加定理计算响应。

本例中含有受控源，解题时必须注意的是：受控源不是独立源，不能单独作用。但当各独立源单独作用时，受控源必须始终保留在电路中。因为有激励就有响应，只要控制量（响应分量）不为零，受控源的作用就不能忽略。

本例中电压 U_1 是由两个独立电源 U_s 和 I_s 共同作用产生的响应，因此根据叠加定理，分别来求两种情况下的响应分量。

①计算电压源单独作用时的响应分量

令 $I_s = 0$，得到等效电路如图 4.3(b)所示，列出电路的 KVL 方程：

$$U_s = (R_1 + R_2)I'_1 + 2I'_1$$

解之得：

$$I'_1 = 2 \text{ A}$$

则可得电压分量为：

$$U'_1 = R_1 I'_1 = 4 \text{ V}$$

②计算电流源单独作用时的响应分量

令 $U_s = 0$，得到电路如图 4.3(c)所示，列出电路的节点电压方程：

$$-\left(\frac{1}{R_1} + \frac{1}{R_2}\right)U''_1 = I_s + \frac{2I''_1}{R_2}$$

又因为

$$U''_1 = R_1 I''_1$$

解之得电压分量为：

$$U''_1 = -2 \text{ V}$$

③求待求电压 U

因为响应分量 U'_1、U''_1 与 U 的参考方向相同，故取正值，总电压为：

$$U_1 = U'_1 + U''_1 = 4 + (-2) = 2 \text{ V}$$

叠加定理在线性电路分析中起着十分重要的作用，它是分析线性电路的基础，许多线性电路的定理都可以从叠加定理导出。注意叠加定理只适用于线性电路。

思考题

(1) 应用叠加定理分析电路时，需要将不作用的独立电压源用短路替代，将不作用的独立电流源用开路处理。这是为什么？你能说出其中的理由吗？

(2) 应用叠加定理分析实际电路时，有人将实际电源作短路处理，这样做对吗？

(3) 应用叠加定理分析含受控源电路时，此时受控源应如何处理？

4.2 替代定理

由 N_1 和 N_2 组成的线性或非线性网络如图 4.4(a)所示,若 N_2 端口的电压 U 和电流 I 已知,则可用 $U_s = U$ 的电压源来替换 N_2,电路如图 4.4(b)所示,或者用 $I_s = I$ 的电流源来替换 N_2,电路如图 4.4(c)所示,这些替换不会影响电路中其他部分(N_1)的电流和电压,这就是替代定理(Substitution theorem),也称为置换定理。

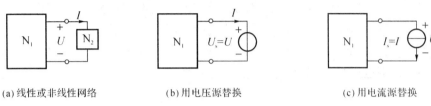

(a)线性或非线性网络   (b)用电压源替换   (c)用电流源替换

图 4.4 替代定理示例

下面验证替代定理。

如图 4.5(a)所示的电路中,设流过电阻 R 的电流为 I,其两端电压为 U,若将该电阻用一电压值为 U 的电压源替换,如图 4.5(b)所示;或用一电流值为 I 的电流源替换,如图 4.5(c)所示,此时电路其余各支路电压、电流将保持不变。

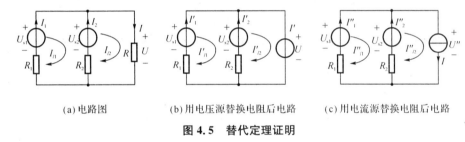

(a)电路图   (b)用电压源替换电阻后电路   (c)用电流源替换电阻后电路

图 4.5 替代定理证明

在图 4.5 中,设网孔电流 I_{l1}、I_{l2} 方向均为顺时针方向,列网孔电流方程。

对于图 4.5(a),有:

$$\left.\begin{array}{l} (R_1 + R_2)I_{l1} - R_2 I_{l2} = U_{s1} - U_{s2} \\ -R_2 I_{l1} + (R + R_2)I_{l2} = U_{s2} \\ I_{l2} = I \end{array}\right\} \tag{4.8}$$

对于图 4.5(b),有:

$$\left.\begin{array}{l} (R_1 + R_2)I'_{l1} - R_2 I'_{l2} = U_{s1} - U_{s2} \\ -R_2 I'_{l1} + R_2 I'_{l2} + U = U_{s2} \end{array}\right\} \tag{4.9a}$$

对于图 4.5(c),有:

$$\left.\begin{array}{l} (R_1 + R_2)I''_{l1} - R_2 I''_{l2} = U_{s1} - U_{s2} \\ I''_{l2} = I \end{array}\right\} \tag{4.9b}$$

比较式(4.8)和式(4.9a)可知:$I_{l1} = I'_{l1}$,$I_{l2} = I'_{l2}$;

比较式(4.8)和式(4.9b)可知:$I_{l1} = I''_{l1}$,$I_{l2} = I''_{l2}$。

即:三个电路的网孔电流均相等,故支路电流、电压亦相等。

综上所述,替代定理叙述如下:任一线性或非线性电路,若其中第 k 条支路的端电压 u_k 和电流 i_k 已知,则该支路就可以用一个大小为 u_k、其极性与原支路的端电压极性相同的独立电压源,或大小为 i_k、其方向与原支路电流方向相同的独立电流源来替代,替代后电路中所有的支路电压、支路电流均保持不变。

应用替代定理时要注意:

①被替代支路可以是无源的,也可以是有源的,但一般不应为含受控源支路。

②替代不是等效变换。被等效变换的支路在外电路参数变化时,等效电路的参数不会变,而被替代支路在外电路参数变化时,被替代支路的电流、支路电压是会发生变化的。

③替代定理不仅可以用于线性电路,也可以用于非线性电路。

【例 4.3】　电路如图 4.6(a)所示,已知 $U_{s1}=50$ V,$U_{s2}=60$ V,$R_1=30$ Ω,$R_2=4$ Ω,$R_3=10$ Ω,且测得电阻 R_2 两端电压 $U_2=20$ V,求支路电流 I_1 和 I_3。

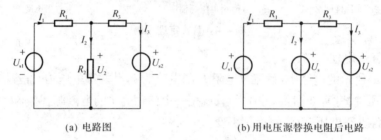

(a) 电路图　　　　　　　　　　(b) 用电压源替换电阻后电路

图 4.6　例 4.3 电路图

解　根据替代定理,用 20 V 的电压源 U_s 替换电阻 R_2,得到如图 4.6(b)所示电路,即可得:

$$I_1 = \frac{U_{s1}-U_s}{R_1} = \frac{50-20}{30} \text{ A} = 1 \text{ A}$$

$$I_3 = \frac{U_s-U_{s2}}{R_3} = \frac{20-60}{10} \text{ A} = -4 \text{ A}$$

思考题

(1) 用电压源替代一条已知端电压的支路时,KVL 能自动满足,那么 KCL 能否自动得到满足?

(2) 替代定理可用于支路的替代,也可用于二端网络的替代,为什么?

4.3　等效电源定理

在电路分析的过程中,当我们仅仅对电路的一部分或某一条支路的响应感兴趣时,如果用第 3 章中所介绍的系统分析方法进行研究,必然要求解描述电路的方程组。为了使分析计算更为简单,突显主要问题,常常应用等效电源定理,将不感兴趣的那部分电路进行等效化简,将所要分析的待求电路转换为一个简单电路。本节将详细介绍等效电源定理(包括戴维南定理和诺顿定理)。

4.3.1　戴维南定理

在第 2 章中,我们定义了二端网络的概念,按照其内部是否含有独立源,二端网络可分为有源二端网络和无源二端网络。

戴维南定理(Thevenin's theorem)叙述如下:线性有源二端网络 N,如图 4.7(a)所示,就其两个端钮 a、b 而言,可以用一个理想电压源与一个电阻串联的支路来等效代替,等效电路如图 4.7(b)所示。等效理想电压源的电压等于该有源二端网络 N 的开路电压 U_{OC},如图 4.7(c)所示。串联的等效电阻 R_0 等于有源网络 N 转变为无源网络 N_0 时 a、b 间的等效电阻 R_0,如图 4.7(d)所示。

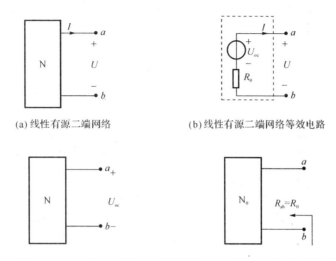

(a)线性有源二端网络　　　　　　(b)线性有源二端网络等效电路

(c)有源二端网络开路及求开路电压电路　　(d)无源网络N_0及等效电阻R_0电路

图 4.7　戴维南定理示例

下面来证明戴维南定理,然后再讨论它的应用。

如图 4.8(a)所示电路,已知有源二端网络的负载 R 上电流为 I,根据替代定理,用一大小为 I 的电流源替换 R,得到图 4.8(b)所示电路。

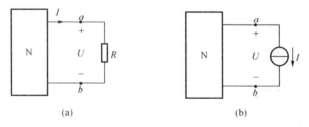

(a)　　　　　　　　　　　　(b)

图 4.8　戴维南定理的证明

因图 4.8(b)电路是线性电路,该电路可采用叠加定理分析,图中电压 U 可视为两分量之和,其中一个分量是当外接电流源为零时(外接电流源开路),由二端网络内部所有独立源(包括独立电压源 U_s、独立电流源 I_s)共同作用产生的电压 $U'=U_{OC}$,另一个分量则是在有源二端网络内部所有独立电源置零时(电压源短接,电流源开路),由外接电流源单独作用时产生的电压 $U''=-R_0 I$(因为此时双端有源网络已转换为无源二端网络,可用一个电阻 R_0 进行等效)。于是

$$U = U' + U'' = U_{OC} - R_0 I \tag{4.10}$$

式(4.10)即为线性二端网络 N 在端钮 a、b 处伏安关系。同时式(4.10)也是电压源与电阻串联支路的伏安特性表达式,其中电压源电压等于有源二端网络的开路电压 U_{OC},所串电阻等于有源二端网络变为无源二端网络时,从 a、b 端口看入的等效电阻 R_0,戴维南定理得证。图 4.7(b)是图 4.7(a)线性有源二端网络的等效电路,也称为戴维南等效电路。

下面通过实例对戴维南定理的应用进行介绍。

【例 4.4】　求图 4.9(a)所示二端网络的戴维南等效电路。

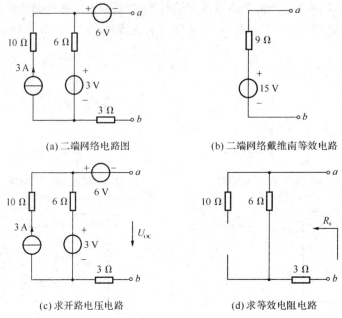

(a) 二端网络电路图　　　　　　　(b) 二端网络戴维南等效电路

(c) 求开路电压电路　　　　　　　(d) 求等效电阻电路

图 4.9　例 4.4 电路图

　　解　①因图 4.9(a)所示电路是一有源二端网络,先求其开路电压 U_{OC},电路如图 4.9(c)所示,分析可得:

$$U_{OC}=(-6+3\times6+3)\mathrm{V}=15\ \mathrm{V}$$

②将有源网络中的所有独立电源置零,得到对应无源二端网络,电路如图 4.9(d)所示,计算可得其等效电阻 R_0 为:

$$R_0=6+3=9\ \Omega$$

③根据①和②结论可得图 4.9(b)所示的戴维南等效电路。

【例 4.5】　电路如图 4.10(a)所示,试用戴维南定理求 1 Ω 电阻的电流 I 和电压 U。

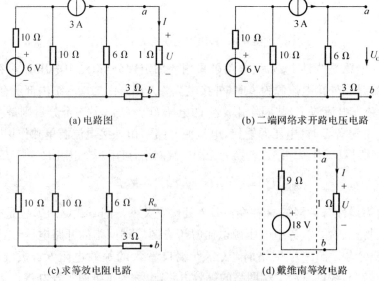

(a) 电路图　　　　　　　(b) 二端网络求开路电压电路

(c) 求等效电阻电路　　　　　　　(d) 戴维南等效电路

图 4.10　例 4.5 电路图

解 用戴维南定理求解此类问题,首先要将待求支路从原电路移开,余下的电路是一个有源二端网络,如图 4.10(b)所示,求其戴维南等效电路,得到简单电路后再求未知量 U、I。

①求 U_{OC}

由图 4.10(b)可知,开路电压 U_{OC} 就是 6 Ω 电阻上的电压,即

$$U_{OC}=3 \text{ A}×6 \text{ Ω}=18 \text{ V}$$

②求 R_0

将有源二端网络变为无源网络(即所有电压源短路,电流源开路),得到图 4.10(c)所示电路,则

$$R_0=3+6=9 \text{ Ω}$$

③由简单电路求待求量

将戴维南等效电路与待求电阻 1 Ω 相连接,得到图 4.10(d)所示的简单电路,1 Ω 电阻上的电压及电流分别为:

$$U=\frac{1}{1+R_0}×U_{OC}=\frac{1}{1+9}×18=1.8 \text{ V}$$

$$I=\frac{U_{OC}}{1+R_0}=\frac{18}{1+9} \text{ A}=1.8 \text{ A}$$

【例 4.6】 电路如图 4.11(a)所示,试用戴维南定理求电流 I。

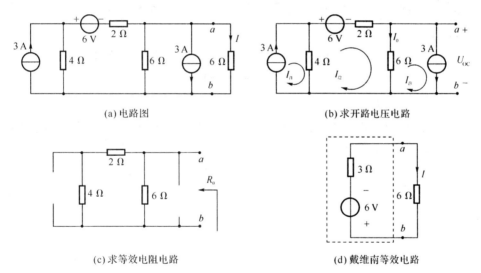

(a) 电路图　　　　　　　　(b) 求开路电压电路

(c) 求等效电阻电路　　　　(d) 戴维南等效电路

图 4.11　例 4.6 电路图

解 断开 6 Ω 电阻支路形成一个有源二端网络,如图 4.11(b)所示,求其戴维南等效电路。

①求 U_{OC}

图 4.11(b)较为复杂,无法直接计算该二端网络的 U_{OC},现采用网孔电流法进行分析计算。网孔电流及参考方向如图 4.11(b)所示,网孔 1 及网孔 3 的电流直接由电流源电流决定,分别为:$I_{l1}=3$ A,$I_{l3}=3$ A。

网孔 2 的回路电压方程为:

$$(2+4+6)I_{l2}-4I_{l1}-6I_{l3}=-6 \text{ A}$$

解之得网孔 2 电流为:
$$I_{l2}=2 \text{ A}$$

则流过 6 Ω 电阻电流为:
$$I_0=I_{l2}-I_{l3}=-1 \text{ A}$$

$6\ \Omega$ 电阻电压即为开路电压,故有　$U_{\text{OC}}=6\times I_0=6\ \Omega\times(-1)\text{A}=-6\ \text{V}$

②求 R_0

令图 4.11(b)中所有独立源为零,得图 4.11(c)所示电路,则有:

$$R_0=(2+4)\ //\ 6=3\ \Omega$$

③求 I

根据①、②结果画出图 4.11(a)的等效简化电路,如图 4.11(d)所示,容易得到

$$I=-\frac{U_{\text{OC}}}{R_0+6}=-\frac{2}{3}\ \text{A}$$

【例 4.7】 电路如图 4.12(a)所示,已知 $I_s=2\ \text{A}$,求 a、b 端口的戴维南等效电路。

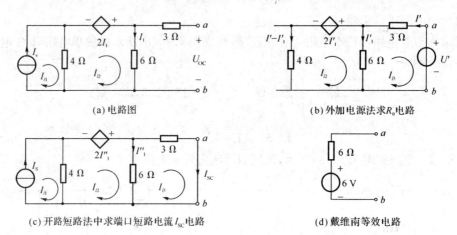

(a) 电路图　　　(b) 外加电源法求 R_0 电路

(c) 开路短路法中求端口短路电流 I_{SC} 电路　　　(d) 戴维南等效电路

图 4.12　例 4.7 电路图

解　①求开路电压 U_{OC}

采用网孔电流法求开路电压,网孔电流及参考方向如图 4.12(a)所示,网孔 1 的网孔电流为电流源电流,即 $I_{l1}=I_s=2\ \text{A}$。

受控电压源受 $6\ \Omega$ 支路电流 I_1 的控制,当 a、b 端开路时,网孔 2 的网孔电流就是控制量 I_1,即 $I_{l2}=I_1$,列网孔 2 回路电压方程为:

$$(4+6)I_1-4I_s=2I_1$$

解之得:　　　　　　　　　　　　$I_1=1\ \text{A}$

开路电压为:　　　　　　　　　　$U_{\text{OC}}=6\times I_1=6\ \text{V}$

②求等效电阻 R_0

将电路中的独立源取为零值,受控源则必须保留在电路中,此时不能用串、并联方法确定 R_0。一般选择外加电源法或开路短路法求 R_0。

a. 外加电源法

将原二端网络中所有独立源置零,即将独立电流源断开,保留受控源,并在 a、b 端加一电源 U',得到如图 4.12(b)所示电路。假设端钮电流为 I',参考方向如图所示。由等效电阻的定义有:$R_0=U'/I'$。

根据 KVL,图 4.12(b)所示的网孔 2 的电压方程为:

$$-2I'_1-4(I'-I'_1)+6I'_1=0$$

网孔 3 的电压方程为:

$$-3I'+U'-6I'_1=0$$

整理得：
$$\begin{cases} 3I'+6I'_1=U' \\ I'=2I'_1 \end{cases}$$

消去 I'_1 后有：
$$U'=6I'$$

整理得到等效电阻大小为：
$$R_0=\frac{U'}{I'}=6\ \Omega$$

b. 开路短路法

若有源二端网络端口的开路电压为 U_{OC}，端口的短路电流为 I_{SC}，且 U_{OC} 和 I_{SC} 在端口处为关联参考方向，则等效内阻 R_0 为：

$$R_0=\frac{U_{OC}}{I_{SC}} \tag{4.11}$$

所谓的开路短路法就是：通过确定端口的开路电压和短路电流求等效内阻的方法。

本例的开路电压已由 4.12(a) 求得，$U_{OC}=6$ V，只需求短路电流。

将原电路中二端网络的两个端钮 a、b 用导线短接，短路电流 I_{SC} 参考方向如图 4.12(c) 所示，与开路电压 U_{OC} 成关联参考方向。

用网孔电流法求 I_{SC}，根据图 4.12(c) 中所示参考方向，列网孔电流方程可得：

$$\begin{cases} I_{l1}=I_s=2\ \text{A} \\ (4+6)I_{l2}-4I_{l1}-6I_{l3}=2I''_1 \\ (3+6)I_{l3}-6I_{l2}=0 \end{cases}$$

由电路可知：
$$I_{l3}=I_{SC}$$

另增加辅助方程：
$$I''_1=I_{l2}-I_{l3}$$

联立求解可得：
$$I_{SC}=1\ \text{A}$$

于是等效电阻为：
$$R_0=\frac{U_{OC}}{I_{SC}}=6\ \Omega$$

由上述分析计算，可得到图 4.12(a) 电路的戴维南等效电路如图 4.12(d) 所示。

从上述例题分析可知：二端网络的开路电压 U_{OC} 可采用线性电阻电路的分析方法求得；等效电阻 R_0 的求解可根据二端口网络特点采用电阻等效化简法、端口外加电源法（内部独立源置零）或开路短路法 $\left(R_0=\frac{U_{OC}}{I_{SC}}\right)$。

由开路短路法求 R_0，不需要了解二端网络内部的具体结构，这一方法在实验室得到广泛应用。在理论分析时，即使知道了网络的内部电路，也常用该方法来确定 R_0。

戴维南定理是一个十分有用的定理，在电路分析中，它可以使复杂问题简单化。由于戴维南定理只要求被等效的有源二端网络是线性的，对负载（非等效部分）无要求，因此，负载（非等效部分）可以是线性的，也可以是非线性的。

4.3.2 诺顿定理

一个线性有源二端网络 N，如图 4.13(a) 所示，就其两个端钮 a、b 来看，可以用一个理想电流源与一个电阻并联的电路来等效替代，等效电路如图 4.13(b) 所示。等效理想电流源的电流等于该网络 N 端口处的短路电流 I_{SC}，如图 4.13(c) 所示；并联的等效电阻 R_0 等于网络 N 中所有独立源为零值时 a、b 端的等效电阻 R_0，这就是诺顿定理(Norton's theorem)。

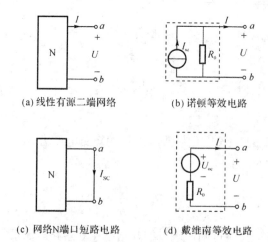

(a) 线性有源二端网络　　　　　(b) 诺顿等效电路

(c) 网络N端口短路电路　　　　(d) 戴维南等效电路

图 4.13　诺顿定理

诺顿定理证明：

根据戴维南定理,图 4.13(a)所示的有源二端网络 N 可等效为一个理想电压源与一个电阻串联电路,如图 4.13(d)所示,又根据第 2 章实际电源的等效变换,可得相应的一个理想电流源与电阻并联的等效电路,如图 4.13(b)。

其中
$$U_{OC} = R_0 I_{SC} \tag{4.12a}$$

或
$$I_{SC} = \frac{U_{OC}}{R_0} \tag{4.12b}$$

至此,诺顿定理得证。

值得注意的是诺顿等效电路是借助戴维南等效电路,根据电源等效变换原理得以证明的,然而在实际问题中,诺顿等效电路不需要借助戴维南等效电路求得。诺顿定理中,电路 a、b 端的等效电阻 R_0 的计算方法与戴维南定理相同。

下面通过实例对诺顿定理的应用进行介绍。

【**例 4.8**】　二端网络如图 4.14(a)所示,求其诺顿等效电路。

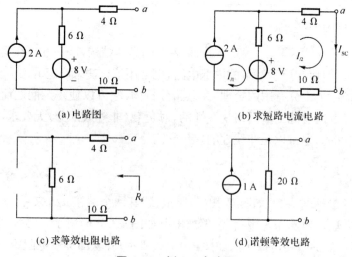

(a) 电路图　　　　　　　　　(b) 求短路电流电路

(c) 求等效电阻电路　　　　　(d) 诺顿等效电路

图 4.14　例 4.8 电路图

解 ①求短路电流 I_{SC}

将 a、b 端短接,得到图 4.14(b)所示电路,应用网孔电流法求短路电流 I_{SC},可知网孔 1 电流为电流源电流,即 $I_{l1}=2$ A。

网孔 2 电流方程: $(4+6+10)I_{l2}-6I_{l1}=8$

解之有: $I_{l2}=1$ A

网孔 2 电流即为短路电路有: $I_{SC}=I_{l2}=1$ A

②求 R_0

根据诺顿定理所述,令网络内所有独立源为零值,得到图 4.14(c)所示电路,故等效电阻为:

$$R_0=(4+6+10)\Omega=20\ \Omega$$

③诺顿等效电路

根据①、②结论画出诺顿等效电路,如图 4.14(d)所示。

(注意:诺顿等效电路中电流源参考方向的确定,应满足这样一个原则——等效前后的端口短路电流 I_{SC} 参考方向要保持一致。如图 4.14(b)中短路电流 I_{SC} 从 a 流向 b,图 4.14(d)等效电路中,a、b 两点间的短路电流仍然是从 a 点流向 b 点。)

【例 4.9】 图 4.15(a)所示电路中,已知:$R_1=R_2=2\ \Omega$,$R_3=4\ \Omega$,$R_L=9\ \Omega$,$U_s=10$ V,求电流 I。

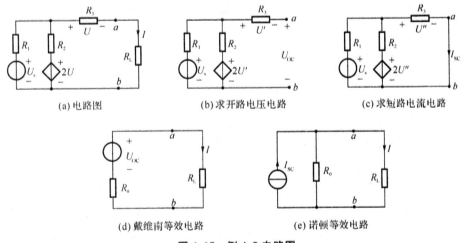

(a) 电路图　　(b) 求开路电压电路　　(c) 求短路电流电路

(d) 戴维南等效电路　　(e) 诺顿等效电路

图 4.15 例 4.9 电路图

解 因本题是求一条支路的电流,故用电源等效定理解题。先将待求支路从原电路中移开,由此得到图 4.15(b)所示的有源二端网络,求其戴维南等效电路、诺顿等效电路(应注意在分析含受控源电路时,控制量和受控源必须在同一网络中)。

①求开路电压 U_{OC}

由图 4.15(b)可知,因电路开路,控制量 $U'=0$,则受控电压源 $2U'=0$,开路电压为电阻 R_2 上的电压,有:

$$U_{OC}=\frac{R_2}{R_1+R_2}U_s=\frac{2}{2+2}\times 10\ \text{V}=5\ \text{V}$$

②求等效电阻 R_0

因是含受控源电路,不可简单使用电阻的串并联化简方法,本例用开路短路法求解。开路电压已在①中求得,现只需求端口短路电流。

将端口 a、b 两点短接,短路电流 I_{SC} 的方向如图 4.15(c)所示。对图 4.15(c)电路列节点电压方程为：

$$U''\left(\frac{1}{R_1}+\frac{1}{R_2}+\frac{1}{R_3}\right)=\frac{U_s}{R_1}+\frac{2U''}{R_2}\to U''\left(\frac{1}{2}+\frac{1}{2}+\frac{1}{4}\right)=5+U''$$

解之得：

$$U''=20\text{ V}$$

端口短路电流则为：

$$I_{SC}=\frac{U''}{R_3}=5\text{ A}$$

则

$$R_0=\frac{U_{OC}}{I_{SC}}=\frac{5}{5}\ \Omega=1\ \Omega$$

③求未知量电流 I

由已求出的开路电压 U_{OC}、短路电流 I_{SC} 及等效电阻 R_0，可画出图 4.15(d)、(e) 等效电路。在图 4.15(d) 所示的戴维南等效电路中，可求出电流为：

$$I=\frac{U_{OC}}{R_0+R_L}=\frac{5}{1+9}=0.5\text{ A}$$

当然在图 4.15(e) 所示的诺顿等效电路中，同样可求出电流为：

$$I=\frac{R_0}{R_0+R_L}I_s=\frac{5}{1+9}=0.5\text{ A}。$$

从上述例题分析可见，一个线性有源二端网络既可用戴维南电路等效，也可用诺顿电路等效，只要取其之一即可。但需要指出的是：并非任何一个线性有源二端网络都具有戴维南和诺顿等效电路。若戴维南等效电路中 R_0 为零，此时等效电路是一个理想电压源，没有相应的电流源等效电路，即诺顿等效电路不存在。同样，诺顿等效电路中 R_0 无限大，等效电路是理想电流源，也不存在相应的戴维南等效电路。

思考题

(1) 应用外加电源法和开路短路法求戴维南等效电阻时，对于二端网络内部电路的处置是不相同的，你能说出区别在哪儿吗？

(2) 电子电路实验中常用下式来测定有源二端网络的输出电阻：

$$R_0=\left(\frac{U_{OC}}{U}-1\right)R_L$$

试证明上式。其中：R_L 为负载电阻，U_{OC} 为二端网络端口处的开路电压，U 为二端网络带上负载 R_L 后端口处的电压。

4.4　最大功率传输定理

负载是电路中的耗能装置。通常人们希望负载能获得足够大的功率，充分发挥其作用。而负载所获得的功率是由电源提供的。在电源一定的条件下，负载不同，电源传输给负载的功率也不同。

考察图 4.16 所示电路，电压源电压 U_s 和电阻 R_s 为给定的常数，负载为一阻值可调的电阻 R_L。负载 R_L 的功率为：

$$P_L=R_LI^2=R_L\left(\frac{U_s}{R_L+R_s}\right)^2 \tag{4.13}$$

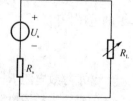

图 4.16　最大功率传输示意图

分析式(4.13)可知：当 $R_L=0$ 时，$P_L=0$；而当 $R_L\to\infty$ 时，$P_L\to0$。

由数学分析可知,在 $R_L=0$ 与 $R_L \to \infty$ 之间必然存在一个 R_L 值使 P_L 为最大。显然,这是一个函数求极大值的问题,现对 P_L 关于 R_L 求导并令其导数等于零。

$$\frac{\mathrm{d}P_L}{\mathrm{d}R_L} = U_s^2 \frac{R_s - R_L}{(R_s + R_L)^3} = 0 \tag{4.14}$$

得:
$$R_L = R_s \tag{4.15}$$

即当 $R_L = R_s$ 时,负载功率 P_L 为最大。

总结如下:当负载电阻等于电源内阻时,负载可获得最大功率,这就是最大功率传输定理。式(4.15)就是负载获得最大功率的条件,也称为最大功率匹配。

满足式(4.15)时,负载的最大功率为:

$$P_{Lmax} = \frac{U_s^2}{4R_s} \tag{4.16}$$

在电子技术中,许多负载并非直接从电源获取功率,而是从前级电路获取电功率,同时,因为任何一个线性有源二端网络都可用戴维南等效电路来代替,所以,最大功率传输定理又可叙述为:由线性有源二端网络传输给可变负载 R_L 的功率为最大的条件是——负载电阻 R_L 与该二端网络的戴维南等效电阻相等。

【例 4.10】 电路如图 4.17(a)所示。求负载 R_L 取何值时可获得最大功率,最大功率是多少?

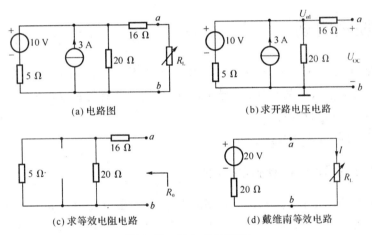

图 4.17 例 4.10 电路图

解 ①将电阻 R_L 从电路中移开,可得一有源二端网络如图 4.17(b)所示,求此二端网络的等效电路。

先用节点电压法求开路电压,图 4.17(b)所示电路的节点电压 U_{n1} 即开路电压 U_{OC},可列出节点电压方程为:

$$\left(\frac{1}{5} + \frac{1}{20}\right)U_{OC} = 3 + \frac{10}{5}$$

解之得:
$$U_{OC} = 20 \text{ V}$$

令图 4.17(b)中所有独立源不作用,转换后的无源二端网络如图 4.17(c)所示,求等效电阻 R_0。

$$R_0 = 5 /\!/ 20 + 16 = 20 \ \Omega$$

电路的戴维南等效电路如图 4.17(d)所示。

②根据最大功率传输定理知：当负载 $R_L = R_0 = 20\ \Omega$ 时，R_L 可从电路获得最大功率，且最大功率为：

$$P_{Lmax} = \frac{U_{OC}^2}{4R_0} = \frac{20^2}{4 \times 20} = 5\ \text{W}$$

值得注意的是，最大功率匹配条件是在电源电压 U_s 和电源内阻 R_s 不变的前提下获得的。如果 R_s 可变，则应是 $R_s = 0$ 时，负载可获得最大功率。因此，在应用最大功率传输定理时，必须注意是 R_s 不变，R_L 可变，若等效电阻 R_0 可变则不能套用式(4.15)。

另一个需要注意的问题是，当 $R_L = R_s$ 时，负载将从电源获得最大功率，其功率的传递效率 $\eta = P_L/P_s$ 并不是最大的，只有 50%。

思考题

(1) 在电子技术领域里，更多考虑的是负载如何获得最大功率，而在电力系统却更关注电能的传输效率，为什么？

(2) 某电源的开路电压为 15 V，接上 48 Ω 电阻时，电流为 0.3 A，则该电源接上多大负载时处于匹配工作状态？此时负载的功率是多大？若负载电阻为 8 Ω，则功率为多大？此时传输效率为多少？

(3) 一个 100 Ω 的负载，要想从一个内阻为 50 Ω 的电源获得最大功率，采取用一个 100 Ω 的电阻与该负载并联的办法是否可以？为什么？

4.5　特勒根定理

特勒根定理(Tellegen's theorem)是荷兰学者特勒根于 1952 年提出的关于网络拓扑结构的定理。由于它可从基尔霍夫定理直接导出，所以适用于任意集总参数网络，且与电路元件性质无关，因而具有更普遍的意义。

特勒根定理有两个，现分别叙述如下。

4.5.1　特勒根定理 1(特勒根功率定理)

对于任意一个具有 n 个节点和 b 条支路的电路，假设各支路电流和电压取关联参考方向，并令 i_k、$u_k (k = 1, 2, 3, \cdots, b)$ 分别为 b 条支路的电流和电压，则对任何时间 t，有：

$$\sum_{k=1}^{b} u_k i_k = 0 \tag{4.17}$$

式(4.17)中每一项为同一支路的电压和电流的乘积，表示的是支路吸收功率，故其是功率守恒的数学表达式，表明任何一个电路的全部支路吸收的功率之和恒等于零。

此外，式(4.17)只与电路的拓扑结构以及 KCL、KVL 有关，并不涉及元件的性质，故特勒根定理适用于线性、非线性和时变元件的集总电路。

4.5.2　特勒根定理 2(特勒根似功率定理)

具有 n 个节点和 b 条支路的两个不同网络 N 和 N̂，其拓扑结构相同，支路和节点编号、参考方向相同，网络 N 的 b 条支路的电流和电压并分别用 i_k、$u_k (k = 1, 2, 3, \cdots, b)$ 表示，网络 N̂ 的 b 条支路的电流和电压并分别用 $\hat{i}_k$、$\hat{u}_k(k=1,2,3,\cdots,b)$ 表示,则对任何时间 t,有:

$$\left.\begin{array}{l} \sum_{k=1}^{b} \hat{u}_k i_k = 0 \\ \sum_{k=1}^{b} u_k \hat{i}_k = 0 \end{array}\right\} \tag{4.18}$$

式(4.18)说明了两个拓扑结构相同的电路,一个电路的支路电压和另一个电路的相应支路电流之间必然遵循的数学关系,即任一电路的支路电压和另一电路相应的支路电流的乘积的代数和恒等于零。

式(4.18)中的各乘积项虽具有功率的量纲,但不表示任意一条支路的功率,称为似功率,故特勒根定理2又称为"似功率定理"。

特勒根定理1和特勒根定理2的实验证明可参考本章的知识拓展。

4.6　互易定理

互易定理(Reciprocity theorem)是特勒根定理应用的一个范例。

若一个网络的激励和响应的位置互换,网络对相同激励的响应不变,则称该网络具有互易性。互易性是网络的重要性质之一。

对一个仅含线性电阻的电路(不含任何独立电源和受控源),互易定理的内容如下:在单一激励的情况下,当激励端口与响应端口互换,在电路的几何结构不变时,将不改变同一激励所产生的响应。互易定理有三种形式,分别叙述如下。

4.6.1　互易定理第一形式

电压电流参考方向如图 4.18 所示,设 N 为电阻组成的无源网络,在图 4.18(a)中,端口 11′ 为激励端口接独立电压源 u_s;端口 22′ 为响应端口,短接,短路电流为 i_2。将激励端口与响应端口互换,电路如图 4.18(b)所示,此时端口 22′ 为激励端口接独立电压源 $\hat{u}_s$;端口 11′ 为响应端口,短接,短路电流为 $\hat{i}_1$。

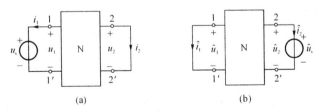

(a)　　　　　　　　　　　　(b)

图 4.18　互易定理第一形式

当激励端口的激励大小相同,即 $\hat{u}_s = u_s$,则两响应端口的响应也相同,有:

$$i_2 = \hat{i}_1 \tag{4.19}$$

即:激励电压源与短路端口互换时,短路端口的响应——短路电流不变。

互易定理第一形式证明:

设无源网络 N 由 b 个电阻组成,由特勒根定理有:

$$u_1 \hat{i}_1 + u_2 \hat{i}_2 + \sum_{k=3}^{b+3} u_k \hat{i}_k = 0$$
$$\hat{u}_1 i_1 + \hat{u}_2 i_2 + \sum_{k=3}^{b+3} \hat{u}_k i_k = 0$$ (4.20)

将 $\hat{u}_k = R_k \hat{i}_k$ 和 $u_k = R_k i_k$ 代入式(4.20),有:

$$u_1 \hat{i}_1 + u_2 \hat{i}_2 = \hat{u}_1 i_1 + \hat{u}_2 i_2$$ (4.21)

又因为:$u_1 = u_s, u_2 = 0, \hat{u}_1 = 0, \hat{u}_2 = \hat{u}_s$,代入式(4.21),导出:

$$u_s \hat{i}_1 = \hat{u}_s i_2$$ (4.22)

当 $\hat{u}_s = u_s$ 时,则有 $i_2 = \hat{i}_1$,得证。

4.6.2　互易定理第二形式

将电流源 i_s 接入端口 $11'$,端口 $22'$ 开路,开路电压为 u_2,电路如图 4.19(a)所示。再将电流源 $\hat{i}_s$ 接入端口 $22'$,端口 $11'$ 开路,开路电压为 $\hat{u}_1$,电路如图 4.19(b)所示,如果激励大小相同,即 $i_s = \hat{i}_s$,则有:

$$u_2 = \hat{u}_1$$ (4.23)

即:激励电流源与开路端口互换时,开路端口的响应——开路电压不变。
证明互易定理第二形式:
由图 4.19 可知:$i_1 = -i_s, u_2 = 0, \hat{u}_2 = \hat{u}_s, \hat{i}_1 = 0$,代入式(4.21),可得:

$$u_2 \hat{i}_s = \hat{u}_1 i_s$$

当 $i_s = \hat{i}_s$ 时,则有 $u_2 = \hat{u}_1$,得证。

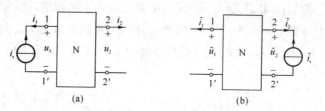

图 4.19　互易定理第二形式

4.6.3　互易定理第三形式

将电流源 i_s 接入端口 $11'$,端口 $22'$ 短路,短路电流为 i_2,电路如图 4.20(a)所示。将电压源 $\hat{u}_s$ 接入端口 $22'$,端口 $11'$ 开路,开路电压为 $\hat{u}_1$,电路如图 4.20(b)所示,若激励在数值上相同,即 $i_s = \hat{u}_s$,则有:

$$i_2 = \hat{u}_1$$ (4.24)

或者:将电压源 u_s 接入端口 $11'$,端口 $22'$ 开路,开路电压为 u_2,将电流源 $\hat{i}_s$ 接入端口 $22'$,端口 $11'$ 短路,短路电流为 $\hat{i}_1$,若激励在数值上相同,即 $u_s = \hat{i}_s$,则有:

$$u_2 = \hat{i}_1$$ (4.25)

即:用激励电压源$\hat{u}_s$取代激励电流源i_s,并换位,当两者数值相等时,响应端口的短路电流与开路电压在数值上也相等。

互易定理第三形式的证明可参考本章的知识拓展。

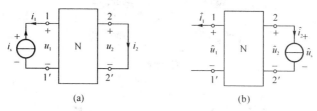

图4.20 互易定理第三形式

【**例4.11**】 在图4.21(a)中,N是由线性电阻元件构成的二端口网络,已知其激励端口的$u_s=10$ V,$i_1=-5$ A,响应端口的短路电流$i_2=1$ A;如果把电压源移至输出端口,即$\hat{u}_s=u_s=10$ V,且输入端口接一个2 Ω的电阻元件,电路如图4.21(b)所示,试问2 Ω电阻上电压为多少?

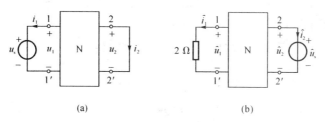

图4.21 例4.11电路图

解 根据已知条件有:

$u_1=10$ V,$i_1=-5$ A,$u_2=0$,$i_2=1$ A,$\hat{u}_2=10$ V。

又根据欧姆定律,有$\hat{u}_1=2\,\hat{i}_1$。

根据互易定理,由式(4.21)有:

$$u_1\,\hat{i}_1+u_2\,\hat{i}_2=\hat{u}_1 i_1+\hat{u}_2 i_2$$

将所有条件代入上式,可得:

$$\hat{i}_1=0.5\text{ A}$$
$$\hat{u}_1=2\,\hat{i}_1=1\text{ V}$$

知识拓展

1) 利用Multisim验证常用定理

(1) 验证叠加原理

验证叠加原理的电路图如图4.22所示。图中$U_1 \sim U_3$为直流电流表,$U_4 \sim U_8$为直流电压表,XWM1为功率表,其测量值显示在左上角,功率表的工作原理及使用方法将在第6章介绍。

电压源激励V_1和电流源激励I_2单独作用以及它们共同作用时的电路分别由图4.22(a)、(b)、(c)所示,将电阻R_3的电压和功率测量值填入表4.1。

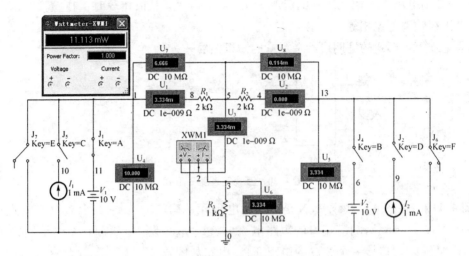

(a) 只有电压源V_1单独作用电路

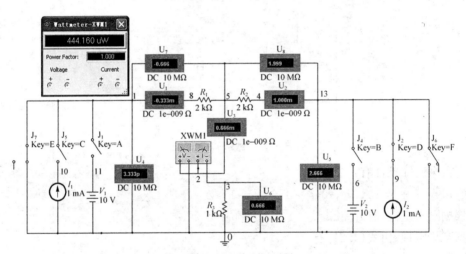

(b) 只有电流源I_2单独作用电路

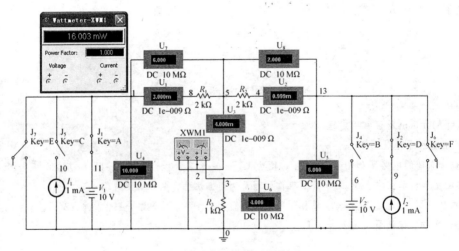

(c) 电压源V_1和电流源I_2共同作用电路

图 4.22 验证叠加原理

由表 4.1 可得出结论:

①在任一线性网络中,多个激励同时作用时的总响应等于每个激励单独作用时引起的响应分量之代数和。

②在线性网络中,功率是电压或电流的二次函数。叠加定理不适用于功率计算。

(2) 验证特勒根定理

验证特勒根定理的电路如图 4.23 所示。电路的 5 条支路分别是电压源 V_1、电阻 R_1、电阻 R_3、电阻 R_2、电压源 V_2。

图 4.23(a) 中 $R_3 = 4\ \text{k}\Omega$,测量支路 1 至支路 5 的电压、电流值,将各直流电表中的测量值填入表 4.2。

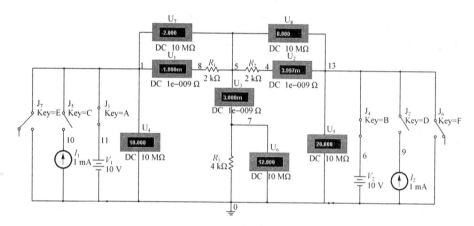

(a) $R_3 = 4\ \text{k}\Omega$ 时测量电路

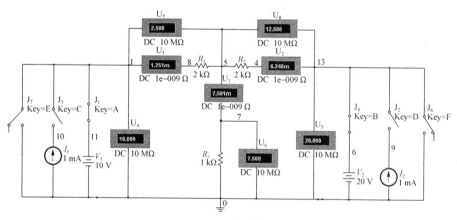

(b) $R_3 = 1\ \text{k}\Omega$ 时测量电路

图 4.23 验证特勒根定理

表 4.1 验证叠加原理

参　数	电压源 V_1 单独作用	电流源 I_2 单独作用	电源 V_1、I_2 共同作用
电压测量值	$U'_{R3} = 3.334\ \text{V}$	$U''_{R3} = 0.667\ \text{V}$	$U_{R3} = 4\ \text{V}$
电压分量叠加计算值	$U'_{R3} + U''_{R3} = 3.334 + 0.667 = 4\ \text{V} = U_{R3}$		
功率测量值	$P'_{R3} = 444.16\ \text{mW}$	$P''_{R3} = 11.113\ \mu\text{W}$	$P_{R3} = 16.003\ \text{mW}$
功率分量叠加计算值	$P'_{R3} + P''_{R3} = 11.558\ \text{mW} \neq P_{R3}$		

表 4.2　$R_3 = 4$ kΩ 时测量值表

支路号 k	1	2	3	4	5
u_k(V)	10	−2	12	8	20
i_k(mA)	−1	−1	3	4	4

将测量的同一支路的电压和电流的乘积相加,有

$$\sum_{k=1}^{5} u_k i_k = -10 \times (-1) + (-2) \times (-1) + 12 \times 3 + 8 \times 4 - 20 \times 4 = 80 - 80 = 0$$

特勒根定理 1 得证。

改变 R_3 支路,改变阻值或用其他元件替代,取 $R_3 = 1$ kΩ,重新测量支路 1 至支路 5 的电压、电流,电路如图 4.23(b)所示,将测量结果填入表 4.3。

表 4.3　$R_3 = 1$ kΩ 时测量值表

支路号 k	1	2	3	4	5
$\hat{u}_k$(V)	10	2.5	7.5	12.5	20
$\hat{i}_k$(mA)	1.25	1.25	7.5	6.25	6.25

将图 4.23(a)中支路电压与图 4.23(b)中相应支路电流的乘积相加,有:

$$\sum_{k=1}^{5} u_k \hat{i}_k = -10 \times 1.25 + (-2) \times 1.25 + 12 \times 7.5 + 8 \times 6.25 - 20 \times 6.25 = 140 - 140 = 0$$

或将图 4.23(b)中支路电压与图 4.23(a)中相应支路电流的乘积相加,有:

$$\sum_{k=1}^{5} \hat{u}_k i_k = -10 \times (-1) + 2.5 \times (-1) + 7.5 \times 3 + 12.5 \times 4 - 20 \times 4 = 82.5 - 82.5 = 0$$

特勒根定理 2 得证。

(3) 验证互易定理

对一个仅含有线性电阻(不含独立源和受控源)的电路(或网络),单一激励产生响应,当激励和响应互换位置时,响应对激励的比值保持不变。

互易定理第一形式:当激励为电压源时,响应为短路电流,有 $\dfrac{i_2}{u_s} = \dfrac{\hat{i}_1}{\hat{u}_s}$,当 $u_s = \hat{u}_s$ 时,应有 $i_2 = \hat{i}_1$。

验证互易定理第一形式的电路如图 4.24 所示。

在图 4.24(a)中,端口 $11'$ 的开关 J_7、J_5 打开,开关 J_1 闭合,电压源 $V_1 = 10$ V 作用于互易网络的 $11'$ 端;端口 $22'$ 的开关 J_4、J_2 打开,开关 J_6 闭合,$22'$ 端口短路,U_2 表测得短路电流为 1.75 mA。

在图 4.24(b)中,端口 $22'$ 的开关 J_6、J_2 打开,开关 J_4 闭合,电压源 $V_2 = 10$ V 作用于互易网络的 $22'$ 端;端口 $11'$ 的开关 J_1、J_5 打开,开关 J_7 闭合,$11'$ 端口短路,U_1 表测得短路电流为 1.75 mA。

即 $i_2 = \hat{i}_1$,互易定理得证。

互易定理第二形式:当激励为电流源时,响应为开路电压,有 $\dfrac{u_2}{i_s} = \dfrac{\hat{u}_1}{\hat{i}_s}$,当 $i_s = \hat{i}_s$ 时,应有 $u_2 = \hat{u}_1$。

验证互易定理第二形式的电路如图 4.25 所示。

在图 4.25(a)中,端口 $11'$ 的开关 J_7、J_1 打开,开关 J_5 闭合,电流源 $I_1 = 1$ mA 作用于互易网络的 $11'$ 端;端口 $22'$ 的开关 J_4、J_2、J_6 打开,开关闭合,$22'$ 端口开路,U_5 表测得开路电压为 1 V。

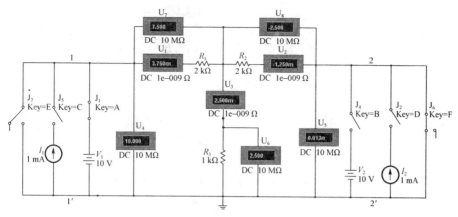

(a) 端口11′加电压源激励，端口22′短路

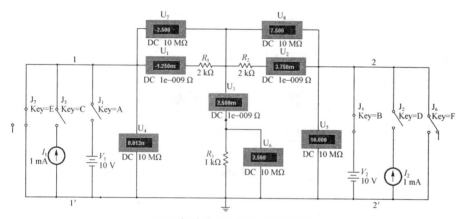

(b) 22′端口加电压源激励，端口11′短路

图 4.24　验证互易定理第一形式

在图 4.25(b)中，端口 22′的开关 J_6、J_4 打开，开关 J_2 闭合，电流源 $I_2 = 1$ mA 作用于互易网络的 22′端；端口 11′的开关 J_1、J_5、J_7 打开，11′端口开路，U_4 表测得开路电压为 1 V。

即：$u_2 = \hat{u}_1$，互易定理得证。

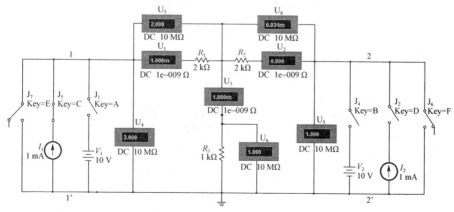

(a) 端口11′加电流源激励，端口22′开路

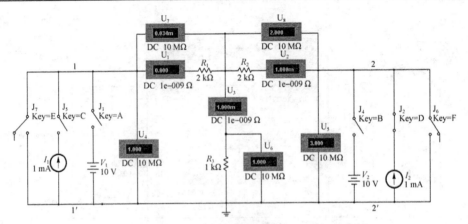

(b) 端口 22′加电流源激励，端口 11′开路

图 4.25　验证互易定理第二形式

互易定理第三形式：$\dfrac{i_2}{i_s}=\dfrac{\hat{u}_1}{u_s}$ 或 $\dfrac{i_1}{i_s}=\dfrac{\hat{u}_2}{i_s}$

验证互易定理第三形式的电路如图 4.26 所示。

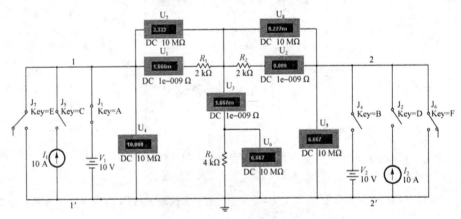

(a) 端口 11′加电压源激励，端口 22′开路

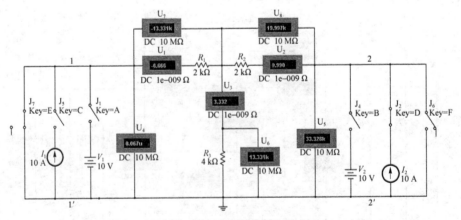

(b) 端口 22′加电流源激励，端口 11′短路

图 4.26　验证互易定理第三形式

在图 4.26(a)中，端口 11′的开关 J_7、J_5 打开，开关 J_1 闭合，电压源 $V_1=10$ V 作用于互易网络的 11′端；端口 22′的开关 J_4、J_2、J_6 打开，22′端口开路，U_5 表测得开路电压为 6.667 V。

在图 4.26(b)中,端口 22′的开关 J_6、J_4 打开,开关 J_2 闭合,电流源 $I_2=10$ A 作用于互易网络的 22′端;端口 11′的开关 J_1、J_5 打开,开关 J_7 闭合,11′端口短路,U_1 表测得短路电流为 6.667 A。

即:$u_2=\hat{i}_1$,互易定理得证。

2) 基本定理的背景介绍

1827 年,德国科学家欧姆(G. S. Ohm)在他的论文《用数学研究电路》中创立了欧姆定律,用数学方程表示了电阻上电压与电流的定量关系。

1847 年,21 岁的德国物理学家基尔霍夫(G. R. Kirchhoff)以大学生身份发表了划时代论文《关于研究电流线性分布所得到的方程的解》,文中提出了分析电路的第一定律(电流定律 KCL)和第二定律(电压定律 KVL),同时还确定了网孔回路分析法的原理。

从电路理论发展进程及其所包含的内容来看,人们常把欧姆和基尔霍夫的贡献作为这门学科的起点,从这个起点到 20 世纪 50 年代的这一段时期被称为"经典电路理论发展阶段"。

1853 年亥姆霍兹(H. Von Helmholtz)首先使用等效电源定理分析电路,但这个定理直到 1883 年才由法国科学家戴维南(L. C. Thevenin)正式提出发表,因此后人称其为戴维南定理,又译为戴维宁定理,也称亥姆霍兹-戴维南定理。

1933 年美国贝尔电话实验室工程师诺顿(E. L. Norton)提出了戴维南定理的对偶形式—诺顿定理。

1952 年荷兰人特勒根(B. H. Tellegen)确立了电路理论中除了 KCL 和 KVL 之外的另一个基本定理——特勒根定理。

3) 电络常用仿真软件介绍——Matlab 软件

Matlab 仿真软件
应用教学视频

本章小结

(1) 叠加定理

线性电阻电路中,任一支路的响应(支路电压或支路电流)都是电路中各个独立电源单独作用时,在该处产生的响应分量(支路电压或支路电流)的代数叠加。

使用叠加定理时,应注意以下几点:

①叠加性是线性电路基本性质的体现,因而叠加定理仅适用于线性电路,不适用于非线性电路。

②叠加时要注意电流和电压的参考方向,求和时要注意各个电流和电压的正负。

③电源分别作用时,电路的连接方式以及电路中所有的电阻以及受控源都不允许改变。不作用的独立电压源作短路处理,不作用的独立电流源则作开路处理。

④由于功率不是电压或电流的一次函数,因而不能用叠加定理直接计算功率。

(2) 替代定理

给定任一线性或非线性电路,若其中第 k 条支路的端电压 u_k 和电流 i_k 已知,则该支路就可以用一个大小为 u_k,其极性与原支路的端电压极性相同的独立电压源,或大小为 i_k,其方向与原支路电流方向相同的独立电流源来替代,这样替代后,整个电路中的电流和电压都保持不变。

(3) 等效电源定理

等效电源定理:线性有源二端网络可等效为一个电源(电压源或电流源),它包括戴维南定理和诺顿定理,电路如图 4.27 所示。

将线性有源二端网络 N 用一个电压源与一个电阻串联的支路来等效代替,这是戴维南定理,其中等效电压源的电压等于该有源二端网络 N 的开路电压 U_{OC},串联电阻 R_0 等于有源网络 N 转变为无源网络 N_0 时的等效电阻 R_0。

将线性有源二端网络 N 用一个电流源与一个电阻并联的电路来等效替代,这就是诺顿定理,其中等效电流源的电流等于该网络 N 端口处的短路电流 I_{SC};并联电阻 R_0 等于网络 N 中所有独立源为零值时的等效电阻。

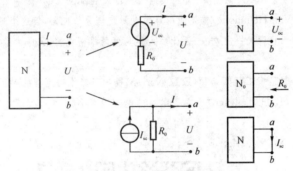

图 4.27 等效电源定理

等效电源定理可方便用于求解电路中某条支路的响应,也用于解决电阻负载如何从电路获得最大功率的问题。

(4) 最大功率传输定理

线性有源二端网络向可变电阻负载 R_L 传输最大功率的条件是:负载电阻 R_L 与二端网络的等效电阻 R_0 相等。满足 $R_L = R_0$ 条件时,称为最大功率匹配,此时负载电阻 R_L 获得的最大功率为:

$$P_{Lmax} = \frac{U_{OC}^2}{4R_0}$$

满足最大功率匹配条件时,R_0 吸收功率与 R_L 吸收功率相等,对电压源 U_{OC} 而言,功率传输效率为 50%。

(5) 特勒根定理

特勒根定理 1:假设网络中各支路(共 b 条)电流和电压取关联参考方向,所有同条支路电压与电流乘积之和恒为零,即:$\sum_{k=1}^{b} u_k i_k = 0$,反映了网络能量守恒关系,称之为功率定理。

特勒根定理 2:假设两个拓扑结构相同的电路中各支路电流和电压取关联参考方向,相关支路电压和电流的乘积之和也恒为零,即:$\sum_{k=1}^{b} \hat{u}_k i_k = 0$ 或 $\sum_{k=1}^{b} u_k \hat{i}_k = 0$,乘积项虽具有功率量纲,但没有实际意义,称之为拟功率定律。

(6) 互易定理

对于一个仅含线性电阻的电路(不含任何独立电源和受控源),在单一激励的情况下,当激励端口与响应端口互换,而电路的几何结构不变时,将不改变同一激励所产生的响应。互易定理有三种形式。

习题 4

4.1 计算图 4.28 所示电路的电源电压为 10 V 时,电流 I_0 为多少?

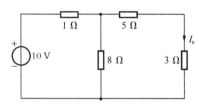

图 4.28 习题 4.1 电路图

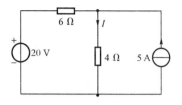

图 4.29 习题 4.2 电路图

4.2 应用叠加定理计算图 4.29 所示电路电流 I。

4.3 应用叠加定理计算图 4.30 所示电路电流 I_x。

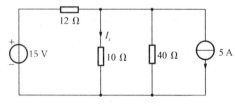

图 4.30 习题 4.3 电路图

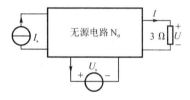

图 4.31 习题 4.4 电路图

4.4 已知图 4.31 所示电路中的网络 N_0 是由线性电阻组成。当 $I_s=1$ A,$U_s=2$ V 时,$I=5$ A;而当 $I_s=-2$ A,$U_s=4$ V 时,$U=18$ V。求 $I_s=2$ A,$U_s=6$ V 时的电压 U。

4.5 应用叠加定理计算图 4.32 所示电路中电压 U。

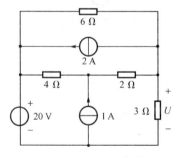

图 4.32 习题 4.5 电路图

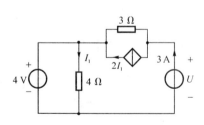

图 4.33 习题 4.6 电路图

4.6 应用叠加定理求图 4.33 电路中电压 U。

4.7 应用叠加定理求图 4.34 所示电路中的电压 U_1。

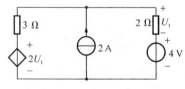

图 4.34 习题 4.7 电路图

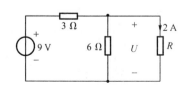

图 4.35 习题 4.8 电路图

4.8 应用替代定理求图 4.35 所示电路中的支路电压 U。

4.9 用替代定理求图 4.36 所示电路中电压源输出的功率。

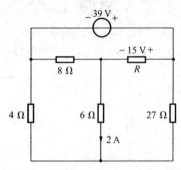

图 4.36 习题 4.9 电路图

4.10 求出图 4.37 所示各电路的戴维南等效电路、诺顿等效电路。

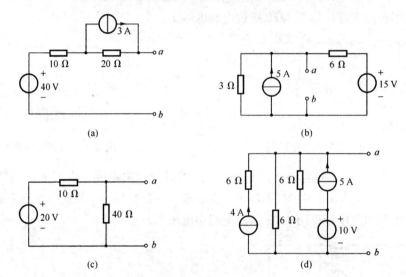

图 4.37 习题 4.10 电路图

4.11 用戴维南定理求图 4.38 所示电路中电压 U_{ab}。

图 4.38 习题 4.11 电路图

4.12 求出图 4.39 所示各电路的戴维南等效电路、诺顿等效电路。

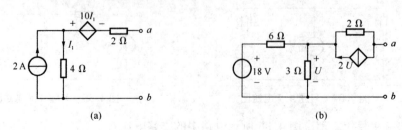

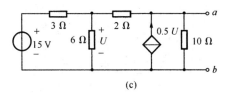
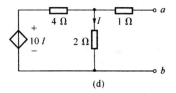

图 4.39　习题 4.12 电路图

4.13　用电源等效定理求图 4.40 所示电路中电流 I。

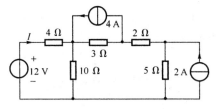

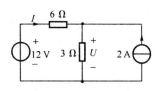

图 4.40　习题 4.13 电路图　　　　**图 4.41　习题 4.14 电路图**

4.14　用电源等效定理求出图 4.41 所示电路中电流 I、电压 U。

4.15　用戴维南定理求出图 4.42 所示电路中电压 U_x。

4.16　用诺顿定理求出图 4.43 所示电路中电流 I。

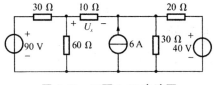
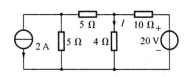

图 4.42　习题 4.15 电路图　　　　**图 4.43　习题 4.16 电路图**

4.17　用电源等效定理求出图 4.44 所示电路中电流 I_x。

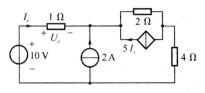
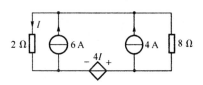

图 4.44　习题 4.17 电路图　　　　**图 4.45　习题 4.18 电路图**

4.18　用电源等效定理求出图 4.45 所示电路中电流 I。

4.19　求图 4.46 所示电路中 R 为何值时获得最大功率？该最大功率是多少？

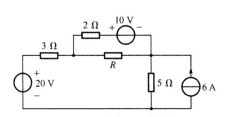
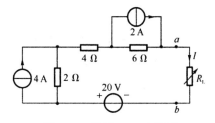

图 4.46　习题 4.19 电路图　　　　**图 4.47　习题 4.20 电路图**

4.20　电路如图 4.47 所示，(1) 求 a、b 以左的有源二端网络的戴维南等效电路；(2) 计算 $R_L = 8\ \Omega$ 时的电流 I；(3) 确定 R_L 为何值时获得最大功率，求出该最大功率 P_{Lmax}。

4.21　图 4.48 所示电路中,负载电阻 R_L 可变,试问 R_L 等于何值时它吸收的功率最大?此最大功率等于多少?

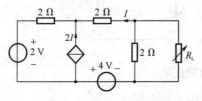

图 4.48　习题 4.21 电路图

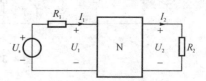

图 4.49　习题 4.22 电路图

4.22　在图 4.49 所示电路中,N 仅由二端线性电阻所组成。对于不同的输入直流电压 U_s 及不同的 R_1、R_2 值进行了两次测量,得到下列数据:当 $R_1=R_2=2$ Ω,$U_s=8$ V 时,$I_1=2$ A,$U_2=2$ V;当 $R_1=1.4$ Ω,$R_2=0.8$ Ω,$\hat{U}_s=9$ V 时,$\hat{I}_1=3$ A,求 $\hat{U}_2$ 的值。

4.23　在图 4.50 所示电路中,已知 $U_{s1}=100$ V,$U_{s2}=25$ V,N 仅由线性电阻组成。对于图(a)所示的电路有 $U_2=20$ V。试求图(b)电路中的电流 I_1。

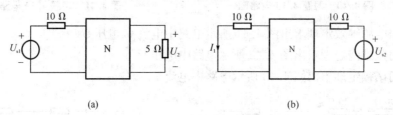

图 4.50　习题 4.23 电路图

4.24　在图 4.51 所示电路中,N 仅由线性电阻组成,已知图(a)中 $I_s=0.6$ A,$U_1=1$ V,$I_2=0.5$ A;图(b)中 $U_s=3$ V,$I_2=0.3$ A,试求图(b)电路中 I_1。

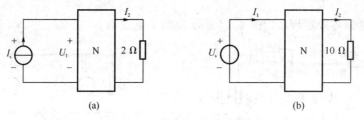

图 4.51　习题 4.24 电路图

5 动态电路的时域分析

前几章所研究的电路均在直流电源作用下,电路中各电压与电流的大小、方向都不随时间发生变化。当电路中的电压电流处于直流状态或按一定规律变化时,称该电路处于稳定工作状态,简称稳态。工程实践中,由于电路参数突然变化、电源接入或断开,都会使电路状态发生变化,但是电路中的电流或电压一般无法瞬间达到新的稳态,需要一定的中间过程。电路从一种稳定状态转变到另一种稳定状态的中间过程称为暂态过程或过渡过程,处于过渡过程的电路称为动态电路。引起电路状态变化的原因统称为换路。

引起电路发生过渡过程的内因主要是由于储能元件(电容和电感)所产生的,外因是由于电路开关动作、电路参数变化等措施引起的。研究动态电路过渡过程是正确认识和应用现代电路理论的基础,一般采取两种方法进行研究:一是在时域范围内列写电路方程、解微分方程来探讨动态电路随时间变化的规律,称为动态过程的时域分析法;二是在频域范围内,对电路元件频域模型进行分析研究的方法,称为电路的频域分析法。本章讨论动态电路的时域分析法。

5.1 储能元件

能够储存电能的器件是电容元件与电感元件,前者将电能转变为电场能量储存起来,后者将电能转变为磁场能量储存起来。

5.1.1 电容元件

用介质隔开两块金属板就可构成一个简单的电容器。电容器的种类繁多,常见的电容器如图 5.1 所示。电路理论中的电容元件是实际电容器的理想模型,仅考虑电容器的电场效应,且认为其中的绝缘介质的损耗为零(绝缘电阻为∞),其符号如图 5.2(a)所示。

库伏特性揭示了电容元件的电特性,即电容器储存电荷的能力 $C(t)$、电容器极板上的电荷 $q(t)$、端电压 $u(t)$ 之间的关系,如式(5.1)所示,即

$$q(t) = C(t)u(t) \tag{5.1}$$

$C(t)$ 称为电容量,若 $C(t)$ 为一个正常数 C,即为线性电容元件,其电特性如图 5.2(b)所示。如无特殊说明,本书所提及的电容元件均指线性电容元件。

在国际单位制中,C 的单位为法拉(F),常用的还有微法(μF)和皮法(pF)。在今后的讨论中,电容元件、电容量常简称为电容。

图 5.1 常见电容器

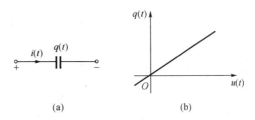

图 5.2 电容模型与线性电容元件的库伏特性

1) 电容的伏安关系

根据电流的定义

$$i(t) = \frac{dq}{dt} \tag{5.2}$$

将式(5.1)代入式(5.2)得：

$$i(t) = \frac{dCu(t)}{dt} = C\frac{du(t)}{dt} \tag{5.3}$$

　　式(5.3)是取关联参考方向时电容元件的伏安关系(VAR)，表明电容元件的电流与其电压的变化率成正比，是一种微分关系。即：电容元件在直流时相当于开路，具有隔离直流的作用。

　　若电压与电流为非关联参考方向，则式(5.3)则为：

$$i(t) = -C\frac{du(t)}{dt} \tag{5.4}$$

　　式(5.3)也可改写为：

$$u(t) = \frac{1}{C}\int_{-\infty}^{t} i(\xi)d\xi \tag{5.5}$$

如果需获得 t_0 时刻后的电容电压，则式(5.5)可写为：

$$u(t) = \frac{1}{C}\int_{-\infty}^{t_0} i(\xi)d\xi + \frac{1}{C}\int_{t_0}^{t} i(\xi)d\xi$$

$$= u(t_0) + \frac{1}{C}\int_{t_0}^{t} i(\xi)d\xi \quad (t \geqslant t_0) \tag{5.6}$$

　　从式(5.6)可以看出，电容电压 $u(t)$ 与 t_0 时刻的初始电压值 $u(t_0)$ 有关，其在初始值之上的增加值与电流 $i(t)$ 积分成正比，所以电容元件是一个记忆元件。

2) 电容元件的储能

在电压和电流为关联参考方向下，电容吸收的功率为：

$$p(t) = u(t) \cdot i(t) = Cu\frac{du}{dt} \tag{5.7}$$

从 $-\infty$ 到 t 时刻，电容吸收的电场能量为：

$$W_C(t) = \int_{-\infty}^{t} u(\xi)i(\xi)d\xi = \int_{-\infty}^{t} Cu(\xi)\frac{du(\xi)}{d\xi}d\xi$$

$$= C\int_{u(-\infty)}^{u(t)} u(\xi)du(\xi) = \frac{1}{2}Cu^2(t) - \frac{1}{2}Cu^2(-\infty)$$

若初始储能为零，即：$u(-\infty) = 0$，所以

$$W_C(t) = \frac{1}{2}Cu^2(t) \tag{5.8}$$

　　式(5.8)表明：在任何时刻 t，电容 C 吸收的能量是与该时刻电容端电压 $u(t)$ 的平方成正

比,且恒有 $W_C(t)\geqslant 0$,此能量并不消耗,而是储存在电容元件的电场中,成为电场能量,因此电容元件是一种储能元件,也是一种无源元件。

3) 电容电压的连续性

根据电容的 VAR

$$u_C(t) = \frac{1}{C}\int_{-\infty}^{t} i(\xi)\mathrm{d}\xi = u_C(t_0) + \frac{1}{C}\int_{t_0}^{t} i(\xi)\mathrm{d}\xi \quad (t\geqslant t_0)$$

若电容元件 $i(t)$ 在闭区间 $[t_a,t_b]$ 内为有界的,则电容电压 $u_C(t)$ 在开区间 (t_a,t_b) 内为连续的。特别是对任何时间 t,且 $t_a<t<t_b$,有:

$$u_C(t_-) = u_C(t_+) \tag{5.9}$$

式(5.9)称为电容元件的换路定则,即:电容电压不能跃变。

若电路如图 5.3(a)所示,设 $u(0_-)=0$,$C=1\ \mu F$,在换路时刻开关动作。在给定电流波形情况下,不难画出电压 $u_C(t)$ 的波形,如图 5.3(b)、(c)所示。

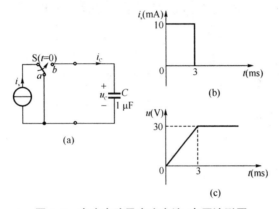

图 5.3　电容电路及电容电流、电压波形图

由图 5.3(b)、(c)可知,电容电流瞬间变为 0,但电容电压没有突变,是连续变化的。

4) 实际电容器的模型

由于实际电容器介质总有些漏电,故可用一个电导与电容并联的形式表示,如图 5.4(a)所示;若在电容器施加高频信号时,电流 $C\dfrac{\mathrm{d}u}{\mathrm{d}t}$ 将产生不可忽视的磁场,因此电路模型如图 5.5(b)所示。

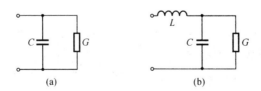

图 5.4　实际电容器的电路模型

电容元件应标明电容量、额定工作电压。电容两端电压过大时,会将电容击穿损坏。还有一个特点,一般 $1\ \mu F$ 以上的电容均为电解电容,而 $1\ \mu F$ 以下的电容多为瓷片电容,当然也有其他的,比如独石电容、涤纶电容、小容量的云母电容等。电解电容有个铝壳,里面充满了电解质,并引出两个电极,作为正(+)、负(-)极,与其他电容器不同,它们在电路中的极性不能接错,而

其他电容则没有极性。

5.1.2　电感元件

工程中广泛应用的用导线(铜或铝)所绕制的线圈是电感器件,如电子线路中常用的空心或带有铁芯的高频线圈,电磁铁或变压器中含有在铁芯上绕制的线圈等等,如图 5.5(a)所示。电路理论中的电感元件是实际电感器件的理想化模型。

图 5.5(b)所示为电路中线圈示意图,其匝数为 N,当电流 i 流经线圈后,产生的磁通 Φ_L 及磁链 ψ_L,且 $\psi_L = N\Phi_L$、Φ_L、ψ_L 的单位均为 Wb(韦[伯])。

电感元件产生磁链的能力用 L 表示,即

$$L = \frac{\psi(t)}{i(t)} \tag{5.10}$$

L 的单位亨利(H),常用的还有毫亨(mH)、微亨(μH)。

电感的电特性(韦安特性)可在 i-ψ 平面上表示,若特性为一条通过原点的直线且不随时间变化,如图 5.5(c)所示,则为线性电感 L,是一个正实数。如无特别说明,本书所提及的电感元件均指线性电感元件。

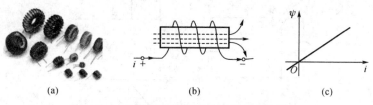

(a)　　　　　　　　　　(b)　　　　　　　　　　(c)

图 5.5　电感线圈与线性电感元件的韦安特性

1) 电感的伏安特性

根据电磁感应定律,当通过电感的电流发生变化时,磁场发生变化(Φ_L、ψ_L 变化),电感两端将产生感应电压。当电感电流与磁链符合右手螺旋法则时,可得:

$$u = -e = \frac{\mathrm{d}\psi}{\mathrm{d}t} \tag{5.11}$$

将式(5.10)代入式(5.11)得:

$$u = -e = \frac{\mathrm{d}(Li)}{\mathrm{d}t} = L \frac{\mathrm{d}i}{\mathrm{d}t} \tag{5.12}$$

式(5.12)为电感元件在关联参考方向下的伏安关系(VAR),其中 e 为感应电动势。式(5.12)表明电感电压与电流的变化率成正比,只有电流变化时,才有感应电动势产生,而 u 是克服反电动势的电压,当 $\mathrm{d}i/\mathrm{d}t$ 越大(电流变化越快),则电压也就越大;当 $\mathrm{d}i/\mathrm{d}t = 0$(电流为直流)时,电压也为零。因此,电感对直流而言,它起着短路的作用。

2) 电感元件储能

在电压和电流为关联参考方向下,电感吸收的功率为:

$$p(t) = u(t) \cdot i(t) = Li \frac{\mathrm{d}i}{\mathrm{d}t} \tag{5.13}$$

在$-\infty$到t的时间内吸收的能量为：

$$W_L = \int_{-\infty}^{t} p\,\mathrm{d}\xi = \int_{-\infty}^{t} Li\,\frac{\mathrm{d}i}{\mathrm{d}\xi}\mathrm{d}\xi = \int_{i(-\infty)}^{i(t)} Li\,\mathrm{d}i$$

$$= \frac{1}{2}Li^2(t) - \frac{1}{2}Li^2(-\infty)$$

同理，初始储能为零，即：$i(-\infty)=0$，电感元件在任何时刻t储存的能量$W_L(t)$为：

$$W_L(t) = \frac{1}{2}Li^2(t) \tag{5.14}$$

式(5.14)表明：在任何时刻t，电感L吸收的能量是与该时刻电感端电流$i(t)$的平方成正比，且恒有$W_L(t) \geqslant 0$，此能量并不消耗，而是储存在电感元件的磁场中，称为磁场能量，因此电感元件也是一种储能元件，一种无源元件。

3）电感电流的连续性

如果需获得t_0时刻后的电感电流，则式(5.13)可改写为：

$$i_L(t) = \frac{1}{L}\int_{-\infty}^{t} u(\xi)\mathrm{d}\xi = i_L(t_0) + \frac{1}{L}\int_{t_0}^{t} u(\xi)\mathrm{d}\xi \tag{5.15}$$

若电感元件$u(t)$在闭区间$[t_a,t_b]$内为有界的，则电感电流$i_L(t)$在开区间(t_a,t_b)内为连续的。特别是对任何时间t，且$t_a < t < t_b$，有：

$$i_L(t_-) = i_L(t_+) \tag{5.16}$$

上式说明"电感电流不能突变"，式(5.16)也是电感元件的换路定则。

4）实际线圈的模型

图5.6(a)所示为理想电感模型L，但实际电感线圈含有电阻，常采用如图5.6(b)所示的等效串联电路表示（R为线圈电阻，L为电感）；此外，当施加于线圈的电压变化很快时，线圈的匝与匝之间存在的分布电容的作用不能忽视，其等效电路模型如图5.6(c)所示。

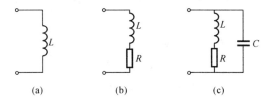

图5.6 实际电感线圈的模型

电感线圈应标明电感量、额定工作电流，电流过大时，会使线圈过热甚至烧毁线圈。

思考题

(1) 如果某电容的连接导线中的电流为零，则该电容的两端电压是否一定为零？为什么？当电路中电感两端电压为零时，其电流是否也一定为零？为什么？

(2) 电容储能与其两端电压有关，是否也与其电流有关？

(3) 当电感电流幅值不变时，只改变电流的频率时，其储能是否改变？为什么？

5.2　换路定则与初始值的确定

5.2.1　换路定则

由前述知:电容电路电流、电感电路电压有界,电容元件、电感元件在换路瞬间遵循一定的规则,如果换路发生 $t=0$ 的时刻,则可将换路前的最终瞬间标记为 $t=0_-$,换路后的初始瞬间标记为 $t=0_+$,即可得到:

$$\left.\begin{array}{r} u_C(0_-) = u_C(0_+) \\ i_L(0_-) = i_L(0_+) \end{array}\right\} \tag{5.17}$$

式(5.17)称为储能元件的换路定则,即在换路瞬间,电容元件上的电压和电感元件上的电流不会发生跃变。

由于电容元件、电感元件的储能分别表示为:

$$\left.\begin{array}{l} W_C(t) = \dfrac{1}{2}Cu_C^2(t) \\[2mm] W_L(t) = \dfrac{1}{2}Li_L^2(t) \end{array}\right\}$$

因而,换路定则本质是"能量不能突变"这一规律在动态电路中的体现。

5.2.2　初始值的确定

动态电路中,各电路元件在换路后一瞬间的电压、电流值称为初始值。分析并确定动态电路中电路元件的初始值是分析动态电路的一个重要步骤。

初始值分为独立初始值和相关初始值。独立初始值只有两个量,即 $u_C(0_+)$ 和 $i_L(0_+)$。它们是利用换路前瞬间,即 $t=0_-$ 时的电路计算出 $u_C(0_-)$ 和 $i_L(0_-)$,再由换路定则确定的。相关初始值的求解需在独立初始值确定后,利用等效替代方法画出动态电路在 $t=0_+$ 时的等效电路后才能计算得到。

归纳一下,计算动态电路初始值的步骤如下:

(1) 根据换路前的电路计算 $t=0_-$ 时的 $u_C(0_-)$ 和 $i_L(0_-)$。换路前若电路处于稳态,则对于直流激励,电容可用开路替代,电感可用短路替代。若电路在换路前动态元件上无储能,则直接可得 $u_C(0_-)=0$,$i_L(0_-)=0$。

(2) 利用换路定则得到换路后瞬间即 $t=0_+$ 时动态元件的独立初始值 $u_C(0_+)$ 和 $i_L(0_+)$。

(3) 画出 $t=0_+$ 时动态电路的等效电路(将电容用电压值为 $u_C(0_+)$ 的电压源替代,电感用电流值为 $i_L(0_+)$ 的电流源替代)。

(4) 用直流电路各种分析方法计算动态电路中各待求电压和电流的初始值(即相关初始值)。

下面通过举例说明初始值的具体计算方法。

【例 5.1】　电路如图 5.7(a)所示,$t=0$ 时开关闭合,已知 $U_{S1}=10$ V,$U_{S2}=30$ V,$R_1=R_2=4$ Ω,试计算 $u_C(0_+)$、$i(0_+)$ 之值。

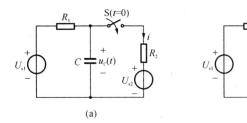

图 5.7　例 5.1 电路图

解　①由电路可知,换路前,$u_C(0_-)=10$ V

②根据换路定律,$u_C(0_+)=u_C(0_-)=10$ V。

③画出 $t=0_+$ 时的等效电路(将电容元件用电压为 10 V 的电压源替代,电压方向保持不变),具体如图 5.7(b)所示。

④由图 5.7(b)可得:$i(0_+)=-\dfrac{30-10}{4}$ A$=-5$ A。

分析:已知换路前 $i(0_-)=0$,而换路后 $i(0_+)=-5$ A,可见电流 i 在换路前后发生了突变,由 0 A 跃变为 -5 A。

【**例 5.2**】　电路如图 5.8(a)所示,开关闭合已久,$t=0$ 时开关打开,求换路后电流 $i(0_+)$、电压 $u_L(0_+)$ 的值。

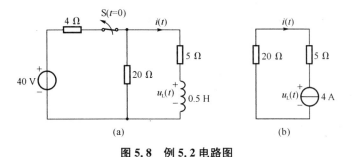

图 5.8　例 5.2 电路图

解　①由于换路前开关闭合已久,则可认为此时电路处于稳态,将电感元件用短路替代,得到 $t=0_-$ 时的等效电路,计算可得:

$$i(0_-)=\frac{40}{4+20/\!/5}\times\frac{20}{20+5}\text{ A}=4\text{ A}$$

②由换路定律知,$i(0_+)=i(0_-)=4$ A。

③画出 $t=0_+$ 的等效电路(将电感元件用电流为 4 A 的电流源替代,电流方向保持不变),如图 5.8(b)所示。

④由图 5.8(b),可求出此时电压:

$$u_L(0_+)=-4\times(20+5)\text{V}=-100\text{ V}$$

分析:由题意可知,$t=0_-$ 时电感相当于短路,即 $u_L(0_-)=0$;而 $t=0_+$ 时,$u_L(0_+)=-100$ V,显然,电感电压在换路时发生了突变,由 0 V 跃变为 100 V。

【**例 5.3**】　电路如图 5.9(a)所示,在 $t=0$ 时开关在断开,求元件的初始值 $u_C(0_+)$、$i_1(0_+)$、$i_2(0_+)$。

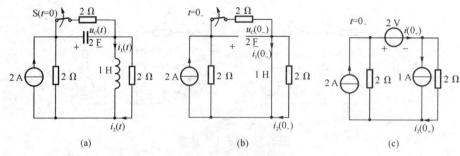

图 5.9　例 5.3 电路图

解　①画出 $t=0_-$ 的等效电路，如图 5.9(b)，可求出：

$$i_1(0_-)=\frac{1}{2}\times 2 \text{ A}=1 \text{ A}, \quad u_C(0_-)=2\times 1 \text{ V}=2 \text{ V}$$

②根据换路定律，可得：

$$i_1(0_+)=i_1(0_-)=1 \text{ A}, \quad u_C(0_+)=u_C(0_-)=2 \text{ V}$$

③画出如图 5.9(c) 的等效电路。

④由等效电源变换，可求出电压源电流为：

$$i(0_+)=\frac{-2+4+2}{2+2} \text{ A}=1 \text{ A}, \quad i_2(0_+)+1 \text{ A}=1 \text{ A}, \quad i_2(0_+)=0 \text{ A}$$

由上述例题可知，在求初始值时，对电容电压、电感电流可直接应用换路定律，对其他电量的初始值求取可以先画出换路后的等效电路再进行分析。

思考题

(1) 激励为正弦周期信号源的动态电路，稳态时电容元件是否可以视为开路，电感元件是否可以视为短路？

(2) 在换路前后电容电流和电感电压是否会发生跃变？

(3) 在直流电源激励下的动态电路，其 $t=0_+$ 时的等效电路实际是一个电阻性电路，对吗？

5.3　一阶电路的零输入响应

在电路分析中，若描述电路的方程为一阶线性常系数微分方程，则该电路称为一阶电路。若电路含有一个（或等效为一个）储能元件的电路，均为一阶电路。一阶电路根据所含储能元件的不同可分为 RC 电路和 RL 电路。

由于初始储能、激励输入等不同状况，一阶电路的响应分为零输入响应、零状态响应和完全响应。

电路在无外加激励时，仅由储能元件的初始储能引起的响应称为零输入响应，本节研究一阶电路的零输入响应。

5.3.1　RC 电路的零输入响应

1) RC 电路的一阶微分方程

如图 5.10(a) 所示为一 RC 电路，电容电压 $u_C(t)=U_0(t<0)$，$t=0$ 时开关由 a 点接向 b 点，换路后的电路如图 5.10(b) 所示。根据 KVL，有：

$$Ri_C + u_C = 0 \quad (t \geqslant 0)$$

将电容伏安关系 $i_C = C\dfrac{du_C}{dt}$ 代入上式得：

$$RC\frac{du_C}{dt} + u_C = 0 \quad (t \geqslant 0) \tag{5.18}$$

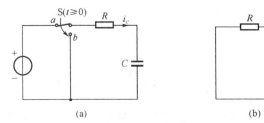

图 5.10　RC 零输入响应电路

2）RC 电路的一阶微分方程求解

从高等数学得知，式(5.18)为一阶常系数线性微分方程，其通解可设为：

$$u_C(t) = Ae^{pt}$$

代入式(5.18)得到对应齐次微分方程的特征方程为：

$$RC\frac{d(Ae^{pt})}{dt} + Ae^{pt} = 0$$

即
$$RCp + 1 = 0 \tag{5.19}$$

解式(5.19)，其特征根为：

$$p = -\frac{1}{RC}$$

因为 $[RC]=[欧][法]=[欧]\cdot[伏]/[库]=[欧]\cdot([安][秒])/[伏]=[秒]$，因此 $\dfrac{1}{|p|}$ 具有时间的量纲，单位为秒(s)，故称为时间常数。记为 τ，有：

$$\tau = RC \tag{5.20}$$

由图 5.10(a)所示电路的初始稳定状态($t<0$)可得 $u_C(0_-)=U_0$，根据电容元件电压的连续性，开关 S 动作的瞬间($t=0$)，有：

$$u_C(0_+) = u_C(0_-) = U_0$$

将上式代入式(5.18)，得：

$$u_C(0_+) = A = U_0$$

所以通解为：

$$u_C(t) = Ae^{-\frac{t}{\tau}} = U_0 e^{\frac{t}{RC}} \quad (t \geqslant 0) \tag{5.21}$$

式(5.21)中，$u_C(t)$ 是一个随时间衰减的指数函数，其随时间变化的曲线如图 5.11 所示。

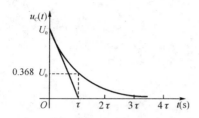

图 5.11 RC 电路放电时 $u_C(t)$ 曲线

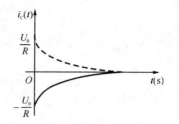

图 5.12 RC 电路放电时 $i_C(t)$ 曲线

电容电流 $i_C(t)$ 为：

$$i_C(t) = C\frac{\mathrm{d}u_C}{\mathrm{d}t} = -\frac{U_0}{R}\mathrm{e}^{-\frac{t}{RC}} \quad (t \geqslant 0) \tag{5.22}$$

式(5.22)表明，$i_C(t)$ 也是一个随时间衰减的指数函数，其实际方向与参考方向相反(放电)，曲线如图 5.12 中实线所示。

如设 $i_C(t)$ 和 $u_C(t)$ 为非关联参考方向，则

$$i_C(t) = -C\frac{\mathrm{d}u_C}{\mathrm{d}t} = \frac{U_0}{R}\mathrm{e}^{-\frac{t}{RC}} \quad (t \geqslant 0)$$

$i_C(t)$ 的变化曲线如图 5.12 中虚线所示。

值得注意的是：在 $t=0$ 换路时，$i(0_-)=0$，$i(0_+)=-U_0/R$，亦即电流由 0 跃为 $(-U_0/R)$，发生了突变。因此，电路在换路时并不是所有元件的电压和电流都遵循换路定则的。

3）时间常数 τ

由电压 $u_C(t)$ 和电流 $i_C(t)$ 表达式可见，它们均按相同的指数规律衰减，其衰减的快慢是由时间常数 $\tau=RC$ 来决定的，如图 5.13 所示。显然，时间常数 τ 与 RC 成正比而与电路的初始状态无关。时间常数越大，过渡过程越长。理论上讲，$t \to \infty$ 时放电结束，$u_C(t)$、$i_C(t)$ 衰减到零。但在实际应用时，只要经过 $(3\sim5)\tau$ 的时间认为衰减就可结束。$u_C(t)$ 在不同时间上的衰减程度如表 5.1 所示。

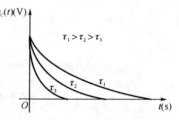

图 5.13 不同时间常数
对衰减曲线的影响

表 5.1 时间常数对应过渡过程列表

t	0	τ	2τ	3τ	4τ	5τ	...	∞
$u_C(t)$	U_0	$0.368U_0$	$0.135U_0$	$0.05U_0$	$0.018U_0$	$0.007U_0$	...	0

在实测时间常数 τ 时，可通过测量输出衰减到 $0.368U_0$ 时所经过的时间即为时间常数；或在电路过渡过程响应曲线 $u_C(t)$、$i_C(t)$ 上作切线，求其次切距得到，如图 5.11 所示。

【例 5.4】 电路如图 5.14(a)所示，在 $t=0$ 时开关由 a 投向 b，在此以前电容电压为 U_s，试求 $t \geqslant 0$ 时电容电压及电流。

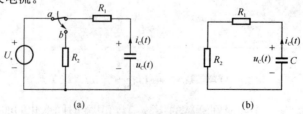

(a)   (b)

图 5.14 例 5.4 电路图

解 由换路定律,在开关由 a 投向 b 的瞬间,有:

$$u_C(0_+)=u_C(0_-)=U_s$$

作出 $t \geqslant 0$ 换路后的电路如图 5.14(b)所示,从电容两端向左看,等效电阻为 R_1+R_2,故电路的时间常数为 $\tau=(R_1+R_2)C$,由式(5.21)得电容电压 $u_C(t)$ 为:

$$u_C(t)=U_s \mathrm{e}^{-\frac{t}{\tau}} \quad (t \geqslant 0)$$

根据所设电流方向,可得电容的放电电流为:

$$i=-C\frac{\mathrm{d}u_C}{\mathrm{d}t}=\frac{U_s}{R_1+R_2}\mathrm{e}^{-\frac{t}{\tau}} \quad (t \geqslant 0)$$

5.3.2 RL 电路的零输入响应

1) RL 电路的一阶微分方程

电路如图 5.15(a)所示,电路在开关 S 动作之前电路已稳定,电感中有电流 $I_0=U_0/R_0$,$t=0$ 时将开关 S 由 1 接向 2,此时电感和电阻构成一个闭合回路,如图 5.15(b)。

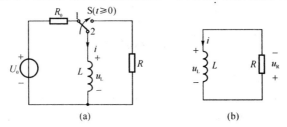

图 5.15 RL 电路的零输入响应

$t>0$ 时,根据 KVL,有:

$$u_L+u_R=0 \quad (t \geqslant 0)$$

将 $u_R=Ri$,$u_L=L\frac{\mathrm{d}i}{\mathrm{d}t}$ 代入上式,得一个线性常系数齐次微分方程为:

$$L\frac{\mathrm{d}i}{\mathrm{d}t}+Ri=0 \quad (t \geqslant 0) \tag{5.23}$$

2) RL 电路的一阶微分方程求解

由前述可知,式(5.23)的通解为 $i=A\mathrm{e}^{pt}$,其对应的特征方程为:

$$Lp+R=0 \tag{5.24}$$

其特征根为:

$$p=-\frac{R}{L}$$

故电流为:

$$i=A\mathrm{e}^{-\frac{R}{L}t} \quad (t \geqslant 0) \tag{5.25}$$

根据换路定则 $i(0_+)=i(0_-)=I_0$,代入式(5.23)确定系数 A,得:

$$i(0_+)=A=I_0$$

所以电流的通解为：

$$i(t) = A e^{-\frac{R}{L}t} = I_0 e^{-\frac{R}{L}t} \quad (t \geqslant 0) \tag{5.26}$$

电阻和电感上的电压分别为：

$$u_R = Ri = RI_0 e^{-\frac{R}{L}t} \quad (t \geqslant 0)$$

$$u_L = L\frac{di}{dt} = -RI_0 e^{-\frac{R}{L}t} \quad (t \geqslant 0)$$

图 5.15 所示电路中 i、u_L 和 u_R 随时间变化的曲线如图 5.16 所示。

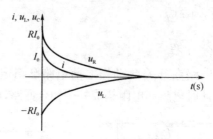

图 5.16　RL 电路零输入响应

3）时间常数 τ

与 RC 电路相类似，显然 $\tau = L/R$，具有时间的量纲，单位也为秒(s)，称为 RL 电路的时间常数。τ 的大小同样反映了 RL 电路响应的快慢程度。L 越大，在同样大的初始电流下，电感储存的磁场能量越多，通过电阻释放能量所需的时间越长，暂态过程越长；而当电阻越小时，在同样大小的初始电流下，电阻消耗的功率越小，暂态过程也就越长。可以通过选择合适的电路元件参数来控制动态电路过渡过程的时间。

【例 5.5】　电路如图 5.17 所示，$U_s = 20$ V，$R_1 = 5$ Ω，$R_2 = 5$ kΩ（电压表的内阻），$L = 0.4$ H。$t < 0$ 时电路处于直流稳态，$t = 0$ 时开关由 a 换到 b。求 $t > 0$ 的电流 i_L 及电阻 R_2 的电压表达式 u_2。

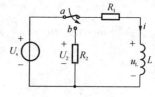

图 5.17　例 5.5 图

解　$t < 0$ 时电路处于直流稳态，$i_L(0_-) = \dfrac{U_s}{R_1} = 4$ A，$t = 0$ 时开关动作，电路为零输入状态。由电感电流的连续性可知，

$$i_L(0_+) = i_L(0_-) = 4 \text{ A}$$

时间常数

$$\tau = \frac{L}{R_1 + R_2} = 4 \times 10^{-5}$$

由式(5.24)得：

$$i_L(t) = I_0 e^{-\frac{t}{\tau}} = 4 e^{-0.25 \times 10^4 t} \text{ A} \quad (t > 0)$$

由电路的 VAR 关系可得：

$$u_2(t) = -R_2 I_0 e^{-\frac{t}{\tau}} = -2 \times 10^{-4} e^{-0.25 \times 10^4 t} \text{ V} \quad (t > 0)$$

显然上式在 $t = 0$ 时，R_2 电压很高，达 20 kV。这就使得在含电感电路中，为避免出现过高的电压，不能迅速改变电路电流。

思考题

(1) 试举例说明电路产生过渡过程的原因和条件。

（2）为什么 RC 电路的时间常数与 R 成正比,而 RL 电路的时间常数与 R 成反比?

（3）在同一 RL 放电电路中,若电感的初始电流不同,放电至同一电流值所需时间是否相等? 衰减至各自初始电流的 30% 所需时间是否相同?

5.4　一阶电路的零状态响应

一阶动态电路中,若储能元件处于零初始状态（$u_C(0_-)=0$ V、$i_L(0_-)=0$ A）下,换路后仅由外施激励源作用所产生的响应,即为零状态响应。

5.4.1　RC 电路的零状态响应

如图 5.18(a)所示的一阶 RC 电路,激励源为直流电源,换路前,电容电压 $u_C(t)=0$ V（$t<0$）。$t=0$ 时开关由 a 点接向 b 点,$t>0$ 时电路如图 5.18(b)所示。

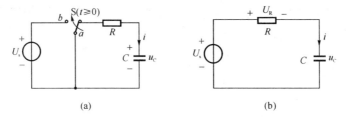

图 5.18　RC 零状态响应电路

根据 KVL,有:

$$u_R + u_C = U_s \quad (t \geqslant 0)$$

把 $u_R=Ri$,$i=C\dfrac{\mathrm{d}u_C}{\mathrm{d}t}$ 代入,得到电路的方程,其为一阶线性非齐次微分方程,如式(5.27)所示:

$$RC\frac{\mathrm{d}u_C}{\mathrm{d}t} + u_C = U_s \quad (t \geqslant 0) \tag{5.27}$$

非齐次微分方程的解由两部分组成,即由其特解 $u_C{}'(t)$ 和对应的齐次方程的通解 $u_C{}''(t)$ 组成。可写成:

$$u_C(t) = u'_C(t) + u''_C(t) \quad (t \geqslant 0)$$

特解 $u'_C(t)$ 具有和激励相同的形式,可令 $u'_C(t)=K$,代入微分方程求得:

$$K = U_s$$

而对应齐次微分方程的通解可令 $u''_C(t)=Ae^{-\frac{t}{\tau}}$（其中时间常数 $\tau=RC$）,因此,

$$u_C(t) = u'_C(t) + u''_C(t) = U_s + Ae^{-\frac{t}{\tau}} \quad (t \geqslant 0)$$

由电容元件电压的连续性可知,$u_C(0_+)=u_C(0_-)=0$,代入上式得:

$$u_C(0_+) = U_s + Ae^0 = 0$$
$$A = -U_s$$

$$u''_C(t) = -U_s e^{-\frac{t}{\tau}}$$

因此

$$u_C(t) = U_s - U_s e^{-\frac{t}{\tau}} = U_s(1 - e^{-\frac{t}{\tau}}) \tag{5.28}$$

$$i(t) = C\frac{du_C}{dt} = \frac{U_s}{R}e^{-\frac{t}{\tau}} \tag{5.29}$$

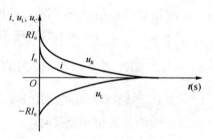

$u_C(t)$ 和 $i(t)$ 的曲线如图 5.19 所示。

由曲线可见，RC 一阶电路的零状态响应的特解 $u'_C(t)$ 称为强制分量，是电容电压 u_C 达到的稳态值，与外施激励源有关；而通解 $u''_C(t)$ 称自由分量，与外施激励源无关，衰减快慢取决于时间常数 τ，且最终趋于零。

RC 零状态响应的过渡过程，即为电容的充电过程。在充电过程中，充电电阻吸收（消耗）的电能为：

图 5.19　RC 电路零状态响应曲线

$$W_R = \int_0^\infty Ri^2 dt = \int_0^\infty R\left(\frac{U_s}{R}e^{-\frac{t}{RC}}\right)^2 dt$$

$$= \frac{1}{2}CU_s^2 = W_C$$

可见，电源供给的能量一部分转换成电场能量储存于电容中，一部分由电阻转换成热能消耗掉。不论电阻、电容数值大小如何，电源供给的能量只有一半转换成电场能量储存在电容中，充电效率为 50%。

【例 5.6】　在图 5.20(a)所示电路中，$U_s = 15$ V，$R_1 = 10$ kΩ，$R_2 = 5$ kΩ，$C = 30$ μF，$t = 0$ 时开关 S 闭合，试求 $t \geqslant 0$ 时的电压 $u_C(t)$。

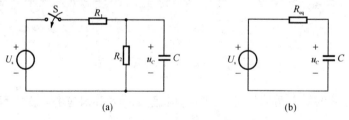

图 5.20　例 5.6 电路图

解　对换路后的电路求电容 C 两端的戴维南等效电路，如图 5.20(b)所示，等效电源的电压和内阻分别为：

$$U_s = \frac{5}{10+5} \times 15 \text{ V} = 5 \text{ V}$$

$$R_{eq} = \frac{5 \times 10}{5+10} \text{ kΩ} = \frac{10}{3} \text{ kΩ}$$

电路的时间常数为：

$$\tau = R_{eq}C = \frac{10}{3} \times 10^3 \times 30 \times 10^{-6} \text{ s} = 0.1 \text{ s}$$

于是由式(5.28)得：

$$u_C(t) = 5(1 - e^{-\frac{t}{2 \times 10^{-6}}}) \text{V} = 5(1 - e^{-5 \times 10^5}) \text{ (V)} \qquad (t \geqslant 0)$$

5.4.2 RL 电路的零状态响应

RL 一阶电路如图 5.21 所示,$t<0$ 时开关 S 断开,$i_L(t)=0$。$t=0$ 时 S 闭合,这时 RL 电路与外接激励源 U_s 相接。

根据 KVL,有:

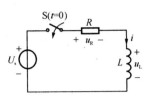

图 5.21 RL 零状态
响应电路

$$u_L + u_R = U_s \quad (t \geqslant 0)$$

将 $u_R=Ri$,$u_L=L\dfrac{di}{dt}$ 代入上式,得到 RL 电路的电路方程:

$$L\frac{di}{dt} + Ri = U_s \quad (t \geqslant 0) \tag{5.30}$$

该方程为一个一阶线性非齐次微分方程。

其解

$$i = i' + i'' \quad (t \geqslant 0)$$

式中,i' 为特解,即电路处于稳态时的解,$i'=\dfrac{U_s}{R}$;i'' 为对应齐次方程的通解,即 $i''=Ae^{-\frac{t}{\tau}}$(式中,$\tau=\dfrac{L}{R}$ 为时间常数),因此

$$i = i' + i'' = \frac{U_s}{R} + Ae^{-\frac{t}{\tau}} \quad (t \geqslant 0)$$

由电感元件的换路定则,$i(0_+)=i(0_-)=0$,代入上式得:

$$A = -\frac{U_s}{R}$$

所以

$$i(t) = \frac{U_s}{R}(1 - e^{-\frac{t}{\tau}}) \quad (t \geqslant 0) \tag{5.31}$$

$$u_L(t) = L\frac{di}{dt} = U_s e^{-\frac{t}{\tau}} \quad (t \geqslant 0) \tag{5.32}$$

图 5.22 所示为 $i(t)$ 和 $u_L(t)$ 的曲线。

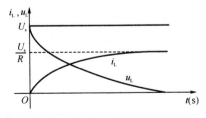

图 5.22 RL 电路零状态响应曲线

从 $i(t)$ 和 $u_L(t)$ 的曲线变化可以看出,RL 电路达到稳态时 $i=U_s/R$,$u_L=0$,故电感对直流呈现短路状态。

【例 5.7】　电路如图 5.23(a)所示，$t=0$ 时开关 S 闭合，求 $t \geqslant 0$ 时的 $i_L(t)$、$i(t)$。

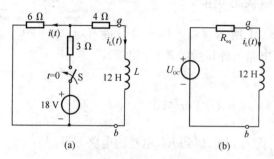

图 5.23　例 5.7 电路图

解　为求 $i_L(t)$，可用戴维南定理将原电路化简为图 5.23(b)所示电路，其中

$$U_{OC} = \frac{6}{3+6} \times 18 \ \text{V} = 12 \ \text{V}$$

$$R_{eq} = 3 \ \Omega /\!/ 6 \ \Omega + 4 \ \Omega = 6 \ \Omega$$

因此时间常数为：

$$\tau = \frac{L}{R_{eq}} = \frac{12}{6} \ \text{s} = 2 \ \text{s}$$

因在 $t \to \infty$ 时电感元件达到稳定状态，图 5.23(b)所示电路中电感相当于短路，故得：

$$i_L(\infty) = U_{OC} / R_{eq} = 2 \ \text{A}$$

因此可知，$t \geqslant 0$ 时，电感电流为：

$$i_L(t) = (1 - e^{-t/2}) \text{A} \quad (t \geqslant 0)$$

利用图 5.23(a)，当开关 S 闭合，可得：

$$i(t) = \frac{u_L(t) + 4 i_L(t)}{6} \ \text{A} \quad (t \geqslant 0)$$

解得：

$$i(t) = (4 + 2 e^{-\frac{t}{2}})/3 \ \text{A} \quad (t \geqslant 0) \quad \left(注: \frac{4 + 2 e^{-\frac{t}{2}}}{3} \ \text{A} \quad (t \geqslant 0) \right)$$

思考题

(1) RC 及 RL 电路的零状态响应中的自由分量与电路参数和外激励各有什么关系？

(2) 对于同一个一阶电路，不管以哪一条支路的电流或电压作为待求量列出的一阶微分方程尽管形式不同，但其特征方程的根总是相同的，这是为什么？

(3) 是否所有一阶电路均有过渡过程？试分析图 5.24 所示电路的过渡过程。

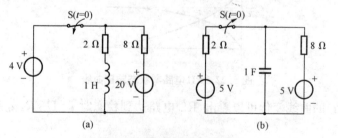

图 5.24　思考题(3)电路图

(4) 分析图 5.25 电路是否一定发生过渡过程？

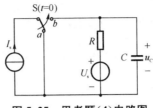

图 5.25 思考题(4)电路图

5.5 一阶电路的全响应、三要素法

当一阶电路的初始储能非零时，受到外加激励作用，电路的响应称为全响应。电路的全响应可采用叠加定理和三要素法进行分析。

5.5.1 线性动态电路的叠加原理

由线性电路的叠加定理已知，只要电路是线性的，就可以采用叠加定理进行分析计算。当前讨论的一阶线性电路的响应，是动态电路的初始储能与输入激励共同作用的结果，因此电路的全响应为

1) 一阶电路的全响应=零输入响应+零状态响应

如图 5.26(a)所示的 RC 电路，电容初始储能为 $u_C(0_-) = U_0 \neq 0$，在 $t=0$ 时开关由 a 投向 b，电路与电压源 U_s 接通，求得响应 $u_C(t)$。

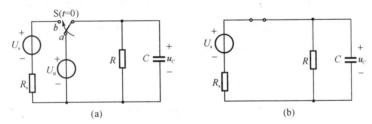

图 5.26 RC 全响应电路

因为在 $t \geqslant 0$ 时，该 RC 电路既有输入激励，初始状态又不为零，$u_C(t)$ 为全响应。根据换路后 5.26(b)所示电路，可列写 KCL 方程为：

$$C\frac{\mathrm{d}u_C}{\mathrm{d}t} + \frac{u_C}{R} + \frac{u_C - U_s}{R_s} = 0 \quad (t \geqslant 0) \tag{5.33}$$

上式为一非齐次线性微分方程，其解为特解与通解的叠加，如式(5.34)所示：

$$u_C(t) = u'_C(t) + u''_C(t) = \frac{R}{R+R_s}U_s + Ae^{-\frac{t}{RC}} \quad (t \geqslant 0) \tag{5.34}$$

由电容的换路定则，可知：$u_C(0_+) = u_C(0_-) = U_0$，代入得：

$$A = U_0 - \frac{R}{R+R_s}U_s$$

故所求响应为：

$$u_C(t) = \frac{R}{R+R_s}U_s + \left(U_0 - \frac{R}{R+R_s}U_s\right)e^{-\frac{t}{\tau}} \quad (t \geqslant 0) \tag{5.35}$$

式中，$\tau = (R /\!/ R_s)C$。

由式(5.35)可知，若 $U_s = 0$，则 $u_{C1}(t) = U_0 e^{-\frac{t}{\tau}}$，为零输入响应；若 $U_0 = 0$，则 $u_{C2}(t) = \frac{R}{R+R_s}U_s(1-e^{-\frac{t}{\tau}})$，为零状态响应。

显然，式(5.35)可改写为：

$$\underbrace{u_{C1}(t)}_{\text{零输入响应}} + \underbrace{u_{C2}(t) = U_0 e^{-\frac{t}{\tau}} + \frac{R}{R+R_s}U_s(1-e^{-\frac{t}{\tau}})}_{\text{零状态响应}} = \underbrace{u_C(t)}_{\text{全响应}} \tag{5.36}$$

线性动态电路也应遵循线性叠加定理，零输入响应、零状态响应是全响应的特殊状态。图 5.27 绘出图 5.26 电路全响应的曲线，全响应 $u_C(t)$ 分解为零输入响应（曲线(1)）和零状态响应（曲线(2)）。

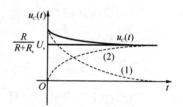

图 5.27　全响应＝零输入响应＋零状态响应

2) 一阶电路的全响应＝强制响应＋自由响应

分析式(5.35)，$u_C(t) = \frac{R}{R+R_s}U_s + \left(U_0 - \frac{R}{R+R_s}U_s\right)e^{-\frac{t}{\tau}}$，可知：

第一项为微分方程的特解，与输入激励源具有相同的性质，称为强制响应或稳态响应；第二项是按指数规律衰减的，称为自由响应或暂态响应。电路的全响应可写成：

全响应＝强制响应(稳态响应)＋自由响应(暂态响应)

其曲线变化如图 5.28 所示。

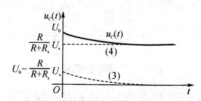

图 5.28　全响应曲线＝稳态响应＋暂态响应

通常认为暂态响应在 $t \geqslant 5\tau$ 时间内消失，此后的响应完全由稳态响应所决定，电路进入了换路后的新稳态。这就是说，直流线性动态电路在换路后，通常需经过一段过渡过程才能进入稳态。全响应＝强制响应(稳态响应)＋自由响应(暂态响应)，正是为了反映这两种工作状态。

【例 5.8】　电路如图 5.29 所示，$t = 0$ 时，开关动作，由 a 至 b 点，电压 $U_0 = 4$ V，$U_s = 12$ V，施加于 RC 电路。已知：$R = 1$ Ω，$C = 5$ F，求 $t \geqslant 0$ 时的 $u_C(t)$ 及 $i_C(t)$。

解　全响应 $u_C(t)$ 可认为由零输入响应 $u_{C1}(t)$ 和零状态响应 $u_{C2}(t)$ 组成，可分别由式(5.21)和式(5.28)求得。

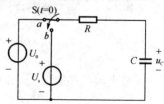

图 5.29　例 5.8 电路图

$$u_{C1}(t) = U_0 e^{-\frac{t}{\tau}} = 4e^{-\frac{t}{\tau}}$$

$$u_{C2}(t) = U_s(1-e^{-\frac{t}{\tau}}) = 12(1-e^{-\frac{t}{\tau}})$$

其中 $\tau=RC=1\times5$ s$=5$ s,因此全响应为:
$$u_C(t)=u_{C1}(t)+u_{C2}(t)=12-8e^{-0.2t} \quad (t\geqslant0)$$

$u_C(t)$ 的变化曲线如图 5.30(a)所示。

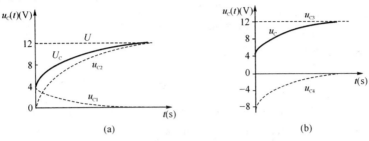

图 5.30　例 5.8 全响应图

全响应 $u_C(t)$ 也可认为由稳态响应 $u_{C3}(t)$ 和暂态响应 $u_{C4}(t)$ 组成。稳态响应:
$$u_{C3}(t)=u_C(\infty)=12 \text{ V}$$

暂态响应为齐次方程的通解:
$$u_{C4}(t)=Ae^{-0.2t}$$

而
$$A=u_C(0_+)-u_{C3}(0_+)=4-12=-8$$

因此全响应:
$$u_C(t)=u_{C3}(t)+u_{C4}(t)=12-8e^{-0.2t} \text{ V} \quad (t\geqslant0)$$

$u_C(t)$ 的变化曲线如图 5.30(b)所示。

在解得 $u_C(t)$ 后,电容电流可求得:
$$i_C(t)=C\frac{du_C}{dt}=5\times1.6e^{-0.2t} \text{ A}=8e^{-0.2t} \text{ A} \quad (t\geqslant0)$$

或
$$i_C(t)=\frac{U_s-u_C(t)}{R}=8e^{-0.2t} \text{ A} \quad (t\geqslant0)$$

由【例 5.8】可见:零输入响应与暂态响应变化规律相同,都是按同一指数函数衰减,但具有不同的常数。暂态响应是齐次方程的通解,其常数 A 是在得出全响应后再行确定的,因而它必然与稳态响应有关,也就是与输入也有关。反之,零输入响应与输入无关,其常数只与初始条件有关。

5.5.2　一阶电路的三要素分析法

以图 5.29 所示电路为例,其微分方程为:
$$RC\frac{du_C}{dt}+u_C=U_s$$

其中 $\tau=RC$ 为时间常数,上式可改写成:
$$\frac{du_C}{dt}=-\frac{u_C}{\tau}+\frac{U_s}{\tau} \tag{5.37}$$

其解为:
$$u_C(t)=U_s+Ae^{-\frac{t}{\tau}} \tag{5.38}$$

代入初始值 $u_C(0_+)$,得到:

$$u_C(0_+) = A + U_s$$

显然，U_s 是达到的稳态值 $u_C(\infty)$，由此可得：

$$u_C(\infty) = U_s$$
$$A = u_C(0_+) - u_C(\infty)$$

于是式(5.38)可改写成：

$$u_C(t) = u_C(\infty) + [u_C(0_+) - u_C(\infty)]e^{-\frac{t}{\tau}} \quad (t \geqslant 0) \tag{5.39}$$

上式表明：图 5.29 所示一阶动态电路对应的微分方程的解 $u_C(t)$ 是由 $u_C(0_+)$、$u_C(\infty)$ 和 τ 三个参数所确定的。只要知道这三个参数，就可通过式(5.39)求得其解。对于 RL 电路，也不难写出 $i_L(t)$ 的解为：

$$i_L(t) = i_L(\infty) + [i_L(0_+) - i_L(\infty)]e^{-\frac{t}{\tau}} \quad (t \geqslant 0) \tag{5.40}$$

式(5.40)中，$\tau = L/R$。

可以证明，在直流激励源作用下，任何一阶电路的响应(支路电压、支路电流)都是初始值 $f(0_+)$、稳态值(即特解) $f(\infty)$、时间常数 τ 的函数，可用式(5.41)表示。

$$f(t) = f(\infty) + [f(0_+) - f(\infty)]e^{-\frac{t}{\tau}} \quad (t \geqslant 0) \tag{5.41}$$

因此，只要知道 $f(0_+)$、$f(\infty)$ 和 τ 三个要素，就可以根据式(5.41)直接写出直流激励源作用下一阶电路的全响应，这种方法称为一阶电路的三要素法。式(5.41)称为一阶电路的三要素公式。

三要素法简单、适用，不需列写微分方程和对微分方程进行求解，使问题大大简化。前面讲过的零输入响应、零状态响应均可使用三要素法进行求解。

应用三要素法求解一阶电路响应的步骤如下：

(1) 确定初始值

根据储能元件的换路定则：$u_C(0_+) = u_C(0_-)$，$i_L(0_+) = i_L(0_-)$，确定 $t = 0_+$ 时刻的初始值。对于发生跃变的其他电压、电流可根据 $t = 0_+$ 时的等效电路求得，此时电容、电感分别用电压源 $u_C(0_-)$、电流源 $i_L(0_-)$ 替代。

(2) 确定稳态值

当 $t \to \infty$ 时，电容元件相当于断路，电感元件相当于短路。画出 $t \to \infty$ 时的稳态电路，求出任一电压或电流的稳态值。

(3) 时间常数 τ

对于简单的 RC 电路或 RL 电路，根据时间常数的定义可直接算出数值，但对较复杂的电路，可利用戴维南定理或诺顿定理，以电容元件或电感元件所在支路为待求支路，对电路进行等效化简，求出等效电阻 R_0，则等效电路的时间常数为 $\tau = R_0C$ 或 $\tau = L/R_0$。

(4) 代入三要素公式

$$f(t) = f(\infty) + [f(0_+) - f(\infty)]e^{-\frac{t}{\tau}}$$

式中的 $f(t)$ 泛指电路中的电压或电流。根据求得的响应画出相应的变化曲线。

【例 5.9】 如图 5.31(a)所示电路中，$R_1 = 6\ \Omega$，$R_2 = 3\ \Omega$，$C = 1\ \text{F}$，$U_{s1} = 18\ \text{V}$，$U_{s2} = 9\ \text{V}$，$t < 0$ 时电路已处于稳态。试求 $t \geqslant 0$ 时的响应 $u_C(t)$ 和 $i(t)$。

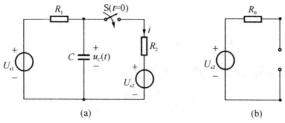

图 5.31　例 5.9 电路图

解　①求 $u_C(0_+)$

在 $t=0_-$ 开关未合上时,电路已稳定,电容相当于开路,故 $u_C(0_-)=U_{s1}=18$ V,由换路定则得
$$u_C(0_+)=u_C(0_-)=18 \text{ V}$$

②求 $u_C(\infty)$

当开关合上后,电路再次达到稳态时,C 又相当于开路,此时可画出图 5.31(b)的戴维南等效电路,电容电压为开路电压,即:
$$u_C(\infty)=U_{s1}-\frac{U_{s1}-U_{s2}}{R_1+R_2}R_1=18 \text{ V}-\frac{18-9}{6+3}\times 6 \text{ V}=12 \text{ V}$$

$$R_0=\frac{R_1R_2}{R_1+R_2}=2 \text{ }\Omega$$

③求时间常数 τ
$$\tau=R_0C=2\times 1 \text{ s}=2 \text{ s}$$

④利用三要素公式,得:
$$u_C(t)=u_C(\infty)+[u_C(0_+)-u_C(\infty)]\mathrm{e}^{-\frac{t}{\tau}}=12+[18-12]\mathrm{e}^{-\frac{t}{2}}=(12+6\mathrm{e}^{-\frac{t}{2}})\text{V}$$

电阻 R_2 通过的电流为
$$i(t)=\frac{u_C(t)-U_{s2}}{R_2}=\frac{12+6\mathrm{e}^{-\frac{t}{2}}-9}{3} \text{ A}=1+2\mathrm{e}^{-\frac{t}{2}} \text{ A} \quad (t\geqslant 0)$$

$u_C(t)$、$i(t)$ 变化曲线如图 5.32(a)、(b)所示,当然也可用三要素法求 $i(t)$。

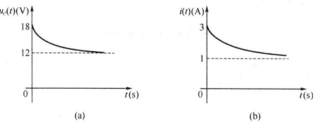

图 5.32　例 5.9 曲线图

【**例 5.10**】　电路如图 5.33(a)所示,$t<0$ 时电路已处于稳态,$t=0$ 电路开关闭合,试求 $t\geqslant 0$ 时的响应 $u_L(t)$ 和 $i_L(t)$。

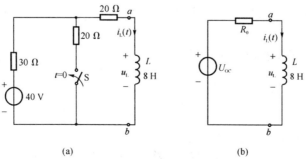

图 5.33　例 5.10 电路图

解　由换路前电路,可得:

$$i_L(0_+)=i_L(0_-)=\frac{40}{50}\text{ A}=0.8\text{ A}$$

换路后,在电感两端的戴维南等效电路为:

$$U_{OC}=\frac{20}{20+30}\times40\text{ V}=16\text{ V}$$

$$R_0=20/\!/30+20\ \Omega=32\ \Omega$$

由图 5.33(b),可得:

$$i_L(\infty)=\frac{16}{32}\text{ A}=0.5\text{ A}$$

由此,时间常数为:

$$\tau=L/R_0=\frac{8}{32}\text{ s}=0.25\text{ s}$$

代入式(5.41),即得:

$$i_L(t)=0.5+(0.8-0.5)e^{-4t}\text{ A}$$

据电感元件的伏安关系,可得:

$$u_L(t)=L\frac{di_L(t)}{dt}=16e^{-4t}\text{ V}$$

【例 5.11】　如图 5.34(a)所示电路,已知 $t<0$ 时电路已处于稳态,试求 $t\geqslant0$ 时的响应 $u_L(t)$ 和 $u_C(t)$。

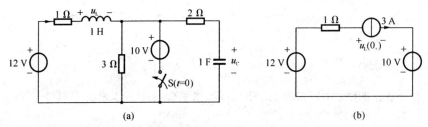

图 5.34　例 5.11 电路图

解　本电路表面上看有电感和电容,似乎不是一阶电路,但 $t>0$ 时电源一接通,可将电路分解为左边仅含电感的一阶电路和右边仅含电容的一阶电路了。

在 $t=0_-$ 时,可求得初始状态:

$$i_L(0_-)=\frac{12\text{ V}}{(1+3)\Omega}=3\text{ A},\quad u_C(0_-)=\frac{3\ \Omega}{(3+1)\Omega}\times12\text{ V}=9\text{ V}$$

开关闭合后,两个一阶电路都可用三要素法方便地求出全响应。

对含电感的一阶电路,为了求 $u_L(0_+)$,必须用 $i_L(0_+)=i_L(0_-)=3\text{ A}$ 的电流源替代电感,得到图 5.34(b)所示的 $t=0_+$ 时的等效电路,所以

$$u_L(0_+)=-1\text{ V}$$

可见,电感电压在换路瞬间发生跃变。

此外

$$u_L(\infty)=0$$

$$\tau_1=\frac{L}{R}=1\text{ s}$$

因此

$$u_L(t)=-e^{-t}\quad(t>0)$$

对含电容的一阶电路有：

$$u_C(0_+)=u_C(0_-)=9\text{ V}$$
$$u_C(\infty)=10\text{ V}$$
$$\tau_2=RC=2\times1\text{ s}=2\text{ s}$$

所以

$$u_C(t)=(10-e^{-\frac{t}{2}})\text{V}\quad(t>0)$$

由本例可知，尽管电路比较复杂(具有多个电源和多个储能元件)，但是只要电路可以用一阶线性方程表达，用三要素法可一次决定电路的全响应，此方法比前述先列电路方程(微分方程)再进行求解的分析法简单快捷，但是必须注意只有电容电压、电感电流符合换路定则，其他响应量在换路瞬间有突变，另三要素法只适用于一阶动态电路的分析计算，对二阶以上动态电路的分析计算并不适用。

思考题

(1) 下面结论正确吗？

①一阶电路中零状态响应就是强制分量，零输入响应就是自由分量。

②同一个一阶电路的零状态响应、零输入响应和全响应都具有相同的时间常数。

(2) 为什么 RL 电路在直流电源激励下的零状态响应必含有自由分量，而全响应却可能没有自由分量？试举例说明。

5.6 一阶电路的阶跃响应

在前面动态电路分析中，讨论了通过开关动作，使外施直流激励源作用于动态电路的过渡过程。现在引入典型的阶跃信号，以便描述电路的激励和响应。

5.6.1 单位阶跃信号的定义

单位阶跃信号记为 $\varepsilon(t)$，其定义为：

$$\varepsilon(t)=\begin{cases}0 & (t<0)\\1 & (t\geqslant0)\end{cases}\tag{5.42}$$

注意，在 $t=0$ 时，$\varepsilon(t)$ 没有确定的函数值。

延迟 t_0 后出现的单位阶跃信号称为延迟单位阶跃信号，可表示为：

$$\varepsilon(t-t_0)=\begin{cases}0 & (t<t_0)\\1 & (t\geqslant t_0)\end{cases}\tag{5.43}$$

类似地，我们可以定义在负时间域的阶跃信号：

$$\varepsilon(-t)=\begin{cases}0 & (t<0)\\1 & (t\geqslant0)\end{cases}\tag{5.44}$$

该信号在 $t=0$ 处从单位幅值突然下跃为零。$\varepsilon(t)$、$\varepsilon(t-t_0)$ 和 $\varepsilon(-t)$ 的变化曲线分别如图 5.35(a)、(b)、(c)所示。

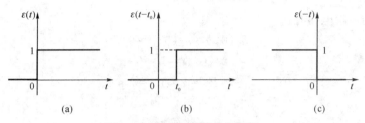

图 5.35　三种不同的阶跃信号

利用阶跃信号的组合可以很方便地表示许多信号。如图 5.36(a)所示为一幅值为 1 的矩形脉冲,可以把它看成是由两个阶跃信号组成的,如图 5.36(b)、(c)所示。

$$f(t) = f_1(t) + f_2(t) = \varepsilon(t) - \varepsilon(t - t_0) \tag{5.45}$$

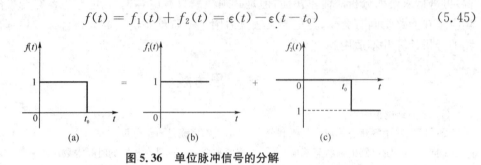

图 5.36　单位脉冲信号的分解

5.6.2　一阶电路的阶跃响应

当电路的激励为单位阶跃信号 $\varepsilon(t)$ 时,即为电路在 $t=0$ 时接通 1 V 直流电压源或 1 A 直流电流源,因此单位阶跃响应与直流激励的响应相同。一阶电路的单位阶跃响应 $s(t)$ 是指一阶电路在单位阶跃激励下的零状态响应。

如图 5.37(a)所示 RC 串联电路中电容电压的单位阶跃响应 $s_u(t)$ 为:

$$s_u(t) = \left[1 - e^{-\frac{t}{RC}}\right]\varepsilon(t) \tag{5.46}$$

如图 5.37(b)所示 RL 并联电路中电感电流的单位阶跃响应 $s_i(t)$ 为:

$$s_i(t) = \left[1 - e^{-\frac{R}{L}t}\right]\varepsilon(t) \tag{5.47}$$

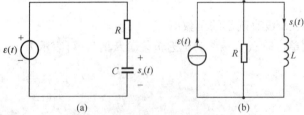

图 5.37　RC 串联和 RL 并联单位阶跃电路

若已知电路的单位阶跃响应 $s(t)$,则电路对任意阶跃激励 $K\varepsilon(t)$ 的零状态响应为 $Ks(t)$,对延迟阶跃激励 $K\varepsilon(t-t_0)$ 的零状态响应为 $Ks(t-t_0)$。当脉冲形式的激励作用于电路时,可先求出电路的单位阶跃响应,然后根据齐性定理和叠加定理求解电路对脉冲激励的响应,也可根据脉冲激励信号的分段连续性,按时间分段求解。

【例 5.12】　已知电路如图 5.38 所示,开关 S 在位置 a 时电路已达稳定状态。$t=0$ 时,开关由 a 拨向 b,在 $t=\tau=RC$ 时又由 b 拨向 a,求 $t \geqslant 0$ 时的电容电压 $u_C(t)$。

解　此题可用两种解法求解

（1）电路的工作过程分段分析

在 $0 \leqslant t < \tau$ 区间为 RC 电路的零状态响应：

$$u_C(0_+) = u_C(0_-) = 0$$

$$u_C(t) = U_s(1 - e^{-\frac{t}{RC}})$$

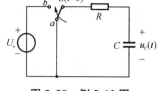

图 5.38　例 5.12 图

在 $\tau \leqslant t < \infty$ 区间为 RC 电路的零输入响应：

$$u_C(\tau) = U_s(1 - e^{-\frac{\tau}{\tau}}) = 0.632 U_s$$

$$u_C(t) = 0.632 U_s e^{-\frac{t-\tau}{RC}}$$

（2）用阶跃信号表示激励，求阶跃响应。

根据开关的动作，电路的激励 $u_s(t)$ 可用图 5.39(a) 的矩形脉冲表示，并可分解为图 5.39 (b) 所示的阶跃信号，表达式为：

$$u_s(t) = U_s \varepsilon(t) - U_s \varepsilon(t - \tau)$$

由式(5.46)RC 电路的单位阶跃响应可得：

$$u_C(t) = U_s(1 - e^{-\frac{t}{RC}}) \varepsilon(t) - U_s(1 - e^{-\frac{t-\tau}{RC}}) \varepsilon(t - \tau)$$

其中第一项为阶跃响应，第二项为延迟的阶跃响应。

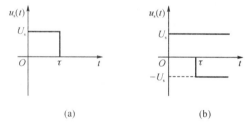

图 5.39　例 5.12 电源电压分解

两种解法得到的输出 $u_C(t)$ 波形曲线完全相同，如图 5.40 所示。

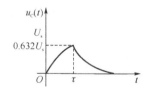

图 5.40　例 5.12 $u_C(t)$ 变化曲线

思考题

（1）绘制信号 $\varepsilon(t + t_0)$、$\varepsilon(t_0 - t)$、e^{-t}、$e^{-t}\varepsilon(t)$ 的波形，并进行比较。

（2）试用阶跃信号的组合表示图 5.41 所示信号 $f(t)$。

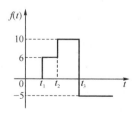

图 5.41　思考题(2)电路图

5.7　一阶电路的冲激响应

5.7.1　冲激信号的定义

单位冲激也是一种奇异信号,其工程定义为:

$$\delta(t) = \begin{cases} 0 & (t \neq 0) \\ \infty & (t = 0) \end{cases}$$

$$\int_{-\infty}^{+\infty} \delta(t)\mathrm{d}t = 1 \tag{5.48}$$

单位冲激信号又称为 $\delta(t)$ 信号,它在 $t \neq 0$ 处为零,但在 $t = 0$ 处为奇异的,如图 5.42(a) 所示。

考察图 5.42(b)中的矩形脉冲信号 $p(t)$,宽度为 Δ,高度为 $1/\Delta$,面积为 1,当 $\Delta \to 0$ 时,此矩形脉冲的极限就是单位冲激信号。

冲激所含的面积称为冲激信号的强度,单位冲激信号即强度为 1 的冲激信号,冲激信号是用强度而不是用幅度来表征的。

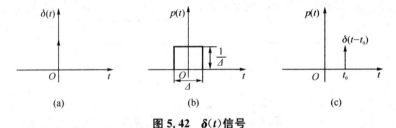

图 5.42　$\delta(t)$ 信号

单位延迟冲激信号的定义为:

$$\delta(t - t_0) = \begin{cases} 0 & (t \neq t_0) \\ \infty & (t = t_0) \end{cases}$$

$$\int_{-\infty}^{+\infty} \delta(t - t_0)\mathrm{d}t = 1 \tag{5.49}$$

$\delta(t - t_0)$ 也可看做中心在 $t = t_0$,宽为 τ,高为 $1/\tau$ 的矩形脉冲当 $\tau \to 0$ 时的极限,如图 5.42(c) 所示。

5.7.2　冲激信号的性质

1) 冲激信号是阶跃信号的导数

根据冲激信号的定义,可得:

$$\int_{-\infty}^{t} \delta(\xi)\mathrm{d}\xi = \begin{cases} 0 & (t < 0) \\ 1 & (t \geqslant 0) \end{cases}$$

因此

$$\int_{-\infty}^{t} \delta(\xi)\mathrm{d}\xi = \varepsilon(t)$$

从而可得：

$$\frac{\mathrm{d}\varepsilon(t)}{\mathrm{d}t} = \delta(t) \qquad (5.50)$$

亦即冲激信号是阶跃信号的导数。

2）筛分性质

由于 $t \neq 0$ 时，$\delta(t) = 0$，所以对任意在 $t = 0$ 时连续的信号 $f(t)$，将有：

$$f(t)\delta(t) = f(0)\delta(t)$$

因此

$$\int_{-\infty}^{+\infty} f(t)\delta(t)\mathrm{d}t = \int_{-\infty}^{+\infty} f(0)\delta(t)\mathrm{d}t = f(0)\int_{-\infty}^{+\infty} \delta(t)\mathrm{d}t = f(0) \qquad (5.51)$$

同理可得：

$$\int_{-\infty}^{+\infty} f(t)\delta(t - t_0)\mathrm{d}t = f(t_0) \qquad (5.52)$$

这就是说，冲激信号有把一个信号 $f(t)$ 在某一时刻的值"筛选"出来的特性。冲激信号的这一性质称为"筛选"性质，又称采样性质，如图 5.43 所示。

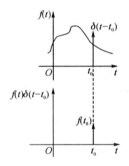

图 5.43　冲激信号的"筛分"性质

5.7.3　一阶电路的冲激响应

一阶电路的单位冲激响应 $h(t)$ 是指一阶电路在 $\delta(t)$ 激励下的零状态响应。

首先讨论一阶电路在单位脉冲信号 $p(t)$ 激励下的零状态响应 $h_\Delta(t)$。$p(t)$ 写成阶跃信号叠加的形式为：

$$p(t) = \frac{\varepsilon(t) - \varepsilon(t - \Delta\tau)}{\Delta\tau}$$

根据齐次定理和叠加定理，$h_\Delta(t)$ 可以用单位阶跃响应表示为：

$$h_\Delta(t) = \frac{s(t) - s(t - \Delta\tau)}{\Delta\tau}$$

如果 $\Delta\tau \to 0$，$p(t) \to \delta(t)$，故单位冲激响应为：

$$h(t) = \lim_{\Delta\tau \to 0} \frac{1}{\Delta\tau}\left[s(t) - s(t - \Delta\tau)\right] = \frac{\mathrm{d}s(t)}{\mathrm{d}t}$$

由此可见,电路的单位冲激响应等于单位阶跃响应对时间的导数。反之,单位阶跃响应等于单位冲激响应的积分,即

$$h(t) = \frac{\mathrm{d}s(t)}{\mathrm{d}t} \tag{5.53}$$

$$s(t) = \int_{-\infty}^{t} h(\xi)\mathrm{d}\xi \tag{5.54}$$

表 5.2 列出了 RC 电路和 RL 一阶电路的阶跃响应和冲激响应,以便于比较。

表 5.2　一阶电路的阶跃响应和冲激响应

电　路	零状态响应	
	阶跃响应 $s(t)$	冲激响应 $h(t)$
	$i_s(t) = \varepsilon(t)$ $u_C = R(1 - \mathrm{e}^{-\frac{t}{\tau}})\varepsilon(t) = \frac{1}{G}(1 - \mathrm{e}^{-\frac{t}{\tau}})\varepsilon(t)$	$i_s(t) = \delta(t)$ $u_C = \frac{1}{C}\mathrm{e}^{-\frac{t}{\tau}}\varepsilon(t)$
	$u_s(t) = \varepsilon(t)$ $u_C = (1 - \mathrm{e}^{-\frac{t}{\tau}})\varepsilon(t)$	$u_s(t) = \delta(t)$ $u_C = \frac{1}{RC}\mathrm{e}^{-\frac{t}{\tau}}\varepsilon(t)$
	$i_s(t) = \varepsilon(t)$ $i_L = (1 - \mathrm{e}^{-\frac{t}{\tau}})\varepsilon(t)$	$i_s(t) = \delta(t)$ $i_L = \frac{R}{L}\mathrm{e}^{-\frac{t}{\tau}}\varepsilon(t) = \frac{1}{GL}\mathrm{e}^{-\frac{t}{\tau}}\varepsilon(t)$
	$u_s(t) = \varepsilon(t)$ $i_L = \frac{1}{R}(1 - \mathrm{e}^{-\frac{t}{\tau}})\varepsilon(t)$	$u_s(t) = \delta(t)$ $i_L = \frac{1}{L}\mathrm{e}^{-\frac{t}{\tau}}\varepsilon(t)$

思考题

(1) 下列各式成立吗?

(a) $\int_{-\infty}^{\infty} \delta(t)\mathrm{d}t = \int_{-3}^{2} \delta(t)\mathrm{d}t = \int_{0_-}^{0_+} \delta(t)\mathrm{d}t$　　　　　　(b) $\int_{-\infty}^{\infty} \delta(t-2)\mathrm{d}t = \int_{0_-}^{0_+} \delta(t-2)\mathrm{d}t$

(c) $\sin t\delta(t) = 0$　　　　　　　　　　　　　　　　(d) $\mathrm{e}^{-2t}\delta(t) = \delta(t)$

(2) 当激励为阶跃信号时电路的响应称为阶跃响应,当激励为冲激信号时电路的响应为冲激响应,你认为正确吗?

(3) 单位冲激信号就是单位信号;单位阶跃信号对时间的导数就是单位冲激信号。你认为这两个论断正确吗?

5.8　二阶电路的响应

含有两个不同储能元件的电路,可用一个二阶微分方程来描述,称为二阶电路。这类电路

的响应和一阶电路不同,可能出现振荡的形式,同时电路方程是高阶微分方程($n\geq2$),求解过程也较复杂。对二阶电路的分析有两种方法:一种是列写时域微分方程解方程求解,称为时域分析法;另一种是将时域电路方程采用积分变换的方法,转变为复频域电路方程,用复频率电路模型进行分析,称为复频域法。

本节以 R、L、C 电路为例,采用时域分析法(又称为经典法)求解二阶电路的响应,讨论电路参数对二阶电路的动态过程的影响。

5.8.1 RLC 串联电路的零输入响应

图 5.44 所示电路在开关闭合前电容已充电到电压 $u_C(0_-)=U_0>0$。$t=0$ 时开关突然由 a 投向 b,通过 R、L 电路放电,现在来分析这一放电过程。

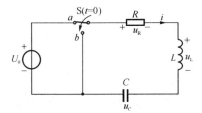

图 5.44 已充电电容通过 R、L 放电

由于图示电路换路后没有外加电源,响应是零输入响应,其 KVL 方程为:

$$u_R + u_L + u_C = 0$$

将各元件的伏安关系 $u_R=Ri,u_L=L\dfrac{di}{dt},i=C\dfrac{du_C}{dt}$ 代入上式,得 u_C 满足的微分方程是:

$$\frac{d^2u_C}{dt^2} + \frac{R}{L}\frac{du_C}{dt} + \frac{1}{LC}u_C = 0 \tag{5.55}$$

上述微分方程的初始条件为:

$$\begin{cases}u_C(0_+) = u_C(0_-) = U_0 \\ \dfrac{du_C}{dt}\bigg|_{t=0_+} = \dfrac{1}{C}i(0_+) = \dfrac{1}{C}i(0_-) = 0\end{cases} \tag{5.56}$$

方程(5.55)为齐次方程,因此 u_C 的强制分量为零,即

$$u_{C_p}(t) = 0$$

齐次方程的特征方程及其根为:

$$p^2 + \frac{R}{L}p + \frac{1}{LC} = 0$$

$$p_{1,2} = -\frac{R}{2L} \pm \sqrt{\left(\frac{R}{2L}\right)^2 - \frac{1}{LC}}$$

令

$$\alpha = \frac{R}{2L}, \quad \omega_0 = \frac{1}{\sqrt{LC}}$$

则得:

$$p_{1,2} = -\alpha \pm \sqrt{\alpha^2 - \omega_0^2} \tag{5.57}$$

显然,特征根 p_1 和 p_2 是由电路参数决定的,通常又称为二阶电路的固有频率,α 为阻尼系数,ω_0 为振荡角频率。根据 p_1 和 p_2 的不同取值,方程(5.55)的通解,或者说 u_C 的自由分量将具有不同的表示形式。下面按三种不同情况进行讨论:

1) $\alpha > \omega_0$,即 $R > 2\sqrt{\dfrac{L}{C}}$

这种情况称为过阻尼,此时 p_1 和 p_2 是两个不相等的负实根,方程(5.57)的通解为:

$$u_C(t) = A_1 e^{p_1 t} + A_2 e^{p_2 t} \quad (t \geqslant 0) \tag{5.58}$$

其中待定常数 A_1 和 A_2 由初始条件决定,由式(5.58)得:

$$\begin{cases} u_C(0_+) = A_1 + A_2 = U_0 \\ \left.\dfrac{du_C}{dt}\right|_{t=0_+} = A_1 p_1 + A_2 p_2 = 0 \end{cases}$$

解得:

$$A_1 = \frac{p_2}{p_2 - p_1} U_0, \quad A_2 = -\frac{p_1}{p_2 - p_1} U_0$$

将 A_1 和 A_2 代入式(5.58)得:

$$u_C = \frac{U_0}{p_2 - p_1}(p_2 e^{p_1 t} - p_1 e^{p_2 t}) \quad (t \geqslant 0) \tag{5.59}$$

u_C 变化的曲线如图 5.45 所示,在过渡过程中,电容电压和电场能量呈单调下降的,形成非振荡衰减过程,又称为过阻尼过程。

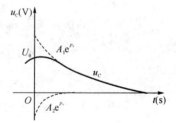

图 5.45　过阻尼非振荡
过渡过程

2) $\alpha < \omega_0$,即 $R < 2\sqrt{\dfrac{L}{C}}$

这种情况称为欠阻尼,此时 p_1 和 p_2 是两个共轭复根,可分别写成:

$$p_1 = -\alpha + \sqrt{\alpha^2 - \omega_0^2} = -\alpha + j\omega_d$$
$$p_2 = -\alpha - \sqrt{\alpha^2 - \omega_0^2} = -\alpha - j\omega_d$$

式中,$\omega_d = \sqrt{\omega_0^2 - \alpha^2}$,与方程(5.53)对应的通解为:

$$u_C(t) = A_1 e^{p_1 t} + A_2 e^{p_2 t} = A e^{-\alpha t} \sin(\omega_d t + \psi) \tag{5.60}$$

其中,待定常数 A 和 φ 通过初始条件式(5.56)确定如下:

$$\begin{cases} u_C(0_+) = A\sin\varphi = U_0 \\ \left.\dfrac{du_C}{dt}\right|_{t=0_+} = -\alpha A\sin\varphi + A\omega_d\cos\varphi = 0 \end{cases}$$

解得:

$$A = \frac{\omega_0}{\omega_d} U_0, \quad \varphi = \arctan\frac{\omega_d}{\alpha}$$

代入式(5.58)得:

$$u_C(t) = \frac{\omega_0}{\omega_d} U_0 e^{-at} \sin(\omega_d t + \varphi) \quad (t \geqslant 0) \qquad (5.61)$$

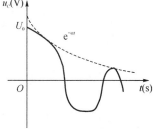

$u_C(t)$ 的变化曲线如图 5.46 所示,电压是按指数规律衰减的正弦函数,故称为衰减振荡或欠阻尼振荡。

若 $R=0$,此时 $\alpha=0$,即 $e^{-at}=1$,$u_C(t)=\frac{\omega_0}{\omega_d} U_0 \sin(\omega_d t + \varphi)$,输出是一个等幅振荡。

图 5.46 欠阻尼振荡过渡过程

3) $\alpha = \omega_0$,即 $R = 2\sqrt{\dfrac{L}{C}}$

这种情况称为临界阻尼,此时 $p_1 = p_2 = -\alpha$ 是两个相等的负实根,与方程(5.55)对应的通解为:

$$u_C(t) = (A_1 + A_2 t) e^{-at} \qquad (5.62)$$

其中,待定常数 A_1 和 A_2 通过初始条件式(5.56)确定如下:

$$\begin{cases} u_C(0_+) = A_1 = U_0 \\ \dfrac{\mathrm{d}u_C}{\mathrm{d}t}\Big|_{t=0_+} = A_2 - \alpha A_1 = 0 \end{cases}$$

解得: $$A_1 = U_0 \quad A_2 = \alpha U_0$$

代入式(5.62)得:

$$u_C(t) = U_0(1 + \alpha t) e^{-at} \quad (t \geqslant 0) \qquad (5.63)$$

由于 $\alpha = \omega_0$,电路的响应介于振荡和非振荡之间,所以称为临界阻尼振荡,电压变化曲线与非振荡过程类似,不再画出,此时的回路电阻称为临界电阻。若 R 小于临界电阻为欠阻尼振荡过程,大于临界电阻为过阻尼非振荡过程。

5.8.2 GLC 并联电路的零状态响应

GLC 并联电路如图 5.47 所示(L、C 初始储能为零),由 KCL 列电路的电流方程为:

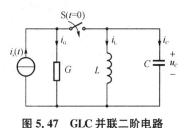

$$i_G + i_C + i_L = i_s(t) \quad (t \geqslant 0)$$

因为

图 5.47 GLC 并联二阶电路

$$u = L \frac{\mathrm{d}i_L}{\mathrm{d}t}, i_C = C \frac{\mathrm{d}u}{\mathrm{d}t}, i_G = Gu$$

所以

$$\frac{\mathrm{d}^2 i_L}{\mathrm{d}t^2} + \frac{G}{C} \frac{\mathrm{d}i_L}{\mathrm{d}t} + \frac{1}{LC} i_L = \frac{1}{LC} i_s(t) \qquad (5.64)$$

令 $\alpha = \dfrac{G}{2C}$,$\omega_0 = \dfrac{1}{\sqrt{LC}}$,从而可得上式特征方程的特征根为:

$$p_{1,2} = -\alpha \pm \sqrt{\alpha^2 - \omega_0^2} \qquad (5.65)$$

与式(5.57)具有相同的形式。

由式(5.64)可得二阶电路的一般形式为：

$$y''(t) + a_1 y'(t) + a_0 y(t) = F(t) \tag{5.66}$$

式中，$y(t)$ 表示电路中的电压或电流；$F(t)$ 表示与输入有关的激励函数。

【例 5.13】　电路如图 5.48(a)所示，$R = 20\ \Omega$，$L = 0.1\ \mathrm{H}$，$C = 20\ \mu\mathrm{F}$。分别求电感电流的单位阶跃响应 $s_i(t)$ 和单位冲激响应 $h_i(t)$。

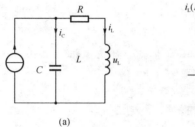
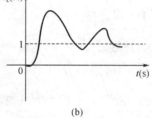

(a)　　　　　　　　　　　　　　(b)

图 5.48　例 5.13 图

解　设 $i_s(t) = \varepsilon(t)$，电路的响应记为 $s_i(t) = i_L(t)$，可列出电路的方程为：

$$\begin{cases} i_C + i_L - i_s = 0 \\ u_C - u_L - u_R = 0 \end{cases}$$

将电路元件的伏安关系 $i_C = C\dfrac{\mathrm{d}u_C}{\mathrm{d}t}$、$u_L = L\dfrac{\mathrm{d}i_L}{\mathrm{d}t}$、$u_R = Ri_L$ 代入上述方程组，得：

$$\frac{\mathrm{d}^2 i_L}{\mathrm{d}t^2} + \frac{R}{L}\frac{\mathrm{d}i_L}{\mathrm{d}t} + \frac{1}{LC}i_L = \frac{1}{LC}i_s$$

代入已知数据得：

$$\frac{\mathrm{d}^2 i_L}{\mathrm{d}t^2} + 200\frac{\mathrm{d}i_L}{\mathrm{d}t} + 5\times10^5 i_L = 5\times10^5\varepsilon(t) = 5\times10^5 \tag{1}$$

解上式微分方程，其解为：$i_L = i_{L_p} + i_{L_h}$。

根据(1)式等号右端激励的形式，令 $i_{L_p} = K$，代入(1)式得：

$$i_{L_p} = K = 1 \tag{2}$$

而通解 i_{L_h} 的求法与二阶电路零输入响应中的通解方法相同，即求出(1)式的特征根为：

$$p^2 + 200p + 5\times10^5 = 0$$

$$p_{1,2} = \left(\frac{-200 \pm \sqrt{200^2 - 4\times5\times10^5}}{2}\right) = (-100 \pm \mathrm{j}700) = -\alpha \pm \mathrm{j}\omega_d$$

$p_{1,2}$ 为一对共轭复根，i_L 的自由分量形式为：

$$i_{L_h} = Be^{-\alpha t}\sin(\omega_d t + \varphi) = Be^{-100t}\sin(700t + \varphi)$$

由此得到通解：

$$i_L = i_{L_p} + i_{L_h} = [1 + Be^{-100t}\sin(700t + \varphi)]\varepsilon(t)$$

由零状态电路的初始条件：

$$\begin{cases} i_L(0_+) = i_L(0_-) = 0 \\ \dfrac{\mathrm{d}i_L}{\mathrm{d}t}\bigg|_{t=0_+} = \dfrac{1}{L}u_L(0_+) = \dfrac{1}{L}[-Ri_L(0_+) + u_C(0_+)] = 0 \end{cases} \tag{3}$$

由初始条件(3)确定 B 和 φ

解得：　　　　　　　　　　$B = -1.01$，　$\varphi = 81.87°$

所以电感电流作为电路单位阶跃响应为：

$$s_i(t) = i_L(t) = i_{L_p} + i_{L_h} = [1 - 1.01e^{-100t}\sin(700t + 81.87°)]\varepsilon(t)$$

图 5.48(b)为 $s_i(t)$ 的变化曲线。

根据单位阶跃响应与单位冲激响应的关系，该电路的冲激响应为：

$$h_i(t) = \frac{ds_i(t)}{dt} \approx 714.2e^{-100t}\sin(700t)\varepsilon(t)\,\text{A/s}$$

与一阶电路相同，若求解一个二阶电路的全响应也可将其视为零输入响应、零状态响应叠加。同时从 RLC、GLC 串并联电路分析中可知：无论电路的连接形式如何，只要得到的电路方程为二阶微分方程，即为二阶电路，其求解的过程为解二阶微分方程。二阶电路微分方程的定解条件是待求变量的初始值及一阶导数的初始值。显然，对于 n 阶电路，其电路方程是关于某电路变量的 n 阶微分方程，其定解条件是该电路变量的初始值及其一阶直至 $n-1$ 阶导数的初始值。

从理论上讲，经典法可以求解任意阶动态电路。但实际上，当 $n>2$ 时，不仅难于列出电路的微分方程，而且高于一阶导数的初始值，往往因没有具体的物理意义更难于确定。因此在实用中，经典法只适用于一阶、二阶动态电路。

思考题

(1) 在 RLC 串联电路中，从物理意义上解释为什么储能响应在 $\alpha < \omega_0$ 会出现衰减振荡？

(2) 在图 5.49 所示电路中，设 $u_C(0_-)=0$，$i(0_-)=0$，试在下列情况下求阶跃响应 $u_C(t)$，并画出波形。

(a) $R=4\ \Omega$、$L=1\ \text{H}$、$C=\frac{1}{3}\ \text{F}$ (b) $R=2\ \Omega$、$L=1\ \text{H}$、$C=1\ \text{F}$

(c) $R=1\ \Omega$、$L=1\ \text{H}$、$C=1\ \text{F}$ (d) $R=0\ \Omega$、$L=1\ \text{H}$、$C=1\ \text{F}$

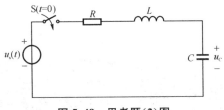

图 5.49 思考题(2)图

知识拓展

1) 电容器的型号命名方法

国产电容器的型号一般由四部分组成(不适用于压敏、可变、真空电容器)，依次分别代表名称、材料、分类和序号。

(1) 名称 用字母表示，电容器用 C。

(2) 材料 用字母表示产品的材料：A—钽电解、B—聚苯乙烯等非极性薄膜、C—高频陶瓷、D—铝电解、E—其他材料电解、G—合金电解、H—复合介质、I—玻璃釉、J—金属化纸、L—涤纶等极性有机薄膜、N—铌电解、O—玻璃膜、Q—漆膜、T—低频陶瓷、V—云母纸、Y—云母、Z—纸介

(3) 分类 一般用数字表示，个别用字母表示。

(4) 序号 用数字表示。

2) 电容器的应用

(1) 滤波作用

电容器一般在现实生活中用来存储和释放电荷以充当滤波器，平滑输出脉动信号。通常在高频电路中使用，如收音机、发射机和振荡器中。大容量的电容往往是作滤波和存储电荷用。举一个现实生活中的例子，市

售的整流电源在拔下插头后,上面的发光二极管还会继续亮一会儿,然后逐渐熄灭,就是因为里面的电容事先存储了电能,然后释放。当然这个电容原本是用作滤波的。一般低质的电源由于厂家出于节约成本考虑使用了较小容量的滤波电容,造成耳机中有嗡嗡声。这时可以在电源两端并接上一个较大容量的电解电容(1 000 μF,注意极性),一般可以改善效果。发烧友制作 HiFi 音响,都要用至少 1 万微法以上的电容器来滤波,滤波电容越大,输出的电压波形越接近直流,而且大电容的储能作用,使得突发贴片电容的大信号到来时,电路有足够的能量转换为强劲有力的音频输出。

(2)电容式触摸屏

电容式触摸屏是在玻璃表面贴上一层透明的特殊金属导电物质。当手指触摸在金属层上时,触点的电容就会发生变化,使得与之相连的振荡器频率发生变化,通过测量频率变化可以确定触摸位置获得信息(见图 5.50,图 5.51)。

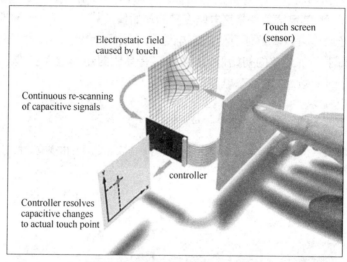

图 5.50　电容式触摸屏原理示意图

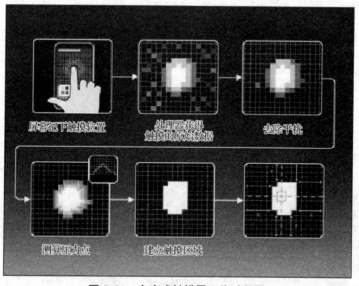

图 5.51　电容式触摸屏工作过程图

当用户触摸电容屏时,由于人体电场,用户手指和工作面形成一个耦合电容,因为工作面上接有高频信号,于是手指吸收走一个很小的电流,这个电流分别从屏的四个角上的电极中流出,且理论上流经 4 个电极的电流与手指头到四角的距离成比例,控制器通过对 4 个电流比例的精密计算,得出位置。可以达到 99%的精确度,具备小于 3 ms 的响应速度。

操作时,控制器先后供电流给驱动线,因而使各节点与导线间形成一特定电场。然后逐列扫描感测线,测量其电极间的电容变化量,从而达成多点定位。当手指或触动媒介接近时,控制器迅速测知触控节点与导线间的电容值改变,进而确认触控的位置。这种一根轴通过一套 AC 信号来驱动,而穿过触摸屏的响应则通过其他轴上的电极检测出来,这称为"横穿式"感应,也可称为投射式感应。传感器上镀有 X、Y 轴的 ITO 图案,当手指触摸触控屏幕表面时,触碰点下方的电容值根据触控点的远近而增加,传感器上连续性的扫描探测到电容值的变化,控制芯片计算出触控点并回报给处理器。

本章小结

本章讨论线性动态电路的储能元件(电容和电感)在换路后,引起电路发生过渡过程的响应情况。

(1) 在学习电容元件和电感元件的伏安特性时,应当注意以下几点:

①电容元件和电感元件是储能元件,在任一时刻的电压与电流之间是微分或积分的关系,称为动态元件。电容储存的电场能量为 $W_C = \dfrac{1}{2}CU_C^2$,电感储存的磁场能量为 $W_L = \dfrac{1}{2}LI_L^2$。

②电路的激励和响应在一定的时间内都是恒定不变或按周期规律变动的,这种工作状态称为稳定状态,简称稳态。

③储能不可能跃变,需要有一个过渡过程,这就是所谓的动态过程。

④采用直接求解微分方程的方法来分析电路的动态过程,分析求解过程中所涉及的都是时间变量,这种方法称为经典法,又称作时域分析法。

(2) 在学习换路定理及初始值的计算时,应当注意以下几点:

①电容电压不能跃变,电感电流不能跃变。这两个结论的依据都是能量守恒定理。

②通常把电路中开关的接通、断开或电路参数的突然变化等统称为"换路"。

③初始值分为独立初始值和相关初始值。独立初始值只有两个量,即 $u_C(0_+)$ 和 $i_L(0_+)$。它们是利用换路前瞬间($t=0_-$)电路根据换路定则确定的。相关初始值的求解需在独立初始值确定后,利用等效替代方法画出动态电路在 $t=0_+$ 时的等效电路后才能计算得到。

④换路前若电路处于直流稳态,则电容可视为开路,电感可视为短路,进行独立初始值 $u_C(0_-)$ 和 $i_L(0_-)$ 的计算。若换路前动态元件无储能,则可得出 $u_C(0_-)=0$,$i_L(0_-)=0$。

(3) 在一阶电路的零输入响应分析中,应当注意以下几点:

①一阶电路无外加激励,仅由储能元件的初始值引起的响应称为零输入响应。

②一阶电路零输入响应的电路方程为齐次方程,它的解只有通解没有特解。其电压和电流均按相同的指数规律衰减,其衰减的快慢是由时间常数 τ 的大小来决定的。时间常数 τ 越大,衰减越慢。在实测时间常数 τ 时,输出衰减到原值的 36.8% 时所经过的时间即为时间常数。

③理论上讲,$\tau \to \infty$ 时 $u_C(t)$ 和 $i_L(t)$ 衰减到零。但在实际应用时,可认为只要经过($3\tau \sim 5\tau$)的时间,衰减就可结束。

(4) 在一阶电路的零状态响应分析中,应当注意以下几点:

①一阶电路无初始储能,换路后仅由外施激励源引起的响应称为零状态响应。

②一阶电路零状态响应的电路方程的解由两部分组成,即由非齐次方程的特解和对应的齐次方程的通解组成。

③一阶电路的零状态响应的特解相当于电容电压达到的稳态值,与外施激励源有关,称为

强制分量;而通解与外施激励源无关,衰减快慢取决于时间常数,最终趋于零,所以又称自由分量。

(5) 在学习一阶电路的全响应时,应当注意以下几点:

①当一个非零初始状态的一阶电路受到外加激励作用时,电路的响应称为全响应。电路的全响应可采用线性电路的叠加定理和三要素法进行分析。

②一阶电路的全响应＝零输入响应＋零状态响应;

　　一阶电路的全响应＝强制响应＋自由响应

(6) 在学习一阶电路的三要素法时,应当注意以下几点:

①一阶电路的三要素为:$f(0_+)$、$f(\infty)$、τ,一阶电路的三要素公式为:$f(t) = f(\infty) + [f(0_+) - f(\infty)]e^{-\frac{t}{\tau}}$　$(t \geqslant 0)$。

②一阶电路三要素法的特点为简单、适用,不需列写微分方程和对微分方程进行求解,使问题大大简化。前面讲过的零输入响应、零状态响应均可使用三要素法进行求解。

③三要素法中各要素的计算方法如下:

a. 确定初始值　根据储能元件的换路定则确定独立初始值。对于发生跃变的其他电压、电流可根据 $t=0_+$ 时的等效电路求得,此时电容、电感分别用电压源、电流源替代。

b. 确定稳态值　当 $t \to \infty$ 时,电容元件相当于断路,电感元件相当于短路。画出 $t \to \infty$ 时的稳态电路,求出任一电压或电流的稳态值。

c. 确定时间常数　对于简单的电路,根据时间常数的定义可直接算出数值,但对较复杂的电路,可利用戴维南定理或诺顿定理,以电容元件或电感元件所在支路为待求支路,对电路进行等效化简,求出等效电阻 R,则电路的时间常数利用 $\tau = RC$ 或 $\tau = L/R$ 两个公式进行计算。

④三要素法只能适用于一阶电路,而不能适用于二阶或高阶电路。

⑤在利用三要素法求解动态电路时,先求出电路独立变量的时间函数,再利用该函数得到其余待求量的表达式,可以简化计算步骤和工作量。特别是对较复杂的电路,其优势更为突出。

(7) 在学习一阶电路的阶跃响应和冲激响应时,应当注意以下几点:

①阶跃函数可以代替开关的动作,可以组成其他复杂信号,还可以截取信号。

②一阶电路的单位阶跃响应 $s(t)$ 是指一阶电路在单位阶跃激励下的零状态响应,可由三要素法直接求得。电路在零状态条件下,输入为阶跃信号时的响应称为阶跃响应,特别注意阶跃响应是电路在零状态条件下的响应。

③当脉冲形式的激励作用于电路时,可先求出电路的单位阶跃响应,然后根据齐性定理和叠加定理求解电路对脉冲激励的响应,也可根据脉冲激励信号的分段连续性,按时间分段求解。

④单位冲激信号又称为 $\delta(t)$ 信号,它在 $t \neq 0$ 处为零,但在 $t=0$ 处为奇异的。冲激所含的面积称为冲激信号的强度,单位冲激信号即强度为 1 的冲激信号,冲激信号是用强度而不是用幅度来表征的。

⑤冲激信号的性质:a. 冲激信号是阶跃信号的导数;b. 筛分性质。

⑥一阶电路的单位冲激响应 $h(t)$ 是指一阶电路在 $\delta(t)$ 激励下的零状态响应。电路的单位冲激响应等于单位阶跃响应对时间的导数。反之,单位阶跃响应等于单位冲激响应的积分。

(8) 在学习二阶电路的零输入响应和零状态响应时,应当注意以下几点:

①根据 p_1 和 p_2 的不同取值,二阶电路零输入响应的电路方程的通解,将具有不同的表示形式。

a. 过阻尼状态　当 $R > 2\sqrt{\dfrac{L}{C}}$ 时,此时 p_1 和 p_2 是两个不相等的负实根,在过渡过程中,电容电压和电场能量呈单调下降的,形成非振荡衰减过程,又称为过阻尼过程。

b. 欠阻尼状态   当 $R<2\sqrt{\dfrac{L}{C}}$ 时,此时 p_1 和 p_2 是两个共轭复根,电压是按指数规律衰减的正弦函数,故称为衰减振荡或欠阻尼振荡。

c. 临界阻尼状态   当 $R=2\sqrt{\dfrac{L}{C}}$ 时,此时 p_1 和 p_2 是两个相等的负实根,电路介于振荡和非振荡之间,所以称为临界阻尼振荡,电压变化曲线与非振荡过程类似,此时的回路电阻称为临界电阻。

d. 无阻尼状态   当 $R=0$ 时,此时 p_1 和 p_2 是两个共轭纯虚数,电压是振幅不变的正弦函数,能量在 L 和 C 元件之间不停交换,没有消耗,也称为等幅振荡。

②理论上讲,经典法可以求解任意阶动态电路,但实际上,当阶数 $n>2$ 时,不仅难以列出电路的微分方程,而且高于一阶导数的初始值,往往因没有具体的物理意义而更难于确定。因此,在实用中,经典法只适用于一阶、二阶动态电路。

习题 5

5.1   图 5.52(a)、(b)所示电路的电压波形如图 5.52(c)、(d)所示,试分别作出在关联参考方向下,电容元件、电感元件的电流 i 的波形。

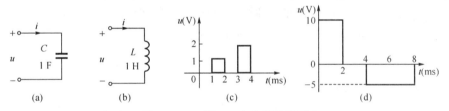

图 5.52   习题 5.1 电路及波形图

5.2   图 5.53 所示各电路原已稳定,$t=0$ 时换路,试求图注所示电压、电流的初始值。

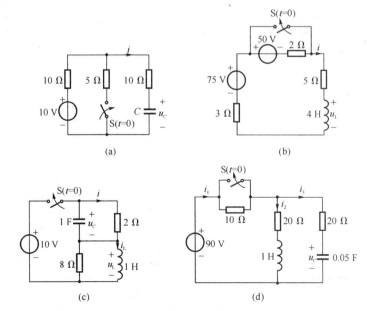

图 5.53   习题 5.2 电路图

5.3 图 5.54 所示电路原已达稳态,$t=0$ 时闭合开关 S,求 $t\geqslant0$ 时的零输入响应 $u_C(t)$、$i_C(t)$ 并画出它们的波形。

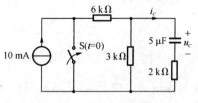

图 5.54 习题 5.3 电路图

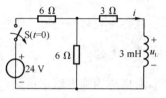

图 5.55 习题 5.4 电路图

5.4 图 5.55 所示电路原已达稳态,$t=0$ 时打开开关 S,求 $t\geqslant0$ 时的零输入响应 $u_L(t)$、$i_L(t)$ 并绘出它们的波形。

5.5 求图 5.56 所示电路在换路后的零状态响应 $u_C(t)$,并绘出波形。

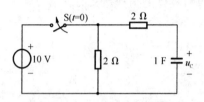

图 5.56 习题 5.5 电路图

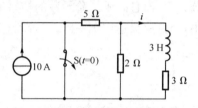

图 5.57 习题 5.6 电路图

5.6 求图 5.57 所示电路在换路后的零状态响应 $i(t)$,并绘出波形。

5.7 试求出图 5.53(a)、(b)所示电路的时间常数。(设图(a)中 $C=3$ F)

5.8 图 5.58 所示电路中,开关 S 原先断开已久,$t=0$ 时 S 闭合,用三要素法求 $t\geqslant0$ 时的响应 $i(t)$。

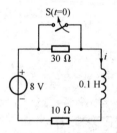

图 5.58 习题 5.8 电路图

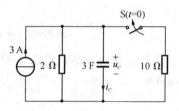

图 5.59 习题 5.9 电路图

5.9 图 5.59 所示电路中,开关 S 原先打开已久,$t=0$ 时 S 闭合,用三要素法求 $t\geqslant0$ 时的 $u_C(t)$、$i_C(t)$,并画出它们的波形。

5.10 图 5.60 所示电路在换路前已达稳态,$t=0$ 时开关 S 闭合,用三要素法求 $t\geqslant0$ 时的 $u_C(t)$、$i_C(t)$,并画出它们的波形。

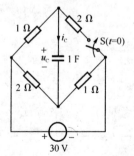

图 5.60 习题 5.10 电路图

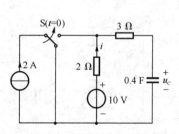

图 5.61 习题 5.11 电路图

5.11　换路前图 5.61 所示电路已达稳态，$t=0$ 时开关 S 换路，用三要素法求 $t \geqslant 0$ 时的 $u_C(t)$、$i(t)$，并画出它们的波形。

5.12　图 5.62 所示电路中开关 S 原先打开已久，电路已稳定，$t=0$ 时开关 S 闭合，求 $t \geqslant 0$ 时的 $i_1(t)$、$i_2(t)$。

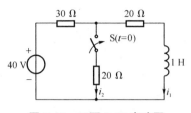

图 5.62　习题 5.12 电路图

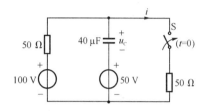

图 5.63　习题 5.13 电路图

5.13　图 5.63 所示电路已达稳态，$t=0$ 时开关 S 闭合，求 $t \geqslant 0$ 时的 $u_C(t)$、$i(t)$。

5.14　图 5.64 所示电路已达稳态，$t=0$ 时开关 S 闭合，求 $t \geqslant 0$ 时的 $u_C(t)$、$i(t)$。

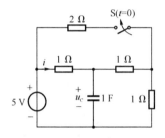

图 5.64　习题 5.14 电路图

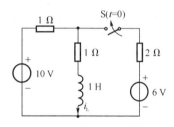

图 5.65　习题 5.15 电路图

5.15　图 5.65 所示电路已达稳态，$t=0$ 时开关 S 闭合，求 $t \geqslant 0$ 时的 $i_L(t)$。

5.16　图 5.66 所示电路中，已知 $u_C(0_-) = 0$ V，$t=0$ 时开关 S_1 闭合，经 $\ln 2$ s 又闭合开关 S_2，求 $t \geqslant 0$ 时的 $u_C(t)$、$i_C(t)$，并画出它们的波形。

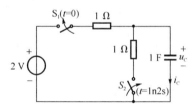

图 5.66　习题 5.16 电路图

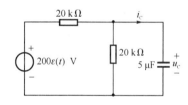

图 5.67　习题 5.17 电路图

5.17　求图 5.67 所示电路的零状态响应 $u_C(t)$、$i_C(t)$。

5.18　图 5.68(a) 所示电路中，输入电压 $u_1(t)$ 的波形如图 5.68(b) 所示，求输出电压 $u_2(t)$。分别用一个式子表示和分段形式表示。

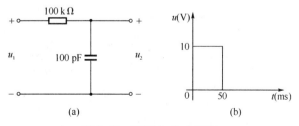

(a)　　　　　　　　　(b)

图 5.68　习题 5.18 电路图

5.19　试求图 5.69 所示一阶电路的时间常数及图注电压、电流换路后的稳态值。

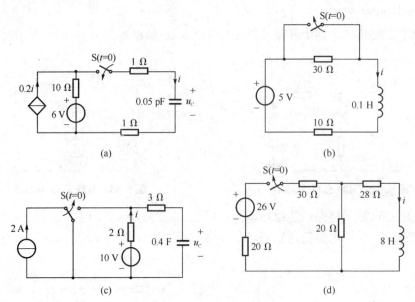

图 5.69　习题 5.19 电路图

5.20　图 5.70 所示电路换路前已稳定,求换路后的响应 $u_C(t)$、$i_L(t)$。

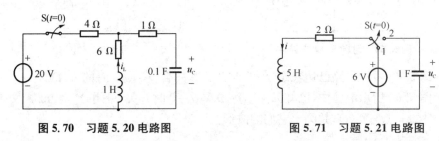

图 5.70　习题 5.20 电路图　　　　　　　图 5.71　习题 5.21 电路图

5.21　图 5.71 所示电路换路前已稳定,$u_C(0_-)=0$ V,$t=0$ 时开关 S 由位置 1 换到位置 2,求换路后的响应 $u_C(t)$、$i(t)$。

5.22　求图 5.72 所示电路的零状态响应 $u_C(t)$。

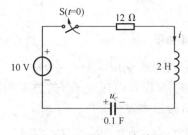

图 5.72　习题 5.22 电路图

6 正弦稳态电路分析

本章主要讨论正弦交流电的基本概念,电阻、电容、电感单个元件伏安关系及其在正弦稳态交流电路中的相量形式。叙述阻抗和导纳的概念、电路的性质、正弦稳态电路的相量分析法以及电路功率的计算。简述耦合线圈电路与变压器的分析方法。最后介绍三相交流电源、三相负载电路的分析和三相功率的计算。

6.1 正弦量概述

6.1.1 正弦量的基本概念

在电路中将随时间按正弦或余弦规律作周期变化的电流和电压统称正弦量。在正弦激励作用下的电路称为正弦交流电路,简称为交流电路。当电路中任意时刻的电压或电流均随时间按与激励同频率的正弦或余弦规律变化时,电路处于稳定状态,该电路称为正弦稳态电路。

在电气工程上,采用正弦交流电的原因在于几个同频率的正弦量相加或相减后所得结果仍是正弦量,正弦量对时间的导数或积分也仍为正弦量,这有利于对电路的分析计算及技术上的应用。另外,交流电机比直流电机的结构简单,成本低且易于维修。

正弦交流电常用函数表达式和波形图表示,也可用符号 AC或 ac 表示。在确定参考方向和计时起点的情况下,正弦交流电流 i 的瞬时值表达式如式(6.1)所示,其波形如图 6.1 所示。

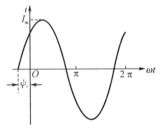

图 6.1 正弦交流电流波形图

$$i = I_m\sin(\omega t + \psi_i) \tag{6.1}$$

式(6.1)中,I_m 为正弦交流电流 i 的幅值;ω 为 i 的角频率;ψ_i 为 i 的初相位(角)。

6.1.2 正弦量的三要素

如果正弦量的变化速率、变化规模、变化进程能够确定,则该正弦量的变化规律也就可以确定。一般用频率(或周期、角频率)、有效值(或最大值)、初相位(或初始值)来分别表征正弦量的变化速率、变化规模、变化进程。所以,将频率、有效值、初相位称为正弦量的三要素,这三要素是正弦量比较和区分的依据。

1) 瞬时值、最大值、有效值

正弦量的瞬时值用小写字母表示,如交流电流、电压的瞬时值分别用 i、u 表示,它是随着时间的变化而变化的。

正弦量在变化过程中所能达到的最大值,称为最大值,又称振幅或幅值,用带下标 m 的大写字母表示,如交流电流、电压的最大值分别用 I_m、U_m 表示。由于正弦量是一个随时间 t 不断变化的量,最大值虽然能反映出交流电的大小,但表征交流电的大小一般不用最大值,而是采用有效值。

正弦量的有效值用大写字母表示。所谓有效值的含义是指对于同样的两个电阻,在相同的时间 T 内分别通以直流电流 I 和交流电流 i,如果这两个电阻发出的热量相等,那么可以用直流电流的大小来有效地表示交流电流的大小,称直流电流 I 为交流电流 i 的有效值。

在相同的时间 T 内,若两个电阻发出的热量相等,则有:

$$\int_0^T i^2 R \mathrm{d}t = I^2 RT \tag{6.2}$$

由式(6.2)可推导出交流电流 i 的有效值,其表达式为:

$$I = \sqrt{\frac{1}{T}\int_0^T i^2 \mathrm{d}t} \tag{6.3}$$

由式(6.3)可知,有效值 I 是交流电流 i 的方均根,故有效值也称为方均根值。

设正弦交流电流 $i = I_m \sin \omega t$,将它代入式(6.3)得:

$$I = \sqrt{\frac{1}{T}\int_0^T (I_m \sin \omega t)^2 \mathrm{d}t}$$
$$= \sqrt{\frac{1}{T}\int_0^T \frac{I_m^2}{2}(1 - \cos 2\omega t) \mathrm{d}t}$$
$$= \frac{1}{\sqrt{2}} I_m \tag{6.4}$$

设正弦交流电压 $u = U_m \sin \omega t$,同理可推出其有效值为:

$$U = \frac{1}{\sqrt{2}} U_m \tag{6.5}$$

式(6.4)和式(6.5)表明,正弦交流量的最大值是其有效值的 $\sqrt{2}$ 倍。

我国低压供电系统中的额定电压 380 V 和 220 V 是指有效值,平时所用交流电表的测量值通常也是有效值。

2) 频率、周期、角频率

正弦量变化一次所需的时间称为周期,用字母 T 表示,其单位为秒(s)。正弦交流量在单位时间里的变化次数称为频率,用字母 f 表示,其单位为赫兹(Hz)。显然,频率和周期互为倒数,即

$$T = \frac{1}{f} \tag{6.6}$$

角频率是指正弦量变化一次所经过的弧度,用字母 ω 表示,其单位为弧度每秒(rad/s)。显然有:

$$\omega = \frac{2\pi}{T} = 2\pi f \tag{6.7}$$

我国规定工业用电频率(简称工频)为 50 Hz。世界上很多国家的工频为 50 Hz,也有部分国家的工频为 60 Hz(如美国、日本)。当然,某些领域还采用其他的频率。

3) 相位、初相位

式(6.1)中的 $\omega t + \psi_i$ 称为该正弦电流的相位(角),当 $t=0$ 时的相位 ψ_i 称为初相位(角)。

可见,计时起点不同,初相位不同。

同频电流 i_1 和 i_2 的函数表达式如式(6.8)所示,其波形图如图 6.2 所示。

$$\left. \begin{array}{l} i_1 = I_{m1} \sin(\omega t + \psi_1) \\ i_2 = I_{m2} \sin(\omega t + \psi_2) \end{array} \right\} \tag{6.8}$$

常用相位差 φ 来表示两个同频率正弦量相位的差异程度,相位差就是初相位之差。

$$\varphi = \psi_1 - \psi_2 \tag{6.9}$$

当 $\varphi > 0$ 时,称 i_1 在相位上超前 i_2 相位角 φ,即 i_1 比 i_2 先达最大值、先过零点,或称 i_2 滞后 i_1 相位角 φ,波形图如图 6.2(a)所示;当 $\varphi < 0$ 时,称 i_1 滞后 $i_2 |\varphi|$ 角。

当 $\varphi = 0$ 时,即 $\psi_1 = \psi_2$,称 i_1 与 i_2 同相,波形图如图 6.2(b)所示;

当 $\varphi = \pm 180°$ 时,称 i_1 与 i_2 反相,波形图如图 6.2(c)所示;

当 $\varphi = \pm 90°$ 时,称 i_1 与 i_2 正交,波形图如图 6.2(d)所示。

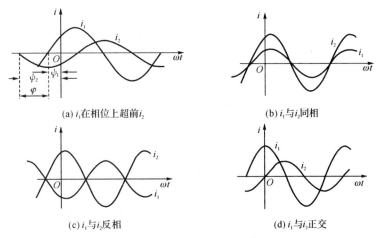

图 6.2 同频不同初相位的正弦波形图

上面关于相位关系的讨论,仅限于同频率的正弦量。而对于不同频率的正弦量,由于它们之间的相位差随着时间的变化也在不断地变化,所以对于不同频率的正弦量的相位差的讨论毫无意义。

一般规定初相位 ψ 和相位差 φ 的取值范围为:

$$|\psi| \leqslant 180°$$
$$|\varphi| \leqslant 180°$$

思考题

(1) 某正弦电压的初相位为 30°,当 $t=0$ 时,电压为 100 V,$f=50$ Hz。试写出其瞬时表达式。

(2) 已知 $i_1 = 5\sin(314t - 60°)$ A,$i_2 = 6\sin(314t + 30°)$ A,两者的相位差为多少? 在相位上哪个电流是超前量?

6.2　正弦量的相量表示法

由 6.1.2 可知,任意一个正弦量由其幅值、角频率和初相位三个要素唯一表征。而在正弦稳态电路中,响应与激励是同频率的正弦量,因此计算响应时仅需考虑其他两个要素(最大值、初相)即可。

在工程中为简化计算,常用复数来表示正弦量,我们把表示正弦量的复数称为相量。在工程中这种将正弦量的计算转化为相量(复数)的计算,从而简化正弦量计算过程的方法称为相量法。所以,正弦交流电路分析计算的数学基础是复数及复数的运算。

6.2.1　复数及其运算

1) 复数的表示方法

在复数运算中常使用重要公式——欧拉公式,其表达式如式(6.10)所示:

$$e^{j\theta} = \cos\theta + j\sin\theta \tag{6.10}$$

由复数知识可知,复数 A 有四种函数表达形式,分别为:

①代数形式

$$A = a + jb \tag{6.11}$$

②三角形式

$$A = |A|(\cos\theta + j\sin\theta) \tag{6.12}$$

③指数形式

$$A = |A|e^{j\theta} \tag{6.13}$$

④极坐标形式

$$A = |A|\underline{/\theta} \tag{6.14}$$

在这四种函数表达形式中,a 是复数 A 的实部,b 是复数 A 的虚部,$|A|$ 为复数 A 的模,θ 为复数 A 的幅角。

j 是虚数单位,$j = \sqrt{-1}$。在数学中,是用字母 i 表示虚数单位,在电路分析中为了与电流 i 相区分而改用字母 j。

图 6.3 所示的直角坐标系叫做复平面,其横轴称为实数轴,用 $+1$ 表示,其纵轴称为虚数轴,用 $+j$ 表示。

复数 A 也可以在复平面中用有向线段 $\vec{A}$ 表示。有向线段 $\vec{A}$ 的长度即为复数 A 的模 $|A|$,$\vec{A}$ 与横轴(实数轴)的夹角即为复数 A 的幅角 θ。$\vec{A}$ 在横轴上的投影即为复数 A 的实部 a,在纵轴(虚数轴)上的投影即为复数 A 的虚部 b。

复数的四种函数表示方式可相互转换,由图 6.3 可知复数的代数式与三角式之间的转换关系为:

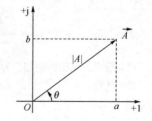

图 6.3　有向线段的复数表示

$$|A| = \sqrt{a^2 + b^2}, \theta = \arctan\frac{b}{a} \tag{6.15a}$$

$$a = |A|\cos\theta = \mathrm{Re}[A], b = |A|\sin\theta = \mathrm{Im}[A] \tag{6.15b}$$

式(6.15b)中，Re[ ]表示取复数实部；Im[ ]表示取复数虚部。

根据欧拉公式有：

$$\left.\begin{aligned}\cos\theta &= \frac{\mathrm{e}^{j\theta} + \mathrm{e}^{-j\theta}}{2}\\ \sin\theta &= \frac{\mathrm{e}^{j\theta} - \mathrm{e}^{-j\theta}}{j2}\end{aligned}\right\} \tag{6.16}$$

将式(6.16)代入到式(6.12)中，可得复数的指数形式。复数的指数形式由模和辐角组成，如式(6.13)所示；极坐标形式是复数结构的最简形式，如式(6.14)所示。

2）复数的运算

设 $z_1 = a + jb = |z_1|\angle\theta_1, z_2 = c + jd = |z_2|\angle\theta_2 (a、b、c、d\in\mathbf{R}, |z_2|\neq 0)$

（1）复数相等

如果两个复数的实部和虚部分别相等，那么我们就说这两个复数相等，有：

$$a + jb = c + jd \qquad \Leftrightarrow \qquad a = c, b = d$$

一般地，两个复数只能说相等或不相等，而不能比较大小。

（2）复数的加减运算

复数的加、减运算一般用代数或三角形式表达式进行。复数的加减是复数的实部和虚部分别相加减，有：

$$z_1 \pm z_2 = (a + jb) \pm (c + jd) = (a \pm c) + j(b \pm d)$$

（3）复数的乘除运算

复数的乘、除运算一般用指数或极坐标表达式进行。两个复数乘积的模为两个复数模的乘积，两个复数乘积的幅角为两个复数幅角之和。两个复数商的模为两个复数模的商，两个复数商的幅角为两个复数幅角之差。复数的乘除运算的表达式如下：

乘法：

$$z_1 \cdot z_2 = |z_1|\mathrm{e}^{j\theta_1} \cdot |z_2|\mathrm{e}^{j\theta_2} = |z_1| \cdot |z_2|\mathrm{e}^{j(\theta_1+\theta_2)}$$

除法：

$$\frac{z_1}{z_2} = \frac{|z_1|\mathrm{e}^{j\theta_1}}{|z_2|\mathrm{e}^{j\theta_2}} = \frac{|z_1|}{|z_2|}\mathrm{e}^{j(\theta_1-\theta_2)}$$

【例6.1】 已知两复数：$A = 4\angle 60°$，$B = \frac{3\sqrt{3}}{2} - \frac{3}{2}j$，计算 $X = A + B$、$C = A \cdot B$、$D = \frac{B}{A}$。

解 先将复数 A 的极坐标表达式转化为代数表达式，即

$$A = 4(\cos 60° + j\sin 60°) = 2 + j3.46$$

两个复数之和为：$X = A + B = 2 + j3.46 + 2.6 - j1.5 = 4.6 + j1.96 = 5\angle 23.1°$

分析两个复数之间的加减问题也可在复平面上进行分析。如在例6.1中，可在复平面上先

作复数 A，再在 A 的箭头上作复数 B，最后首尾相连，即可得到复数 A、B 之和 X，当在复平面上分析两复数之差时，可用式(6.17)进行。

$$A - B = A + (-B) \triangleq Y \tag{6.17}$$

在复平面上，两个复数求和求差过程如图 6.4 所示。

显然，复平面上相量的加减运算符合平行四边形法则。

复数的乘除运算用指数表达式或极坐标表达式进行比较简便。先将复数 B 的代数表达式转化为极坐标表达式。

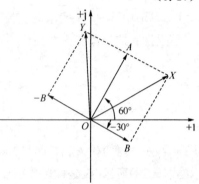

$$B = \frac{3\sqrt{3}}{2} - \frac{3}{2}j$$

$$= \sqrt{\left(\frac{3\sqrt{3}}{2}\right)^2 + \left(-\frac{3}{2}\right)^2} \left| \arctan \frac{(-3/2)}{(3\sqrt{3}/2)} = 3 \underline{/-30°} \right.$$

图 6.4　例 6.1 电路图

则
$$C = AB = 4\underline{/60°} \times 3\underline{/-30°} = 12\underline{/30°}$$
$$D = \frac{B}{A} = \frac{3\underline{/-30°}}{4\underline{/60°}} = \frac{3}{4}\underline{/-90°} = -\frac{3}{4}j$$

6.2.2　正弦交流电的相量表示

设有一个正弦交流电流和一个复数，其表达式分别为：

$$i = \sqrt{2}I\sin(\omega t + \psi_i)$$
$$\sqrt{2}Ie^{j(\omega t+\psi_i)} = \sqrt{2}I\cos(\omega t + \psi_i) + j\sqrt{2}I\sin(\omega t + \psi_i)$$

将这两个表达式作比较后不难发现，该正弦电流的表达式恰好是复数的虚部，即

$$i = \mathrm{Im}\left[\sqrt{2}Ie^{j(\omega t+\psi_i)}\right]$$

考虑到：
$$e^{j(\omega t+\psi_i)} = e^{j\omega t}e^{j\psi_i}$$
则有：
$$i = \mathrm{Im}\left[\sqrt{2}Ie^{j(\omega t+\psi_i)}\right] = \mathrm{Im}\left[\sqrt{2}Ie^{j\psi_i}e^{j\omega t}\right] = \mathrm{Im}\left[\sqrt{2}\dot{I}e^{j\omega t}\right] \tag{6.18}$$

式(6.18)中的 $\dot{I} = Ie^{j\psi_i}$ 是一个复数，它的模就是正弦交流电流 i 的有效值，它的幅角就是正弦交流电流 i 的初相位 ψ_i。

另将式(6.18)中的 $e^{j\omega t}$ 理解成一个旋转因子，其模为 1，幅角 ωt 正比于时间 t。这样，$\sqrt{2}\dot{I}e^{j\omega t}$ 就可理解成在复平面上的一个旋转相量，即在复平面上相量 $\sqrt{2}\dot{I}$ 以 ω 的角速度绕原点作逆时针方向旋转。旋转相量 $\sqrt{2}\dot{I}e^{j\omega t}$ 与正弦量 i 之间的关系如图 6.5 所示。

图 6.5 说明相量 $\sqrt{2}\dot{I}$ 在复平面上以 ω 的角速度绕原点作逆时针方向旋转时，该旋转分量任何时刻在虚轴上的投影正好是正弦量的瞬时值。

考虑到在正弦交流电路中，相关电压、电流都是同频率的正弦量，所以作为三要素之一的频率(角频率)就可以默认为已知量，不作比较、区分。这样，有效值及初相位就成为表征正弦量的

主要要素。

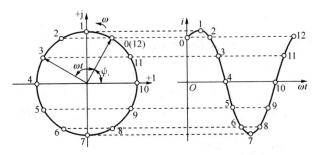

图 6.5 旋转相量与正弦波之间的对应关系

从上面的分析可以看到,正弦交流量与相量之间存在着一一对应的关系,也就是说正弦交流量可以用相量来表示,正弦量的有效值和初相位可用一个复数的模和幅角表示。所以,在正弦交流电路分析中,就用复数来表示正弦交流量。这样在涉及正弦交流量的计算分析就可转化为复数的计算分析。

但必须注意,正弦交流量是时间的函数,而相量只是表示这个时间函数的两个特征的复数,所以只可以说正弦交流量与相量之间存在着一一对应的关系,绝不可以说两者相等。

用复数来表示正弦交流量的方法是:复数的模对应于正弦交流量的有效值(最大值),复数的幅角对应于正弦交流量的初相位。以后把这个能表征正弦交流量的复数称为相量,为区别一般的复数,在相量符号上面要加上"·"。如当复数的模对应于正弦交流量的有效值时,称有效值相量,用 $\dot{I}$、$\dot{U}$ 表示;如当复数的模对应于正弦交流量的最大值时,称最大值相量,用 $\dot{I}_m$、$\dot{U}_m$ 表示。

例如某电流的有效值相量为 $\dot{I} = 15 \underline{/60°}$ A,则其所表示的正弦量瞬时值为:

$$i = 15\sqrt{2}\sin(\omega t + 60°)\text{A}$$

又如表示正弦交流电压 $u = 220\sqrt{2}\sin(\omega t + 30°)$V 的有效值相量为:

$$\dot{U} = 220 \underline{/30°} \text{ V}$$

相量同样也可以用复平面上的有向线段来表示。在复平面上作有向线段,令其长度为正弦交流量的有效值(或最大值),有向线段与实轴的夹角等于正弦交流量的初相位。这种在复平面上表示相量的图形称为相量图,电流有效值相量图如图 6.6 所示。

应该注意:不同频率的正弦交流量不可以画在同一个相量图中。以后在画相量图时为简单起见,可不必画出复平面的整个坐标轴,只画出实数轴,然后以有效值(或最大值)和初相位为标准画相量,初相位为正时逆时针方向旋转,初相位为负时顺时针方向旋转。

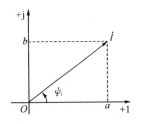

图 6.6 电流有效值相量图

思 考 题

(1) 将下列复数由代数表达式转换为极坐标表达式或由极坐标表达式转换为代数表达式。

①3+j4   ②10 $\underline{/45°}$ ③100 $\underline{/-150°}$

④-4-j3   ⑤10$\sqrt{2}\underline{/120°}$ ⑥j

(2) 已知正弦电压 $u=380\sqrt{2}\sin(\omega t+30°)$ V，正弦电流 $i=10\sqrt{2}\cos(\omega t-45°)$ A。试分别写出它们的相量表达式。

6.3　正弦稳态电路的相量模型

基尔霍夫定律和元件的伏安关系是进行电路分析的两个基本依据，因此在介绍正弦稳态电路的相量分析法之前，首先要讨论基尔霍夫定律和电路元件伏安关系的相量形式。

6.3.1　基尔霍夫定律的相量形式

1) 基尔霍夫电流定律(KCL)的相量形式

在任一时刻，针对正弦交流电路中任一节点，流经该节点的电流之代数和恒等于零，即

$$\sum i = 0 \tag{6.19}$$

由式(6.19)得：

$$\sum [\mathrm{Im}(\sqrt{2}\dot{I}e^{j\omega t})] = \mathrm{Im}[\sqrt{2}\sum(\dot{I}e^{j\omega t})] = 0$$

考虑到上式中各电流都是同频率的正弦量，故有：

$$\sum \dot{I} = 0 \tag{6.20}$$

式(6.20)即为基尔霍夫电流定律的相量形式。其含义是流经正弦交流电路中的任一节点的所有电流的有效值相量之和恒等于零。

2) 基尔霍夫电压定律(KVL)的相量形式

在任一时刻，对正弦交流电路中的任一回路的所有电压的代数和等于零，即

$$\sum u = 0 \tag{6.21}$$

对应式(6.21)的同频率电压有：

$$\sum \dot{U} = 0 \tag{6.22}$$

式(6.22)的含义为针对正弦交流电路中的任一回路的所有电压的有效值相量之和恒等于零。

要注意式(6.21)和式(6.22)中的电流有效值相量和电压有效值相量不能理解成电流有效值和电压有效值，即一般有：$\sum I \neq 0$，$\sum U \neq 0$。

【例 6.2】　已知流入某节点的两同频率的正弦电流分别为：$i_1(t)=10\sqrt{2}\sin(\omega t+60°)$ A，$i_2(t)=10\sqrt{2}\cos(\omega t+30°)$ A，求流出该节点的电流 $i(t)$ 并作出相量图。

解　由 KCL 可知，$i(t)=i_1(t)+i_2(t)$

正弦量相加的方法有很多：用和差化积公式计算、波形图相加、相量相加等，其中相量相加是代数运算较为简单。

首先将题中给出电流瞬时值表达式转换为对应的有效值相量：

$$i_1(t) = 10\sqrt{2}\sin(\omega t+60°)\mathrm{A} \rightarrow \dot{I}_1 = 10\underline{/60°}\ \mathrm{A}$$

又因为：$i_2(t) = 10\sqrt{2}\cos(\omega t + 30°) = 10\sqrt{2}\sin(\omega t - 60°)\text{A}$

其对应的有效值相量为：$\qquad\qquad \dot{I}_2 = 10\underline{/-60°}\ \text{A}$

由 $i(t) = i_1(t) + i_2(t)$ 可得其有效值相量为：

$$\dot{I} = \dot{I}_1 + \dot{I}_2 = 10\underline{/60°} + 10\underline{/-60°} = 10\left(\frac{1}{2} + j\frac{\sqrt{3}}{2}\right) + 10\left(\frac{1}{2} - j\frac{\sqrt{3}}{2}\right) = 10\underline{/0°}\ \text{A}$$

则其瞬时值表达式为：

$$i(t) = 10\sqrt{2}\sin(\omega t)\text{A}$$

节点电流相量图如图 6.7 所示。

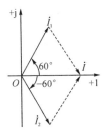

图 6.7 例 6.2 相量图

6.3.2 单一参数元件电路的相量模型

1) 电阻元件伏安关系的相量形式

线性电阻元件电路如图 6.8(a)所示,设电阻元件瞬时电压电流方向为关联参考方向,其伏安关系为：

$$u_R = i_R R \tag{6.23}$$

若流过电阻元件的正弦电流为：

$$i_R = \sqrt{2}\,I_R\sin(\omega t + \psi_i) \tag{6.24}$$

则电阻电压为：

$$u_R = i_R R = \sqrt{2}\,I_R R\sin(\omega t + \psi_i) = \sqrt{2}U_R\sin(\omega t + \psi_i) \tag{6.25}$$

电阻元件的电压、电流波形图如图 6.8(b)所示。

比较式(6.24)、式(6.25)可知：

①电阻元件中电压 u_R 与电流 i_R 为同频率正弦量；

②电阻的电压 u_R 和电流 i_R 为同相位的正弦量,即相位差 $\varphi = \psi_u - \psi_i = 0$；

③电阻元件电压、电流有效值间有如下关系：

$$U_R = RI_R \tag{6.26}$$

将电阻元件两端的电压与流经电阻元件的电流用相量表示,有：

$$\dot{I}_R = I_R\underline{/\psi_i}$$

$$\dot{U}_R = U_R\underline{/\psi_u} = RI_R\underline{/\psi_u} = RI_R\underline{/\psi_i}$$

即

$$\dot{U}_R = R\dot{I}_R \tag{6.27}$$

式(6.27)为电阻元件伏安关系(VAR)的相量形式。电阻元件电压、电流的相量模型与相量图分别为图 6.8(c)、图 6.8(d)所示。

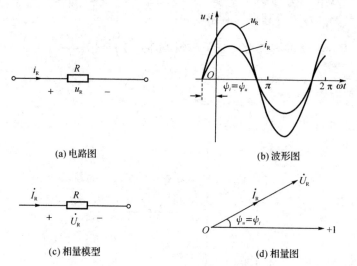

(a) 电路图   (b) 波形图

(c) 相量模型   (d) 相量图

图 6.8　电阻元件的交流电路

【例 6.3】　一线性电阻元件 $R=100\ \Omega$，外加电压为 $u=220\sqrt{2}\sin(314t+45°)\,\mathrm{V}$，试求流过电阻的电流 i。

解　方法 1：在时域中，线性电阻瞬时电压与电流成正比关系，故可直接求解：

$$i=\frac{u}{R}=\frac{220\sqrt{2}\sin(314t+45°)}{100}=2.2\sqrt{2}\sin(314t+45°)\,\mathrm{A}$$

方法 2：用相量求解：

将电压用相量表示：$u=220\sqrt{2}\sin(314t+45°)\,\mathrm{V}\to\dot{U}=220\underline{/45°}\ \mathrm{V}$

则电流相量为：$\dot{I}=\dfrac{\dot{U}}{R}=\dfrac{220\underline{/45°}}{100}=2.2\underline{/45°}\ \mathrm{A}$

电流瞬时值表达式为：$i=2.2\sqrt{2}\sin(314t+45°)\,\mathrm{A}$

2) 电感元件伏安关系的相量形式

线性电感元件电路如图 6.9(a)所示，在关联参考方向下，线性电感元件瞬时电压与电流的关系为：

$$u_{\mathrm{L}}=L\frac{\mathrm{d}i_{\mathrm{L}}}{\mathrm{d}t} \tag{6.28}$$

设通过电感元件的电流为正弦电流，即

$$i_{\mathrm{L}}=\sqrt{2}\,I_{\mathrm{L}}\sin\omega t \tag{6.29}$$

则电感电压为：

$$u_{\mathrm{L}}=L\frac{\mathrm{d}i_{\mathrm{L}}}{\mathrm{d}t}=\sqrt{2}\,I_{\mathrm{L}}\omega L\cos\omega t=\sqrt{2}U_{\mathrm{L}}\sin(\omega t+90°) \tag{6.30}$$

电感电压 u_{L} 与电流 i_{L} 的波形如图 6.9(b)所示。

比较式(6.29)、式(6.30)可知：

①电感元件中电压 u_L 与电流 i_L 为同频率的正弦量；

②电压 u_L 在相位上超前电流 i_L 90°，即其相位差 $\varphi = \psi_u - \psi_i = 90°$；

③电感元件电压、电流的有效值之间关系为：

$$U_L = \omega L I_L \text{ 或} \frac{U_L}{I_L} = \omega L \tag{6.31}$$

式(6.31)中，ωL 称为电感元件的电抗，简称感抗。感抗是反映电感元件对电流阻碍作用的**物理量**，其单位为欧姆(Ω)。

感抗通常用 X_L 表示，有：

$$X_L = \omega L = 2\pi f L \tag{6.32}$$

由式(6.32)可知，电感的感抗与频率 f 成正比。电路频率愈高，电感呈现的感抗愈高，反之**感抗愈低**；当电路频率为零(直流)时，电感为 0，等同于一根无电阻的导线。这说明电感元件具有导通低频(直流)信号，阻隔高频信号的特性。

我们将感抗的倒数称为电感的电纳，简称感纳，其单位为西门子(S)，记为 B_L，即

$$B_L = \frac{1}{X_L} = \frac{1}{\omega L} \tag{6.33}$$

感纳表示电感元件在正弦稳态电路中传导电流能力的大小。

将电感电流 i_L 与电压 u_L 用相量表示，有：

$$\dot{I}_L = I_L \underline{/0°}$$

$$\dot{U}_L = U_L \underline{/90°} = jU_L = j\omega L \dot{I}_L$$

故有：
$$\dot{U}_L = j\omega L \dot{I}_L = jX_L \dot{I}_L \text{ 或} \dot{I}_L = \frac{\dot{U}_L}{jX_L} \tag{6.34}$$

式(6.34)为线性电感元件伏安关系的相量形式。电感电压 u_L 与电流 i_L 的相量模型与相量图如图 6.9(c)、图 6.9(d)所示。

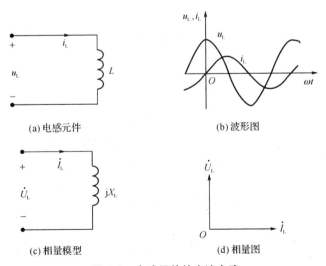

图 6.9　电感元件的交流电路

【例 6.4】　已知 1 H 电感的两端所加电压为 $u_L = 220\sqrt{2}\sin(314t+60)$ V，求感抗 X_L 及流过电感的电流 i_L，并画出电感电压、电流的相量图。

解　电感感抗为：　　　　　　$X_L = \omega L = 314 \times 1 = 314$ Ω

由电感电压的瞬时值表达式可得其相量形式为：$\dot{U}_L = 220\underline{/60°}$ V

根据式(6.34)可得电感电流有效值相量为：

$$\dot{I}_L = \frac{\dot{U}_L}{jX_L} = \frac{220\underline{/60°}}{j314} = 0.7\underline{/-30°}\ \text{A}$$

电感电流瞬时值表达式为：$i_L = 0.7\sqrt{2}\sin(314t-30°)$ A

电感电压电流相量图如图 6.10 所示。

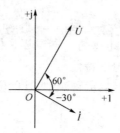

图 6.10　例 6.4 电感、电压、电流相量图

3) 电容元件伏安关系的相量形式

线性电容元件电路如图 6.11(a)所示，在关联参考方向下，电容电压、电流之间的关系为：

$$i_C = C\frac{du_C}{dt} \tag{6.35}$$

若设电容两端所加的正弦电压为：

$$u_C = \sqrt{2}U_C\sin\omega t \tag{6.36}$$

则电容电流为：

$$i_C = C\frac{du_C}{dt} = \sqrt{2}U_C \cdot \omega C\cos\omega t = \sqrt{2}I_C\sin(\omega t + 90°) \tag{6.37}$$

电容元件中电压、电流的波形如图 6.11(b)所示。

比较式(6.36)、式(6.37)可知：

①电容元件中电压 u_C 与电流 i_C 为同频率正弦量；

②电压 u_C 在相位上滞后于 i_C 90°，即其相位差 $\varphi = \psi_u - \psi_i = -90°$；

③电压、电流有效值间有如下关系：

$$I_C = U_C \cdot \omega C \ \text{或} \ \frac{U_C}{I_C} = \frac{1}{\omega C} \tag{6.38}$$

在式(6.38)中，$\dfrac{1}{\omega C}$ 称为电容的电抗，简称容抗，容抗是反映电容元件对电流阻碍作用的物理量，其单位为欧姆(Ω)。

容抗通常用 X_C 表示，即

$$X_C = \frac{1}{\omega C} = \frac{1}{2\pi f C} \qquad (6.39)$$

由式(6.39)可见,电容的容抗与频率 f 成反比。电路频率愈高,电容呈现的容抗愈低,反之频率愈低,容抗愈高;当频率为零(直流)时,容抗 $X_C = \infty$,这说明电容元件具有导通高频信号、阻隔低频(直流)信号的特性。

电感元件和电容元件均称为电抗元件。

我们将容抗的倒数称为电容的电纳,简称容纳,其单位为西门子(S),记为 B_C,即

$$B_C = \frac{1}{X_C} = \omega C \qquad (6.40)$$

容纳表示电容元件在正弦稳态电路中传导电流能力的大小。

若将 u_C 与 i_C 用相量表示,即

$$\dot{U}_C = U_C\,\underline{/0°}$$

$$\dot{I}_C = I_C\,\underline{/\psi_i} = U_C \cdot \omega C\,\underline{/90°} = j\omega C U_C$$

则有:
$$\dot{U}_C = \frac{\dot{I}_C}{j\omega C} = -jX_C\dot{I}_C \ \text{或}\ \dot{I}_C = \frac{\dot{U}_C}{-jX_C} \qquad (6.41)$$

式(6.41)为线性电容元件伏安关系的相量形式。电容元件中电压、电流的相量模型与相量图如图 6.11(c)、图 6.11(d)所示。

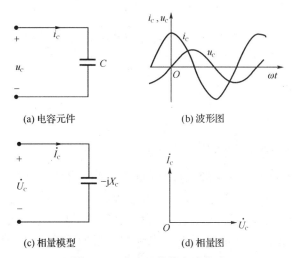

(a) 电容元件   (b) 波形图

(c) 相量模型   (d) 相量图

图 6.11 电容元件的交流电路

【例 6.5】 一个电容元件的电容量 $C = 10\ \mu\text{F}$,接于电压 $u = 220\sqrt{2}\sin(1\,000t - 30°)\,\text{V}$ 的正弦交流电路中。试求容抗 X_C 及流过电容的电流 i_C。

解 根据已知条件可知电源电压的角频率为:$\omega = 1\,000\ \text{rad/s}$

则电容元件的容抗为:$X_C = \dfrac{1}{\omega C} = \dfrac{1}{1\,000 \times 10 \times 10^{-6}} = 100\ \Omega$

已知电容两端电压相量为:$\dot{U}_C = 220\,\underline{/-30°}\ \text{V}$

则由式(6.41)可得电容电流相量为:

$$\dot{I}_C = \frac{\dot{U}_C}{-jX_C} = \frac{220\,\underline{/-30°}\,\text{V}}{-j100\,\Omega} = 2.2\,\underline{/60°}\,\text{A}$$

电容电流瞬时值为：$i_C = 2.2\sqrt{2}\sin(1\,000\,t + 60°)\,\text{A}$

思考题

(1) 在正弦交流电路中，请指出下列各式，哪些是对的，哪些是错的？

①在电阻元件电路中，设电阻上的电压电流为关联参考方向

a. $u_R = i_R R$ b. $I_R = \dfrac{\dot{U}_R}{R}$ c. $i_R = \dfrac{U_R}{R}$ d. $U_{Rm} = I_R R$

②在电感元件电路中，设电感上的电压电流为关联参考方向

a. $u_L = i_L X_L$ b. $U_L = jI_L X_L$ c. $\dfrac{\dot{U}_L}{\dot{I}_L} = j\omega L$

d. $I_L = \dfrac{U_L}{j\omega L}$ e. $i_L(t) = \dfrac{5\sqrt{2}\sin(10t - 45°)}{j\omega L}$

③在电容元件电路中，设电容上的电压电流为关联参考方向

a. $\dot{U}_C = \dot{I}_C \cdot \omega C$ b. $\dot{I}_C = \dfrac{\dot{U}_C}{j\frac{1}{\omega C}}$ c. $\dfrac{1}{\omega C} = \dfrac{\dot{U}_C}{I_C}$

d. $i_C = \dfrac{u_C}{jX_C}$ e. $\dot{I}_C = j\omega C \dot{U}_C$

(2) 若电容元件的 $C = 1\,000$ pF，电压 $u_C = 10\sqrt{2}\sin(1\,000t + 30°)$ V，试写出：①电压相量 $\dot{U}_C$；②电流 i_C 的瞬时值表达式。

(3) 已知一线性电感元件 $L = 6.8$ mH，若流过该电感的电流 $i_L = 2\sqrt{2}\sin(1\,000t + 45°)$ A，试求：①电感的感抗 X_L；②电感电压 u_L 的瞬时值表达式。

6.4 阻抗和导纳

6.4.1 无源二端网络的阻抗和导纳的定义

在电阻电路中，任意一个线性无源二端网络可等效为一个电阻或电导，当电压、电流参考方向关联时，其端口电压 U 与电流 I 之间总可以用欧姆定律来表示，即 $U = R_{eq}I$（R_{eq} 为该端口的等效电阻）；同理，在正弦稳态电路中，任意一个线性无源二端网络的相量模型也可以利用 R、L、C 元件伏安关系及基尔霍夫定律的相量形式得到相类似的结论，该结论称为欧姆定律的相量形式。

图 6.12(a) 为正弦稳态电路中的无源二端网络 N_0，设其端口电压相量为 $\dot{U}$，电流相量为 $\dot{I}$，且电压与电流的参考方向为关联参考方向，无源二端网络可等效为一个复阻抗或一个复导纳，则有：

$$\frac{\dot{U}}{\dot{I}} = Z \quad \text{或} \quad \frac{\dot{I}}{\dot{U}} = Y \tag{6.42}$$

式(6.42)即为欧姆定律的相量形式。其中 Z 称为该无源二端网络的等效复阻抗，简称阻抗，其单位为欧姆（Ω）；Y 称为该无源二端网络的等效复导纳，简称导纳，单位为西门子（S）。

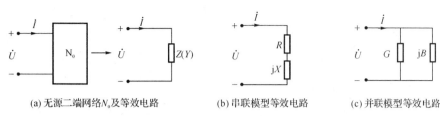

(a) 无源二端网络N_0及等效电路   (b) 串联模型等效电路   (c) 并联模型等效电路

图 6.12 复阻抗与复导纳的定义

显然,无源二端网络的等效复阻抗 Z 是一个复数,即

$$Z = \mathrm{Re}[Z] + \mathrm{jIm}[Z] = R + jX \tag{6.43}$$

式(6.43)中的 R 为等效电阻,X 为等效电抗,等效复阻抗 Z 与电路的参数和电源频率均有关系,其等效电路如图 6.12(b)所示,通常称该电路为无源二端网络的串联模型等效电路。

无源二端网络的等效复导纳 Y 同样也是一个复数。即

$$Y = \mathrm{Re}[Y] + \mathrm{jIm}[Y] = G + jB \tag{6.44}$$

式(6.44)中的 G 为等效电导,B 为等效电纳,其等效电路如图 6.12(c)所示,同样复导纳 Y 与电路的参数和电源频率均有关系,通常该电路又称为无源二端网络的并联模型等效电路。

必须注意:复阻抗和复导纳只是一个复数,不是正弦量,不能用相量表示。

显然,等效复阻抗与等效复导纳互为倒数关系,即

$$Z = \frac{1}{Y} = \frac{1}{G + jB} = \frac{G}{G^2 + B^2} - j\frac{B}{G^2 + B^2} = R + jX \tag{6.45}$$

或

$$Y = \frac{1}{Z} = \frac{1}{R + jX} = \frac{R}{R^2 + X^2} - j\frac{X}{R^2 + X^2} = G + jB \tag{6.46}$$

注意:$R \neq 1/G, X \neq 1/B$。

由复阻抗与复导纳定义式可知,单一电路元件 R、L、C 的复阻抗和复导纳分别为:

$$Z_R = R, Y_R = \frac{1}{R} = G$$

$$Z_L = j\omega L = jX_L, Y_L = -j\frac{1}{\omega L} = -jB_L$$

$$Z_C = \frac{1}{j\omega C} = -j\frac{1}{\omega C} = -jX_C, Y_C = j\omega C = jB_C$$

6.4.2 RLC 串联电路及阻抗

1) RLC 串联电路的等效阻抗

图 6.13(a)所示为 RLC 串联电路,电路的相量模型如图 6.13(b)所示,在图示各元件电压电流的参考方向下,根据基尔霍夫定律的相量形式可得:

$$\dot{U} = \dot{U}_R + \dot{U}_L + \dot{U}_C = \dot{I}R + jX_L\dot{I} - jX_C\dot{I} = [R + j(X_L - X_C)]\dot{I}$$

$$= (R + jX)\dot{I} = Z\dot{I} \tag{6.47}$$

即
$$Z = R + jX$$

式(6.47)中的 X 为等效电抗,有:

$$X = X_L - X_C \tag{6.48}$$

RLC 串联电路等效电路如图 6.13(c)所示。

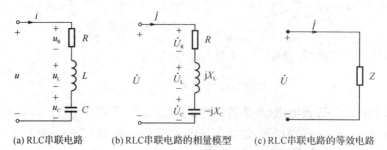

　(a) RLC串联电路　　　(b) RLC串联电路的相量模型　　(c) RLC串联电路的等效电路

图 6.13　RLC 串联电路及其等效电路

2)阻抗三角形

当将阻抗 Z 表示为极坐标形式时,有

$$Z = \frac{\dot{U}}{\dot{I}} = R + jX = \sqrt{R^2 + X^2} \ \underline{/\arctan(X/R)} = |Z| \underline{/\varphi_Z} \tag{6.49}$$

在式(6.49)中, $|Z| = \sqrt{R^2 + X^2}$ 是复阻抗的模,称为阻抗; $\varphi_Z = \arctan(X/R)$ 是复阻抗的幅角,称为阻抗角。

由式(6.49)可知:等效电阻 R、等效电抗 X 和阻抗 $|Z|$ 构成一个直角三角形,称其为阻抗三角形,阻抗三角形如图 6.14 所示。显然阻抗角 φ_Z 就是端钮上电压超前电流的相位角。

当 $\varphi_Z > 0$(即 $X > 0$)时,端钮上电压超前电流 φ_Z 角,电路呈电感性,称为感性电路。

当 $\varphi_Z < 0$(即 $X < 0$)时,电压滞后电流 $|\varphi_Z|$ 角,电路呈电容性,称为容性电路。

当 $\varphi_Z = 0$(即 $X = 0$)时,电压与电流同相,电路呈阻性,称为阻性电路。

当电路在一定条件下呈现阻性,即电路的电压与电流同相位时,这种工作状态称为谐振。RLC 串联电路发生的谐振现象称为串联谐振。

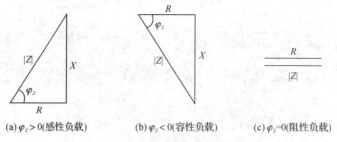

　(a) $\varphi_Z > 0$(感性负载)　　　(b) $\varphi_Z < 0$(容性负载)　　　(c) $\varphi_Z = 0$(阻性负载)

图 6.14　电路的阻抗三角形

3)电压三角形

由式(6.47)可得:

$$\dot{U} = \dot{U}_R + \dot{U}_L + \dot{U}_C = \dot{I}Z = \dot{I}(R + jX) = R\dot{I} + jX\dot{I} = \dot{U}_R + \dot{U}_X \tag{6.50}$$

式(6.50)表示端电压 $\dot{U}$ 由两个分量合成,其中 $\dot{U}_R$ 称为 $\dot{U}$ 的有功分量; $\dot{U}_X = \dot{U}_L + \dot{U}_C$ 称为 $\dot{U}$

的无功分量。

显然,U、U_R、U_X 构成一直角三角形,称其为电压三角形。图 6.15 为电路呈感性时的电压三角形,它与阻抗三角形是相似三角形,所以 $\dot{U}$ 与 $\dot{U}_R$ 的夹角即是端口电压与电流的相位差,也是阻抗角,即为

$$\arctan(U_X/U_R) = \varphi = \arctan(X/R) = \varphi_Z$$

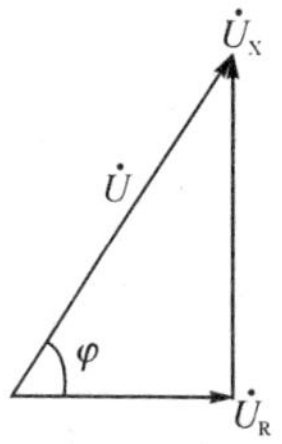

图 6.15 感性电路的电压三角形

【例 6.6】 RLC 串联电路及其相量模型分别如图 6.13(a)和图 6.13(b)所示。已知 $R = 20\ \Omega$,$L = 3.3\ \text{mH}$,$C = 4.7\ \text{pF}$,端电压 $u = 100\sqrt{2}\sin(6\ 280t)\text{V}$。①求电路的等效复阻抗 Z,电路为何性质? ②求 i、u_R、u_L、u_C;③画出电路电压、电流的相量图。

解 ①列出该串联电路的 KVL 方程的相量形式为:

$$\dot{U} = \dot{U}_R + \dot{U}_L + \dot{U}_C = \dot{I}\Big[R + j\Big(\omega L - \frac{1}{\omega C}\Big)\Big]$$

根据欧姆定律的相量形式,可知其等效复阻抗为:

$$Z = \frac{\dot{U}}{\dot{I}} = R + j\Big(\omega L - \frac{1}{\omega C}\Big)$$

已知 $\omega = 6\ 280\ \text{rad/s}$、$R = 20\ \Omega$、$L = 3.3\ \text{mH}$、$C = 4.7\ \text{pF}$,计算得:

$$Z = R + j\Big(\omega L - \frac{1}{\omega C}\Big) = \Big[20 + j\Big(6\ 280 \times 3.3 \times 10^{-3} - \frac{1}{6\ 280 \times 4.7 \times 10^{-6}}\Big)\Big]$$
$$= [20 + j(20.7 - 33.9)] = (20 - j13.2)\Omega = 24\ \underline{/-33.42°}\ \Omega$$

由于阻抗角 $\varphi_Z = -33.42° < 0$,所以电路呈容性。

由此可见:

a. 电路的复阻抗不仅与电路的参数有关,还与电路的频率有关。

b. 电路的性质同样与电路参数、电路的频率有关。当电路参数一定时,频率改变,电路的复阻抗 Z 发生改变,进而电路性质也可能发生改变。

②先将端电压瞬时值转化为有效值的相量形式,有:

$$\dot{U} = 100\ \underline{/0°}\ \text{V}$$

根据欧姆定律,电路电流为:

$$\dot{I} = \frac{\dot{U}}{Z} = \frac{100\ \underline{/0°}}{24\ \underline{/-33.42°}} = 4.17\ \underline{/33.42°}\ \text{A}$$

各元件上的电压相量分别为:

$$\dot{U}_R = R\dot{I} = 20 \times 4.17\ \underline{/33.42°} = 83.4\ \underline{/33.42°}\ \text{V}$$
$$\dot{U}_L = j\omega L\dot{I} = j20.7 \times 4.17\ \underline{/33.42°} = 86.3\ \underline{/123.42°}\ \text{V}$$
$$\dot{U}_C = -j\frac{1}{\omega C}\dot{I} = -j33.9 \times 4.17\ \underline{/33.42°} = 141.4\ \underline{/-55.58°}\ \text{V}$$

将电流、电压的相量形式转换为瞬时值,有:

$$i = 4.17\sqrt{2}\sin(6\ 280t + 33.42°)\text{V}$$
$$u_R = 83.4\sqrt{2}\sin(6\ 280t + 33.42°)\text{V}$$
$$u_L = 86.3\sqrt{2}\sin(6\ 280t + 123.42°)\text{V}$$
$$u_C = 141.4\sin(6\ 280t - 55.58°)\text{V}$$

本例中,$U_C = 141.4\ \text{V}$,$U = 100\ \text{V}$,$U_C > U$,即分电压高于总电压,这在正弦稳态串联的电路中是常见的,因为各正弦电压 u_R、u_L、u_C 并非在同一时间达最大值。

③画相量图

由于电路为串联电路,电流相量 $\dot{I}$ 处处相等,所以画相量图时选择 $\dot{I}$ 为参考相量,即令 $\dot{I} = I\ \underline{/0°}$,则

$\dot{U}_R = R\dot{I} = RI\ \underline{/0°}$,即 $\dot{U}_R$ 的长度为 RI,相位与 $\dot{I}$ 相同;

$\dot{U}_L = \text{j}\omega L\dot{I} = X_L I\ \underline{/90°}$,即 $\dot{U}_L$ 的长度为 $X_L I$,相位为超前 $\dot{I}$ 90°;

$\dot{U}_C = -\text{j}\dfrac{1}{\omega C}\dot{I} = X_C I\ \underline{/-90°}$,即 $\dot{U}_C$ 的长度为 $X_C I$,相位为滞后 $\dot{I}$ 90°。

而 $\dot{U} = \dot{U}_R + \dot{U}_L + \dot{U}_C$,说明 $\dot{U}$ 为 $\dot{U}_R$、$\dot{U}_L$、$\dot{U}_C$ 的相量和。采用多边形法则(即各相量首尾相接)分别画出 $\dot{U}_R$、$\dot{U}_L$、$\dot{U}_C$ 各相量,把起始点与终点连接在一起的相量,就是总电压相量 $\dot{U}$,电路的相量图如图 6.16 所示,图中 $\dot{U}$ 与 $\dot{I}(\dot{U}_R)$ 的夹角即为阻抗角 φ。

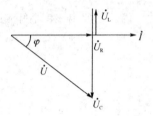

图 6.16　例 6.6 相量图

从图 6.16 中的电压三角形可看出:$\dot{U}_R$、$\dot{U}_L$、$\dot{U}_C$ 三者是相量和,而不是算术和。

6.4.3　GLC 并联电路及导纳

1) GLC 并联电路的导纳

GLC 并联电路及其相量模型分别如图 6.17(a)和图 6.17(b)所示。

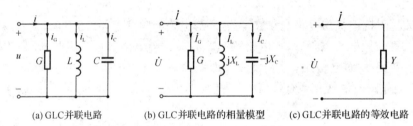

(a) GLC 并联电路　　(b) GLC 并联电路的相量模型　　(c) GLC并联电路的等效电路

图 6.17　GLC 并联电路及其等效电路

在图 6.17(b)所示电压电流参考方向下,根据基尔霍夫电流定律,节点电流方程为:

$$\dot{I} = \dot{I}_G + \dot{I}_L + \dot{I}_C = G\dot{U} - \text{j}B_L\dot{U} + \text{j}B_C\dot{U} = [G + \text{j}(B_C - B_L)]\dot{U}$$

$$= (G + \text{j}B)\dot{U} = Y\dot{U} \tag{6.51}$$

式(6.51)中的等效电纳 B 为:

$$B = B_C - B_L \tag{6.52}$$

GLC 并联电路的等效电路如图 6.17(c)所示。

2) 导纳三角形

当将导纳 Y 表示为极坐标形式时,有

$$Y = \frac{\dot{I}}{\dot{U}} = G + \text{j}B = \sqrt{G^2 + B^2}\ \underline{/\arctan(B/G)} = |Y|\ \underline{/\varphi_Y} \tag{6.53}$$

在式(6.53)中，$|Y|$ 是复导纳的模，称为导纳；φ_Y 是复导纳的幅角，称为导纳角。

显然 φ_Y 就是端钮上电流超前电压的相位角。

当 $\varphi_Y > 0$（即 $B > 0$）时，端钮上电流超前电压 φ_Y 角，电路呈电容性，称为容性电路。

当 $\varphi_Y < 0$（即 $B < 0$）时，电流滞后电压 $|\varphi_Y|$ 角，电路呈电感性，称为感性电路。

当 $\varphi_Y = 0$（即 $B = 0$）时，电压与电流同相，电路呈阻性，称为阻性电路。

GLC 并联电路发生的谐振现象称为并联谐振。

同样 G、B、$|Y|$ 构成了一个直角三角形，称其为导纳三角形，电路呈容性时的导纳三角形如图 6.18 所示。

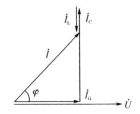

图 6.18　电路呈容性的导纳三角形　　**图 6.19　GLC 并联电路呈容性时的电流三角形**

3）电流三角形

由式(6.51)可得：

$$\dot{I} = \dot{I}_G + \dot{I}_L + \dot{I}_C = G\dot{U} + jB\dot{U} = \dot{I}_G + \dot{I}_B \tag{6.54}$$

显然，电流 $\dot{I}$、$\dot{I}_G$、$\dot{I}_B$ 同样构成一直角三角形，称其为电流三角形。其中 $\dot{I}_G = G\dot{U}$ 称为电流的有功分量，$\dot{I}_B = jB\dot{U}$ 为电流的无功分量，图 6.19 为电路呈容性时的电流三角形。

6.4.4　阻抗（导纳）的串联和并联

复阻抗或复导纳的串联、并联和混联电路的分析计算，在形式上完全与电阻电路一样，因此可导出相类似的等效复阻抗或复导纳的计算公式。

图 6.20(a)所示电路为 n 个复阻抗相串联的电路，其等效复阻抗为：

$$Z_{eq} = Z_1 + Z_2 + \cdots + Z_n \tag{6.55}$$

串联复阻抗可以进行分压，则第 i 个复阻抗 Z_i 上分得的电压为：

$$\dot{U}_i = \frac{Z_i}{Z_{eq}}\dot{U} \tag{6.56}$$

式(6.56)中的 $\dot{U}_i$ 为复阻抗 Z_i 上的电压，$\dot{U}$ 为总电压。

当 $n = 2$，有两个复阻抗相串联时，其等效复阻抗为 $Z_{eq} = Z_1 + Z_2$，每个复阻抗上的电压分别为：

$$\left.\begin{array}{l} \dot{U}_1 = \dfrac{Z_1}{Z_1 + Z_2} = \dfrac{Z_1}{Z_{eq}}\dot{U} \\[3mm] \dot{U}_2 = \dfrac{Z_2}{Z_1 + Z_2} = \dfrac{Z_2}{Z_{eq}}\dot{U} \end{array}\right\} \tag{6.57}$$

式(6.57)为两个复阻抗串联时的分压公式：$\dot{U}_1$、$\dot{U}_2$ 分别为复阻抗 Z_1、Z_2 上的电压，$\dot{U}$ 为总

电压。

图 6.20(b)所示电路为 n 个复导纳相并联的电路,其等效复导纳为:

$$Y_{eq} = Y_1 + Y_2 + \cdots + Y_n \qquad (6.58)$$

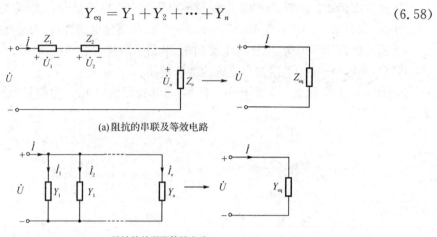

(a)阻抗的串联及等效电路

(b)导纳的并联及等效电路

图 6.20   阻抗的串联和导纳的并联

并联复导纳可以分流,流过第 i 个复导纳 Y_i 的电流为:

$$\dot{I}_i = \frac{Y_i}{Y_{eq}}\dot{I} \qquad (6.59)$$

式(6.59)中,$\dot{I}_i$ 为复导纳 Y_i 上的电流;$\dot{I}$ 为总电流。

当 $n=2$,只有两个复导纳并联时,其等效导纳为 $Y_{eq}=Y_1+Y_2$,等效阻抗为 $Z_{eq}=\dfrac{Z_1 Z_2}{Z_1+Z_2}$,两个复导纳上的电流分别为:

$$\left.\begin{array}{l} \dot{I}_1 = \dfrac{Y_1}{Y_1+Y_2}\dot{I} = \dfrac{Z_2}{Z_1+Z_2}\dot{I} = \dfrac{Z_2}{Z_{eq}}\dot{I} \\[3mm] \dot{I}_2 = \dfrac{Y_2}{Y_1+Y_2}\dot{I} = \dfrac{Z_1}{Z_1+Z_2}\dot{I} = \dfrac{Z_1}{Z_{eq}}\dot{I} \end{array}\right\} \qquad (6.60)$$

式(6.60)中的 $\dot{I}_1$、$\dot{I}_2$ 分别为流过复导纳 Y_1、Y_2 的电流,$\dot{I}$ 为总电流。

在分析计算和实际测量中,一个无源二端网络既可用复阻抗 Z 等效,也可用复导纳 Y 等效,Z 与 Y 互为倒数关系。通常可根据便利原则选择二端网络的等效形式。一般来讲,等效阻抗多用于串、并、混联电路中;等效导纳通常用于并联电路中。

【例 6.7】   一无源二端网络如图 6.21(a)所示,已知 $\omega=100$ rad/s,$R=100$ Ω,$L_1=2$ H,$L_2=1$ H,$C=50$ μF。试求:①电路的等效复阻抗 Z;②电路的串联等效电路;③若 $\dot{U}=220\underline{/0°}$ V,求电流的 $\dot{I}_1$、$\dot{I}_2$、$\dot{I}$。

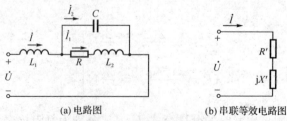

(a)电路图   (b)串联等效电路图

图 6.21   例 6.7 电路图

解 ①由 $\omega=100$ rad/s,$L_1=2$ H,$L_2=1$ H,$C=50$ μF,可得:

$$X_{L1}=\omega L_1=100\times2=200\ \Omega,X_{L2}=\omega L_2=100\times1=100\ \Omega$$

$$X_C=\frac{1}{\omega C}=\frac{1}{100\times50\times10^{-6}}=200\ \Omega$$

令: $Z_1=R+jX_{L2}=(100+j100)\Omega,Z_2=-jX_C=-j200\ \Omega$

电路的等效复阻抗 Z 为:

$$Z=jX_{L1}+Z_1//Z_2=jX_{L1}+\frac{Z_1Z_2}{Z_1+Z_2}$$

$$=j200+\frac{(100+j100)\times(-j200)}{(100+j100)-j200}=j200+200=200\sqrt{2}\underline{/45°}\ \Omega$$

②由于 $Z=200+j200=R'+jX'_L$

可知,该无源二端网络可以等效为一个电阻 R' 和一个电感 L' 的串联组合,

故 $$R'=200\ \Omega,X'_L=\omega L=200\ \Omega$$

即 $$L'=\frac{X_L}{\omega}=\frac{200}{100}=2\ H$$

串联等效电路如图 6.21(b)所示。

③当外加电压 $\dot{U}=220\underline{/0°}$ V 时,由欧姆定律的相量形式可知

$$\dot{I}=\frac{\dot{U}}{Z}=\frac{220\underline{/0°}}{200\sqrt{2}\underline{/45°}}=0.55\sqrt{2}\underline{/-45°}\ A$$

又根据两个阻抗并联时的分流公式可得:

$$\dot{I}_1=\frac{Z_2}{Z_1+Z_2}\dot{I}=\frac{-j200}{100-j100}\times0.55\sqrt{2}\underline{/-45°}=1.1\underline{/-90°}\ A$$

$$\dot{I}_2=\frac{Z_1}{Z_1+Z_2}\dot{I}=\frac{100+j100}{100-j100}\times0.55\sqrt{2}\underline{/-45°}=0.55\sqrt{2}\underline{/45°}\ A$$

由例 6.7 可知,对于简单的无源二端网络的分析计算,可以利用其等效阻抗或等效导纳来进行。计算中要注意分流公式和分压公式的相量形式的正确应用。

【例 6.8】 试求图 6.22 所示二端网络的输入阻抗 Z_{ab} 和输入导纳 Y_{ab}。

解 根据 KVL 可得:

$$\dot{U}=(\dot{I}+\dot{I}_1)\times1\ \Omega+2\dot{I}_1$$

其中控制量与端电压的关系为:$\dot{I}_1=-\dfrac{\dot{U}}{-j3}$

因此有: $$\dot{U}=\dot{I}-j\dot{U}$$

整理后得: $$Z_{ab}=\frac{\dot{U}}{\dot{I}}=\frac{1}{1+j}=(0.5-0.5j)\Omega$$

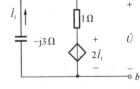

图 6.22 例 6.8 电路图

同理可得: $$Y_{ab}=\frac{\dot{I}}{\dot{U}}=(1+j)S$$

思考题

(1) RLC 串联电路中,已知 $R=10\ \Omega,L=0.2$ H,$C=10\ \mu$F,在电源频率分别为 200 Hz 和 300 Hz 时,电路各呈现什么性质?

(2) 在 n 个复阻抗串联的电路中,每个复阻抗的电压是否一定小于总电压? 在 n 个复导纳的并联电路中,

等效复导纳的模是否一定等于各个复导纳的模之和?

(3) 如果某支路的等效复阻抗为 $Z=(30+j40)\Omega$, 则其等效复导纳为 $Y=\left(\dfrac{1}{30}+j\dfrac{1}{40}\right)$S, 对吗?

6.5　正弦稳态电路分析

通过前面的讨论,我们得到了正弦稳态电路中基尔霍夫定律、二端元件伏安关系和欧姆定律的相量形式,从而为用相量法分析正弦稳态电路奠定了理论基础。

6.5.1　相量分析法

利用相量法分析正弦稳态电路的前提是正确画出电路的相量模型,在此重申画电路相量模型应遵循的主要原则:

①将时域模型中各正弦电压和电流用相应的相量表示并标注在其相量模型电路中。

②将时域模型中 R、L、C 元件的参数,用相应的复阻抗(或复导纳)表示并标注在其相量模型电路中。

画出正弦稳态电路的相量模型后,再利用基尔霍夫定律、二端元件伏安关系和欧姆定律的相量形式,对电路进行分析和计算,我们把这种利用相量对正弦稳态电路进行分析计算的方法叫做相量法。

利用相量法分析正弦稳态电路的基本步骤为:

①画出原电路的相量模型;

②利用电路定理与元件伏安关系的相量形式列出正弦稳态电路的电路方程;

③求解相应的电路方程,得到所求响应的相量;

④将电路响应的相量形式变换为正弦量瞬时值表达式形式。

6.5.2　相量法应用举例

利用相量法分析正弦稳态电路时,电路方程的相量形式与时域中线性电阻电路的方程形式上是相同的。所以分析电阻电路的所有方法、公式和定理都可以适用于正弦稳态电路的分析计算(如支路电流法、回路电流法、节点电压法、叠加定理、戴维南定理与诺顿定理等),只是注意要用电压和电流的相量来取代电阻电路中的电压和电流,用复阻抗和复导纳来取代电阻电路中的电阻和电导。以下通过具体的例题来进行说明。

【例 6.9】　已知图 6.23(a)所示电路中的电压 $u(t)=100\sqrt{2}\sin(\omega t+30°)$V, $\omega=1\,000$ rad/s, $R_1=R_2=100\,\Omega$, $L_1=50$ mH, $L_2=100$ mH, $C=10\,\mu$F。①画出电路的相量模型;②分别用支路电流法、回路电流法和节点电压法求图 6.23(a)所示电路中各支路的电流 i_1、i_2 和 i_3。

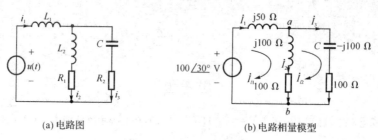

(a) 电路图　　　　　　　　　　　(b) 电路相量模型

图 6.23　例 6.9 电路图

解 ①已知 $u(t)=100\sqrt{2}\sin(\omega t+30°)$ V,则电源 $u(t)$ 的有效值相量为:

$$\dot{U}=100\underline{/30°}\ \text{V}$$

已知 $\omega=1\ 000$ rad/s,$L_1=50$ mH,$L_2=100$ mH,$C=10\ \mu$F,则电路中电感、电容元件的复阻抗分别为:

$$Z_{L_1}=\text{j}\omega L_1=\text{j}50\ \Omega$$

$$Z_{L_2}=\text{j}\omega L_2=\text{j}100\ \Omega$$

$$Z_C=\frac{1}{\text{j}\omega C}=-\text{j}100\ \Omega$$

已知 $R_1=R_2=100\ \Omega$,由于电阻元件的复阻抗仍为相应的电阻值,则电阻元件在电路的相量模型中参数不变。即

$$Z_{R_1}=Z_{R_2}=100\ \Omega$$

电路完整的相量模型如图 6.23(b)所示。

②求各支路电流

方法 1:用支路电流法求各支路电流。

支路电流 $\dot{I}_1$、$\dot{I}_2$、$\dot{I}_3$ 方向如图 6.23(b)所示。

列 KCL 方程,有: $\qquad\qquad \dot{I}_1=\dot{I}_2+\dot{I}_3$

列 KVL 方程,有:

$$\begin{cases} \text{j}50\ \dot{I}_1+(\text{j}100+100)\dot{I}_2=100\underline{/30°} \\ -(\text{j}100+100)\dot{I}_2+(-\text{j}100+100)\dot{I}_3=0 \end{cases}$$

整理后得: $\qquad\qquad \dot{I}_1=0.89\underline{/3.43°}\ \text{A}$

$$\dot{I}_2=0.63\underline{/-41.57°}\ \text{A}$$

$$\dot{I}_3=0.63\underline{/48.43°}\ \text{A}$$

方法 2:用回路电流法求各支路电流。

设回路电流为 $\dot{I}_{l1}$、$\dot{I}_{l2}$,其绕行方向如图 6.23(b)所示。

列出电路的回路电流方程,有:

回路 1:$(\text{j}50+\text{j}100+100)\dot{I}_{l1}-(100+\text{j}100)\dot{I}_{l2}=100\underline{/30°}$

回路 2:$(\text{j}100+100-\text{j}100+100)\dot{I}_{l2}-(100+\text{j}100)\dot{I}_{l2}=0$

整理可得: $\begin{cases} (100+\text{j}150)\dot{I}_{l1}-(100+\text{j}100)\dot{I}_{l2}=100\underline{/30°} \\ 200\dot{I}_{l2}-(100+\text{j}100)\dot{I}_{l1}=0 \end{cases}$

解之得:$\dot{I}_{l1}=0.89\underline{/3.43°}$ A,$\dot{I}_{l2}=0.63\underline{/48.43°}$ A

各支路电流为: $\qquad \dot{I}_1=\dot{I}_{l1}=0.89\underline{/3.43°}\ \text{A}$

$$\dot{I}_2=\dot{I}_{l1}-\dot{I}_{l2}=0.63\underline{/-41.57°}\ \text{A}$$

$$\dot{I}_3=\dot{I}_{l2}=0.63\underline{/48.43°}\ \text{A}$$

方法 3:用节点电压法求各支路电路。

节点 a、节点 b 如图 6.23(b)所示,设节点 b 为参考节点,列出节点 a 的节点电压方程:

$$\dot{U}_{na}=\frac{100\underline{/30°}\times\dfrac{1}{\text{j}50}}{\dfrac{1}{\text{j}50}+\dfrac{1}{100+\text{j}100}+\dfrac{1}{100-\text{j}100}}$$

可解得：$\dot{U}_{na}=89.44\underline{/3.43°}\,\text{V}$

各支路电流为：$\dot{I}_1=\dfrac{100\underline{/30°}-\dot{U}_{na}}{\mathrm{j}50}=0.89\underline{/3.43°}\,\text{A}$

$$\dot{I}_2=\dfrac{\dot{U}_{na}}{100+\mathrm{j}100}=0.63\underline{/-41.57°}\,\text{A}$$

$$\dot{I}_3=\dfrac{\dot{U}_{na}}{100-\mathrm{j}100}=0.63\underline{/48.43°}\,\text{A}$$

最后将各支路电流的相量形式变换为瞬时值形式：

$$i_1=0.89\sqrt{2}\sin(1\,000t+3.43°)\text{A}$$

$$i_2=0.63\sqrt{2}\sin(1\,000t-41.57°)\text{A}$$

$$i_3=0.63\sqrt{2}\sin(1\,000t+48.43°)\text{A}$$

【例 6.10】　电路如图 6.24(a)所示，已知 $\dot{U}_{s1}=3\,\text{V}$，$\dot{U}_{s2}=-\mathrm{j}4\,\text{V}$，用戴维南定理求电流 $\dot{I}$。

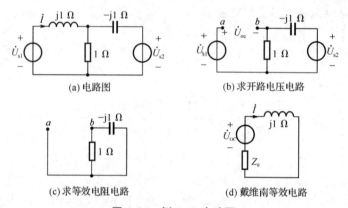

(a)电路图　　　　　　(b)求开路电压电路

(c)求等效电阻电路　　　　(d)戴维南等效电路

图 6.24　例 6.10 电路图

解　任何含独立源的二端网络相量模型可以用一个电压源和阻抗 Z_0 串联电路等效代替，而不会影响电路其余部分的电压和电流相量，这是戴维南定理。

先求出连接电感的二端网络的戴维南等效电路。

①断开电感支路得到图 6.24(b)电路，由此求得端口的开路电压为：

$$\dot{U}_{oc}=\dot{U}_{s1}-\frac{1}{1-\mathrm{j}1}\times\dot{U}_{s2}=3-\frac{-\mathrm{j}4}{1-\mathrm{j}1}=(1+\mathrm{j}2)\,\text{V}$$

②将图 6.24(a)电路中两个独立电压源用短路代替，得到图 6.24(c)电路，由此求得二端网络的等效阻抗。

$$Z_0=\frac{1\times(-\mathrm{j}1)}{1-\mathrm{j}1}=(0.5-\mathrm{j}0.5)\,\Omega$$

用戴维南等效电路代替二端网络得到图 6.24(d)所示电路，由此求得：

$$\dot{I}=\frac{\dot{U}_{oc}}{Z_0+\mathrm{j}1}=\frac{1+\mathrm{j}2}{0.5-\mathrm{j}0.5+\mathrm{j}1}=(3+\mathrm{j}1)\text{A}=3.162\underline{/18.43°}\,\text{A}$$

【例 6.11】　图 6.25(a)所示电路中，已知 $u_s(t)=2\sqrt{2}\sin(2t)\text{V}$，$i_s(t)=\sqrt{2}\sin(2t)\text{A}$，$R=2\,\Omega$，$L=1\,\text{H}$，$C=0.25\,\text{F}$，用节点电压法求电容电压 $u_C(t)$。

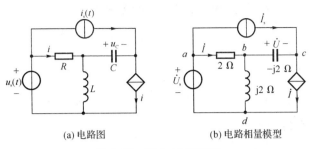

(a) 电路图 (b) 电路相量模型

图6.25 例6.11电路图

解 电路的相量模型如图 6.25(b) 所示，图中 a、b、c 和 d 为电路的 4 个节点。

外加激励相量分别为：$\dot{U}_s=2\underline{/0°}$ V，$\dot{I}_s=1\underline{/0°}$ A

设节点 d 为参考节点，a、b、c 3 个节点电压分别设为 $\dot{U}_{n1}$、$\dot{U}_{n2}$、$\dot{U}_{n3}$，列出电路的节点电压方程：

节点 a：
$$\dot{U}_{n1}=\dot{U}_s=2\underline{/0°}\text{ V}$$

节点 b：
$$\left(\frac{1}{2}+\frac{1}{j2}+\frac{1}{-j2}\right)\dot{U}_{n2}-\frac{1}{2}\dot{U}_{n1}-\frac{1}{-j2}\dot{U}_{n3}=0$$

节点 c：
$$\frac{1}{-j2}\dot{U}_{n3}-\frac{1}{j2}\dot{U}_{n2}=\dot{I}_s-\dot{I}$$

补充电流控制电流源的控制量 $\dot{I}$ 与节点电压关系式，为：$\dot{I}=\dfrac{\dot{U}_{n1}-\dot{U}_{n2}}{2}$

联立方程解得各节点电压：$\dot{U}_{n1}=2\underline{/0°}$ V，$\dot{U}_{n2}=2\underline{/90°}$ V，$\dot{U}_{n3}=2\sqrt{2}\underline{/45°}$ V

电容电压为：
$$\dot{U}_C=\dot{U}_{n2}-\dot{U}_{n3}=2\underline{/180°}\text{ V}$$

故：
$$u_C(t)=2\sqrt{2}\sin(2t+180°)\text{V}$$

本例还可用回路电流法进行分析计算，请学生课后自行练习。注意受控源的处理方法。

思考题

(1) RLC 串联电路中，测得电容元件上的电压为 15 V，电感元件上的电压为 12 V，电阻元件上的电压为 4 V，求 RLC 串联电路两端的总电压。

(2) 电路如图 6.25(b) 所示，试用回路电流法列写回路电流方程。

6.6 正弦稳态电路的功率

6.6.1 单一参数元件的功率

1) 电阻元件的功率

正弦交流电路中，某段电路在某一瞬间所吸收的功率称为该电路的瞬时功率，用小写字母 p 表示。

设电路的电压电流方向为关联参考方向，瞬时功率表达式可以表示为：

$$p=ui \tag{6.61}$$

对于电阻元件,在正弦交流电路中,设其流过的电流为:

$$i_R = \sqrt{2}\,I_R \sin \omega t$$

由电阻元件的伏安关系,其端电压为:

$$u_R = Ri_R = \sqrt{2}\,I_R R \sin \omega t = \sqrt{2}\,U_R \sin \omega t$$

则可得其瞬时功率为:

$$p_R = u_R i_R = 2I_R U_R R \sin^2 \omega t = I_R U_R (1 - \cos 2\omega t) = I_R U_R - I_R U_R \cos 2\omega t \quad (6.62)$$

由式(6.62)可知,电阻元件的瞬时功率以 2ω 的角频率变化,并且恒大于零,这说明电阻元件是耗能元件。

由式(6.62)画出电阻元件瞬时功率的波形如图 6.26 所示。

由于瞬时功率随时间不停地变化,故没有太大的实用意义。工程上通常定义瞬时功率在一个周期内的平均值来表示吸收功率的大小,该值称为平均功率,用大写字母 P 表示,即平均功率为:

$$P = \frac{1}{T}\int_0^T p\,\mathrm{d}t \quad (6.63)$$

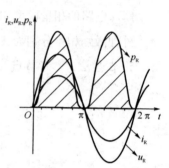

图 6.26　电阻元件的
瞬时功率波形

式(6.63)适用于任何周期性交流电路。

根据电阻元件的特点,将式(6.62)代入式(6.63)可得:

$$P = \frac{1}{T}\int_0^T (I_R U_R - I_R U_R \cos 2\omega t)\,\mathrm{d}t = U_R I_R = I_R^2 R = \frac{U_R^2}{R} \quad (6.64)$$

由式(6.64)可知,正弦电路中电阻的平均功率的计算公式与直流电路中完全相似,只是要注意正弦电路中 U_R、I_R 都为有效值。

2) 电感元件的功率

在电压、电流的关联参考方向下,设流过电感元件的电流为:

$$i_L = \sqrt{2}\,I_L \sin \omega t$$

由电感元件的伏安关系可得其端电压为:

$$u_L = L\frac{\mathrm{d}i_L}{\mathrm{d}t} = \sqrt{2}\,I_L \omega L \sin\left(\omega t + \frac{\pi}{2}\right) = \sqrt{2}\,U_L \cos(\omega t)$$

则其瞬时功率为:

$$p_L = u_L i_L = 2U_L I_L \cos \omega t \sin \omega t = U_L I_L \sin 2\omega t \quad (6.65)$$

由式(6.65)可知,电感元件的瞬时功率也是以两倍于电压的频率变化的,但与电阻元件不同的是,其瞬时功率有正有负。电感元件瞬时功率的波形如图 6.27 所示。

由式(6.63)计算电感元件的平均功率大小为:

$$P_L = \frac{1}{T}\int_0^T p_L\,\mathrm{d}t = \frac{1}{T}\int_0^T U_L I_L \sin 2\omega t\,\mathrm{d}t = 0$$

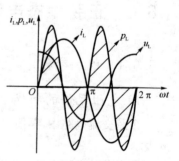

图 6.27　电感元件的
瞬时功率波形

即:在一个周期内电感元件吸收的平均功率为零。同样结论也可由图 6.27 的电感元件的瞬时功率波形得出:在一个周期内电感元件的瞬时功率是对称的,因此在一个周期内吸收的平均功率为零。

上述结论说明电感元件不消耗功率,只与外界进行能量交换,是储能元件。

不同的电感元件与外界交换能量的规模是不同的,所以,工程上把电感元件瞬时功率的最大值定义为无功功率,用符号 Q_L 表示,它代表电感元件与外电路交换能量的最大速率。

根据无功功率定义,电感元件的无功功率为:

$$Q_L = U_L I_L = I_L^2 X_L = \frac{U_L^2}{X_L} \tag{6.66}$$

为与平均功率相区别,无功功率的单位规定为乏,用字母符号 var 表示。同时为更好理解平均功率与无功功率的不同,平均功率又称为有功功率。

必须注意:

"无功功率"应理解为"交换而不消耗的功率",而不是"无用功率"。无功功率在工程上占有重要地位,例如电动机、变压器等具有电感的设备,没有磁场就不能工作,故这些设备和电源之间必须要进行一定规模的能量交换,将一部分电源提供的电能转换为磁能才能进行工作。也可以说,这些设备要"吸收"一定的无功功率才能正常运行。

3)电容元件的功率

在电压、电流的关联参考方向下,设流过电容元件的电流为:

$$i_C = \sqrt{2} I_C \sin \omega t$$

由电容元件的伏安关系,其端电压为:

$$u_C = \frac{1}{C} \int i_C dt = \sqrt{2} I_C \frac{1}{\omega C} \sin\left(\omega t - \frac{\pi}{2}\right) = -\sqrt{2} U_C \cos(\omega t)$$

则其瞬时功率为:

$$p_C = u_C i_C = -2 U_C I_C \cos \omega t \sin \omega t = -U_C I_C \sin 2\omega t \tag{6.67}$$

由式(6.67)可知,电容元件的瞬时功率也是以两倍于电压的频率变化,其瞬时功率有正有负。电容元件瞬时功率的波形如图6.28所示。由波形图可知,与电感元件相似,电容元件在一个周期内吸收的平均功率为零。

即正弦电路中电容元件的平均功率为:

$$P_C = \frac{1}{T} \int_0^T p_C dt = \frac{1}{T} \int_0^T (-U_C I_C \sin 2\omega t) dt = 0$$

这说明电容元件也不消耗功率,只与外界进行能量交换,也是储能元件。

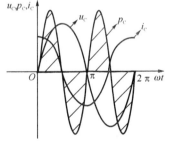

图 6.28 电容元件的
瞬时功率波形

电容元件与外界交换能量的规模同样用无功功率表示,即用瞬时功率最大值来定义电容的无功功率。

电容元件的无功功率用符号 Q_C 表示,根据无功功率的定义有:

$$Q_C = -U_C I_C = -I_C^2 X_C = -\frac{U_C^2}{X_C} \tag{6.68}$$

必须注意:

①式(6.67)和式(6.68)中的正、负号可理解为:在正弦电路中,电感元件"吸收"无功功率,

而电容元件"发出"无功功率。当电路中既有电感元件,又有电容元件时,它们的无功功率相互补偿,即正、负号只是表示它们之间相互补偿的意义。

②电容元件以电场能量的形式与外界进行能量的交换,而电感元件是以磁场能量的形式与外界进行能量的交换,两者不同。

6.6.2　二端网络的功率

1) 瞬时功率

如图 6.29(a)所示的无源二端网络,设端口电压、电流方向为关联参考方向,其函数表达式分别为:

$$i(t) = \sqrt{2}\, I\sin \omega t$$
$$u(t) = \sqrt{2}\, U\sin(\omega t + \varphi)$$

电压 $u(t)$ 表达式中的 φ 为无源二端网络的端口电压与电流间的相位差,其大小通常在 $-90°\sim+90°$ 之间。

根据瞬时功率的定义可知,在任一时刻该二端网络的瞬时功率为:

$$
\begin{aligned}
p(t) &= u(t)i(t) = \sqrt{2}\, U\sin(\omega t + \varphi) \times \sqrt{2}\, I\sin \omega t \\
&= UI[\cos \varphi - \cos(2\omega t + \varphi)] \\
&= UI\cos \varphi - UI\cos(2\omega t + \varphi)
\end{aligned}
\tag{6.69}
$$

由式(6.69)可知:

①二端网络的瞬时功率由两部分组成:第一部分是大于或等于零的常量。第二部分是一个正弦量,可正可负。

②从物理意义上讲,第一部分表示了二端网络从外电路吸收并消耗的能量。第二部分表明二端网络与外电路间有能量的交换。

瞬时功率波形如图 6.29(b)所示。

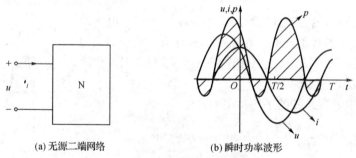

(a) 无源二端网络　　　　　　　　　(b) 瞬时功率波形

图 6.29　二端网络及其瞬时功率波形

2) 有功功率和功率因数

根据有功功率(平均功率)的定义,二端网络的有功功率为:

$$P = \frac{1}{T}\int_0^T p\,\mathrm{d}t = UI\cos \varphi \tag{6.70}$$

式(6.70)表明二端网络的有功功率不仅与网络端口的电压和电流的有效值有关,还与它们之间的相位差有关。

电压与电流相位差 φ(也称为阻抗角 φ_Z)的余弦 $\cos \varphi$ 称为二端网络的功率因数,用字母 λ 表示。φ 也称为功率因数角。

由单一参数元件(RLC)的功率可知电感和电容是储能元件,只有电阻元件是耗能元件,因此无源二端网络的有功功率应等于网络内部所有电阻消耗功率之和,即

$$P = \sum P_i \qquad (6.71)$$

在式(6.71)中,P_i 为第 i 个电阻元件的有功功率,该式也表明了无源二端网络的平均功率是守恒的。

另外,由于 $\cos \varphi$ 为 φ 的偶函数,所以仅根据功率因数不能反映二端网络的性质(容性、感性、阻性),为此,通常在给出功率因数的同时还需给出网络端口电压与电流的相位关系。如 $\cos \varphi = 0.866$(超前)表示网络端口电压超前于端口电流,即该二端网络为感性网络。

3）无功功率

与无源二端网络的有功功率相对应,无源二端网络的无功功率定义为:

$$Q = UI \sin \varphi \qquad (6.72)$$

式(6.72)中,U、I 为端口电压与电流的有效值,φ 为端口电压与电流间的相位差。

由单一参数元件(R、L、C)的功率可知电阻元件是耗能元件,电感和电容是储能元件,因此无源二端网络的无功功率等于网络内部所有电抗元件无功功率的代数和,即

$$Q = \sum Q_i \qquad (6.73)$$

式(6.73)中,Q_i 为第 i 个电抗元件的无功功率,如其为感性,无功功率 Q_i 取正值,否则取负值。式(6.73)也表明了无源二端网络的无功功率是守恒的。

4）视在功率

通常将电压和电流有效值的乘积称为视在功率,用大写字母 S 表示,即

$$S = UI \qquad (6.74)$$

视在功率的单位用伏·安(V·A)或千伏·安(kV·A)表示。

视在功率 S 通常用来表示电气设备的额定容量。额定容量即电气设备可能发出的最大功率。如变压器、发电机等电源设备,通常用视在功率 $S_N = U_N I_N$(U_N、I_N 分别为其额定电压与额定电流)来表示其容量,而不用有功功率表示。

综上所述,有功功率 P,无功功率 Q,视在功率 S 之间存在如下关系:

$$\left. \begin{array}{l} P = S\cos \varphi = UI \cos \varphi \\ Q = S\sin \varphi = UI \sin \varphi \\ S = \sqrt{P^2 + Q^2} = UI \\ \varphi = \arctan \dfrac{Q}{P} \end{array} \right\} \qquad (6.75)$$

即 P、Q、S 三者构成一直角三角形,称其为二端网络的功率三角形(与同一网络的电压三角形、电流三角形是相似三角形),功率三角形如图 6.30 所示。

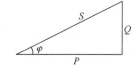

图 6.30 二端网络的功率三角形

5) 复功率

为计算方便,通常在计算功率时引入复功率的概念。即用一个复数来表示二端网络的 S、P、Q 之间的关系,该复数称为复功率,用符号 $\tilde{S}$ 表示,其表达式为:

$$\tilde{S} = P + jQ = S\underline{/\varphi} \tag{6.76}$$

复功率的单位也用伏·安(V·A)表示。

将 P、Q 表达式代入式(6.76)可得:

$$\tilde{S} = UI\cos\varphi + jUI\sin\varphi = UI\underline{/\varphi} = UI\underline{/(\varphi_u - \varphi_i)}$$
$$= U\underline{/\varphi_u}\, I\underline{/-\varphi_i} = \dot{U}\dot{I}^* \tag{6.77}$$

式(6.77)中的 $\dot{I}^* = I\underline{/-\varphi_i}$ 是网络端口电流相量 $\dot{I} = I\underline{/\varphi_i}$ 的共轭复数。

同理,复功率也是守恒的,即

$$\tilde{S} = \sum \tilde{S}_i \tag{6.78}$$

【例 6.12】 计算例 6.9 所示电路中各支路的有功功率、无功功率、视在功率及电源的复功率、电路总的功率因数。

解 在例 6.9 中已解得:

$\dot{I}_1 = 0.89\underline{/3.43°}$ A,$\dot{I}_2 = 0.63\underline{/41.57°}$ A,$\dot{I}_3 = 0.63\underline{/48.43°}$ A

①计算各支路吸收的有功功率、无功功率

因为 I_1 只含有一个电感元件,故可得其各个功率分别为:

$P_1 = 0$ W,$Q_1 = I_1^2 X_{L1} = 0.89^2 \times 50 = 39.61$ var,$S_1 = \sqrt{P_1^2 + Q_1^2} = 39.61$ V·A

因为 I_2 含有一个电感元件和电阻元件,故可得其各个功率分别为:

$P_2 = I_2^2 R_2 = 0.63^2 \times 100 = 39.69$ W,$Q_2 = I_2^2 X_L = 0.63^2 \times 100 = 39.69$ var,

$S_2 = \sqrt{P_2^2 + Q_2^2} = 39.69 \times \sqrt{2} = 56.13$ V·A

因为 I_3 含有一个电容元件和电阻元件,故可得其各个功率分别为:

$P_3 = I_3^2 R_3 = 0.63^2 \times 100 = 39.69$ W,$Q_3 = -I_3^2 X_C = -0.63^2 \times 100 = -39.69$ var,

$S_3 = \sqrt{P_3^2 + Q_3^2} = 36.69 \times \sqrt{2} = 56.13$ V·A

②计算电源发出的总功率

总有功功率:　　$P = P_1 + P_2 + P_3 = 0 + 39.69 + 39.69 = 79.38$ W

或　　　　$P = U_s I_1 \cos(30° - 3.43°) = 100 \times 0.89 \times \cos 26.57 = 79.60$ W

总无功功率:　　$Q = Q_1 + Q_2 + Q_3 = 39.61 + 39.69 - 39.69 = 39.61$ var

或　　　　$Q = U_s I_1 \sin(30° - 3.43°) = 100 \times 0.89 \times \sin 26.57 = 39.80$ var

总视在功率:　　$S = U_s I_1 = 100 \times 0.89 = 89$ V·A

或　　　　$S = \sqrt{P^2 + Q^2} = \sqrt{79.38^2 + 39.61^2} = 88.71$ V·A

注意:$S \neq S_1 + S_2 + S_3 = 39.6 + 51.89 + 51.89 = 143.38$ V·A

总复功率:

$\tilde{S} = \dot{U}_s \dot{I}_1^* = 100\underline{/30°} \times 0.89\underline{/-3.43°} = 89\underline{/26.57°} = (79.60 + j39.80)$ V·A

③计算电路总的功率因数

$$\lambda = \cos\varphi = \cos(30° - 3.43°) = \cos 26.57° = 0.89$$

或
$$\lambda = \frac{P}{S} = \frac{79.38}{89} = 0.89$$

6) 功率因数的提高

前已述及,实际运行中电源设备发出的功率不仅取决于电源自身的电压和电流,还取决于负载的功率因数;功率因数越高,电源设备发出的功率就越接近于额定容量,电源设备就越能得到充分利用。同时对负载而言,当其功率和电压一定时,功率因数越高,线路电流越小,从而减小传输损耗,提高输电效率。所以,提高功率因数在工程实践中有重要意义。

在实际工程中,大多数负载都呈感性。因此通常在感性负载两端并联一个合适的电容器进行功率补偿可以提高功率因数,电路如图 6.31(a)所示,所并联的电容叫做补偿电容。其基本原理为:感性负载并联电容后,由于电容元件的无功功率与电感元件的无功功率相互补偿,从而减少了电源供给的无功功率,但电源提供的有功功率并没有改变,从而提高了整个电路的功率因数。

若从功率的角度分析计算,要使电路的功率因数由原来的 $\cos \varphi_1$ 提高到 $\cos \varphi$,需并联的补偿电容器的电容量为:

$$C = \frac{P}{\omega U^2}(\tan \varphi_1 - \tan \varphi) \tag{6.79}$$

式(6.79)中,P 为感性负载的有功功率;ω 为电源角频率;U 为电源电压的有效值。

端口电压 $\dot{U}$、线路上电流 $\dot{I}$、流过感性负载电流 $\dot{I}_L$、流过补偿电容电流 $\dot{I}_C$ 的相量图如图 6.31(b)所示,由图可知电容电流 $I_C = I_L \sin \varphi_1 - I \sin \varphi$,又 $I_C = \frac{U}{X_C} = \omega CU$,因此从电流的角度分析,要使电路的功率因数由原来的 $\cos \varphi_1$ 提高到 $\cos \varphi$,需并联的电容器的电容量为:

$$C = \frac{I_L \sin \varphi_1 - I \sin \varphi}{\omega U} \tag{6.80}$$

式(6.80)中,I_L 为感性负载中电流的有效值;I 为并联电容后线路上电流的有效值;ω 为电源角频率;U 为电源电压的有效值。

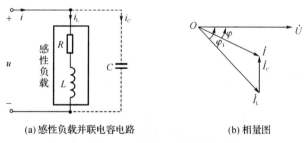

(a)感性负载并联电容电路　　　　　　(b)相量图

图 6.31 功率因数的提高

【例 6.13】 将一台功率因数为 0.6,功率为 2 kW 的单相交流电动机接到有效值为 220 V 的工频交流电源上。试求:①线路电流及电动机的无功功率;②若将电路的功率因数提高到 0.9,需并联多大的补偿电容? 此时线路电流及电源供给的有功功率、无功功率各为多少?

解 ①根据电动机的有功功率公式 $P = UI_L \cos \varphi_1$,可得线路电流(即电动机电流)为:

$$I_L = \frac{P}{U \cos \varphi_1} = \frac{2 \times 10^3}{220 \times 0.6} = 15.15 \text{ A}$$

因为 $\cos \varphi_1 = 0.6$，且电动机呈感性，所以 $\varphi_1 = 53.1°$

电动机的无功功率为：$Q_L = P\tan \varphi_1 = 2 \times 10^3 \tan 53.1° = 2\ 667\ \text{var}$

②若将电路的功率因数提高到 0.9 时，则由 $\cos \varphi = 0.9$ 可得

$$\varphi = 25.84°（感性）$$

由式(6.79)可得需并联的补偿电容大小为：

$$C = \frac{P}{\omega U^2}(\tan \varphi_1 - \tan \varphi) = \frac{2 \times 10^3}{314 \times 220^2}(\tan 53.1° - \tan 25.84°)\text{F} = 111.3\ \mu\text{F}$$

由 $P = UI\cos \varphi$ 可得并联电容后线路中的电流为：

$$I = \frac{2 \times 10^3}{220 \times 0.9}\ \text{A} = 10.1\ \text{A}$$

可见，功率因数提高后，线路上电流(10.1 A)比未接补偿电容时的电流即电动机电流(15.15 A)减小了。

补偿电容的无功功率为：

$$Q_C = -\frac{U^2}{X_C} = -\omega C U^2 = -220^2 \times 314 \times 111.3 \times 10^{-6} = -1\ 693\ \text{var}$$

整个电路的无功功率变为：$Q = P\tan \varphi = 2 \times 10^3 \tan 25.84° = 974\ \text{var}$

或　　　　　　　　　　$Q = Q_L + Q_C = 2\ 667 - 1\ 693 = 974\ \text{var}$

由于补偿电容不消耗能量，因此并联电容前后电路的有功功率并没有变化，仍为 $P = 2\ \text{kW}$。

该题也可以根据式(6.80)计算出功率因数提高到 0.9 时需并联的补偿电容。

7）正弦稳态电路中的最大功率传输

在第 4 章中已对电阻负载从直流有源网络中获得最大功率的条件进行了讨论，同理可得到正弦电路中负载获得最大功率的条件。

对于任意给定的一个线性含源二端网络，总可以根据戴维南定理得到图 6.32 所示的等效电路(等效电源 $\dot{U}_s$ 与等效内阻抗 Z_s 的串联等效电路)。相对负载阻抗 Z_L 而言，$\dot{U}_s$、Z_s 都为定值。设 $Z_s = R_s + jX_s，Z_L = R_L + jX_L$

电路电流的有效值为：

$$I = \frac{U_s}{\sqrt{(R_s + R_L)^2 + (X_s + X_L)^2}}$$

从而可得负载获得的平均功率为：

$$P = I^2 R_L = \frac{U_s^2 R_L}{\sqrt{(R_s + R_L)^2 + (X_s + X_L)^2}} \tag{6.81}$$

由式(6.81)可知，对于任何 R_L 值，只有当 $X_L = -X_s$ 时，平均功率 P 才能达到最大，即

$$P' = \frac{U_s^2 R_L}{(R_s + R_L)^2}$$

上式中 P' 仍是 R_L 的函数，可通过求 P' 对 R_L 的导数为零时 R_L 的值来得到 P' 取最大值的条件，即

$$\frac{\mathrm{d}P'}{\mathrm{d}R_L} = U_s^2 \frac{(R_s + R_L)^2 - 2(R_s + R_L)R_L}{(R_s + R_L)^4} = 0$$

解得： $$R_L = R_s$$

所以，负载 Z_L 从给定电源中获得最大功率的条件是：

$$R_L = R_s \text{ 且 } X_L = -X_s \text{ 或 } Z_L = Z_s^* \qquad (6.82)$$

最大功率匹配，即 $Z_L = Z_s^*$ 时，负载所获得的最大功率为：

$$P_{max} = \frac{U_s^2}{4R_s} \qquad (6.83)$$

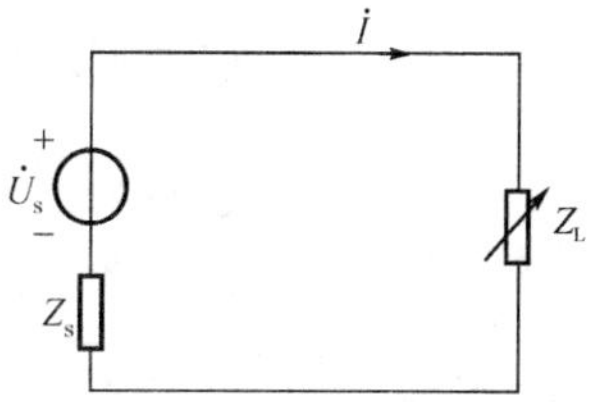

图 6.32 最大功率的传输

【例 6.14】 在图 6.33(a)中，已知 $\dot{U}_s = 10\underline{/0°}$ V，Z_L 为可调负载，试求 Z_L 为何值时可获得最大功率？该最大功率为多少？

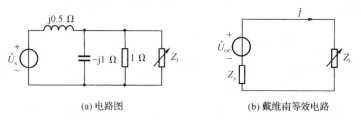

(a) 电路图　　　　　　　　(b) 戴维南等效电路

图 6.33　例 6.14 电路图

解 图 6.33(a)的戴维南等效电路如图 6.33(b)所示，图中 $\dot{U}_{oc}$ 为断开负载 Z_L 后端口的开路电压，有：

$$\dot{U}_{oc} = \frac{1 /\!/ (-j)}{0.5j + 1 /\!/ (-j)} \times \dot{U}_s = \sqrt{2}\underline{/-45°} \times 10\underline{/0°} = 10\sqrt{2}\underline{/-45°} \text{ V}$$

断开 Z_L 后，将 $\dot{U}_s$ 短接，从端口看进去的等效电阻 Z_s 为：

$$Z_s = (0.5j) /\!/ 1 /\!/ (-j1) = (0.5 + 0.5j)\Omega$$

即 $$R_s = 0.5 \ \Omega$$

当 $Z_L = Z_s^* = (0.5 - 0.5j)\Omega$ 时，Z_L 获得的最大功率 P_{Lmax} 为：

$$P_{Lmax} = \frac{U_{oc}^2}{4R_s} = \frac{200}{4 \times 0.5} = 100 \text{ W}$$

思考题

(1) 某二端网络在 u, i 的关联参考方向下，$u = 150\sin(\omega t)$V，$i = 30\sin(\omega t + 30°)$A，求该网络吸收的有功功率、无功功率和它的功率因数。该网络呈现感性还是容性？

(2) 试说明一个无源二端网络的有功功率、无功功率、视在功率的物理意义。三者之间是什么关系？感性无功功率 Q_L 和容性无功功率 Q_C 的相同之处和不同之处都有哪些？

(3) 用并联电容的方法提高感性负载电路的功率因数时，是否并联的电容越大越好？

6.7　耦合电感与变压器电路

电路元件除二端元件(如：电阻、电容、电感等)外，电路中还有一类元件，这类元件不止有一条支路，其中一条支路的电压或电流与另一条支路的电压或电流相关联，该类元件称为耦合元件。耦合电感和变压器都属于耦合元件，它们依靠线圈间的电磁感应现象工作。

6.7.1　耦合电感

如果两个线圈的磁场存在相互作用,就称这两个线圈具有磁耦合。具有磁耦合的两个或两个以上的线圈,称为耦合线圈或互感线圈。耦合线圈的理想模型就称为耦合电感。

1) 耦合电感的伏安关系

图 6.34 为耦合线圈电路,当电流 i_1 流过线圈 1 时,在线圈 1 中产生的自感磁通为 φ_{11},自感磁链为 $\psi_{11}=N_1\varphi_{11}=L_1 i_1$($L_1$ 为线圈 1 的自感系数;N_1 为线圈 1 的线圈匝数);i_1 产生的磁通的一部分除与线圈 1 交链以外,还与线圈 2 交链,我们把这部分磁通称为互感磁通,用 φ_{21} 表示,则互感磁链为 $\psi_{21}=N_2\varphi_{21}=M_{21}i_1$($M_{21}$ 称为 i_1 对线圈 2 的互感系数;N_2 为线圈 2 的线圈匝数)。显然,当电流 i_1 变化时,自感磁链 ψ_{11}、互感磁链 ψ_{21} 均随 i_1 作相应变化,分别在线圈 1 中感应自感电压 $u_{11}=L_1\dfrac{\mathrm{d}i_1}{\mathrm{d}t}$,在线圈 2 中感应互感电压 $u_{21}=M_{21}\dfrac{\mathrm{d}i_1}{\mathrm{d}t}$。

同样,线圈 2 中流过变化的电流 i_2 时,不仅在线圈 2 中感应自感电压 $u_{22}=L_2\dfrac{\mathrm{d}i_2}{\mathrm{d}t}$($L_2$ 为线圈 2 的自感系数),还在线圈 1 中感应互感电压 $u_{12}=M_{12}\dfrac{\mathrm{d}i_2}{\mathrm{d}t}$($M_{12}$ 称 i_2 对线圈 1 的互感系数)。当两个线圈均为线性线圈时,可以证明 $M_{12}=M_{21}=M$,显然互感系数 M 与自感系数 L 单位相同,也为亨利(H),互感系数又简称互感。

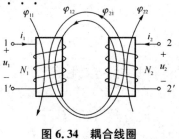

图 6.34　耦合线圈

在图 6.34 所示的耦合线圈中,电流参考方向如图所示,且电流与所产生的磁链符合右手螺旋的情况下,各线圈的总磁链显然有:

$$\psi_1=\psi_{11}+\psi_{12},\quad \psi_2=\psi_{22}+\psi_{21}$$

在电压、电流为关联方向下,两线圈电压分别为:

$$\left.\begin{aligned}u_1&=\frac{\mathrm{d}\psi_1}{\mathrm{d}t}=u_{11}+u_{12}=L_1\frac{\mathrm{d}i_1}{\mathrm{d}t}+M_{12}\frac{\mathrm{d}i_2}{\mathrm{d}t}\\u_2&=\frac{\mathrm{d}\psi_2}{\mathrm{d}t}=u_{22}+u_{21}=L_2\frac{\mathrm{d}i_2}{\mathrm{d}t}+M_{21}\frac{\mathrm{d}i_1}{\mathrm{d}t}\end{aligned}\right\} \tag{6.84a}$$

式(6.84a)说明,耦合线圈的端电压具有叠加性。式(6.84a)是在图 6.34 所示两线圈的相对绕向,电流、电压为关联方向下得到的。如果其中一个线圈中的电流反向或线圈绕向变化(如线圈 2 绕向相反),则产生的磁通方向相反,互感电压的极性也随之相反,式(6.84a)中互感电压项前将为负号,此时两线圈电压表达式改为:

$$\left.\begin{aligned}u_1&=\frac{\mathrm{d}\psi_1}{\mathrm{d}t}=u_{11}+u_{12}=L_1\frac{\mathrm{d}i_1}{\mathrm{d}t}-M_{12}\frac{\mathrm{d}i_2}{\mathrm{d}t}\\u_2&=\frac{\mathrm{d}\psi_2}{\mathrm{d}t}=u_{22}+u_{21}=L_2\frac{\mathrm{d}i_2}{\mathrm{d}t}-M_{21}\frac{\mathrm{d}i_1}{\mathrm{d}t}\end{aligned}\right\} \tag{6.84b}$$

这说明两耦合线圈的互感电压不仅与电流的方向有关,还与两线圈的实际绕向以及相对位置有关。

2) 同名端

在电路图中,耦合线圈是不画出相对绕向及位置的。那么,如何来表征两耦合线圈的相对绕向与位置对其伏安关系的影响呢? 通常的办法是在耦合线圈中标记同名端。

所谓同名端指的是两个耦合线圈中的一对端钮:若电流分别由该两个端钮流入两个线圈时,它们产生的磁通(链)是相互增强的。换句话说,它们各自电流产生的自感磁通(链)与另一电流产生的互感磁通(链)方向相同。同名端常用"·""∗"等符号来标记,同名端是成对出现的。图 6.35(a)所示电路中两线圈的 1 端与 2 端是同名端(或 $1'$ 与 $2'$ 端是同名端),电流 i_1、i_2 均从同名端流入,此时两线圈端电压分别为:

$$
\left.
\begin{aligned}
u_1 &= L_1 \frac{\mathrm{d}i_1}{\mathrm{d}t} + M \frac{\mathrm{d}i_2}{\mathrm{d}t} \\
u_2 &= L_2 \frac{\mathrm{d}i_2}{\mathrm{d}t} + M \frac{\mathrm{d}i_1}{\mathrm{d}t}
\end{aligned}
\right\}
\tag{6.85a}
$$

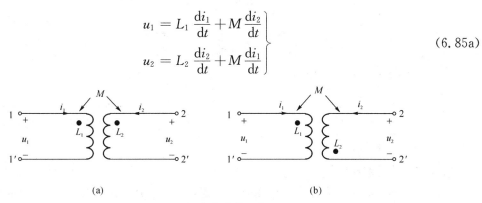

图 6.35　耦合电感的同名端

而图 6.35(b)所示电路中的端钮 1 与 $2'$ 是同名端(或 $1'$ 与 2 是同名端),电流 i_1、i_2 从非同名端流入,此时两线圈端电压分别为:

$$
\left.
\begin{aligned}
u_1 &= L_1 \frac{\mathrm{d}i_1}{\mathrm{d}t} - M \frac{\mathrm{d}i_2}{\mathrm{d}t} \\
u_2 &= L_2 \frac{\mathrm{d}i_2}{\mathrm{d}t} - M \frac{\mathrm{d}i_1}{\mathrm{d}t}
\end{aligned}
\right\}
\tag{6.85b}
$$

比较图 6.35 及式(6.85)可知:当电流由同名端流入时,在另一线圈所产生的互感电压在同名端上极性为正。因此,自感电压与互感电压的实际极性对同名端上都是一致的,所以同名端又叫同极性端,即同名端上感应的自感电压与互感电压极性相同。工程上,常用此法来判别两线圈的同名端。

3) 耦合电感的等效电路

在正弦稳态电路中,图 6.35(a)所对应的相量模型如图 6.36 所示。

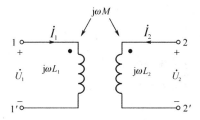

图 6.36　耦合电感的相量模型

式(6.85a)所述的耦合电感伏安关系相量形式为:

$$\left.\begin{array}{l} \dot{U}_1 = j\omega L_1 \dot{I}_1 + j\omega M \dot{I}_2 \\ \dot{U}_2 = j\omega L_2 \dot{I}_2 + j\omega M \dot{I}_1 \end{array}\right\} \qquad (6.86)$$

由于耦合电感中的互感电压反映了一个线圈对另一线圈的耦合关系,因此耦合线圈的互感电压可用受控源——电流控制的电压源(CCVS)等效模型表示。图 6.37 为图 6.35(a)的等效电路模型。

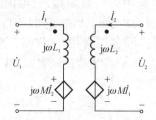

图 6.37　耦合电感的等效电路

6.7.2　变压器

变压器通常由两个或两个以上的线圈组成,通过线圈间的磁耦合,实现能量或信号的传递。变压器的芯子分非铁磁材料和铁磁材料两种,前者称为空心变压器,后者称为铁芯变压器。

1) 空心变压器

空心变压器的电磁特性是线性的。当外加电压 u_1 为正弦量时,其电路模型如图 6.38(a)所示。与电源相连的线圈称为一次侧线圈或一次绕组,与负载相连的线圈称为二次侧线圈或二次绕组。空心变压器含受控源的等效电路如图 6.38(b)所示。

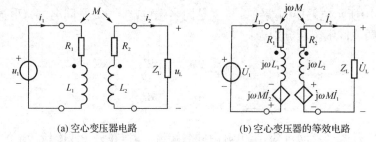

(a) 空心变压器电路　　　　　　(b) 空心变压器的等效电路

图 6.38　空心变压器的电路模型

在图 6.38(b)图示的电压、电流参考方向下,有:

$$\left.\begin{array}{l} (R_1 + j\omega L_1) \dot{I}_1 - j\omega M \dot{I}_2 = \dot{U}_1 \\ - j\omega M \dot{I}_1 + (R_2 + j\omega L_2 + Z_L) \dot{I}_2 = 0 \end{array}\right\} \qquad (6.87a)$$

令 $Z_{11} = R_1 + j\omega L_1$,$Z_{22} = R_2 + j\omega L_2 + Z_L$,$Z_M = j\omega M$,式(6.87a)可写为:

$$\left.\begin{array}{l} Z_{11} \dot{I}_1 - Z_M \dot{I}_2 = \dot{U}_1 \\ - Z_M \dot{I}_1 + Z_{22} \dot{I}_2 = 0 \end{array}\right\} \qquad (6.87b)$$

经进一步求解,可得一、二次绕组电流分别为:

$$\dot{I}_1 = \frac{\begin{vmatrix} \dot{U}_1 & -Z_M \\ 0 & Z_{22} \end{vmatrix}}{\begin{vmatrix} Z_{11} & -Z_M \\ -Z_M & Z_{22} \end{vmatrix}} = \frac{Z_{22}\dot{U}_1}{Z_{11}Z_{22} - Z_M^2} = \frac{\dot{U}_1}{Z_{11} + \dfrac{(\omega M)^2}{Z_{22}}} \tag{6.88a}$$

$$\dot{I}_2 = \frac{\begin{vmatrix} Z_{11} & \dot{U}_1 \\ -Z_M & 0 \end{vmatrix}}{\begin{vmatrix} Z_{11} & -Z_M \\ -Z_M & Z_{22} \end{vmatrix}} = \frac{Z_M \dot{U}_1}{Z_{11}Z_{22} - Z_M^2} \tag{6.88b}$$

在式(6.88a)中令
$$Z_{ref} = \frac{(\omega M)^2}{Z_{22}} \tag{6.89}$$

式(6.89)表明 Z_{ref} 与 Z_{22} 成反比,表征了二次侧阻抗对一次侧的影响,通常将 Z_{ref} 称为二次侧对一次侧的反射阻抗。显然反射阻抗的性质与 Z_{22} 相反。若二次侧 Z_{22} 为感性(容性),反射到一次侧则为容性(感性)了,由此,画出变压器一次侧简化等效电路如图6.39(a)所示。

由式(6.88b)较难得到二次侧的简化等效电路,但在已知一次侧电流 $\dot{I}_1$ 的情况下,根据一次侧在二次侧产生互感电压使二次侧工作的原理,由式(6.87b)可导出:$\dot{I}_2 = \dfrac{Z_M \dot{I}_1}{Z_{22}} = \dfrac{j\omega M \dot{I}_1}{Z_{22}}$,可据此画出二次侧简化等效电路,如图6.39(b)所示。

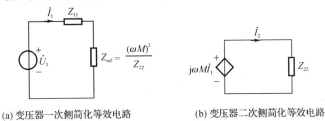

(a) 变压器一次侧简化等效电路　　　　　(b) 变压器二次侧简化等效电路

图 6.39　变压器简化等效电路

【例 6.15】　电路如图 6.40(a)所示,已知:$L_1 = 1$ H, $L_2 = 4$ H, $M = 1$ H, $R_1 = 1$ kΩ, $R_2 = 0.4$ kΩ, $R_L = 0.6$ kΩ, $U_s = 200\sqrt{2}\sin(1\,000t)$ V,求一、二次绕组电流 $\dot{I}_1$、$\dot{I}_2$。

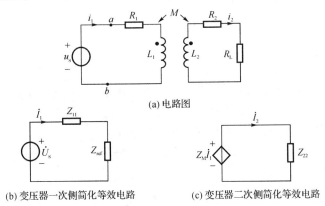

(a) 电路图

(b) 变压器一次侧简化等效电路　　　　　(c) 变压器二次侧简化等效电路

图 6.40　例 6.15 电路图

解　利用反射阻抗求解:
$$Z_{11} = R_1 + j\omega L_1 = 1\,000 + j1\,000 \times 1 = (1 + j1)\text{kΩ}$$

$Z_{22}=R_2+j\omega L_2+R_L=400+j1\,000\times4+600=(1+j4)k\Omega=4.1\underline{/76°}\,k\Omega$

$Z_M=j\omega M=j1\,000\times1=j1\,k\Omega=1\underline{/90°}\,k\Omega$

反射阻抗 $Z_{ref}=\dfrac{(\omega M)^2}{Z_{22}}=\dfrac{(1)^2}{4.1\underline{/76°}}=0.24\underline{/-76°}\,k\Omega$

变压器一次侧简化等效电路如图 6.40(b)所示。

输入阻抗 $Z_{ab}=Z_{11}+Z_{ref}$

所以，$\dot{I}_1=\dfrac{\dot{U}_s}{Z_{ab}}=\dfrac{200\underline{/0°}}{1+j1+0.24\underline{/-76°}}=153.8\underline{/-36°}\,mA$

变压器二次侧简化等效电路如图 6.40(c)所示。

$\dot{I}_2=\dfrac{Z_M}{Z_{22}}\dot{I}_1=\dfrac{1\underline{/90°}}{4.1\underline{/76°}}\times153.8\times10^{-3}\underline{/-36°}=37.5\underline{/-22°}\,mA$

2) 理想变压器

当变压器采用高磁导率的铁磁材料作芯子(可认为其磁导率为无穷大)，使其 L_1、L_2、M 为无穷大，$L_2/L_1=$常数，耦合系数 $K=1$，且无损耗时，称其为理想变压器。

(1) 理想变压器的伏安关系

理想变压器电路模型如图 6.41 所示。

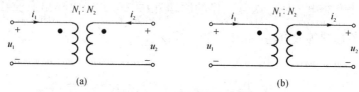

(a)　　　　　　　　　　　　　　　(b)

图 6.41　理想变压器模型

对于图 6.41(a)，理想变压器一、二次侧的伏安关系为：

$$\left.\begin{array}{l}u_2=\dfrac{1}{n}u_1\\[2mm]i_2=-ni_1\end{array}\right\}\qquad(6.90)$$

式(6.90)中的 $n=N_1/N_2$(N_1、N_2 分别为一、二次侧的线圈匝数)称为变压器的变比或匝数比，是一个常数，也是理想变压器唯一的参数。

证明：由电磁感应定律容易得到理想变压器的一、二次侧电压分别为：$u_1=\dfrac{d(N_1\varphi)}{dt}=N_1\dfrac{d\varphi}{dt}$，$u_2=\dfrac{d(N_2\varphi)}{dt}=N_2\dfrac{d\varphi}{dt}$，显然有 $u_2=(1/n)u_1$，又因为 $u_1i_1+u_2i_2=0$(理想变压器无损耗)，得到 $i_2=-ni_1$。可见，理想变压器可看做耦合电感的极限情况，是实际变压器的理想化模型。

式(6.90)是在图 6.41(a)所示的同名端以及电压、电流方向下得出的。如果同名端或电流方向发生变化，如图 6.41(b)所示，则伏安关系也要发生变化。

由于 i_2 方向改变，此时 $u_1i_1-u_2i_2=0$，所以，变压器一、二次侧伏安关系变为：

$$\left.\begin{array}{l}u_2=\dfrac{1}{n}u_1\\[2mm]i_2=ni_1\end{array}\right\}\qquad(6.91)$$

由此说明，理想变压器的伏安关系同样与同名端、电流方向有关。

(2) 理想变压器的变换作用

①电压变换

由式(6.90)可知,理想变压器有:

$$\frac{u_1}{u_2} = n = \frac{N_1}{N_2}$$

即理想变压器的一、二次侧电压之比为线圈匝数比 n。若一次侧所加电压 u_1 一定,则只要改变一、二次侧线圈的匝数比,二次侧就可得到不同的输出电压 u_2:$n>1$ 为降压变压器;$n<1$ 为升压变压器。

若一次侧所加电压 u_1 为正弦量,则有:

$$\frac{\dot{U}_1}{\dot{U}_2} = n = \frac{N_1}{N_2} \tag{6.92}$$

②电流变换

同样由式(6.90)可知,理想变压器一、二次侧的电流比应为:

$$\frac{i_1}{i_2} = -\frac{1}{n} = -\frac{N_2}{N_1}$$

若一次侧所加电流 i_1 为正弦量,则有:

$$\frac{\dot{I}_1}{\dot{I}_2} = -\frac{1}{n} = -\frac{N_2}{N_1} \tag{6.93}$$

即理想变压器的一、二次侧电流之比为线圈匝数比的倒数。

③阻抗变换

理想变压器电路如图 6.42(a)所示,在图示参考方向下有:

$$\dot{U}_2 = -\dot{I}_2 Z_L$$

又由式(6.92)和式(6.93),有 $\dot{U}_1 = n\dot{U}_2$,$\dot{I}_1 = -\frac{1}{n}\dot{I}_2$

故

$$\frac{\dot{U}_1}{\dot{I}_1} = \frac{n\dot{U}_2}{-\frac{1}{n}\dot{I}_2} = n^2 Z_L = \left(\frac{N_1}{N_2}\right)^2 Z_L \tag{6.94}$$

式(6.94)说明:由理想变压器一次侧看进去的等效阻抗为:

$$Z = n^2 Z_L \tag{6.95}$$

即接在理想变压器二次侧的负载阻抗 Z_L,从一次侧看进去就好像是直接接在一次侧一样,不过此时的阻抗已变为 $n^2 Z_L$ 了,一次绕组的等效电路如图 6.42(b)所示。

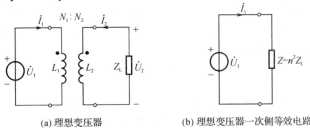

(a) 理想变压器　　　　　　　　　(b) 理想变压器一次侧等效电路

图 6.42　理想变压器的阻抗变换

这就是理想变压器的阻抗变换作用,在电子线路中常利用此作用来实现负载匹配(也称为阻抗匹配)。因为在电子线路中,负载获得的信号是经过多个电路处理的,其输出电路可等效为一个电压源 u_s 与一个内阻 R_s 的串联,欲使负载上获得最大功率,就需用变压器进行阻抗变换,以达到负载与等效电源的匹配。

【例 6.16】 设某电子线路输出级的等效电压源电压有效值 $U_s = 20$ V,内阻 $R_s = 100$ Ω,而负载电阻 $R_L = 8$ Ω。①直接将负载接于电源上,电路如图 6.43(a)所示,负载获得多大功率?②欲实现负载匹配,将负载通过变压器再接于电源,电路如图 6.43(b)所示,求此时变压器的变比 n 及负载获得的功率。

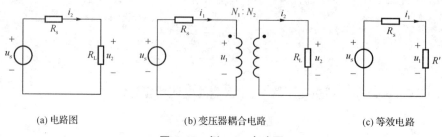

(a) 电路图   (b) 变压器耦合电路   (c) 等效电路

图 6.43 例 6.16 电路图

解 ①负载直接与电源相连,负载功率为:

$$P_L = \left(\frac{U_s}{R_s + R_L}\right)^2 R_L = 0.27 \text{ W}$$

②变压器原边等效电路如图 6.43(c)所示。要实现负载匹配,使负载 R_L 上获得最大功率,须使变压器一次侧看进去的等效电阻 R' 等于电源内阻 R_s,即

$$R' = n^2 R_L = R_s$$

解之,变压比为:

$$n = \sqrt{\frac{R_s}{R_L}} = \sqrt{\frac{100}{8}} = 3.53$$

R_L 上获得最大功率为:

$$P_{L\max} = \left(\frac{U_s}{R_s + R'}\right)^2 R' = \frac{U_s^2}{4R_s} = 1 \text{ W}$$

思考题

(1) 一个线圈两端的电压是否仅由流过其中的电流决定?

(2) 理想变压器的作用有哪些?

(3) 有关变压器的变压比,下列说法中正确的是(　　)。

A. 与一、二次侧线圈匝数的比值成正比,也与一、二次侧的电流成正比;

B. 与一、二次侧线圈匝数的比值成反比,也与一、二次侧的电流成反比;

C. 与一、二次侧线圈匝数的比值成正比,而与一、二次侧的电流成反比;

D. 与一、二次侧线圈匝数的比值成反比,而与一、二次侧的电流成正比。

6.8 三相电路分析

由三相电源供电的电路,称为三相电路。三相电路广泛应用于发电、输电和用电等方面。与单相电路比较,三相电路在输出功率、传输成本和实际应用及维护方面具有显著的优点。

本节介绍三相电源与三相负载定义及其连接方式,最后讨论对称三相电路的计算方法。

6.8.1 三相电源与三相负载

1) 三相电源及其连接

(1) 三相电源

三个大小相等、频率相同、相位互差 $120°$ 的正弦交流电压源称为对称三相电源。

三相对称电压源的瞬时值表达式为:

$$\left.\begin{array}{l} u_A = \sqrt{2}U\sin\omega t \\ u_B = \sqrt{2}U\sin(\omega t - 120°) \\ u_C = \sqrt{2}U\sin(\omega t + 120°) \end{array}\right\} \tag{6.96}$$

对应的相量形式为:

$$\left.\begin{array}{l} \dot{U}_A = U\underline{/0°} \\ \dot{U}_B = U\underline{/-120°} \\ \dot{U}_C = U\underline{/120°} \end{array}\right\} \tag{6.97}$$

三相对称电压源的电压波形图及相量图如图 6.44 所示。

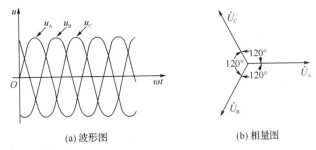

(a) 波形图　　　　　　(b) 相量图

图 6.44　对称三相电压源的波形图和相量图

显然,对称三相电源存在以下特点:

$$\left.\begin{array}{l} u_A + u_B + u_C = 0 \\ \dot{U}_A + \dot{U}_B + \dot{U}_C = 0 \end{array}\right\} \tag{6.98}$$

工程上把三相电源电压超前滞后的次序称为相序。一般规定 A 相超前 B 相,B 相超前 C 相为正序或顺序,记为 $A—B—C$;反之,相序 $A—C—B$ 称为负序或逆序。工程上通用的是正序。

(2) 三相电源的接法

在三相供电系统中,三相电源有星形(Y)和三角形(△)两种连接方式。

①三相电源的星形(Y)连接

将三个对称电源的三个负极性端接在一起,形成一个节点 N,再由三个正极性端(A、B、C)分别引出三根输出线,这样就构成了三相电压源的星形(Y)连接,星形连接电源如图 6.45 所示。其中线 $A—A'$、$B—B'$、$C—C'$ 称为端线,俗称火线。线 $N—N'$ 称为中线,俗称零线。N 点称为电源的中性点。

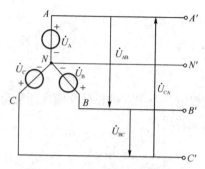

图 6.45　三相电源的星形连接

电源的端线与中线间的电压$\dot{U}_A$、$\dot{U}_B$、$\dot{U}_C$称为相电压,参考方向如图所示,其有效值用U_p表示;端线与端线间电压$\dot{U}_{AB}$、$\dot{U}_{BC}$、$\dot{U}_{CA}$称为线电压,参考方向如图所示,其有效值用U_l表示。

由图 6.45 可得出对称三相电源的相电压与线电压之间存在以下关系:

$$\left.\begin{array}{l} \dot{U}_{AB} = \dot{U}_A - \dot{U}_B \\ \dot{U}_{BC} = \dot{U}_B - \dot{U}_C \\ \dot{U}_{CA} = \dot{U}_C - \dot{U}_A \end{array}\right\} \tag{6.99}$$

同时根据对称三相电源特点,还存在:

$$\left.\begin{array}{l} \dot{U}_{AB} = \sqrt{3}\,\dot{U}_A\,\underline{/30°} \\ \dot{U}_{BC} = \sqrt{3}\,\dot{U}_B\,\underline{/30°} \\ \dot{U}_{CA} = \sqrt{3}\,\dot{U}_C\,\underline{/30°} \end{array}\right\} \tag{6.100}$$

由式(6.100)可知,三相电源星形连接时,线电压有效值为相电压有效值的$\sqrt{3}$倍,即$U_l = \sqrt{3}U_p$;同时,在相位上线电压超前对应的相电压 30°,如线电压$\dot{U}_{AB}$超前相电压$\dot{U}_A$30°,即线电压也是对称的。

三相对称电源连接成星形(Y)时,可对外提供线电压和相电压两种不同的对称电压。

图 6.46 所示为三相电源星形连接时表示各线电压和相电压的相量关系的相量图。

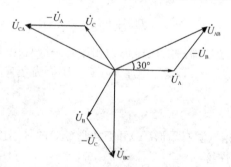

图 6.46　三相电源星形连接时线电压与相电压相量图

②三相电源的三角形(△)连接

将三个对称电源的正、负极首尾依次相连,然后从三个连接点引出三根端线,这样就构成了三相电源的三角形(△)连接。

图 6.47 为三相电源三角形(△)连接电路,三相电源的相电压、线电压参考方向如图所示,

从图中可知三角形连接的三相对称电源的相电压和线电压相同,即有:$U_l = U_p$。

三角形连接的三相电源对外只能提供一种输出电压——对称的相/线电压。

在对称三相电源三角形(△)连接时,由于电源自身形成一个闭合回路,必须注意要正确接入每相电压的极性,以免烧坏电源。

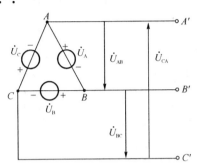

图 6.47　三相电源的三角形连接

2) 三相负载及连接方式

三相负载一般由三个负载阻抗组成,每个负载阻抗称为三相负载的一相。如果组成三相负载的三个负载的复阻抗相同,称为三相对称负载,否则是不对称负载。

三相负载的连接方式也有星形(Y)和三角形(△)两种。

(1) 三相负载的星形(Y)连接

如图 6.48 所示,负载 Z_A、Z_B、Z_C 分别接于三相电源的一相上,构成三相负载的星形(Y)连接。

当负载的中点 N' 与电源的中点 N 相连接时,三相电源的这种供电方式叫三相四线制供电方式,无中线时称为三相三线制。

(2) 三相负载的三角形(△)连接

如图 6.49 所示,将三相负载首尾相连接成三角形后与三相电源相连,构成三相负载的三角形(△)连接。三相负载的三角形(△)连接为三相三线制线路。

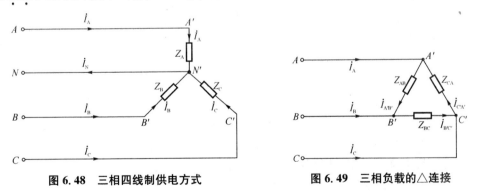

图 6.48　三相四线制供电方式　　　　　　　　**图 6.49　三相负载的△连接**

6.8.2　对称三相电路的分析

对称三相负载接到对称三相电源上,构成对称三相电路。根据对称三相电路的特点,利用正弦交流电路的分析方法,可以实现对对称三相电路的简化分析及计算。

1) 负载星形连接的对称三相电路

三相对称负载($Z_A = Z_B = Z_C = Z = |Z| \underline{/\varphi_z}$)作星形连接接于星形连接的三相电源上,电路

如图 6.50 所示,图中负载的中点 N' 与电源的中点 N 相连接构成 Y—Y 连接的三相四线制电路。各电压和电流的参考方向如图所示。

图 6.50 中端线上电流 $\dot{I}_A$、$\dot{I}_B$、$\dot{I}_C$ 称为线电流,其有效值用 I_l 表示。

图 6.50 中负载中电流 $\dot{I}_{A'}$、$\dot{I}_{B'}$、$\dot{I}_{C'}$ 称为相电流,其有效值用 I_p 表示。

流过中线的电流 $\dot{I}_N$ 称为中线电流。

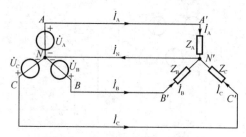

图 6.50　Y—Y 连接的三相电路

由图 6.50 可知,负载连成星形时,线电流等于相电流,即

$$I_l = I_p \tag{6.101}$$

同时由于各相负载直接承受电源提供的相电压,故可得每相负载相电流 $(I_l = I_p)$ 为:

$$
\left.
\begin{aligned}
\dot{I}_{A'} &= \frac{\dot{U}_A}{Z_A} = \dot{I}_A \\[2mm]
\dot{I}_{B'} &= \frac{\dot{U}_B}{Z_B} = \dot{I}_B \\[2mm]
\dot{I}_{C'} &= \frac{\dot{U}_C}{Z_C} = \dot{I}_C
\end{aligned}
\right\} \tag{6.102}
$$

设 $\dot{U}_A = U_p \underline{/0°}$ V,将对称负载电压及对称负载代入式(6.102)有:

$$
\left.
\begin{aligned}
\dot{I}_{A'} &= \frac{\dot{U}_A}{Z_A} = \frac{U_p\underline{/0°}}{|Z|\underline{/\varphi_Z}} = I_p\underline{/-\varphi_Z} = \dot{I}_A \\[2mm]
\dot{I}_{B'} &= \frac{\dot{U}_B}{Z_B} = \frac{U_p\underline{/-120°}}{|Z|\underline{/\varphi_Z}} = I_p\underline{/-\varphi_Z - 120°} = \dot{I}_B \\[2mm]
\dot{I}_{C'} &= \frac{\dot{U}_C}{Z_C} = \frac{U_p\underline{/120°}}{|Z|\underline{/\varphi_Z}} = I_p\underline{/-\varphi_Z + 120°} = \dot{I}_C
\end{aligned}
\right\} \tag{6.103}
$$

可见,当负载对称时 $(Z_A = Z_B = Z_C)$,每相负载承受对称相电压,相电流同样对称,三相对称负载 Y 连接时各相电压、相电流的相量图如图 6.51 所示。

由于相电流对称,中线电流 $\dot{I}_N = \dot{I}_{A'} + \dot{I}_{B'} + \dot{I}_{C'} = 0$。因而断开中线对电路是毫无影响的。

由以上结论可得,对称三相负载连接成星形(Y)时有以下特点:

①中线电流 $\dot{I}_N = 0$。无论电路中有无中线、中线中有无阻

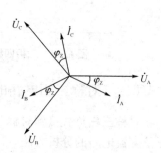

图 6.51　三相对称负载 Y 连接时各相电压、电流的向量图

抗,N、N'两点均可用无阻抗的导线相连接,每相负载直接获得对称的电源相电压。

②独立性。对称三相负载各相电压、电流只与本相的电源及阻抗有关,而与其他两相无关。

③对称性。三相负载对称时,负载各线电流、相电流均对称。可以只求一相,其他两相由对称原则推出,不需再进行计算。

在图 6.50 中若出现 $Z_A \neq Z_B \neq Z_C$ 时,即构成不对称三相负载星形(Y)连接并有中线(三相四线制),此时相电流不再对称,同时中线电流 $\dot{I}_N \neq 0$。由于每相负载承受的电压仍是对称的电源相电压,因此只要分别分析三个独立的单相电路即可,即根据式(6.102)分别计算各相电流,代入 $\dot{I}_N = \dot{I}_A + \dot{I}_B + \dot{I}_C$ 计算中线电流。

若中线因为某种故障断开,且 $Z_A \neq Z_B \neq Z_C$,则电路成为不对称负载 Y 连接无中线的情况(三相三线制),此时,$\dot{U}_{N'N} \neq 0$(即发生了中性点位移)。

对于不对称负载 Y 连接无中线的情况,只要求出 $\dot{U}_{N'N}$,就可根据 KVL 的相量形式,求出各相负载两端获得的电压。从而求出各负载的相电流。

应用节点法,以电源中点 N 为参考节点,可得:

$$\dot{U}_{N'N} = \frac{\dfrac{\dot{U}_A}{Z_A} + \dfrac{\dot{U}_B}{Z_B} + \dfrac{\dot{U}_C}{Z_C}}{\dfrac{1}{Z_A} + \dfrac{1}{Z_B} + \dfrac{1}{Z_C}} \qquad (6.104)$$

各相负载的相电压分别为:

$$\left.\begin{aligned} \dot{U}_{A'N'} &= \dot{U}_{AN} - \dot{U}_{N'N} \\ \dot{U}_{B'N'} &= \dot{U}_{BN} - \dot{U}_{N'N} \\ \dot{U}_{C'N'} &= \dot{U}_{CN} - \dot{U}_{N'N} \end{aligned}\right\} \qquad (6.105)$$

据此可求出各相负载的相电流:

$$\left.\begin{aligned} \dot{I}_{A'B'} &= \frac{\dot{U}_{A'N'}}{Z_A} \\ \dot{I}_{B'C'} &= \frac{\dot{U}_{B'N'}}{Z_B} \\ \dot{I}_{C'A'} &= \frac{\dot{U}_{C'N'}}{Z_C} \end{aligned}\right\} \qquad (6.106)$$

由于负载不对称且无中线,使得中性点发生位移。从而导致各相负载得到的电压是不对称电压。譬如某些相电压较低而某些相电压较高,使负载不能正常工作甚至发生危险。而有中线时,尽管负载不对称,各相负载仍可以得到对称的电源电压以保证负载正常运行。因此在三相四线制电路中,除了尽量使负载对称外,要保证中线的可靠接入(如中线使用较粗的导线且中线中不能接入开关和熔断器)。

【例 6.17】 三相负载 Y 连接的电路如图 6.50 所示,已知 $Z_A = Z_B = Z_C = (6+j8)\,\Omega$,电源线电压的有效值 $U_l = 380$ V。求:各线电流、相电流相量及中线电流。

解 电源连成星形时,相电压 $U_p = \dfrac{U_l}{\sqrt{3}} = 220$ V

故设:
$$\dot{U}_A = 220 \underline{/0°}\ \text{V}$$

可得：
$$\dot I_{A'} = \frac{\dot U_A}{Z_A} = \frac{220\,\underline{/0^\circ}}{10\,\underline{/53.1^\circ}} = 22\,\underline{/-53.1^\circ}\ \text{A}$$

其他相可由对称性类推如下：

$$\dot I_{B'} = \dot I_{A'}\,\underline{/-120^\circ} = 22\,\underline{/-173.1^\circ}\ \text{A}$$

$$\dot I_{C'} = \dot I_{A'}\,\underline{/120^\circ} = 22\,\underline{/66.9^\circ}\ \text{A}$$

由于负载 Y 连接，线电流等于相电流，故

$$\dot I_A = \dot I_{A'} = 22\,\underline{/-53.1^\circ}\ \text{A}$$

$$\dot I_B = \dot I_{B'} = 22\,\underline{/-173.1^\circ}\ \text{A}$$

$$\dot I_C = \dot I_{C'} = 22\,\underline{/66.9^\circ}\ \text{A}$$

由于对称三相电路中，中线电流 $\dot I_N = 0$，因此中线可断开。

2）负载三角形连接的对称三相电路

如图 6.52 所示，当三相负载作三角形连接，并满足 $Z_{AB} = Z_{BC} = Z_{CA} = |Z|\,\angle\varphi_Z$ 时，称为负载三角形连接的对称三相电路。显然，这是三相三线制线路。

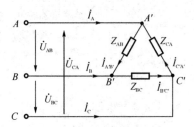

图 6.52　负载△连接的三相电路

在图 6.52 中，电压和电流参考方向如图所示，每相负载相电流分别为 $\dot I_{A'B'}$、$\dot I_{B'C'}$、$\dot I_{C'A'}$，端线电流分别为 $\dot I_A$、$\dot I_B$、$\dot I_C$。

每相负载直接承受对称的电源线电压，即有：$U_p = U_l$，三相负载的相电流有：

$$\left.\begin{aligned}
\dot I_{A'B'} &= \frac{\dot U_{AB}}{Z_{AB}}\\[4pt]
\dot I_{B'C'} &= \frac{\dot U_{BC}}{Z_{BC}}\\[4pt]
\dot I_{C'A'} &= \frac{\dot U_{CA}}{Z_{CA}}
\end{aligned}\right\} \tag{6.107}$$

由于三相负载和三相电源都具有对称性，可以推得三相负载的相、线电流也具有对称性，故在计算时仍可以只求一相，根据对称原则推出其他两相。

在图 6.52 中，设 $\dot U_{AB} = U_l\,\underline{/0^\circ}$ V，则

$$\dot I_{A'B'} = \frac{\dot U_{AB}}{Z_{AB}} = \frac{U_l\,\underline{/0^\circ}}{|Z|\,\underline{/\varphi_Z}} = I_{A'B'}\,\underline{/-\varphi_Z} \tag{6.108}$$

而其他两相推出如下

$$\left.\begin{aligned}
\dot I_{B'C'} &= I_{A'B'}\,\underline{/(-\varphi_Z - 120^\circ)}\\[4pt]
\dot I_{C'A'} &= I_{A'B'}\,\underline{/(-\varphi_Z + 120^\circ)}
\end{aligned}\right\} \tag{6.109}$$

由图 6.52 可知,三角形连接的负载,线电流与相电流有如下关系:

$$\left.\begin{array}{l} \dot{I}_A = \dot{I}_{A'B'} - \dot{I}_{C'A'} \\ \dot{I}_B = \dot{I}_{B'C'} - \dot{I}_{A'B'} \\ \dot{I}_C = \dot{I}_{C'A'} - \dot{I}_{B'C'} \end{array}\right\} \tag{6.110}$$

将式(6.108)和式(6.109)代入式(6.110)可得:

$$\left.\begin{array}{l} \dot{I}_A = \sqrt{3}\ \dot{I}_{A'B'}\ \underline{/-30°} \\ \dot{I}_B = \sqrt{3}\ \dot{I}_{B'C'}\ \underline{/-30°} \\ \dot{I}_C = \sqrt{3}\ \dot{I}_{C'A'}\ \underline{/-30°} \end{array}\right\} \tag{6.111}$$

对称负载三角形连接时,线、相电流的相量图如图 6.53 所示。

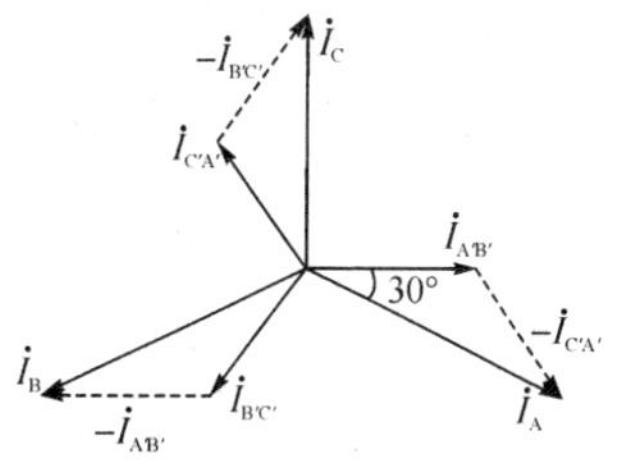

结论:负载三角形连接的对称三相电路,其线电流和相电流都为对称电流,同时负载线电流在大小上为相电流的 $\sqrt{3}$ 倍;在相位上,线电流滞后相应的相电流 30°。

在图 6.52 中若出现 $Z_{AB} \neq Z_{BC} \neq Z_{CA}$ 时,则为负载三角形连接的不对称三相电路,此时相电流和线电流均不再对称。

由于各相负载上仍承受对称的电源线电压,因此只要分别分析三个单相电路即可,即直接用式(6.107)分别计算负载的相电流,然后用式(6.110)计算线电流。

应当注意的是:此时线电流、相电流间不再存在负载△连接的对称三相电路中大小上 $\sqrt{3}$ 倍以及相位上 30° 的关系。

【例 6.18】 三相负载△连接的电路如图 6.52 所示,负载阻抗 $Z_{AB} = Z_{BC} = Z_{CA} = (6+j8)\ \Omega$,三相电源线电压的有效值 $U_l = 380\ V$。试求:电路各线电流、相电流。

解 这是一个负载三角形连接的对称三相电路。由前面的讨论可知,每相负载电压为电源线电压,且其相电流、线电流都为对称量,所以可以只求一相,其他两相由对称性类推得到。

①求相电流

设:$\dot{U}_{AB} = 380\ \underline{/0°}\ V$

可得:

$$\dot{I}_{A'B'} = \frac{\dot{U}_{AB}}{Z_{AB}} = \frac{380\ \underline{/0°}}{10\ \underline{/53.1°}} = 38\ \underline{/-53.1°}\ A$$

由对称性得出其余两相相电流:

$$\dot{I}_{B'C'} = I_{A'B'}\ \underline{/-\varphi_Z - 120°} = 38\ \underline{/-173.1°}\ A$$

$$\dot{I}_{C'A'} = I_{A'B'}\ \underline{/-\varphi_Z + 120°} = 38\ \underline{/66.9°}\ A$$

②求线电流

由线电流与相电流的关系,得线电流为:

$$\left\{\begin{array}{l} \dot{I}_A = \sqrt{3}\ \dot{I}_{A'B'}\ \underline{/-30°} = 65.8\ \underline{/-83.1°}\ A \\ \dot{I}_B = \sqrt{3}\ \dot{I}_{B'C'}\ \underline{/-30°} = 65.8\ \underline{/156.9°}\ A \\ \dot{I}_C = \sqrt{3}\ \dot{I}_{C'A'}\ \underline{/-30°} = 65.8\ \underline{/36.9°}\ A \end{array}\right.$$

图 6.53 对称负载三角形连接时,线、相电流的相量图

比较例 6.17、例 6.18 可知,同一组负载接于同一电源下,由于负载连接方法的不同(Y 连接与△连接),使每相负载电流有所不同(△连接为 Y 连接的 $\sqrt{3}$ 倍),端线电流也不同(△连接为 Y 连接的 3 倍!)。这是由于 Y 连接中每相负载得到的电压是电源相电压即 $U_l/\sqrt{3}$,且线电流等于相电流;△连接中每相负载得到的电压为电源线电压即 U_l,且线电流大小为相电流大小的 $\sqrt{3}$ 倍。故在将三相负载与三相电源相连时,一定要注意其额定电压。如额定电压为 380/220 V 的三相负载,在作△连接时,应接在 U_l=220 V 的电源上,作 Y 连接时,应接于 380 V 电源上。虽然后者的线电压为前者的 $\sqrt{3}$ 倍,但两种接法每相负载上所得电压一致,均为 220 V,所以负载中的电流也是相同的。

6.8.3　三相电路的功率

1) 三相电路的瞬时功率

三相电路中,三相负载的瞬时功率应是各相负载瞬时功率之和,即

$$p(t) = p_A(t) + p_B(t) + p_C(t) = u_A i_A + u_B i_B + u_C i_C \tag{6.112}$$

式(6.112)中的电压、电流分别是三相负载各自相电压、相电流的瞬时值。

2) 三相电路的有功功率

三相负载吸收的有功功率等于各相负载吸收的有功功率之和,即

$$P = P_A + P_B + P_C = U_{Ap}I_{Ap}\cos\varphi_A + U_{Bp}I_{Bp}\cos\varphi_B + U_{Cp}I_{Cp}\cos\varphi_C \tag{6.113}$$

当三相负载对称时,各相负载的有功功率相等,即

$$P = 3U_p I_p \cos\varphi \tag{6.114}$$

式(6.114)中的 U_p 和 I_p 为每相负载的相电压和相电流有效值,φ 为负载的阻抗角。

因为对称负载在任何一种接法时,都存在 $3U_p I_p = \sqrt{3}U_l I_l$,式中电压 U_l 和电流 I_l 分别是线电压和线电流的有效值。因此式(6.114)又可以写为:

$$P = \sqrt{3}U_l I_l \cos\varphi \tag{6.115}$$

3) 三相电路的无功功率

三相负载的无功功率等于各相负载的无功功率之和,即

$$Q = Q_A + Q_B + Q_C = U_{Ap}I_{Ap}\sin\varphi_A + U_{Bp}I_{Bp}\sin\varphi_B + U_{Cp}I_{Cp}\sin\varphi_C \tag{6.116}$$

当三相负载对称时,各相负载的无功功率相等,即有:

$$Q = 3U_p I_p \sin\varphi = \sqrt{3}U_l I_l \sin\varphi \tag{6.117}$$

4) 三相电路的视在功率

三相电路的视在功率定义为:

$$S = \sqrt{P^2 + Q^2} \tag{6.118}$$

当三相电路对称时,又可表示为:

$$S = \sqrt{3}U_l I_l = 3U_p I_p \tag{6.119}$$

【例 6.19】 三相电炉的三个电阻可以接成星形,也可以接成三角形,常以此来改变电炉的功率。假设某三相电炉的三个电阻都是 100 Ω,求在 380 V 线电压上把它们接成星形和三角形的功率分别为多少?

解 ①当三个电阻构成对称星形负载时,每个电阻的电压为电源相电压,即

$$U_p = U_l/\sqrt{3} = 220 \text{ V}$$

由于负载星形连接时有: $\qquad I_l = I_p$

则流过各负载电阻的电流为: $\qquad I_l = I_p = \dfrac{U_p}{R} = \dfrac{220}{100} = 2.2 \text{ A}$

电路的总有功功率为: $\qquad P_Y = 3U_p I_p = \sqrt{3} U_l I_l = 1\ 452 \text{ W}$

②三个电阻构成对称三角形负载,每个电阻的电压为电源相电压,即

$$U_p = U_l = 380 \text{ V}$$

对称负载三角形连接时有: $\qquad I_l = \sqrt{3} I_p$

流过各负载电阻的电流为: $\qquad I_p = \dfrac{U_p}{R} = \dfrac{380}{100} = 3.8 \text{ A}$

电路的总有功功率为: $\qquad P_\triangle = 3U_p I_p = \sqrt{3} U_l I_l = 4\ 332 \text{ W}$

结论:在电源线电压相同情况下,三相电炉连接成三角形吸收的功率是连接成星形时的三倍。

【例 6.20】 求例 6.17 中三相电路的总有功功率、无功功率及视在功率。

解 由例 6.17 可得: $\dot{U}_A = 220 \underline{/0°} \text{ V}, \dot{I}_A = \dot{I}_{A'} = 22 \underline{/-53.1°} \text{ A}$

即 $\qquad\qquad U_p = 220 \text{ V}, I_p = 22 \text{ A}, \varphi = 53.1°$

由于该电路为对称三相电路,则该电路的总有功功率为:

$$P = 3U_p I_p \cos \varphi = 3 \times 220 \times 22 \times \cos(53.1°) = 8\ 718.1 \text{ W} \approx 8.7 \text{ kW}$$

总无功功率为:

$$Q = 3U_p I_p \sin \varphi = 11\ 611.4 \text{ var} \approx 11.6 \text{ kvar}$$

总视在功率为: $S = 3U_p I_p = 3 \times 220 \times 22 = 14\ 520 \text{ V} \cdot \text{A} \approx 14.5 \text{ kV} \cdot \text{A}$

【例 6.21】 一台三相交流电动机,其定子绕组为 Y 形连接,接于线电压为 380 V 的三相交流电源,电机轴上输出的机械功率 $P_2 = 4$ kW,功率因数 $\cos \varphi_N = 0.82$,效率 $\eta_N = 84.5\%$。试求:①电机从电源吸收的电功率;②电机的线电流、无功功率。

解 ①电机输出的机械功率 $P_2 = 4$ kW,设电机从电源吸收的电功率为 P_1,则

$$P_1 = \frac{P_2}{\eta_N} = \frac{4\ 000}{0.845} = 4\ 733.7 \text{ W} = 4.73 \text{ kW}$$

②计算电机的线电流

$$I_l = \frac{P_1}{\sqrt{3} U_l \cos \varphi_N} = \frac{4.73}{\sqrt{3} \times 380 \times 0.82} = 8.76 \text{ A}$$

电机的无功功率:

$$Q = \sqrt{3} U_l I_l \sin \varphi_N = \sqrt{3 \times 380 \times 8.76 \times \sqrt{1 - 0.82^2}} = 3\ 300 \text{ var} = 3.3 \text{ kvar}$$

思考题

(1) 何为对称三相电源?对称三相电源的特点是什么?已知对称三相电源中的 $\dot{U}_B = 220 \underline{/-30°}$ V,写出另外两相电压及瞬时值表达式,画出相量图。

(2) 什么情况下可将三相电路的计算转变为对一相电路的计算？为什么？

(3) 三相负载三角形连接时,测出各相电流相等,能否说三相负载是对称的？

知识拓展

(1) 交流发电机与电动机

三相交流发电机是利用电磁感应原理将机械能转换为电能的旋转设备。本章 6.8 中的三相电源是由三相交流发电机提供。

三相交流发电机的核心部分是转子、定子。转子主要由转子轴、励磁绕组、两块爪形磁极、滑环等组成,它是交流发电机的磁场部分,其功能是产生旋转磁场;定子的作用是产生交流电,也称作电枢,由定子铁芯和定子绕组组成。定子铁芯一般由一组相互绝缘的且内圆带有嵌线槽的圆环状硅钢片叠制而成。定子的三相绕组按一定规律分布在发电机的定子槽中。

当外电路通过电刷使励磁绕组通电时,便产生磁场,使爪极被磁化为 N 极和 S 极。当转子旋转时,磁通交替地在定子绕组中变化,根据电磁感应原理可知,定子的三相绕组切割磁力线,产生交变的感应电动势。这就是交流发电机的发电原理。

三相电动机是将电能转换为机械能的旋转设备。根据工作方式可分为三相同步电动机和三相异步电动机,以广泛使用的鼠笼式异步电动机为例说明电动机的工作原理。三相异步电动机由定子和转子构成。定子和转子都有铁芯和绕组。定子铁芯一般由一组相互绝缘的且内圆带有嵌线槽的圆环状硅钢片叠制而成。嵌线槽内嵌入三相对称的定子绕组,定子绕组可连接成星形或三角形接于三相电源,定子的作用是产生旋转磁场,鼠笼式转子绕组有铜条和铸铝两种形式,形如鼠笼,故得此名。

在电动机定子绕组中通入三相对称交流电流后,产生旋转磁场。旋转磁场的磁力线切割转子绕组,绕组中就感应出电动势。在电动势的作用下,闭合的转子绕组中产生电流,该电流与旋转磁场相互作用,使转子受到电磁力作用。由电磁力产生电磁转矩,转子将转动起来。

在日常生活中,许多家用电器由单相异步电动机进行驱动。单相异步电动机主要也是由定子和转子组成,在定子绕组通入单相交流电,电动机内将产生一个大小及方向随时间沿定子绕组轴线方向变化的磁场,称为脉动磁场。脉动磁场可分解为大小相同但旋转方向相反的两个旋转磁场,即合成电磁转矩为零,单相电动机不能自行启动,但一旦让单相异步电动机转动起来,由于顺时针旋转磁场和逆时针旋转磁场产生的合成电磁转矩不再为零,在这个合成转矩的作用下,即使不需要其他的外在因素,单相异步电动机仍将沿着原来的运动方向继续运转。一般可采用分相启动方式解决单相异步电动机不能自启动问题。

(2) 交流量的测量

①电压、电流测量

交流电压、电流的有效值要使用交流电压表和交流电流表测量。

测量时,交流电流表应串接到被测电路中,流过电流表的电流就是被测负载电流的有效值 I;电压表则并接在被测负载两端,其测量值为被测负载电压有效值 U。电压表和电流表的图形符号及正确连接方法如图 6.54(a)所示。

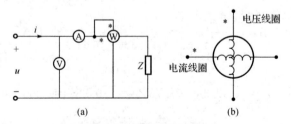

图 6.54 交流量的测量

②有功功率的测量

由于交流负载的有功功率不仅与电压和电流的有效值有关系,而且还与其功率因数有关,所以若要测量负载的有功功率,仅用电压表、电流表测出电压和电流来是不够的,通常需采用电动式功率表(也称为瓦特表)来进行测量。

电动式功率表内部有两个线圈:一个是固定线圈,也称电流线圈;另一个是可转动的活动线圈,也称电压线圈。电动系功率表的指针偏转方向与两个线圈中的电流方向有关,为此要在表上明确标示出能使指针正向偏转的电流方向。通常分别在每个线圈的一个端钮标有"＊"符号,称之为"电源端",其示意图如图 6.54(b)所示。接线时应使两线圈的"电源端"接在电源的同一极性上,以保证两线圈的电流都从该端钮流入。功率表在电路中的图形符号及正确的接线方式如图 6.54(a)所示。

测量功率时,电流线圈串接到被测电路中,通过的电流就是被测负载的电流,电压线圈则并接在被测电路两端,电压线圈支路(包括附加电阻)的端电压就是被测负载的电压。这样,当电流与电压同时分别作用于两线圈时,由于电磁相互作用产生电磁转矩而使活动线圈转动,带动指针偏转。电磁转矩正比于两线圈的电流瞬时值的乘积。由于电压线圈采用串联很大附加电阻的方法来改变量限,电压线圈的电抗可忽略,所以该线圈中的电流与负载电压是成正比的。那么,活动线圈受到的电磁转矩就正比于被测负载的电压与电流的瞬时值的乘积,即正比于瞬时功率。又由于电动式功率表的指针偏转角正比于电磁转矩在一个周期内的平均值,即平均功率,所以,电动式功率表可用来测量交流电路的有功功率。

三相功率可采用三瓦计法或两瓦计法测量。

a. 在三相四线制电路中,一般是用三瓦计法,即用三个功率表分别测出每相负载的功率,三相功率之和即为总功率,测量电路如图 6.55 所示。

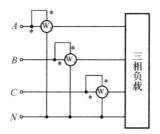

图 6.55　三相四线制电路功率测量——三瓦计法测量三相功率

若三个功率表的读数分别为 P_1、P_2 和 P_3,则三相负载的功率为:

$$P = P_1 + P_2 + P_3$$

b. 对于三相三线制电路,采用两瓦计法,即用两个功率表测量三相功率,测量时将两个功率表的电流线圈分别串入任意两线中,而其电压线圈跨接于本线及第三线之间,测量电路如图 6.56 所示。

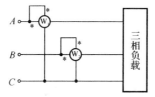

图 6.56　三相三线制电路功率测量——两瓦计法测量三相功率

若两个功率表的读数分别为 P_1 和 P_2,则三相负载的功率为两个功率表读数的代数和(证明略),即

$$P = P_1 + P_2$$

(3) 利用电路分析软件对稳态电路进行分析

图 6.57 为 RLC 串联电路的 Multisim 仿真图,图中 u_s 为交流电压源,电源电压有效值 $U_s = 220$ V,交流电压表 U_1 和电流表 U_2 分别用于测量电阻 R 的电压 u_R 和电流 i 有效值。功率表 XWM 用于测量电路的有功功率和功率因数,其电流线圈串接于电路,电压线圈与 RLC 电路并联;双踪示波器 XSC 用于观察电路的输入 u_s 与输出 u_R 的波形。波特仪 XBP 可观察 RLC 电路的频率特性。

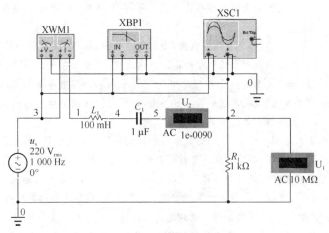

图 6.57　RLC 串联仿真电路图

RLC 串联电路的等效复阻抗：$Z=\dfrac{\dot U}{\dot I}=R+\mathrm{j}\omega L-\mathrm{j}\dfrac{1}{\omega C}=R+\mathrm{j}X$

其中：电抗 $X=\omega L-\dfrac{1}{\omega C}$；$U$、$I$ 为端口电压和电流的有效值。

复阻抗的极坐标式为 $Z=\sqrt{R^2+\left(\omega L-\dfrac{1}{\omega C}\right)^2}\angle\arctan\dfrac{\omega L-\dfrac{1}{\omega C}}{R}=|Z|\angle\varphi_Z$

其中：阻抗 $|Z|=\sqrt{R^2+\left(\omega L-\dfrac{1}{\omega C}\right)^2}=\sqrt{R^2+X^2}$；阻抗角 $\varphi_Z=\arctan\dfrac{\omega L-\dfrac{1}{\omega C}}{R}$。

阻抗角 φ_Z 也是端口上电压 u 与电流 i 的相位差，上式表明阻抗与阻抗角大小均与频率有关，保持电源电压有效值不变，调节电源频率即可改变负载的性质：

当 $\varphi_Z>0$（即 $X>0$）时，端口上电压超前电流 φ_Z 角，电路呈感性。

当 $\varphi_Z<0$（即 $X<0$）时，电压滞后电流 $|\varphi_Z|$ 角，电路呈容性。

当 $\varphi_Z=0$（即 $X=0$）时，电压与电流同相，电路呈阻性，发生串联谐振，有关谐振的概念与性质将在第 7 章介绍。

RLC 串联电路中只有电阻消耗有功功率，有功功率的计算公式为：$P=UI\cos\varphi_Z$ 或 $P=U_RI=\dfrac{U_R^2}{R}=I^2R$，功率因数为 $\cos\varphi_Z=\dfrac{R}{\sqrt{R^2+\left(\omega L-\dfrac{1}{\omega C}\right)^2}}$

在图 6.57 所示仿真电路中，电源电压 $U_s=220\ \mathrm V$，电路参数：$R=1\ \mathrm{k\Omega}$、$L=100\ \mathrm{mH}$、$C=1\ \mu\mathrm F$。用波特仪测量电路的频率特性，电路的幅频特性曲线如图 6.58 所示。根据 RLC 串联电路的性质，谐振时电路阻抗最小 $Z_0=R$，电源电压不变情况下，此时电路电流最大（电阻上的电流大小与其两端电压成正比）$I_0=U_s/R$。从图 6.58 可知：$f\approx503.758\ \mathrm{Hz}$ 时，电流最大，此时电路发生串联谐振。

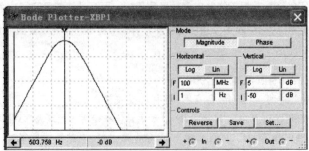

图 6.58　测量电路幅频特性

①$U_s=220$ V,调节电源频率为 $f=503.5$ Hz

电源频率 $f=503.5$ Hz 时,容抗 $X_C=1/\omega C=316.23$ Ω,感抗 $X_L=\omega L=316.23$ Ω,电抗 $X=X_L-X_C=0$ Ω,仿真电路如图 6.59(a)所示,图中功率表读数:$P=48.402$ W、功率因数 $\cos\varphi=1$,电压表读数 $U_R=220$ V,电流表读数 $I=0.22$ A。图 6.59(b)是示波器显示的电源电压与电阻电压的波形图,表明电流 i(与电阻电压 u_R 同相)与电压 u_s 同相,整个电路呈阻性。

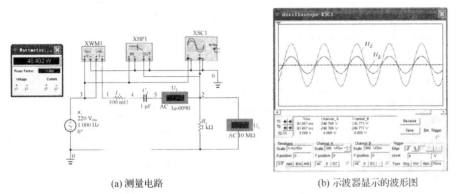

(a) 测量电路　　　　　　　　　　　　(b) 示波器显示的波形图

图 6.59　电源频率 $f=503.5$ Hz 时测量电路

电路中的有功功率也可通过电阻上的电压与电流计算,即

$$P=U_R I=220\times0.22=48.4 \text{ W}。$$

②$U_s=220$ V,调节电源频率为 $f=2\ 000$ Hz

电源频率 $f=2\ 000$ Hz 时,容抗 $X_C=1/\omega C=159.24$ Ω,感抗 $X_L=\omega L=1\ 256$ Ω,电抗 $X=X_L-X_C>0$,仿真电路如图 6.60(a)所示,图中功率表读数:$P=20.258$ W,$\cos\varphi=0.647$,电压表读数 $U_R=142.31$ V,电流表读数 $I=0.142$ A。图 6.60(b)是示波器显示的电源电压与电阻电压的波形图,表明电压 u_s 超前电流 i(与电阻电压 u_R 同相),整个电路呈感性。

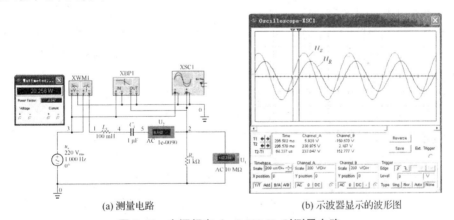

(a) 测量电路　　　　　　　　　　　　(b) 示波器显示的波形图

图 6.60　电源频率 $f=2\ 000$ Hz 时测量电路

有功功率通过电阻上的电压与电流计算,有:

$$P=U_R I=142.31\times0.142=20.21 \text{ W}$$

通过有功功率的计算公式计算,有:

$$P=U_s I\cos\varphi=220\times0.142\times0.647=20.21 \text{ W}$$

③$U_s=220$ V,调节电源频率为 $f=50$ Hz

电源频率 $f=50$ Hz 时,容抗 $X_C=1/\omega C=3\ 184.7$ Ω,感抗 $X_L=\omega L=31.4$ Ω,电抗 $X=X_L-X_C<0$,电路仿真如图 6.61(a)所示,图中功率表读数:$P=4.421$ W、功率因数 $\cos\varphi=0.302$,电压表读数 $U_R=66.512$ V,电流

表读数 $I=0.067$ A。图 6.61(b)是示波器显示的电源电压与电阻电压的波形图,表明电流 i(与电阻电压 u_R 同相)超前电压 u_s,整个电路呈容性。

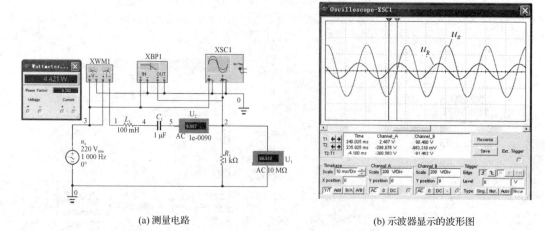

　　　　　(a) 测量电路　　　　　　　　　　　　　　　　　(b) 示波器显示的波形图

图 6.61　电源频率 $f＝50$ Hz 时测量电路

结论:

①RLC 串联电路的复阻抗为 $Z=R+j\omega L-j\dfrac{1}{\omega C}$,当改变电源频率时可改变容抗和感抗大小,从而会改变电路的性质。

②RLC 串联电路中 L、C 是储能元件、电阻 R 是耗能元件,电路消耗的有功功率即电阻消耗的有功功率。

本章小结

（1）正弦量可由三要素:幅值(有效值)、频率(周期)、初相位完备表示。正弦量的表示方法有函数表达式(瞬时表达式)、波形图、相量等。相量是复数,正弦量还可用相量表达式(代数式、三角函数式、指数式、极坐标式)和相量图表示。在相量指数式或极坐标式中,其模表示正弦量的幅值或有效值,其辐角表示正弦量的初相位。

（2）在正弦稳态电路中任一无源二端网络可等效为一复阻抗 Z 或复导纳 Y,即

$$Z = \frac{\dot{U}}{\dot{I}} \text{ 或 } Y = \frac{\dot{I}}{\dot{U}}$$

其中 $\dot{U}$、$\dot{I}$ 为无源二端网络的电压和电流。

复阻抗是复数,其表达为 $Z=R+jX=\sqrt{R^2+X^2}\angle\arctan\dfrac{X}{R}=|Z|\underline{/\varphi_Z}$

其中 R、X 为等效电阻和等效电抗;$|Z|$ 为阻抗;φ_Z 为阻抗角,也是端口电压电流的相位差。

电路的性质由电路参数及电源频率决定:

当 $\varphi_Z>0$(即 $X>0$)时,端口上电压超前电流 φ_Z 角,电路呈感性。

当 $\varphi_Z<0$(即 $X<0$)时,电压滞后电流 $|\varphi_Z|$ 角,电路呈容性。

当 $\varphi_Z=0$(即 $X=0$)时,电压与电流同相,电路呈阻性。

复导纳是复阻抗的倒数,有 $Z=\dfrac{1}{Y}$。

如有 n 个复阻抗串联,其等效阻抗为 $Z_{eq}=\displaystyle\sum_{i=1}^{n}Z_i$,第 k 个复阻抗 Z_k 所分得电压为:

$$\dot{U}_k = \frac{Z_k}{Z_{eq}}\dot{U}$$

如有 n 个复导纳并联,其等效导纳为 $Y_{eq} = \sum_{i=1}^{n}Y_i$,第 k 个复导纳 Y_k 所分得电流为:

$$\dot{I}_k = \frac{Y_k}{Y_{eq}}\dot{I}$$

单一电路元件(R、L、C)电路分析是正弦稳态电路分析的基础,单一电路元件复阻抗和复导纳分别为:

$$Z_R = R \qquad\qquad Y_R = \frac{1}{R} = G$$

$$Z_C = \frac{1}{j\omega C} = -j\frac{1}{\omega C} = -jX_C \quad Y_C = j\omega C = jB_C$$

$$Z_L = j\omega L = jX_L \qquad\qquad Y_L = -j\frac{1}{\omega L} = -jB_L$$

(3) 正弦稳态交流电路常用分析方法是相量法,即将正弦激励用其相量表示,负载用复阻抗或复导纳表示后,就可用分析直流电路的各种方法(支路电流法、回路电流法、节点电压法、戴维南/诺顿定理、叠加定理等)分析交流稳态电路。

(4) 正弦稳态电路的功率

正弦稳态电路的功率计算公式如下:

有功功率:$P = UI\cos\varphi(\mathrm{W})$(只有电阻元件消耗有功功率)

无功功率:$Q = UI\sin\varphi(\mathrm{var})$(电容、电感元件产生和消耗无功功率)

视在功率:$S = UI = \sqrt{P^2+Q^2}(\mathrm{V\cdot A})$

复功率:$\tilde{S} = UI^* = P+jQ = \sqrt{P^2+Q^2}\underline{/\varphi}(\mathrm{V\cdot A})$

功率因数:$\cos\varphi = \dfrac{P}{S}$

负载 Z_L 从给定电源中获得最大功率的条件是:$R_L = R_s$ 且 $X_L = -X_s$ 或 $Z_L = Z_s^*$。负载所获得的最大功率为:$P_{Lmax} = \dfrac{U_s^2}{4R_s}$。

(5) 在三相电源作用下的电路称为三相电路

三个大小相同、频率相同、相位互差 120° 的电源组成三相对称电源,它有星形(Y)和三角形(△)两种连接方法,其中星形连接的三相对称电源(有中线—三相四线制、无中线—三相三线制)对外可提供 2 组对称电压:对称的相电压和对称的线电压;三角形连接的三相对称电源(三相三线制)对外只能提供一组对称的相电压。

三相对称负载由复阻抗相同的三个负载组成,可接成星形(Y)或三角形(△)。由于负载对称,其相电流及线电流均对称,这样对称三相电路的分析可转成单相电路分析,即分析计算一相电路响应,根据对称性写出其他两相响应情况。

三相对称电路的功率:

$$P = 3U_p I_p\cos\varphi = \sqrt{3}U_l I_l\cos\varphi$$

$$Q = 3U_p I_p\sin\varphi = \sqrt{3}U_l I_l\sin\varphi$$

$$S = 3U_p I_p = \sqrt{3}U_l I_l$$

（6）理想变压器具有变换电压、变换电流、变换阻抗的作用。

习题 6

6.1　三个正弦电流分别为 $i_1=5\sqrt{2}\sin(314t)$ A，$i_2=5\sqrt{2}\sin(314t+60°)$ A，$i_3=5\sqrt{2}\sin(314t+30°)$ A，要求：①说明它们的相位关系并在同一坐标系中画出它们的波形；②写出表示这三个正弦量的相量，并画出相量图；③通过相量计算 i_1+i_2 和 i_1-i_2。

6.2　把下列复数化为极坐标形式。

①9+j12　　　　②9−j12　　　　③−1.2+j2.4　　　　④−1.2−j2.4

⑤j10　　　　　⑥−j10　　　　　⑦−6　　　　　　　⑧6

6.3　把下列复数化为代数形式。

①20$\underline{/30°}$　　②20$\underline{/-30°}$　　③20$\underline{/150°}$　　④20$\underline{/-150°}$　　⑤20$\underline{/90°}$

⑥20$\underline{/-90°}$　⑦20$\underline{/180°}$　⑧20$\underline{/-180°}$　⑨20$\underline{/-60°}$　⑩20$\underline{/60°}$

6.4　把下列电压有效值相量表示为电压的正弦量表达式。（设 $\omega=1\,000$ rad/s）

①$\dot{U}=100\underline{/39°}$ V　　　　②$\dot{U}=50\underline{/-51°}$ V　　　　③$\dot{U}=50e^{j141°}$ V

④$\dot{U}=50e^{-j141°}$ V　　　　⑤$\dot{U}=(-40+j30)$ V　　　　⑥$\dot{U}=(-40-j30)$ V

6.5　求图 6.62 所示电路中各未知电压表和电流表的读数。

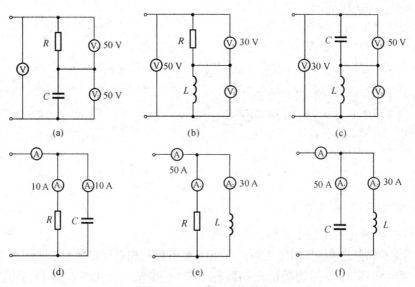

图 6.62　习题 6.5 电路图

6.6　电路如图 6.63 所示，已知 $X_L=X_C=R$，求电流表 A_1、A_2、A_3 读数之间的关系。

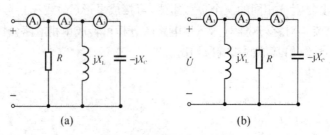

图 6.63　习题 6.6 电路图

6.7　图 6.64 所示电路中,已知电流表 A_1 和 A_2 的读数分别为 $I_1 = 3$ A, $I_2 = 4$ A。

①A_0 的读数是否一定比 A_1 或 A_2 的读数大? 为什么?

②设元件 1 为电阻元件,问元件 2 应为何种元件方可使 A_0 读数最大? 此读数是多少?

③设元件 1 为电容元件,问元件 2 应为何种元件方可使 A_0 读数最小? 此读数是多少?

图 6.64　习题 6.7 电路图　　　　　图 6.65　习题 6.8 电路图

6.8　已知图 6.65 所示电路中, $u = 100\sin(10t + 45°)$ V, $i_1 = i = 10\sin(10t + 45°)$ A, $i_2 = 20\sin(10t + 135°)$ A,试判断元件 1、2、3 的性质并计算其阻抗。

6.9　求出图 6.66 所示二端网络的输入阻抗和输入导纳,并画出该网络的最简串联等效电路和并联等效电路。

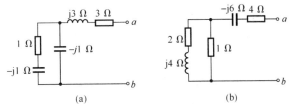

(a)　　　　　　　　　　(b)

图 6.66　习题 6.9 电路图

6.10　试求图 6.67 所示二端网络的输入阻抗并画出其最简串联等效电路。

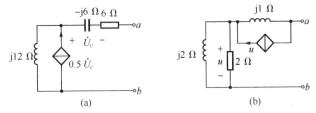

(a)　　　　　　　　　　(b)

图 6.67　习题 6.10 电路图

6.11　图 6.68 所示电路中,已知 $X_L = X_C = R = 10$ Ω,电阻上电流为 10 A,求电源电压。

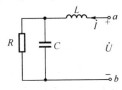

图 6.68　习题 6.11 电路图

6.12　一个具有内阻 R 的线圈与电容器串联接到工频 100 V 的电源上,测得电流为 2 A,线圈上电压为 150 V,电容上电压为 200 V,求电路参数 R、L、C。

6.13　RLC 串联电路中,测得电容元件上的电压为 15 V,电感元件上的电压为 12 V,电阻元件上的电压为 4 V,试求串联电路两端的总电压。

6.14　图 6.69 所示二端网络中,已知电源频率为 50 Hz, $R = 10$ Ω, $L = 10$ mH, $C = 159$ μF,电流 $\dot{I} = 1\underline{/0°}$ A,试求:①支路电流 $\dot{I}_1$、$\dot{I}_2$;②该二端网络的串联等效电路和并联等

效电路。

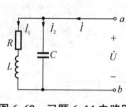

图 6.69 习题 6.14 电路图

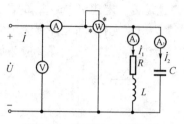

图 6.70 习题 6.15 电路图

6.15 在图 6.70 所示电路中,已知 $u = 380\sin(314t)$ V,$i_1 = 10\sin(314t-60°)$ A,$i_2 = 20\sin(314t+90°)$ A,试求各仪表读数及电路参数 R、L 和 C。

6.16 电路相量模型如图 6.71 所示,列出电路的网孔电流方程和节点电压方程。

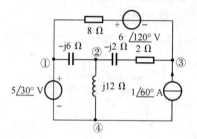

图 6.71 习题 6.16 电路图

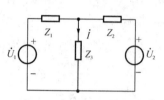

图 6.72 习题 6.17 电路图

6.17 电路如图 6.72 所示。已知 $Z_1 = 1\underline{/45°}$ Ω,$Z_2 = 1\underline{/-45°}$ Ω,$Z_3 = 3\underline{/45°}$ Ω,$\dot{U}_1 = 100\underline{/45°}$ V,$\dot{U}_2 = 100\sqrt{2}$ V。试分别用叠加定理、戴维南定理、节点电压法求电流 $\dot{I}$。

6.18 电路的相量模型如图 6.73 所示,$\dot{U}_s = 24\underline{/60°}$ V,$\dot{I}_s = 6\underline{/30°}$ A,试用网孔电流法求支路电流 $\dot{I}_1$、$\dot{I}_2$。

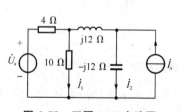

图 6.73 习题 6.18 电路图

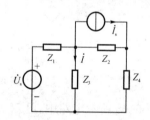

图 6.74 习题 6.19 电路图

6.19 分别用节点电压法和戴维南定理求图 6.74 所示电路中的电流 $\dot{I}$。已知 $\dot{U}_s = 100\underline{/0°}$ V,$\dot{I}_s = 10\sqrt{2}\underline{/-45°}$ A,$Z_1 = Z_3 = 10$ Ω,$Z_2 = -j10$ Ω,$Z_4 = j5$ Ω。

6.20 求图 6.75 所示二端网络的戴维南等效电路。

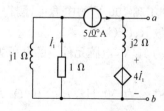

图 6.75 习题 6.20 电路图

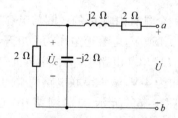

图 6.76 习题 6.21 电路图

6.21 图 6.76 所示电路中,已知 $\dot{U}_C = 10\underline{/0°}$ V,求端电压 $\dot{U}$。

6.22 在图 6.77 所示电路中,若感性负载的有功功率为 150 W,无功功率为 250 var,问:在电路功率因数为 $\cos\varphi = 0.6$(滞后)和 $\cos\varphi = 0.6$(超前)两种情况下,电容的无功功率各为多少?

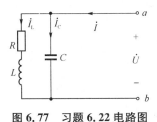

图 6.77 习题 6.22 电路图

6.23 已知关联参考方向下的无源二端网络的端口电压 $u(t)$、电流 $i(t)$ 分别为:

① $u(t) = 20\sin(314t)$V,$i(t) = 0.3\sin(314t)$A;

② $u(t) = 10\sin(100t+75°)$V,$i(t) = 2\sin(100t+45°)$A;

③ $u(t) = 10\sin(200t+35°)$V,$i(t) = 2\sin(200t+65°)$A。

试求三种情况下此二端网络的等效电路(元件串联)和元件参数值,并求此二端网络的 P、Q、S、$\tilde{S}$ 及 λ。

6.24 图 6.78 所示电路中,已知 $\dot{U}_s = 100\sqrt{2}\underline{/30°}$ V,试求:①各支路电流;②各支路的有功功率、无功功率;③电源提供的总有功功率、无功功率、视在功率及复功率;④电路总的功率因数。

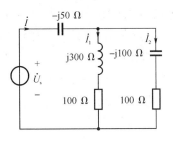

图 6.78 习题 6.24 电路图

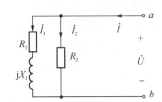

图 6.79 习题 6.25 电路图

6.25 图 6.79 所示电路中,已知 $U = 200$ V,$R_1 = 5$ Ω,$X_1 = 5\sqrt{2}$ Ω,$R_2 = 10$ Ω,试求:①各支路电流;②电路的有功功率、无功功率及视在功率。

6.26 有 20 只 40 W,功率因数为 0.5 的日光灯和 100 只 40 W 的白炽灯并联在有效值为 220 V 的正弦电源上,试求:①线路总电流;②电路的有功功率、无功功率、视在功率;③电路的功率因数。

6.27 有两个感性负载并联接到有效值为 220 V 的工频电源上,已知:$P_1 = 2.5$ kW,$\cos\varphi_1 = 0.5$,$S_2 = 4$ kV·A,$\cos\varphi_2 = 0.707$,试求:①电路总的视在功率及电路的功率因数;②欲将功率因数提高到 0.866,需并联多大的电容?

6.28 一台电动机接到工频 220 V 的电源上,吸收的功率为 1.4 kW,功率因数为 0.7,欲将功率因数提高到 0.9,需并联多大的电容?电容补偿的无功功率为多少?并联后电路总的无功功率为多少?

6.29 正弦稳态电路如图 6.80 所示,若 Z_L 可变,试问 Z_L 为何值时可获得最大功率?最大功率是多少?

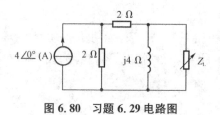

图 6.80 习题 6.29 电路图

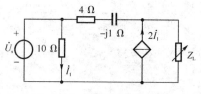

图 6.81 习题 6.30 电路图

6.30 电路如图 6.81 所示,$\dot{U}_s=\sqrt{2}\underline{/0^\circ}$ V,试求负载 Z_L 为何值时可获得最大功率? 最大功率是多少?

6.31 图 6.82 所示正弦稳态电路中,已知 $R_1=R_2=10$ Ω,$\omega L_1=30$ Ω,$\omega L_2=30$ Ω,$\omega M=10$ Ω,电源电压 $\dot{U}_1=100\underline{/0^\circ}$ V,试求电压 $\dot{U}_2$ 及 R_2 电阻消耗的功率。

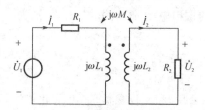

图 6.82 习题 6.31 电路图

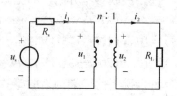

图 6.83 习题 6.32 电路图

6.32 电路如图 6.83 所示,已知一交流信号源 $U_s=20$ V,电源内阻 $R_s=1$ kΩ,对电阻 $R_L=10$ Ω 的负载供电,为使该负载获得最大功率,试求:①理想变压器的变比 n;②理想变压器一、二次侧电压、电流各为多少? ③负载 R_L 吸取的最大功率为多少?

6.33 一理想变压器的一次、二次绕组的绕组匝数分别为 3 000 匝和 200 匝,一次绕组电流有效值为 1 A,变压器的负载电阻 $R_L=10$ Ω,试求一次绕组电压和输入电阻。

6.34 三相电压源作三角形连接时,若不慎接错一相,将在电源内部产生很大的环流,烧毁电源。所以通常在连接时,要采用一种简单的方法进行判断,以便纠正。试说明该方法。

6.35 对称三相星形连接电炉中,已知某相电压为 $\dot{U}_C=277\underline{/45^\circ}$ V,为正相序,求三个线电压 $\dot{U}_{AB}$、$\dot{U}_{BC}$、$\dot{U}_{CA}$ 并画出相电压和线电压的相量图。

6.36 线电压为 380 V 的三相四线制中,对称星形负载的每相阻抗为 $Z=(160+\mathrm{j}120)$Ω,求各相电流及中线电流,画出相量图。如果中线断开,各相负载的电压、电流有无变化?

6.37 将上题中的负载作三角形连接后再接到原三相电源上,求负载相电流、线电流并画相量图。

6.38 三相电动机每相绕组的额定电压是 220 V,把它接到 220 V 的三相电源上,该电动机绕组应该如何连接? 已知这台电动机每相复阻抗为 $36\underline{/30^\circ}$ Ω,求电动机的相电流和线电流。

6.39 负载星形连接的三相电路,已知 $Z_A=\mathrm{j}5$ Ω,$Z_B=Z_C=5$ Ω 接到线电压 $U_l=100$ V 的三相电源上,试求:①各负载的相电流、线电流及中线电流;②若 C 相断开,求各负载的相电流、线电流及中线电流。

6.40 一对称的三相三线制线路,负载星形连接,已知 $Z_A=Z_B=Z_C=(10+\mathrm{j}10)$ Ω,$\dot{U}_{AC}=380\underline{/-60^\circ}$ V,三相电源为正序,试求:①各负载的相电流与线电流(相量形式);②三相电路的总有功功率、总无功功率、总视在功率。

6.41 三相电炉的三个电阻,可以接成星形,也可以接成三角形,常以此来改变电炉的功率。假设某三相电炉的三个电阻都是 43.32 Ω,求在 380 V 线电压上,把它们接成星形和三角形的功率分别为多少?

　　6.42　在图 6.84 所示电路中,三相四线制电源电压为 380/220 V,接有对称星形连接的白炽灯负载,其总功率为 90 W,其中在 C 相上还接有额定电压为 220 V,功率为 20 W,功率因数 $\cos\varphi=0.5$ 的日光灯一只,试求电流 $\dot{I}_A$、$\dot{I}_B$、$\dot{I}_C$ 及 $\dot{I}_N$,设 $\dot{U}_A=220\underline{/0°}$ V。

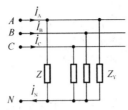

图 6.84　习题 6.42 电路图

7 电路的频率响应

正弦交流稳态电路分析中,有两大类问题:一类是单一频率正弦激励下不同电路的稳态响应分析计算,此时响应与激励是同频率的正弦量(如第六章分析的电路);另一类是在不同频率的正弦激励下,同一电路响应特性的分析,由于容抗、感抗是频率的函数,此时响应是正弦激励频率的函数,故称为频率响应或频率特性。

在各种电子设备中传输的代表语言、音乐、图像等的低频信号都是多频率的电压或电流。无线电通信、广播、电视等把这些代表语言、图像的低频信号调制到频率很高的高频信号上,以便利用天线辐射出无线电波;接收机收到从空间传来的无线电波后,从中取出(称为解调)低频信号,并恢复为声音和图像,这些应用都是利用了电路的频率特性。

7.1 无源双端网络的频率特性与网络函数

电路分析中,电路的频率特性通常用正弦稳态电路的网络函数来描述。在单一正弦激励下的电路,根据齐次定理,其响应相量 $\dot{R}(j\omega)$ 与激励相量 $\dot{E}(j\omega)$ 成正比,即

$$H(j\omega) = \frac{\dot{R}(j\omega)}{\dot{E}(j\omega)} \tag{7.1}$$

式(7.1)中,ω 为激励频率;R、E 分别为响应、激励的有效值。

根据响应、激励是否在电路同一个端口,网络函数可分为两类:若响应与激励处于电路的同一端口时,则为策动点函数,否则为转移函数。根据响应、激励是电压还是电流,策动点函数又可分为策动点阻抗和策动点导纳;转移函数又分为转移电压比、转移电流比、转移阻抗和转移导纳,具体如图 7.1 所示。其中,图 7.1(a)中,$H(j\omega) = \frac{\dot{I}_1(j\omega)}{\dot{U}_1(j\omega)}$ 表示输入导纳;图 7.1(b)中,$H(j\omega) = \frac{\dot{U}_1(j\omega)}{\dot{I}_1(j\omega)}$ 表示输入阻抗;图 7.1(c)中,$H(j\omega) = \frac{\dot{U}_2(j\omega)}{\dot{I}_1(j\omega)}$ 是转移阻抗;图 7.1(d)中,$H(j\omega) = \frac{\dot{I}_2(j\omega)}{\dot{U}_1(j\omega)}$ 是转移导纳;图 7.1(e)中,$H(j\omega) = \frac{\dot{U}_2(j\omega)}{\dot{U}_1(j\omega)}$ 是转移电压比;图 7.1(f)中,$H(j\omega) = \frac{\dot{I}_2(j\omega)}{\dot{I}_1(j\omega)}$ 是转移电流比。因 $H(j\omega)$ 是一复数,将式(7.1)改写为指数形式,得:

$$H(j\omega) = |H(\omega)| e^{j\varphi(\omega)} = \frac{Re^{j\varphi_R}}{Ee^{j\varphi_E}} = \frac{R}{E} e^{j(\varphi_R - \varphi_E)}$$

即

$$|H(\omega)| = \frac{R}{E} \tag{7.2a}$$

$$\varphi(\omega) = \varphi_R(\omega) - \varphi_E(\omega) \tag{7.2b}$$

$|H(\omega)|$ 是复数 $H(j\omega)$ 的模,它是响应相量与激励相量的模之比,称为幅频特性(或幅频响

应),如式(7.2a)所示;$\varphi(\omega)$是复数 $H(j\omega)$ 的幅角,它是响应相量与激励相量相位之差,称为相频特性(相频响应),如式(7.2b)所示。

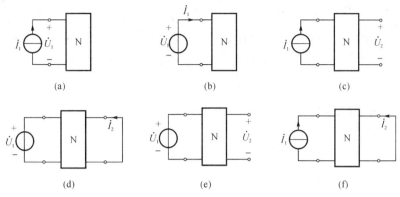

图 7.1 双端网络的频率响应函数示图

7.1.1 RC 电路

1) RC 低通滤波电路

如图 7.2 所示的二端口网络,其网络函数(转移电压比)为:

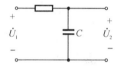

图 7.2 低通滤波电路

$$H(j\omega) = \frac{\dot{U}_2}{\dot{U}_1} = \frac{\frac{1}{j\omega C}}{R + \frac{1}{j\omega C}} = \frac{1}{1 + j\omega RC} \tag{7.3}$$

显而易见,网络函数 $H(j\omega)$ 是由电路结构和元件参数决定的,是激励频率的复函数,是电路自身特性的体现。若激励 $\dot{U}_1$(初相、有效值)不变,则响应 $\dot{U}_2$ 与 $H(j\omega)$ 的变化规律一致,故响应与激励频率的关系决定于网络函数与频率的关系。

从式(7.3)易得到其幅频响应和相频响应为:

$$|H(\omega)| = \frac{1}{\sqrt{1 + (\omega RC)^2}} \tag{7.4a}$$

$$\varphi(\omega) = -\arctan \omega RC \tag{7.4b}$$

其频率响应曲线(又称频率特性曲线)如图 7.3(a)、(b)所示。

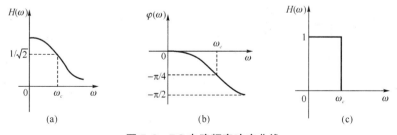

图 7.3 RC 电路频率响应曲线

由图可见,当频率很低时,$|H(\omega)| \approx 1$;当频率很高时,$|H(\omega)| \ll 1$。这表明,对图 7.2 所示电路,当输出取自电容电压时,低频信号较易通过,而高频信号将受到抑制,常称该类电路为低通电路。

将电路这种保留一部分频率分量、削弱另一部分频率分量的特性称为滤波特性,具有这种特性的电路称为滤波电路,图 7.2 电路也称为低通滤波电路。

一般将 $|H(\omega)|/|H(\omega)|_{\max} \geqslant 1/\sqrt{2}$ 的频率范围称为该电路的通频带;而将 $|H(\omega)|/|H(\omega)|_{\max} < 1/\sqrt{2}$ 的频率范围称为止带或阻带,二者的边界频率称为截止频率 f_c(或截止角频率 ω_c)。图 7.3(c)所示的是理想低通滤波器的幅频特性,其通频带为:

$$B = \omega_c - 0 = \omega_c = 2\pi f_c$$

而一个实际的低通滤波电路(图 7.2)的幅频特性如图 7.3(a),其截止频率可由式(7.4a)求得,即

$$\frac{1}{\sqrt{1+(\omega RC)^2}} = \frac{1}{\sqrt{2}}$$

其中,$\omega_c = \dfrac{1}{RC}$;$B = \omega_c - 0 = \omega_c$;$\varphi(\omega_c) = -\dfrac{\pi}{4}$。

由于 $\omega = \omega_c$ 时,电路的输出功率是最大输出功率的一半,因此又称 ω_c 为半功率点频率。显然,电路中元件参数决定了该低通滤波电路的截止频率与带宽。

RC 低通滤波电路广泛应用于电子设备的整流电路中,用于滤除整流后电源电压中的交流分量或用于检波电路中滤除检波后的高频分量。

2) RC 高通滤波电路

若将图 7.1 中的电阻、电容互换位置,且从电阻上取出电压(图 7.4(a)),则频率特性为:

$$H(\mathrm{j}\omega) = \frac{\dot{U}_2}{\dot{U}_1} = \frac{R}{R + \dfrac{1}{\mathrm{j}\omega C}} = \frac{\mathrm{j}\omega RC}{1 + \mathrm{j}\omega RC} = \frac{\mathrm{j}\omega}{\omega_c + \mathrm{j}\omega} \tag{7.5a}$$

式(7.5a)中,$\omega_c = \dfrac{1}{RC}$。

其幅频特性、相频特性分别为:

$$|H(\omega)| = \frac{1}{\sqrt{1+\left(\dfrac{\omega_c}{\omega}\right)^2}} \tag{7.5b}$$

$$\varphi(\omega) = \frac{\pi}{2} - \arctan \omega RC \tag{7.5c}$$

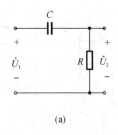
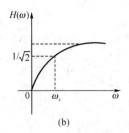
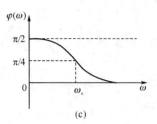

(a)　　　　　　　　　(b)　　　　　　　　　(c)

图 7.4　RC 高通电路

式(7.5b)、式(7.5c)所示的频率特性曲线如图 7.4(b)、(c)所示。当 $\omega = \omega_c$ 时,$|H(\omega)| = 1/\sqrt{2}$,$\varphi(\omega_c) = \pi/4$。通频带 B 为 $\omega > \omega_c$;阻带 $0 \sim \omega_c$,该电路称为高通电路(或高通滤波器),常用于电子电路放大器级间的耦合电路。

前面讨论的 RC 电路,除了幅频特性不同外,其相频特性也不同,分别为:

低通电路:$\varphi(\omega) = -\arctan\omega RC$ （$0 \sim -\pi/2$）滞后

高通电路:$\varphi(\omega) = \dfrac{\pi}{2} - \arctan\omega RC$ （$0 \sim \pi/2$）超前

输出电压相对于输入电压有一定的相位移,低通滤波电路为滞后相移,高通滤波电路为超前相移。在工程实际中,常常用上述两电路实现移相的目的(如电子线路中正、负反馈)。

可以看出,对于一个确定频率的输入信号,改变元件参数,可以得到希望的相移;对于一个确定的相移电路,在输入信号的各频率分量中,只有某个频率分量可以通过电路输出。但相移量较大时,电路的输出会很低,如:要移相 90°,上述电路的输出电压为零,这就需要两个相同结构的移相电路连接起来使用。在电子技术中,把一个电阻与一个电容组成的移相电路,称为一节。要移相 180 度,即输出与输入反相,则至少需要三节电路才能实现。

上述移相、滤波电路用 RC 实现,根据感抗是频率的函数,显然 RL 电路也具有相应的频率特性。

7.1.2 RL 电路

图 7.5(a)、(b)所示电路为电阻元件与电感元件串联构成的 RL 电路,经过分析可得到其频率特性表达式。

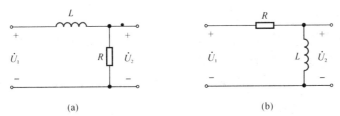

(a)　　　　　　　　　　　(b)

图 7.5　RL 滤波电路

由图 7.5(a)有:

$$H(j\omega) = \frac{\dot{U}_2}{\dot{U}_1} = \frac{R}{R + j\omega L} = \frac{1}{1 + j\omega \dfrac{L}{R}} = \frac{1}{\sqrt{1 + \left(\omega \dfrac{L}{R}\right)^2}} e^{-j\arctan\omega\frac{L}{R}} \tag{7.6}$$

由图 7.5(b)有:

$$H(j\omega) = \frac{\dot{U}_2}{\dot{U}_1} = \frac{j\omega L}{R + j\omega L} = \frac{1}{\sqrt{1 + \left(\dfrac{R}{\omega L}\right)^2}} e^{j\arctan\omega\frac{L}{R}} \tag{7.7}$$

由此可见,式(7.6)表示的图 7.5(a)电路的频率特性与图 7.2(a)电路的频率特性相同,为一个低通滤波电路;式(7.7)表示图 7.5(b)电路的频率特性与图 7.4(a)电路的频率特性相同,为一个高通滤波电路;同时,前者为滞后、后者为超前的移相网络。显然,这些网络函数也是由电路结构与参数决定的。根据定义容易得到,RL 电路的截止频率为 $\omega_c = R/L$。

综上所述,今后讨论的电路无论是 RC、RL 电路,只要其网络函数的典型形式为:

$$H(j\omega) = H_0 \frac{\omega_c}{j\omega + \omega_c} \tag{7.8}$$

$$H(j\omega) = H_\infty \frac{j\omega}{j\omega + \omega_c} \tag{7.9}$$

式(7.8)描述的对应电路称为低通、滞后网络;式(7.9)描述的对应电路称为高通、超前网络,式中 H_0、H_∞ 为常数,ω_c 为截止频率。一个电路的频率响应是其电路本身决定的,上述 RC、RL 电路也称为无源一阶电路。

7.1.3　无源双端网络

在实际工程的电路可能同时含有 L 和 C,此时如图 7.6 所示的无源双端口网络,在考虑同一端口的信号关系时,可简化为图 7.6。其激励与响应的关系可用端口电压与电流表示,即策动点阻抗(或策动点导纳)。

$$Z = \frac{\dot{U}}{\dot{I}} = \frac{U}{I}\mathrm{e}^{\mathrm{j}(\varphi_u - \varphi_i)} = |Z|\mathrm{e}^{\mathrm{j}\varphi_z}$$

图 7.6　无源双端网络

显然,$|Z|$、$\varphi(z)$ 是 ω 的函数,分别称为幅频与相频特性。该 RLC 电路又称为无源二阶电路,下面将根据电路不同的连接方式,在第二节中详细讨论。

* 7.1.4　波特图

前已述及电路的频率特性 $H(\mathrm{j}\omega) = |H(\omega)|\mathrm{e}^{\mathrm{j}\varphi(\omega)}$,由于频率 ω 的变化范围较大,用线性坐标的方式绘出频率特性曲线很不方便,故将网络函数取对数运算后,再绘制特性曲线,即

$$\ln[H(\mathrm{j}\omega)] = \ln(|H(\omega)| + \ln\mathrm{e}^{\mathrm{j}\varphi(\omega)} = \ln(|H(\omega)|) + \mathrm{j}\varphi(\omega)$$

上式实部是网络函数相对幅值增益,虚部系数 $\varphi(\omega)$ 为网络函数的相位移。往往用分贝单位表示幅频增益,即幅值增益采取 10 的对数。

将图 7.1 的频率特性用波特图表示为:

幅频特性　$|H(\omega)|_{\mathrm{dB}} = 20\lg\frac{1}{\sqrt{1+(\omega RC)^2}} = -10\lg[1+(\omega RC)^2]$

$\omega = 0$ 时,$|H(\omega)|_{\mathrm{dB}} = 0$;$\omega \to \infty$ 时,$|H(\omega)|_{\mathrm{dB}} \to -20\lg\omega RC$;

相频特性　$\varphi(\omega) = -\arctan\omega RC$

$\omega = 0$ 时,$\varphi(\omega) = 0$;$\omega \to \infty$ 时,$\varphi(\omega) = -\frac{\pi}{2}$;$\omega = \omega_c = \frac{1}{RC}$ 时,$\varphi(\omega) = -\frac{\pi}{4}$

可用简单的折线绘出图 7.2 所示低通电路的波特图,如图 7.7 所示(图 7.7(a)、(b)分别为幅频、相频特性),显然:$\omega = \omega_c = \frac{1}{RC}$,近似折线与精确曲线相差 3 dB。

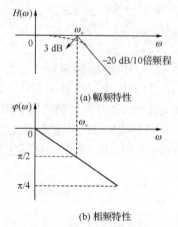

(a) 幅频特性

(b) 相频特性

图 7.7　低通电路的波特图

思考题

（1）对于同一电路，若改变其电源信号，则电路的半功率点是否会发生变化？

（2）滤波电路的输出信号中，是否完全没有阻带内的频率信号？

7.2 RLC 串联谐振电路

在具有电阻 R、电感 L 和电容 C 元件的交流电路中，电路两端的电压与其中电流相位一般是不同的。如果调节电路元件（L 或 C）的参数或电源频率，可以使它们相位相同，整个电路呈现为纯电阻性，这种电路状态称之为谐振。此时根据 RLC 电路的组成形式可分为串联谐振电路、并联谐振电路和复杂谐振电路，研究谐振的目的就是要认识这种客观现象，并在科学和应用技术上充分利用谐振的特征，同时又要预防它所产生的危害。

本节讨论 RLC 串联谐振电路。

7.2.1 谐振频率

如图 7.8（a）所示的 RLC 串联电路，电源是频率为 f（角频率 ω）的正弦电压源，用 $\dot{U}_s = U_s \underline{/0°}$ 表示，则该电路的端口阻抗为：

$$Z = \frac{\dot{U}_s}{\dot{I}} = R + j\omega L - j\frac{1}{\omega C} = \sqrt{R^2 + \left(\omega L - \frac{1}{\omega C}\right)^2}\, e^{j\arctan\frac{\omega L - \frac{1}{\omega C}}{R}} \quad (7.10)$$

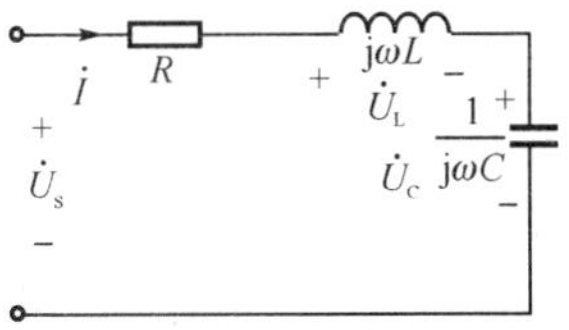

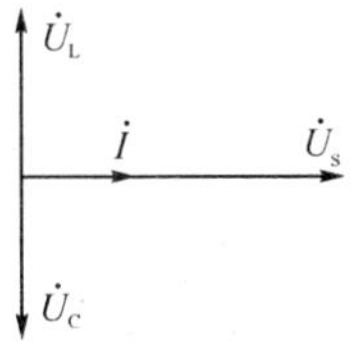

(a) 电路图　　(b) 相量图

图 7.8　RLC 串联电路

根据谐振定义，需满足 $\omega L - \dfrac{1}{\omega C} = 0$，即

$$\omega L = \frac{1}{\omega C} \quad (7.11)$$

上式为 RLC 串联电路的谐振条件。满足这个条件的输入信号频率，称为谐振频率，用 ω_0 表示

$$\omega_0 = \frac{1}{\sqrt{LC}} \quad (7.12a)$$

或

$$f_0 = \frac{1}{2\pi\sqrt{LC}} \quad (7.12b)$$

可见，一个电路的谐振频率，仅由电路元件的参数 L 和 C 决定，而与激励无关，但仅当激励源的频率等于电路的谐振频率时，电路才发生谐振现象，谐振是电路固有性质的反映。

7.2.2　串联谐振电路的特点

由于串联 RLC 电路中,容抗 X_C、感抗 X_L 随激励 ω 的变化而变化,故其总阻抗 $Z(j\omega)$ 也是 ω 的函数,其频率特性如图 7.9 所示。

显而易见,当 $\omega<\omega_0$ 时,$\omega L<\dfrac{1}{\omega C}$,电路呈容性,$\dot{I}$ 超前 $\dot{U}_s$;当 $\omega>$

ω_0 时,$\omega L>\dfrac{1}{\omega C}$,电路呈感性,$\dot{I}$ 滞后于 $\dot{U}_s$;当 $\omega=\omega_0$ 时,$\omega L=\dfrac{1}{\omega C}$,$\dot{I}$ 与

$\dot{U}_s$ 同相,谐振时的相量图如图 7.8(b)所示。

下面分析串联谐振的特点。

当 RLC 串联电路谐振时,由于电抗 $X(\omega_0)=0$,所以谐振时电路的阻抗 $Z_0=R$ 是纯电阻且为最小值。

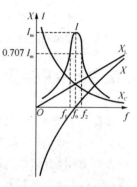

图 7.9　串联电路谐振特性

显然谐振时,电路中的电流为:

$$I_0=\frac{U_s}{R} \tag{7.13}$$

若激励源信号 U_s 不变,谐振时电流 I 达到最大值 I_0。此谐振电流完全决定于电阻值,而与电感、电容值无关。往往可以利用串联谐振的这一重要特征,判断电路是否谐振。

因为谐振时 $\omega L=\dfrac{1}{\omega C}$,所以电感、电容电压大小相等,即为:

$$U_{L0}=U_{C0}=\omega_0 L I_0=\frac{1}{\omega_0 C}I_0$$

将式(7.13)代入上式,得:

$$U_{L0}=U_{C0}=\omega_0 L \frac{U_s}{R}=\frac{1}{\omega_0 C}\frac{U_s}{R} \tag{7.14}$$

谐振时的感抗、容抗不为零,因此将谐振时的容抗、感抗定义为特性阻抗 ρ,即

$$\rho=\omega_0 L=\frac{1}{\omega_0 C}=\sqrt{\frac{L}{C}} \tag{7.15}$$

由式(7.15)可知,ρ 的单位为 Ω,由 L、C 决定,与角频率 ω 无关。在工程中,通常用特性阻抗与回路的电阻比值来讨论谐振电路的性能,此值用 Q 表示,即

$$Q=\frac{\rho}{R}=\frac{\omega_0 L}{R}=\frac{1}{\omega_0 RC}=\frac{1}{R}\sqrt{\frac{L}{C}} \tag{7.16}$$

Q 称为谐振电路的品质因数,它是仅与 R、L、C 有关的无量纲的参数。可见特性阻抗 ρ、品质因数 Q 都是描述谐振电路特性的重要参数。

谐振时,电路中各元件电压相量可写为:

$$\begin{cases} \dot{U}_R=R\dot{I}_0=R\dfrac{\dot{U}_s}{R}=\dot{U}_s \\[2mm] \dot{U}_{L0}=j\omega_0 L\dot{I}_0=j\dfrac{\omega_0 L}{R}\dot{U}_s=jQ\dot{U}_s \\[2mm] \dot{U}_{C0}=-j\dfrac{1}{\omega_0 C}\dot{I}_0=-jQ\dot{U}_s \end{cases} \tag{7.17}$$

此时,电感电压和电容电压模值相等(均为激励电压的 Q 倍),相位相反。通常 $R \ll \rho$,Q 值可达几十至几百倍,所以串联谐振又称电压谐振。在通信和电子技术中,传输的电压信号很弱,利用电压谐振,可获较高的电压,但在电力工程中,这种高电压有时会使电容器或电感线圈的绝缘击穿而造成损害,因此,常常要避免谐振或接近谐振的情况发生。

7.2.3 频率响应

前面讨论了 RLC 串联谐振时的特点,下面进一步研究其频率响应,常以电路电流为输出,分析电路的频率特性,如图 7.8(a)所示电路,其电流为:

$$\dot{I} = \frac{\dot{U}_s}{R + j\omega L + \dfrac{1}{j\omega C}} = \dot{I}_0 \frac{1}{1 + jQ\left(\dfrac{\omega}{\omega_0} - \dfrac{\omega_0}{\omega}\right)}$$

式中,$\dot{I}_0 = \dfrac{\dot{U}_s}{R}$ 是谐振电流,是电流的最大值。

用相对电流表示电路的网络函数,上式可改写为:

$$H(j\omega) = \frac{\dot{I}}{\dot{I}_0} = \frac{1}{1 + jQ\left(\dfrac{\omega}{\omega_0} - \dfrac{\omega_0}{\omega}\right)} \tag{7.18a}$$

其幅频特性、相频特性分别为:

$$|H(\omega)| = \frac{1}{\sqrt{1 + Q^2\left(\dfrac{\omega}{\omega_0} - \dfrac{\omega_0}{\omega}\right)^2}} \tag{7.18b}$$

$$\varphi(\omega) = -\arctan Q\left(\frac{\omega}{\omega_0} - \frac{\omega_0}{\omega}\right) \tag{7.18c}$$

显然,$\omega = \omega_0 = \dfrac{1}{\sqrt{LC}}$ 时,电路发生谐振,$|H(\omega)|$ 最大为 1,随着 ω 增大与减小,$|H(\omega)|$ 均下降,直至 $\omega \to 0$,$\omega \to \infty$ 时,$|H(\omega)| \to 0$。因此,该电路是一个带通电路,根据半功率频率点的定义,其上、下截止频率可由式(7.18b)求得:

$$\frac{1}{\sqrt{1 + Q^2\left(\dfrac{\omega}{\omega_0} - \dfrac{\omega_0}{\omega}\right)^2}} = \frac{1}{\sqrt{2}}$$

即

$$\frac{\omega_{C1}}{\omega_0} = -\frac{1}{2Q} + \sqrt{\left(\frac{1}{2Q}\right)^2 + 1} \tag{7.19a}$$

$$\frac{\omega_{C2}}{\omega_0} = \frac{1}{2Q} + \sqrt{\left(\frac{1}{2Q}\right)^2 + 1} \tag{7.19b}$$

从而得:

$$B = \omega_{C1} - \omega_{C2} = \frac{\omega_0}{Q} \tag{7.20a}$$

或

$$B = f_{C1} - f_{C2} = \frac{f_0}{Q} \tag{7.20b}$$

将 $Q=(\omega_0 L)/R$ 代入式(7.20a),则得

$$B = \frac{\omega_0}{Q} = \frac{R}{L} \tag{7.21}$$

通频带 B 仅与电路的参数 R、L 有关。

从式(7.20a)可见,品质因数 Q 是衡量幅频特性是否陡峭的重要参数。图 7.10(a)、(b)绘出了在同一谐振频率 $\omega_0 = 1/\sqrt{LC}$,不同 Q 值的 $|H(\omega)|$、$\varphi(\omega)$ 曲线,由图可见,谐振电路对频率具有选择性,其 Q 值越高,幅频曲线越尖锐,电路对偏离谐振频率的信号抑制能力越强,电路的选择性越好。所以在电子线路中常用谐振电路从许多不同频率的各种信号中选择所需要的信号。可是,实际信号都占有一定的频率宽度,由于通频带宽度与 Q 成反比,所以 Q 越高,电路的带宽越窄,这样将会过多地削弱所需信号的主要频率分量,从而引起严重失真,故在实际设计中,必须根据需要来选择适当的 Q 值,以兼顾两方面的要求。

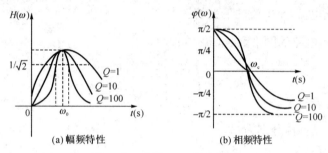

(a) 幅频特性　　　　　(b) 相频特性

图 7.10　串联 RLC 频率特性

【**例 7.1**】　试证明 RLC 串联谐振电路(见图 7.8(a))在高 Q 值时,谐振频率近似为通频带的中心频率。

解　由式(7.19a)、式(7.19b)得到的上、下截止频率为:

$$\omega_{C1} = \omega_0 \left[-\frac{1}{2Q} + \sqrt{\left(\frac{1}{2Q}\right)^2 + 1} \right]$$

$$\omega_{C2} = \omega_0 \left[\frac{1}{2Q} + \sqrt{\left(\frac{1}{2Q}\right)^2 + 1} \right]$$

当 Q 值较高时,$1 \gg \left(\frac{1}{2Q}\right)^2$,

$$\omega_{C1} \approx \omega_0 - \frac{\omega_0}{2Q}, \omega_{C2} \approx \omega_0 + \frac{\omega_0}{2Q}$$

ω_0 可以近似看做通频带的中心频率。

【**例 7.2**】　如图 7.11 所示电路中,试求:①电压传输比最大时,频率为多少? ②谐振时,电压传输比为多少?

解　按图示电路,电压传输比为:

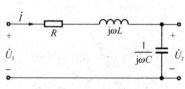

图 7.11　例 7.2 电路图

$$A_u = \frac{\dot{U}_2}{\dot{U}_1} = \frac{\frac{1}{j\omega C}}{R + j\omega L + \frac{1}{j\omega C}} = \frac{1}{j\omega CR + (j\omega)^2 LC + 1}$$

其幅频特性为: $|A_u| = \dfrac{1}{\sqrt{(1 - \omega^2 LC)^2 + (\omega CR)^2}}$

当电压传输比最大时,即 $\dfrac{\mathrm{d}|A_u|}{\mathrm{d}\omega}=0$,得:

$$\omega_{\mathrm{m}}=\sqrt{\frac{1}{LC}-\frac{1}{2}\left(\frac{R}{L}\right)^2}<\omega_0$$

显然,电压传输比最大时,对应的频率小于谐振频率。将上式代入 $|A_u|$ 表达式,得:

$$|A_u|_{\mathrm{m}}=\frac{Q}{\sqrt{1-\left[\dfrac{1}{(2Q)}\right]^2}}$$

谐振时,则

$$|A_u|_0=\frac{1}{\sqrt{(\omega_0 CR)^2}}=\frac{1}{\omega_0 CR}=Q$$

比较上述 $|A_u|_{\mathrm{m}}$、$|A_u|_0$ 两式可知,在高 Q 值电路中,电容电压为最大时的频率 ω_{m} 接近 ω_0,而电容电压的最大值 U_{cm} 接近 QU_1。

【例 7.3】 RLC 串联谐振电路,$L=50\ \mu\mathrm{H}$,$C=200\ \mathrm{pF}$,电源电压 $U_s=1\ \mathrm{mV}$。分别求出回路品质因数为 $Q=50$、$Q=100$ 时电路的谐振频率、谐振时回路的电流 I_0、电容上的电压 U_{C0} 及其通频带宽 B。

解 $Q=50$ 时

谐振频率 $\quad f_0=\dfrac{1}{2\pi\sqrt{LC}}=\dfrac{1}{2\pi\sqrt{50\times10^{-6}\times200\times10^{-12}}}\ \mathrm{Hz}=1.59\ \mathrm{MHz}$

回路损耗电阻 $\quad R=\dfrac{1}{Q}\sqrt{\dfrac{L}{C}}=\dfrac{1}{50}\sqrt{\dfrac{50\times10^{-6}}{200\times10^{-12}}}\ \Omega=10\ \Omega$

谐振电流 $\quad I_0=\dfrac{U_s}{R}=\dfrac{1\times10^{-3}}{10}\ \mathrm{mA}=0.1\ \mathrm{mA}$

谐振电容电压 $\quad U_{C0}=QU_s=50\times10^{-3}\ \mathrm{V}=50\ \mathrm{mV}$

带宽 $\quad B=\dfrac{f_0}{Q}=\dfrac{1.59\times10^6}{50}=31.8\times10^3\ \mathrm{Hz}=31.8\ \mathrm{kHz}$

若 $Q=100$ 时,则

谐振频率 $\quad f_0=1.59\ \mathrm{MHz}$

回路损耗电阻 $\quad R=\dfrac{1}{Q}\sqrt{\dfrac{L}{C}}=\dfrac{1}{100}\sqrt{\dfrac{50\times10^{-6}}{200\times10^{-12}}}\ \Omega=5\ \Omega$

谐振电流 $\quad I_0=\dfrac{U_s}{R}=\dfrac{1\times10^{-3}}{5}\ \mathrm{A}=0.2\ \mathrm{mA}$

谐振电容电压 $\quad U_{C0}=QU_s=100\times10^{-3}\ \mathrm{V}=100\ \mathrm{mV}$

带宽 $\quad B=\dfrac{f_0}{Q}=\dfrac{1.59\times10^6}{100}\ \mathrm{Hz}=15.9\times10^3\ \mathrm{Hz}=15.9\ \mathrm{kHz}$

7.2.4 实现谐振的方法

经过上述讨论可知,若满足式(7.11),RLC 串联电路就会发生谐振。因此实现电路谐振有两种方法:

(1) 调节电源频率。在电路参数与结构已确定的情况下,改变电源频率使其满足式(7.11),电路可发生谐振。

(2) 调节电路参数。在电源频率一定的情况下,可调节电感 L、电容 C,达到电路谐振的目的。由于电感 L 不易调节,常用改变电容 C 的方法使电路谐振(通常用改变电容器相对面积的方法来改变电容值),达到谐振目的。

思考题

(1) 若串联 RLC 电路有以下不同 Q 值($Q=20,Q=12,Q=8,Q=4$),哪个电路具有较陡的频率特性?

(2) 若某电子电路的两半功率点频率为 432 Hz、454 Hz,$Q=20$,电路的谐振频率是多少?

(3) 一电压源向 RC 低通电路提供频率(0~40 kHz)幅值不变的电压信号,负载获得最大电压时的频率是多少?

(4) 现需一个高通 RC 电路削弱低频分量,若截止频率为 15 Hz,$C=10\ \mu F$,则:$R=?$

7.3　并联谐振电路

串联谐振电路适用于信号源内阻较小的情况,如果信号源内阻较大,将使 Q 值过低,以至电路的选择性变差。此时,为了获得较好的选频特性,常采用并联谐振电路。

7.3.1　GLC 并联谐振

1) 谐振频率

GLC 并联谐振电路如图 7.12(a)所示,它是图 7.7(a)所示电路的对偶电路。其端口的导纳为:

$$Y = G + jB = G + j\left(\omega C - \frac{1}{\omega L}\right)$$

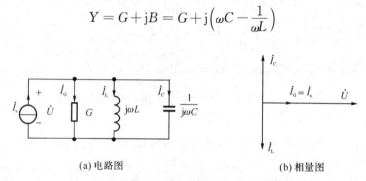

(a) 电路图　　　　　　　　(b) 相量图

图 7.12　GLC 并联谐振电路

根据谐振的定义,电路并联谐振时,电路端电压 $\dot U$、激励电流 $\dot I_s$ 同相。即:$B=0$ 也可写为:

$$\omega C - \frac{1}{\omega L} = 0$$

谐振时的角频率 ω_0、频率 f_0 分别为:

$$\omega_0 = \frac{1}{\sqrt{LC}} \tag{7.22a}$$

$$f_0 = \frac{1}{2\pi\sqrt{LC}} \tag{7.22b}$$

2）GLC 并联谐振的特点

①端口等效阻抗最大

因为并联谐振 $B=0$，故 $Y=Y_0$ 最小，$Z=1/Y_0$ 最大且为纯电阻，其值为：

$$Y_0 = G = \frac{1}{R} \tag{7.23a}$$

$$Z_0 = \frac{1}{Y_0} = R \tag{7.23b}$$

若并联的电导 $G=0$，即 LC 并联谐振，此时端口的等效阻抗为 $Y_0=0$，$Z_0=\infty$。

②端口电压最大

并联谐振时，感纳与容纳相等 $\left(\text{即} \dfrac{1}{\omega_0 L} = \omega_0 C\right)$，显然电路的特性阻抗为：

$$\rho = \omega_0 L = \frac{1}{\omega_0 C} = \sqrt{\frac{L}{C}} \tag{7.24}$$

并联谐振电路的品质因数为：

$$Q = \frac{\omega_0 C}{G} = \omega_0 CR = \frac{R}{\omega_0 L} \tag{7.25}$$

谐振时，激励电流一定，回路的端电压为最大值，即

$$\dot{U} = \frac{\dot{I}_s}{Y_0} = \frac{1}{G}\dot{I}_s = R\dot{I}_s \tag{7.26}$$

而此时各支路电流分别为：

$$\begin{cases} \dot{I}_{G0} = G\dot{U} = G\dfrac{1}{G}\dot{I}_s = \dot{I}_s \\[2mm] \dot{I}_{c0} = j\omega_0 C\dot{U} = j\omega_0 C\dfrac{1}{G}\dot{I}_s = jQ\dot{I}_s \\[2mm] \dot{I}_{L0} = -j\dfrac{1}{\omega_0 L}\dot{U} = -j\dfrac{R}{\omega_0 L}\dot{I}_s = -jQ\dot{I}_s \end{cases} \tag{7.27}$$

可见，并联谐振时 $\dot{I}_{c0} = -\dot{I}_{L0}$，电容电流、电感电流大小相等、相位相反且强度均为 QI_s，参见图 7.11(b)所示的相量图。根据这一特点，并联电路也称为电流谐振，此时电源电流 $\dot{I}_s$ 全部通过电导 G，电导电流 $\dot{I}_G$ 达最大值。

3）频率响应

对于并联谐振电路，常研究以端电压 $\dot{U}$ 为输出的频率响应。由图 7.12(a)，其端电压为

$$\dot{U} = \frac{\dot{I}_s}{Y} = \frac{\dot{I}_s}{G + j\left(\omega C - \dfrac{1}{\omega L}\right)} = \frac{\dfrac{\dot{I}_s}{G}}{1 + j\dfrac{\omega_0 C}{G}\left(\dfrac{\omega}{\omega_0} - \dfrac{1}{\omega_0 LC\omega}\right)}$$

$$= \frac{R\dot{I}_s}{1 + jQ\left(\dfrac{\omega}{\omega_0} - \dfrac{\omega_0}{\omega}\right)} \tag{7.28}$$

由于 $R\dot{I}_s$ 是谐振时端口电压,且为最大值。所以,该电路电压的频率响应表示为:

$$H(j\omega) = \frac{\dot{U}}{\dot{U}_0} = \frac{1}{1 + jQ\left(\frac{\omega}{\omega_0} - \frac{\omega_0}{\omega}\right)} \tag{7.29a}$$

幅频特性
$$H(\omega) = \frac{1}{\sqrt{1 + Q^2\left(\frac{\omega}{\omega_0} - \frac{\omega_0}{\omega}\right)^2}} \tag{7.29b}$$

相频特性
$$\varphi(\omega) = -\arctan Q\left(\frac{\omega}{\omega_0} - \frac{\omega_0}{\omega}\right) \tag{7.29c}$$

可见,式(7.29a)与(7.18a)形式相同,也是带通函数。其幅频和相频特性曲线与图 7.10 (a)、(b)曲线完全相同,截止频率的表达式仍为式(7.19a)、式(7.19b),通频带带宽 B 的表达式为(7.20c),将并联 GLC 电路的 $Q = \omega_0 C/G$ 代入式(7.20c),则得

$$B = \frac{\omega_0}{Q} = \frac{G}{C} = \frac{1}{RC} \tag{7.30}$$

7.3.2 实用简单的并联谐振电路

由于电感线圈总是存在电阻的,故图 7.12(a) GLC 并联电路在实际工程中并不存在,实际工程中广泛应用的是实际电感线圈与实际电容器并联的谐振电路,在忽略实际电容器介质损耗时,其电路模型如图 7.13(a)所示。

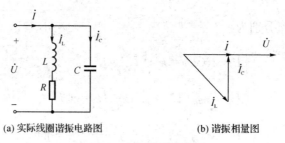

(a) 实际线圈谐振电路图　　　　　　(b) 谐振相量图

图 7.13　实际线圈的谐振

图 7.13(a)的端口总导纳为:

$$Y = j\omega C + \frac{1}{R + j\omega L} = \frac{R}{R^2 + (\omega L)^2} + j\left[\omega C - \frac{\omega L}{R^2 + (\omega L)^2}\right] \tag{7.31}$$

根据谐振定义,可得:

$$\omega C - \frac{\omega L}{R^2 + (\omega L)^2} = 0$$

即
$$C = \frac{L}{R^2 + (\omega L)^2} \tag{7.32}$$

在电源输入信号频率、电阻 R、电感 L 一定时,可改变 C 令其满足式(7.32),使电路发生谐振,若电路参数 R、L、C 一定时,可调节电源频率使电路达到谐振所需的角频率 ω_0,由式(7.32)得:

$$\omega_0 = \sqrt{\frac{1}{LC} - \left(\frac{R}{L}\right)^2} \tag{7.33}$$

从上式可见,只有满足$\frac{1}{LC} > \left(\frac{R}{L}\right)^2$时,即$R < \sqrt{\frac{L}{C}}$时,$\omega_0$才是实数,才可能通过调频使电路达到谐振。

电感线圈与电容元件并联谐振的相量图,如图7.13(b)所示。可以看出,电路谐振时,电感线圈的电流$\dot{I}_L$的无功分量完全被电容电流$\dot{I}_C$补偿了,此时电路网络端口电流$\dot{I}_0$最小,整个电路可等效为一个电阻,它等于端口复导纳的实部的倒数,由式(7.31)可得:

$$R_0 = \frac{R + (\omega L)^2}{R} \tag{7.34}$$

将式(7.32)代入上式,等效电阻为:

$$R_0 = \frac{L}{CR} \tag{7.35}$$

则等效电导为:

$$G_0 = \frac{CR}{L} \tag{7.36}$$

而此时的品质因数为:

$$Q = \frac{\omega_0 C}{G_0} = \frac{\omega_0 C}{\frac{RC}{L}} = \frac{\omega_0 L}{R} \tag{7.37}$$

由于实际电感线圈电阻R较小,一般满足$R \ll \sqrt{\frac{L}{C}}$,则式(7.33)可写为:

$$\omega_0 \approx \frac{1}{\sqrt{LC}} \tag{7.38}$$

将式(7.38)代入式(7.37),得到实用简单并联电路的品质因数为:

$$Q_p \approx \frac{1}{R}\sqrt{\frac{L}{C}} \tag{7.39}$$

【例7.4】 将一个$R = 15\ \Omega$,$L = 0.23\ \text{mH}$的电感线圈与100 pF的电容器并联,求该并联电路的谐振频率和谐振时的等效阻抗。

解 由$\omega_0 = \sqrt{\frac{1}{LC} - \left(\frac{R}{L}\right)^2} = \sqrt{\frac{1}{0.23 \times 10^{-3} \times 100 \times 10^{-12}} - \left(\frac{15}{0.23 \times 10^{-3}}\right)^2}$ rad/s

$= 6\,550 \times 10^3$ rad/s

即

$$f_0 = \frac{\omega_0}{2\pi} = \frac{6\,557 \times 10^3}{2 \times 3.14}\ \text{Hz} = 1\,044\ \text{kHz}$$

谐振时的等效阻抗为:

$$Z = R_0 = \frac{L}{RC} = \frac{0.23 \times 10^{-3}}{15 \times 100 \times 10^{-12}}\ \Omega = 153\ \text{k}\Omega$$

而用式(7.38)计算,谐振频率为:

$$\omega_0 \approx \frac{1}{\sqrt{LC}} = \frac{1}{\sqrt{0.23 \times 10^{-3} \times 100 \times 10^{-12}}}\ \text{rad/s} = 6\,593 \times 10^3\ \text{rad/s}$$

$$f_0 = 1\ 049.9\ \text{kHz}$$

由计算结果可知：此值与精确表达式计算结果相差不大；谐振时电路的等效阻抗 Z（即 R_0）很大，比线圈电阻 R 大很多（R_0 是 R 的 10 200 倍）。

7.3.3　复杂谐振电路

在电子技术中，常用双电感或双电容组成复杂的并联谐振电路，如图 7.14(a)、(b)所示，图 7.14(c)为其一般形式。

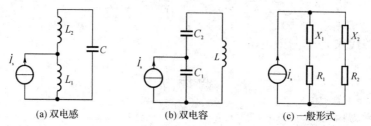

(a) 双电感　　　　　　(b) 双电容　　　　　　(c) 一般形式

图 7.14　复杂的并联谐振电路

图 7.14(c)所示一般形式电路的总导纳为：

$$Y = Y_1 + Y_2 = \frac{1}{R_1 + jX_1} + \frac{1}{R_2 + jX_2} = \left(\frac{R_1}{R_1^2 + X_1^2} + \frac{R_2}{R_2^2 + X_2^2}\right) + j\left(\frac{-X_1}{R_1^2 + X_1^2} + \frac{-X_2}{R_2^2 + X_2^2}\right)$$

由谐振定义知，谐振时应满足：

$$\frac{-X_1}{R_1^2 + X_1^2} + \frac{-X_2}{R_2^2 + X_2^2} = 0 \tag{7.40}$$

由于 Q 值较大（一般电路都可满足），$X_1 \gg R_1$、$X_2 \gg R_2$，上式可化简为：

$$X_1 + X_2 = 0 \tag{7.41}$$

式(7.41)是复杂电路谐振时，电路电抗之间的关系。

显然由图 7.14(a)可见，$X_1 = \omega L_1$，$X_2 = \omega L_2 - \dfrac{1}{\omega C}$，电路的谐振频率为：

$$X_1 + X_2 = \omega_0 L_1 + \left(\omega_0 L_2 - \frac{1}{\omega_0 C}\right) = 0$$

即

$$\omega_0 = \frac{1}{\sqrt{(L_1 + L_2)C}} = \frac{1}{\sqrt{LC}} \tag{7.42a}$$

$$f_0 = \frac{1}{2\pi\sqrt{(L_1 + L_2)C}} = \frac{1}{2\pi\sqrt{LC}} \tag{7.42b}$$

式(7.42)中，$L = L_1 + L_2$ 是回路的等效电感，C 是回路的等效电容，若 L_1、L_2 存在互感，则：$L = L_1 + L_2 \pm 2M$，"$\pm$"的选取由同名端决定。

同理可得图 7.14(b)的 $X_1 = -\dfrac{1}{\omega C_1}$，$X_2 = \omega L - \dfrac{1}{\omega C_2}$，谐振时满足：

$$X_1 + X_2 = -\frac{1}{\omega_0 C_1} + \omega_0 L - \frac{1}{\omega_0 C_2} = 0$$

上式解得谐振频率为：

$$\omega_0 = \frac{1}{\sqrt{L_2\dfrac{C_1 C_2}{C_1 + C_2}}} \tag{7.43a}$$

$$f_0 = \frac{1}{2\pi\sqrt{L_2\dfrac{C_1 C_2}{C_1 + C_2}}} = \frac{1}{2\pi\sqrt{LC}} \tag{7.43b}$$

式(7.43)中，$C = \dfrac{C_1 C_2}{C_1 + C_2}$ 为回路的等效电容；L 为回路的等效电感。

双电容、双电感并联谐振电路的典型应用是电感三点式与电容三点式的正弦波振荡电路，如图 7.15(a)、(b)所示。

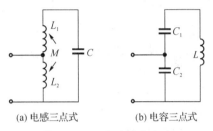

(a) 电感三点式   (b) 电容三点式

图 7.15　三点式振荡电路

显然，在线圈无互感时，电感三点式振荡电路的振荡频率为：

$$f_0 = \frac{1}{2\pi\sqrt{LC}} = \frac{1}{2\pi\sqrt{(L_1 + L_2)C}} \tag{7.44a}$$

若线圈存在互感，则电感三点式振荡电路的振荡频率为：

$$f_0 = \frac{1}{2\pi\sqrt{LC}} = \frac{1}{2\pi\sqrt{(L_1 + L_2 \pm 2M)C}} \tag{7.44b}$$

电容三点式振荡电路的振荡频率为：

$$f_0 = \frac{1}{2\pi\sqrt{LC}} = \frac{1}{2\pi\sqrt{L\dfrac{C_1 C_2}{C_1 + C_2}}} \tag{7.45}$$

思考题

(1) 在并联 RLC(GLC)电路中，其频响的带宽是否与电路的电阻 R 成正比？

(2) 总结实现电路谐振的方法，并比较优缺点。

7.4　无源滤波器

前面讨论了由 RC、RL、RLC、GLC 电路分别实现的低通、高通、带通滤波，这些实现滤波的电路是无源网络，称为无源滤波器。按其通带、止带分类，滤波器可分为低通、高通、带通、带阻滤波器，它们的理想幅频特性如图 7.16 所示。

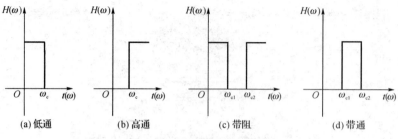

图 7.16　滤波器的幅频特性

利用前已述及的 RLC 串联电路,从 LC 串联部分输出信号,如图 7.17(a)所示,此时电路不是带通滤波电路,而是带阻滤波电路。现详细分析其频率响应,以 $\dot{U}_1$ 为激励,$\dot{U}_2$ 为响应,以电路的转移电压为网络函数,即

$$H(\mathrm{j}\omega) = \frac{\dot{U}_2}{\dot{U}_1} = \frac{\mathrm{j}(\omega L - 1/\omega C)}{R + \mathrm{j}(\omega L - 1/\omega C)} = \frac{1}{1 - \mathrm{j}R/(\omega L - 1/\omega C)}$$

$$= \frac{1}{1 - \mathrm{j}\dfrac{1}{\dfrac{\omega L}{R} - \dfrac{1}{\omega CR}}} = \frac{1}{1 - \mathrm{j}\dfrac{1}{Q\left(\dfrac{\omega}{\omega_0} - \dfrac{\omega_0}{\omega}\right)}} \tag{7.46a}$$

式(7.46)中:$Q = \dfrac{\omega_0 L}{R} = \dfrac{1}{\omega_0 CR}$;$\omega_0 = \dfrac{1}{\sqrt{LC}}$。

其幅频和相频特性分别为:

$$|H(\omega)| = \frac{1}{\sqrt{1 + \dfrac{1}{Q^2\left(\dfrac{\omega}{\omega_0} - \dfrac{\omega_0}{\omega}\right)^2}}} \tag{7.46b}$$

$$\varphi(\omega) = \arctan \frac{1}{Q\left(\dfrac{\omega}{\omega_0} - \dfrac{\omega_0}{\omega}\right)} \tag{7.46c}$$

幅频和相频特性曲线如图 7.17(b)所示。由图可见,在中心频率 $\omega = \omega_0$ 处,$|H(\omega)| = 0$,$\varphi(\omega_0) = \pm\dfrac{\pi}{2}$,$\omega = \omega_0$ 常称为陷波角频率。在 $\omega = \infty$,$\omega = 0$ 处,$|H(\infty)| = |H(0)| = 1$,该电路常用作高频陷波电路。

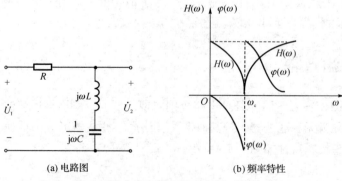

图 7.17　RLC 带阻滤波电路

与 RLC 二阶带通滤波器的截止频率(半功率点对应频率)与带宽的计算公式相同,显然,

$$\frac{\omega_{c1}}{\omega_0} = \frac{f_{c1}}{f_0} = -\frac{1}{2Q} + \sqrt{\left(\frac{1}{2Q}\right)^2 + 1} \tag{7.47a}$$

$$\frac{\omega_{c2}}{\omega_0} = \frac{f_{c2}}{f_0} = \frac{1}{2Q} + \sqrt{\left(\frac{1}{2Q}\right)^2 + 1} \tag{7.47b}$$

若信号频率 $\omega_{c1} < \omega < \omega_{c2}$(即:$f_{c1} < f < f_{c2}$),则为阻带;

若信号频率为 $\omega < \omega_{c1}$、$\omega > \omega_{c2}$(即 $f < f_{c1}$、$f > f_{c2}$),则为通带。

显然,阻带带宽为:$B = \omega_{c1} - \omega_{c2} = \frac{\omega_0}{Q}$ 或 $B = f_{c1} - f_{c2} = \frac{\omega_0}{Q}$。

从上述二阶带阻滤波器分析可见,一个相同的电路可以通过不同的输入、输出信号,实现不同的信号处理目的。当然,不同的电路只要具有相同的网络函数,则可以达到相同的信号处理要求。所以在分析电路的具体功能时,只要电路的网络函数具有典型形式,则可以确定电路实现的相应滤波功能,下面以例题加以说明。

【例 7.5】 图 7.18 是电子技术中常用的双 RC 电路,是电子技术中正弦振荡电路中的文氏桥振荡电路,试分析其频率特性。

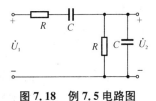

图 7.18 例 7.5 电路图

解 根据分压原理:

$$\frac{\dot{U}_2}{\dot{U}_1} = \frac{\dfrac{R(1/j\omega C)}{R + (1/j\omega C)}}{R + \dfrac{1}{j\omega C} + \dfrac{R(1/j\omega C)}{R + (1/j\omega C)}} = \frac{1}{3} \frac{\dfrac{3}{RC}(j\omega)}{(j\omega)^2 + \dfrac{3}{RC}(j\omega) + \left(\dfrac{1}{RC}\right)^2}$$

$$= \frac{1}{3} \frac{1}{1 + jQ\left(\dfrac{\omega}{\omega_0} - \dfrac{\omega_0}{\omega}\right)}$$

故网络函数为:

$$H(j\omega) = \frac{1}{3} \frac{1}{1 + jQ\left(\dfrac{\omega}{\omega_0} - \dfrac{\omega_0}{\omega}\right)}$$

式中:$Q = \dfrac{1}{3}$;$\omega_0 = \dfrac{1}{RC}$。

显然上式与 RLC 串联、GLC 并联电路中的网络函数式(7.18a)、式(7.29a)形式相同,故图 7.18 也是一个带通滤波器,其幅频、相频特性与前面讨论的带通滤波器完全相同,即

$$B = \frac{\omega_0}{Q} \text{ rad/s 或 } B = \frac{f_0}{Q} \text{ Hz}$$

综上所述,讨论电路的频率特性,应始终抓住网络函数不放,现将不同滤波电路的典型网络函数总结如下:

一阶电路的典型网络函数为:

低通网络 $\qquad\qquad H(j\omega) = H_\infty \dfrac{\omega_c}{j\omega + \omega_c}$

高通网络 $\qquad\qquad H(j\omega) = H_0 \dfrac{j\omega}{j\omega + \omega_c}$

式中:ω_c 为截止频率;H_0、H_∞ 为常数。

二阶电路的典型网络函数为：

低通网络 $\qquad H(\mathrm{j}\omega) = H_0 \dfrac{1}{\left[1-\left(\dfrac{\omega}{\omega_0}\right)^2\right]+\mathrm{j}\dfrac{\omega}{Q\omega_0}}$

高通网络 $\qquad H(\mathrm{j}\omega) = H_\infty \dfrac{1}{\left[1-\left(\dfrac{\omega}{\omega_0}\right)^2\right]-\mathrm{j}\dfrac{\omega}{Q\omega_0}}$

带通网络 $\qquad H(\mathrm{j}\omega) = H_0 \dfrac{1}{1+\mathrm{j}Q\left(\dfrac{\omega}{\omega_0}-\dfrac{\omega_0}{\omega}\right)}$

带阻网络 $\qquad H(\mathrm{j}\omega) = H_\infty \dfrac{1}{1-\mathrm{j}\dfrac{1}{Q\left(\dfrac{\omega}{\omega_0}-\dfrac{\omega_0}{\omega}\right)}}$

上式中，ω_0、Q 是与元件参数有关的常量，由具体电路确定。

同样的高通、低通滤波器既可用一阶也可用二阶，甚至更高阶电路实现，其主要原因是：一阶滤波器与理想滤波器的频率特性相差较大，如果增加滤波器的阶数，可以使滤波器的频率响应接近于理想滤波器。

但是本节叙述的无源滤波器主要有以下几点局限：①因为是无源滤波器，其输出信号的幅值总是小于输入信号的幅值。②要实现一定的滤波目的，需在电路中接入电感线圈，由于电感线圈具有一定的体积，故较难实现集成化的无源滤波器。③无源滤波器在音频范围内（300 Hz＜f＜3 000 Hz）滤波性能不是很好。鉴于无源滤波器工作性能的局限性，在电子线路常采用另一类滤波器，即由运算放大器组成的有源滤波器，有关有源滤波器的电路可参见相关书籍。

思考题

(1) 给定三个网络函数 $H_1(\mathrm{j}\omega)=\dfrac{1}{1+\mathrm{j}\omega}$，$H_2(\mathrm{j}\omega)=\dfrac{1}{1+\mathrm{j}\sqrt{2}\omega+(\mathrm{j}\omega)^2}$，$H_3(\mathrm{j}\omega)=\dfrac{1}{(1+\mathrm{j}\omega)[1+\mathrm{j}\omega+(\mathrm{j}\omega)^2]}$，①求其幅频响应；②比较三者的幅频特性有何不同。

(2) 如从一个无线广播电台发射的信号中接收需要的收听信号，应选择下列哪种滤波器（低通、高通、带通、带阻）？为什么？

知识拓展

(1) 电路频率响应的应用

在电子技术、通信工程中，广泛地利用电路的频率特性，从而实现信号选择或滤除某些信号的目的。下面将以两个应用实例加以说明。

①调谐式收音机输入回路

如图 7.19(a) 所示，是调谐式收音机输入回路的示意图。其工作原理为，天线接收电台发射的信号，产生同频率的感应电压，一般通过调节电容参数 C，使电路在选定的频率下发生谐振，从而取出所需的信号，该输入回路的等效电路如图 7.19(b) 所示。

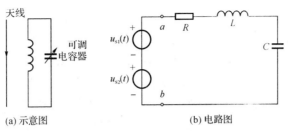

图 7.19 调谐式收音机输入回路

【例 7.6】 如图 7.19(b)所示电路,已知:$Q=50$、$L=500~\mu H$,电路调谐于 $f_1=700~kHz$,信号感应电压为 1 mV,同时有另一电台 $f_2=630~kHz$,感应电压也是 1 mV,试求二者在回路中产生的电流各是多少。

解 由 $Q=\dfrac{\omega_0 L}{R}$ 可得:

$$R=\frac{\omega_0 L}{Q}=\frac{2\pi\times 700\times 10^3\times 500\times 10^{-6}}{50}~\Omega=44~\Omega$$

因电路调谐于 f_1,故谐振频率 $f_0=f_1=700~kHz$,

则

$$I_0=\frac{U_s}{R_0}=\frac{1\times 10^{-3}}{44}~\mu A=22.7~\mu A$$

而 $f=f_2=630~kHz$ 时,电路的阻抗为:

$$Z=R+j\omega_2 L-j\frac{1}{\omega_2 C}=\left(44+j500\times 10^{-6}\times 630\times 10^3-j\frac{1}{1.03\times 10^{-4}\times 10^{-6}\times 630\times 10^3}\right)\Omega$$

则

$$\dot{I}=\frac{\dot{U}_s}{Z}=j6.62\times 10^{-5}~mA=j0.066~2~\mu A$$

可得:

$$\frac{I_0}{I}=\frac{22.7}{0.066~2}\approx 343$$

谐振时的电路电流是非谐振频率时电流的 343 倍,足以将谐振频率信号选出。

②分频网络

滤波器的另一个典型应用是分频网络,如图 7.20(a)所示。其电路模型,如图 7.20(b)所示。该网络分别由一个 RC 高通滤波器、RL 低通滤波器组成。

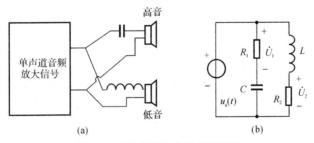

图 7.20 双声道音响的分频网络

对 RC 高通滤波器

$$H_1(j\omega)=\frac{\dot{U}_1}{\dot{U}_s}=\frac{j\omega R_1 C}{1+j\omega R_1 C}=\frac{1}{1-j\dfrac{1}{\omega R_1 C}}$$

式中:$\omega_{c1}=\dfrac{1}{R_1 C}$。

对 RL 低通滤波器

$$H_1(j\omega)=\frac{\dot{U}_1}{\dot{U}_s}=\frac{R_2}{R_2+j\omega L}=\frac{1}{1+j\omega\dfrac{L}{R}}$$

式中：$\omega_{c2}=\dfrac{R_2}{L}$。

　　只要选择适当的 R_1、R_2、L 和 C，使 $\omega_{c1}=\omega_{c2}=\omega_c$，就可得到图 7.21 所示的频率特性。如此，低音声道信号 0～3 kHz(设 $f_c=3$ kHz)，经低通滤波器输出；高音声道信号是 3～20 kHz，经高通滤波器输出。这样两个喇叭获得的信号进行组合，产生全部音频范围内(0～20 kHz)的不失真信号，从而可获得最佳的收听效果。

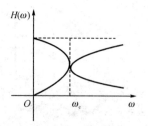

图 7.21　双声道音响的分频网络的频率特性

　　这一分频网络的原则也常用于电视机的信号处理电路，电路需将放大后的处于不同频段的视频与音频信号分开。一般低频段信号(图像信号 30 Hz～4 MHz)选择进入接收回路的视频放大器；同时高频段信号(声音信息信号在 4.5 MHz 左右)被选择进入接收回路的声音放大器。

　　因此，收音机接收电路是利用带通滤波器的谐振特性，将从天线接收的众多信号中选出谐振频率的信号；而分频电路是将信号分成不同的频率范围传送至不同的处理电路。

　　(2) 滤波器的过去、现状与前景

　　滤波器除了本章介绍的无源滤波器，若滤波的同时对信号进行放大，则为有源滤波器，滤波器又分为模拟与数字滤波器。其中高精度、小体积、多功能、稳定可靠成为主攻方向，导致数字滤波器、RC 有源滤波器、开关电容滤波器和电荷转移器等各种滤波器的飞速发展。到 70 年代后期，上述几种滤波器的单片集成已被研制出来并得到应用，90 年代至今主要致力于把各类滤波器应用于各类产品的开发和研制。当然，对滤波器本身的研究仍在不断进行。

　　目前，国外有许多院校和科研机构在研究基于 FPGA 的 DSP 应用，比较突出的有 Denmark 大学的研究小组，从事 FPGA 实现数字滤波器的研究。由于 FPGA 实现乘法器有困难，因此他们重点研究开发无乘法的滤波器算法。加州大学洛杉矶分校的研究小组采用运行时重构技术开发了一种视频通信系统，该系统用一片 FPGA 可每帧重构四次完成视频图像压缩和传送的操作。此外，还进行 Mojave 项目的开发工作，力图采用运行时重构技术来实现自动目标识别应用。

　　我国在 DSP 技术起步较早，产品的研究开发成绩斐然，基本上与国外同步发展，而在 FPGA 方面起步较晚。全国有 100 来所高等院校从事 DSP & FPGA 的教学和科研，在信号处理理论和算法方面，与国外处于同等水平。而在 FPGA 信号处理和系统方面，有了喜人的进展，正在进行与世界先进国家同样的研究，如，西北工业大学和国防科学技术大学的 ATR 实验室采用了 FPGA 可重构计算系统进行机载图像处理和自动目标识别，主要是利用该系统进行复杂的卷积运算，同时利用它的可变柔性来达到自适应的目的。北京理工大学研究利用 FPGA 提高加解密运算的速度，等等。采用流水线结构，具有良好的并行特点，并有专门设计的适用于数字信号处理的指令系统等。用专用的 DSP 芯片实现。在一些特殊的场合，要求的信号处理速度极高，而通用 DSP 芯片很难实现，这种芯片将相应的信号处理算法在芯片内部用硬件实现，无须进行编程。用 FPGA 等可编程器件来开发数字滤波算法。使用相关开发工具和 VHDL 等硬件开发语言，通过软件编程用硬件实现特定的数字滤波算法。这一方法由于具有通用性的特点并可以实现算法的并行运算，无论是作为独立的数字信号处理，还是作为 DSP 芯片的协作处理器都是比较活跃的研究领域。

　　目前，MATLAB 软件为数字滤波的研究和应用提供了一个直观、高效、便捷的利器。运用 MATLAB 软件进行仿真不存在设计效率较低，不具有可视图形，不便于修改参数等缺点。由于其以矩阵运算为基础，把计算、可视化、程序设计融合到了一个交互式的工作环境中。尤其是 MATLAB 工具箱使各个领域的研究人员可以直观方便地进行科学研究与工程应用。其中的信号处理工具箱、图像处理工具箱、小波工具箱等更是为数字滤波研究的蓬勃发展提供了可能。

　　(3) 电路的频率响应测试

　　在 Multisim 仿真平台中，绘制如图 7.22 所示的电路，按图设定元件参数，接入函数发生器与波特图。

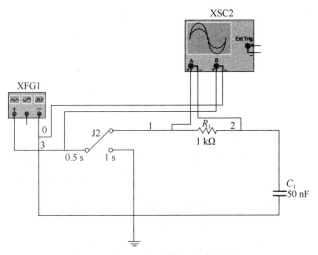

图 7.22 RLC 电路频率响应测试

启动仿真按钮,得到如图 7.23 幅频特性、图 7.24 相频特性。

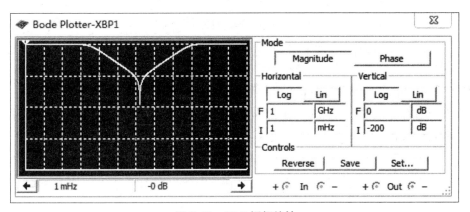

图 7.23 RLC 幅频特性

从测试结果看,这个电路的输入、输出的函数表示带阻电路。

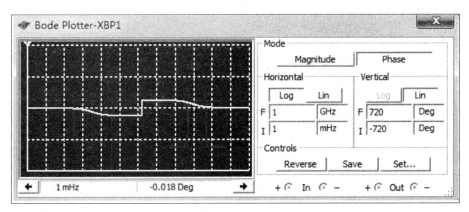

图 7.24 RLC 相频特性

本章小结

(1) 在无源双端网络的频率响应的学习中,应当注意以下几点:

①电路的频率特性通常用正弦稳态电路的网络函数来描述。在单一正弦激励下的电路,根据齐次定理,其响应相量 $\dot{R}(j\omega)$ 与激励相量 $\dot{E}(j\omega)$ 成正比,比例函数就是网络函数 $H(j\omega)$。

②根据响应、激励是否在电路同一个端口,网络函数可分为两类:

a. 策动点函数:若响应与激励处于电路的同一端口,网络函数称为策动点函数。根据响应、激励是电压还是电流,策动点函数又可分为策动点阻抗和策动点导纳;

b. 转移函数:若响应与激励处于电路的不同端口,网络函数则称为转移函数。转移函数又分为转移电压比、转移电流比、转移阻抗和转移导纳。

③电路响应随激励频率而变的特性称为电路的频率特性或频率响应。频率响应分为幅频响应和相频响应。

④滤波电路:电路保留一部分频率分量、削弱另一部分频率分量的特性成为滤波特性,具有这一特性的电路称为滤波电路。滤波电路分为高通滤波、低通滤波、带通滤波和带阻滤波电路四种。在工程实际中,常常用高通滤波和低通滤波电路实现移相的目的(如电子线路中正、负反馈)。

(2) 在学习串联电路的谐振时,应当注意以下几点:

①RLC 电路中,电路端口电压与电流同相位,电路呈现纯电阻性质时,称电路发生谐振。谐振分为串联谐振和并联谐振。

②串联谐振特点

a. 当 RLC 串联电路谐振时,由于电抗 $X(\omega_0)=0$,所以谐振时电路的阻抗是纯电阻且为最小值。

b. 谐振时若激励源信号不变,电流 I 达到最大值 I_0。

c. 谐振时,电感、电容电压大小相等、方向相反。

③注意相关概念

a. 特性阻抗:谐振时的感抗、容抗不为零,因此将谐振时的容抗、感抗定义为特性阻抗 ρ。ρ 的单位为 Ω,是由 L、C 决定,与角频率 ω 无关。

b. 品质因数:在工程中,通常用特性阻抗与回路的电阻比值来讨论谐振电路的性能,用 Q 表示,称为谐振电路的品质因数,它是仅与 R、L、C 有关的无量纲的参数。谐振时,电感电压和电容电压模值相等,均为激励电压的 Q 倍,相位相反。

c. 串联谐振频率响应特性的选择性:谐振电路对频率具有选择性,其品质因数值越高,幅频曲线越尖锐,通频带越窄,电路对偏离谐振频率的信号抑制能力越强,电路的选择性越好。

④实现串联谐振的方法

a. 调节电源频率:在电路参数与结构已确定的情况下,改变电源频率可满足式 $\omega L=\dfrac{1}{\omega C}$,电路发生谐振。

b. 调节电路参数:在电源频率一定的情况下,可调节电感 L、电容 C,达到电路谐振的目的。

由于电感 L 不易调节,常用改变电容 C 的方法使电路谐振。

(3) 在学习并联谐振电路时,应当注意以下几点:

①GLC 并联谐振电路的谐振频率 $f_0=\dfrac{1}{2\pi\sqrt{LC}}$。

②并联谐振电路的特点:a. 端口等效阻抗最大;b. 端口电压最大。

③实现并联谐振的方法

a. 在电源输入信号频率、电阻 R、电感 L 一定时,可改变 C 满足谐振条件,使电路发生谐振。

b. 若电路参数 R、L、C 一定时,可调节电源频率使电路达到谐振所需的角频率(注:只有满足 $R<\sqrt{L/C}$ 时,ω_0 才是实数,才可能通过调频使电路达到谐振)。

(4) 在学习无源滤波器时,应当注意:若实现滤波的电路是无源网络,则称该滤波电路为无源滤波器。按其通带、止带分类,滤波器可分为低通、高通、带通、带阻滤波器。

(5) 谐振电路的典型应用　调谐式收音机的输入电路。

(6) 二阶滤波电路典型传递函数

①低通滤波器 $\qquad H(j\omega)=H_0\dfrac{1}{\left[1-\left(\dfrac{\omega}{\omega_0}\right)^2\right]+j\dfrac{\omega}{Q\omega_0}}$

②高通滤波器 $\qquad H(j\omega)=H_\infty\dfrac{1}{\left[1-\left(\dfrac{\omega}{\omega_0}\right)^2\right]-j\dfrac{\omega}{Q\omega_0}}$

③带通滤波器 $\qquad H(j\omega)=H_0\dfrac{1}{1+jQ\left(\dfrac{\omega}{\omega_0}-\dfrac{\omega_0}{\omega}\right)}$

④带阻滤波器 $\qquad H(j\omega)=H_\infty\dfrac{1}{1-j\dfrac{1}{Q\left(\dfrac{\omega}{\omega_0}-\dfrac{\omega_0}{\omega}\right)}}$

理解典型滤波器的频率特性。

习题 7

7.1　求图 7.25 所示电路的转移电压比 $H(j\omega)=\dfrac{\dot U_2}{\dot U_1}$,并定性画出幅频特性与相频特性。

7.2　求图 7.26 所示电路的转移电流比 $H(j\omega)=\dfrac{\dot I_0}{\dot I_s}$,并定性画出幅频特性与相频特性。

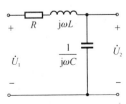

图 7.25　习题 7.1 电路图

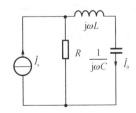

图 7.26　习题 7.2 电路图

7.3　R、L、C 串联电路接到电压 $U=10$ V，$\omega=10^4$ rad/s 的电源上，调解电容 C 使电流达到最大值 100 mA，这时电容上的电压为 600 V，求 R、L、C 的值及电路的品质因数。

7.4　一个 $R=10$ Ω，$L=3$ mH 的线圈与 $C=160$ pF 的电容器组成串联电路，它的谐振频率、特性阻抗和品质因数各是多少？若将该电路接到 15 V 的正弦交流电源上，求谐振时的电流和电感电压、电容电压。

7.5　一个 R、L、C 串联电路接到 10 V 正弦电源上，调节电源频率，在 f_1 时电路电流达到最大值为 2 A，频率在 $f_2=50$ Hz，$f_3=100$ Hz 时，电路电流都为 1 A，求电路参数 R、L、C 及频率 f_1。

7.6　已知某 RLC 串联谐振电路的半功率频率分别为 432 Hz、454 Hz，且 $Q=20$，则该电路的谐振频率为多少？

7.7　已知 RLC 串联电路在 $f_0=2$ MHz 谐振，且此时 $R=100$ Ω，$X_C=5$ kΩ，试求该电路的带宽。

7.8　电路如图 7.27 所示，已知 $u_s(t)=10\sqrt{2}\cos(\omega t)$ V。求：①频率 ω 为何值时，电路发生谐振；②电路谐振时，U_L 和 U_C 为何值？

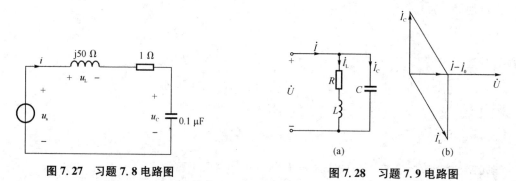

图 7.27　习题 7.8 电路图　　　　　　　　图 7.28　习题 7.9 电路图

7.9　图 7.28 所示电路在并联谐振时，测得总电流 I 和电感线圈电流 I_L 分别为 9 A 和 15 A，求电容支路电流 I_C。

7.10　图 7.29 所示电路在谐振时，$I_1=I_2=10$ A，$U=50$ V，求 R、X_L、X_C 值（用相量图法解）。

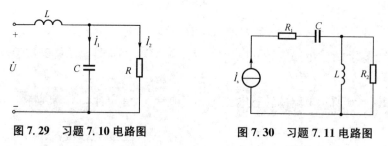

图 7.29　习题 7.10 电路图　　　　　　　图 7.30　习题 7.11 电路图

7.11　图 7.30 所示电路中，$I_s=1$ A，$R_1=R_2=10$ Ω，$L=0.2$ H，当频率为 100 Hz 时电路发生谐振，求谐振时电容 C 的值及电流源的端电压。

7.12　RC 低通滤波器，若截止频率为 20 kHz 且 $C=0.5$ μF，则电阻 R 为多大？

7.13　如图 7.31 所示的 RC 滤波器，负载为 R_L，R_s 为电压源内阻。若 $R=4$ kΩ，$C=40$ pF，则：①$R_s=0$、$R_L=\infty$；②$R_s=1$ kΩ、$R_L=5$ kΩ 计算上述两种情况下的截止频率。

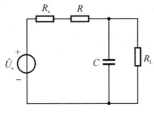
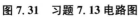

图 7.31　习题 7.13 电路图

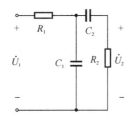

图 7.32　习题 7.14 电路图

7.14　图 7.32 所示为 RC 二阶带通电路。①求电压比 $H(\mathrm{j}\omega)=\dot{U}_2/\dot{U}_1$；②若 $R_1=R_2=R$，$C_1=C_2=C$ 为已知，求中心角频率 ω_0、Q、幅频特性最大值和上、下截止角频率。

7.15　如图 7.33 所示为低通二阶电路。①求出其电压比 $H(\mathrm{j}\omega)=\dot{U}_2/\dot{U}_1$；②如 $Q=1/\sqrt{2}$，ω_0 和 $R_\mathrm{s}=R_\mathrm{L}=R$ 为已知，分别求出其 L 和 C 的设计公式(用 ω_0 和 R 表示)。

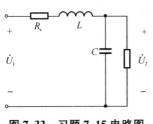

图 7.33　习题 7.15 电路图

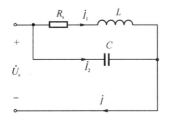

图 7.34　习题 7.16 电路图

7.16　如图 7.34 所示电路发生并联谐振,已知 I_1、I_2 分别为 10 A、8 A,求电流 I。

8 非正弦周期电流电路稳态分析

在实际工程中,除了正弦激励和响应外,非正弦激励和响应也是经常遇到的,由于这些信号不是正弦信号,因此不可直接运用相量法进行分析计算。本章主要讨论非正弦周期信号激励下的线性稳态电路的分析方法。

8.1 非正弦周期信号及其傅里叶级数的分解

非正弦信号可分为周期性和非周期性两种。由数学理论可知,代表周期性激励与响应的周期函数,可以利用傅里叶级数分解为一系列不同频率的谐波分量的叠加。同时,由叠加定理可知,线性电路对非正弦周期性激励的稳态响应,等于组成激励信号的各谐波分量分别作用于该电路时所产生的响应的叠加,而响应的每一谐波分量可利用直流电路的分析方法或正弦稳态电路的相量法求得。

电路中的非正弦周期电压、电流信号主要来自电源和负载两方面,例如交流发电机受内部磁场分布和结构等因素的影响,输出的电压并不是理想的正弦量;当几个不同频率的正弦激励同时作用于线性电路时,电路的响应不再是正弦量;当电路中存在非线性元件时,即使电路的激励是正弦信号,其响应也是非正弦信号(如二极管半波整流电路);脉冲电路中的电压、电流也都是非正弦的周期信号。含有非正弦周期量的电路,称为非正弦周期电流电路。

8.1.1 非正弦周期信号的傅里叶级数

由高等数学中的傅里叶级数的理论可知:若周期为 T 的周期信号 $f(t)$ 满足狄里赫利条件,就可以分解为一个收敛的无穷三角级数,即傅里叶级数。电工技术中所遇到的周期函数一般都满足这个条件,即都可以分解为傅里叶级数。

设周期函数 $f(t)$ 的周期为 T,角频率 $\omega = \dfrac{2\pi}{T} = 2\pi f$,则 $f(t)$ 可展开为傅里叶级数:

$$f(t) = A_0 + A_{1m}\cos(\omega t + \varphi_1) + A_{2m}\cos(2\omega t + \varphi_2) + \cdots + A_{km}\cos(k\omega t + \varphi_k)$$

$$= A_0 + \sum_{k=1}^{\infty} A_{km}\cos(k\omega t + \varphi_k) \tag{8.1}$$

式(8.1)中,第一项 A_0 是不随时间变化的常数,称为 $f(t)$ 的恒定分量或直流分量,有时也称为零次谐波。第二项所示的三角函数,其频率与周期函数 $f(t)$ 的频率相同,称为基波分量或一次谐波;其余各项的频率均为基波频率的整数倍,分别称为二次、三次、…、k 次谐波,并统称为高次谐波。k 为奇数的谐波称为奇次谐波;k 为偶数的谐波称为偶次谐波。

将式(8.1)用三角形式展开,又可写为:

$$f(t) = a_0 + (a_1\cos \omega t + b_1\sin \omega t) + (a_2\cos 2\omega t + b_2\sin 2\omega t) + \cdots$$

$$= a_0 + \sum_{k=1}^{\infty} (a_k\cos k\omega t + b_k\sin k\omega t) \tag{8.2}$$

式中：a_0、a_k、b_k 为傅里叶系数，可按式(8.3)求得，即

$$\left.\begin{array}{l} a_0 = \dfrac{1}{T}\displaystyle\int_0^T f(t)\,\mathrm{d}t = \dfrac{1}{2\pi}\int_0^{2\pi} f(t)\,\mathrm{d}(\omega t) \\[3mm] a_k = \dfrac{2}{T}\displaystyle\int_0^T f(t)\cos k\omega t\,\mathrm{d}t = \dfrac{1}{\pi}\int_0^{2\pi} f(t)\cos k\omega t\,\mathrm{d}(\omega t) \\[3mm] b_k = \dfrac{2}{T}\displaystyle\int_0^T f(t)\sin k\omega t\,\mathrm{d}t = \dfrac{1}{\pi}\int_0^{2\pi} f(t)\sin k\omega t\,\mathrm{d}(\omega t) \end{array}\right\} \tag{8.3}$$

式(8.1)与式(8.2)各系数之间还有如下关系：

$$\left.\begin{array}{l} A_0 = a_0 \\[2mm] A_{km} = \sqrt{a_k^2 + b_k^2} \\[2mm] \varphi_k = \arctan\dfrac{a_k}{b_k} \end{array}\right\} \tag{8.4}$$

可见，要将一个周期函数分解为傅里叶级数，实质上就是计算傅里叶系数 a_0、a_k 和 b_k。下面将通过举例说明傅里叶级数的展开过程。

【例 8.1】　求图 8.1 所示矩形波的傅里叶级数。

解　图 8.1 所示周期函数 $f(t)$ 在一个周期内的表达式为：

$$f(t) = \begin{cases} U_m & 0 \leqslant t \leqslant T/2 \\ -U_m & T/2 \leqslant t \leqslant T \end{cases}$$

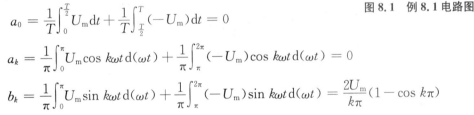

图 8.1　例 8.1 电路图

据式(8.3)计算傅里叶系数：

$$a_0 = \frac{1}{T}\int_0^{\frac{T}{2}} U_m\,\mathrm{d}t + \frac{1}{T}\int_{\frac{T}{2}}^{T}(-U_m)\,\mathrm{d}t = 0$$

$$a_k = \frac{1}{\pi}\int_0^{\pi} U_m\cos k\omega t\,\mathrm{d}(\omega t) + \frac{1}{\pi}\int_{\pi}^{2\pi}(-U_m)\cos k\omega t\,\mathrm{d}(\omega t) = 0$$

$$b_k = \frac{1}{\pi}\int_0^{\pi} U_m\sin k\omega t\,\mathrm{d}(\omega t) + \frac{1}{\pi}\int_{\pi}^{2\pi}(-U_m)\sin k\omega t\,\mathrm{d}(\omega t) = \frac{2U_m}{k\pi}(1-\cos k\pi)$$

当 $k=1,3,5,\cdots,(2n-1)$ 等奇数时，$\cos k\pi = -1$，$b_k = (4U_m)/k\pi$；

当 $k=2,4,6,\cdots,2n$ 等偶数时，$\cos k\pi = 1$，$b_k = 0$。

由此可得该函数的傅里叶级数表达式为：

$$f(t) = \frac{4U_m}{\pi}\left(\sin \omega t + \frac{1}{3}\sin 3\omega t + \frac{1}{5}\sin 5\omega t + \cdots\right)$$

以上介绍了用数学分析方法将周期函数分解为傅里叶级数的方法和步骤。理论上周期信号分解为傅里叶级数时，需要直流分量和无穷多次谐波分量叠加才能完全逼近原信号，但在实际中不可能计算无穷多次谐波分量，一般根据实际的精确度要求和级数的收敛速度决定所取级数的有限项数。对于收敛级数，谐波次数越高，振幅越小，所以通常只需取级数前几项就可以了。

8.1.2　对称周期信号的傅里叶级数

一个周期函数包含哪些谐波，这些谐波的幅值大小如何，都由该周期函数的波形决定。工程上常见的周期函数的波形，往往具有某种对称性。根据波形的对称性可以直观地判断周期函数的谐波分布，从而使傅里叶级数的分解得以简化。

下面分别讨论四种具有对称性的周期函数的傅里叶展开式的特点。

1) 函数波形关于横轴对称

如图 8.1 所示,函数的波形在一个周期内,在横轴上、下所包围的面积相等,此时有:

$$a_0 = \frac{1}{2\pi}\int_0^{2\pi} f(t)\mathrm{d}(\omega t) = 0$$

$$A_0 = a_0$$

可见关于横轴对称的周期函数的傅里叶展开式中无直流分量。

2) 周期函数为奇函数

若周期函数波形关于原点对称,即满足 $f(-t) = -f(t)$,如图 8.2 所示,则称该周期函数为奇函数。由于

$$f(t) = a_0 + \sum_{k=1}^{\infty}(a_k\cos k\omega t + b_k\sin k\omega t)$$

$$-f(-t) = a_0 + \sum_{k=1}^{\infty}(-a_k\cos k\omega t + b_k\sin k\omega t)$$

显然,要满足奇函数的条件,必须有:

$$a_0 = 0, a_k = 0$$

因此奇函数的傅里叶展开式仅含正弦谐波分量而不含直流分量和余弦谐波分量,即

$$f(t) = \sum_{k=1}^{\infty} b_k\sin k\omega t$$

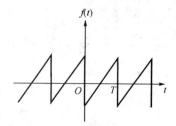

图 8.2　奇函数的波形示例

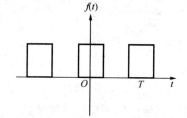

图 8.3　偶函数的波形示例

3) 周期函数为偶函数

若周期函数波形关于纵轴对称,即满足 $f(-t) = f(t)$,如图 8.3 所示,则称该周期函数为偶函数。由于

$$f(t) = a_0 + \sum_{k=1}^{\infty}(a_k\cos k\omega t + b_k\sin k\omega t)$$

$$f(-t) = a_0 + \sum_{k=1}^{\infty}(a_k\cos k\omega t - b_k\sin k\omega t)$$

显然,要满足偶函数的条件,必须有:

$$b_k = 0$$

因此,偶函数的傅里叶展开式只有直流分量和余弦谐波分量而不含正弦谐波分量,即

$$f(t) = a_0 + \sum_{k=1}^{\infty} a_k \cos k\omega t$$

4) 周期函数为镜对称函数

若周期函数在波形移动半个周期后与原波形关于横轴对称,即满足 $f(t) = -f(t+T/2)$,如图 8.4 所示,则称该周期函数为镜对称函数。图 8.4 中虚线所示为移动后的波形。

经分析,镜对称函数的傅里叶系数满足:

$$a_0 = a_2 = a_4 = \cdots = 0$$
$$b_0 = b_2 = b_4 = \cdots = 0$$

因此,镜对称函数的傅里叶展开式只含有奇次谐波分量而不含直流分量和偶次谐波分量。即

$$f(t) = \sum_{k=1}^{\infty} (a_k \cos k\omega t + b_k \sin k\omega t) \quad (k \text{ 为奇数})$$

故镜对称函数也称为奇次谐波函数。

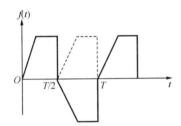

图 8.4 镜对称函数的波形示例

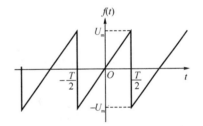

图 8.5 例 8.2 电路图

【例 8.2】 将图 8.5 所示周期函数波形展开成傅里叶级数。

解 由图示波形可写出 $f(t)$ 的表达式为:

$$f(t) = \frac{2U_m}{T}t \quad \left(-\frac{T}{2} < t < \frac{T}{2}\right)$$

因为 $f(t)$ 是对称于原点的奇函数,由对称性可得:

$$a_0 = a_k = 0$$

$$b_k = \frac{4}{T}\int_0^{\frac{T}{2}} f(t)\sin k\omega t\, dt = \frac{4U_m}{T}\left[\frac{1}{(k\omega)^2}\sin k\omega t - \frac{t}{k\omega}\cos k\omega t\right]$$

将 $T = 2\pi/\omega$ 代入上式,即得:

$$b_k = \frac{2U_m}{\pi}\left(-\frac{\cos k\pi}{k}\right) \quad (k=1,2,3,\cdots)$$

由于奇函数 $f(t)$ 的傅里叶展开式为 $f(t) = \sum_{k=1}^{\infty} b_k \sin k\omega t$,可得所求傅里叶级数为:

$$f(t) = \frac{2U_m}{\pi}\left(\sin \omega t - \frac{1}{2}\sin 2\omega t + \frac{1}{3}\sin 3\omega t - \cdots\right)$$

以上介绍了将非正弦周期性信号分解为傅里叶级数的方法。在工程中,为了直观地表示一个非正弦周期信号的各次谐波分量的大小和相位,通常采用频谱图来进行描述(即用长度与各

次谐波的振幅或相位大小成正比的线段按照谐波频率的次序进行排列所得到的图形),分为振幅频谱和相位频谱两种。非正弦周期信号的振幅频谱具有离散性和衰减性(即振幅的大小随着谐波次数的增加而呈现衰减趋势);其相位频谱具有离散性。

思考题

(1) 为什么可以用傅里叶级数的有限项去表示一个非正弦变化的周期电压、电流?

(2) 电流 $i(t)=[10\sin \omega t+2\sin(3\omega t+30°)]\text{A}$ 可以用相量表示吗?

(3) 下列各电流都是非正弦周期电流吗?

$i_1=(5\sin \omega t+4\sin \omega t)\text{A}$;$i_2=(8\sin \omega t+3\cos \omega t)\text{A}$;$i_3=(10\sin \omega t+2\sin 2\omega t)\text{A}$;$i_4=(10\sin \omega t-2\sin 3\omega t)\text{A}$。

(4) 奇函数、偶函数与奇次谐波函数各有什么特点? 它们的傅里叶级数有何不同?

8.2 非正弦周期电流电路的常用参数

8.2.1 有效值

第 6 章中已指出,一个周期信号 $f(t)$ 的有效值等于它的方均根值 F。即

$$F=\sqrt{\frac{1}{T}\int_0^T f^2(t)\mathrm{d}t}$$

设非正弦周期电流 i 已展开为傅里叶级数,即

$$i=I_0+\sum_{k=1}^{\infty}I_{km}\cos(k\omega t+\varphi_k)$$

则将 i 代入有效值的表达式可得此电流的有效值:

$$I=\sqrt{\frac{1}{T}\int_0^T\Big[I_0+\sum_{k=1}^{\infty}I_{km}\cos(k\omega t+\varphi_k)\Big]^2\mathrm{d}t}$$

上式等号右边平方后得到的展开式将包含下列各项:

(1) $\frac{1}{T}\int_0^T\Big[I_0^2+\sum_{k=1}^{\infty}I_{km}^2\cos^2(k\omega t+\varphi_k)\Big]\mathrm{d}t=I_0^2+\sum_{k=1}^{\infty}I_k^2$

(2) $\frac{1}{T}\int_0^T 2I_0 I_{km}\cos(k\omega t+\varphi_k)\mathrm{d}t=0$

(3) $\frac{1}{T}\int_0^T 2I_{km}\cos(k\omega t+\varphi_k)I_{qm}\cos(q\omega t+\varphi_q)\mathrm{d}t=0 \quad (k\neq q)$

由此可得 i 的有效值 I 为:

$$I=\sqrt{I_0^2+I_1^2+\cdots+I_k^2+\cdots} \tag{8.5}$$

同理可得非正弦周期电压 u 的有效值 U 为:

$$U=\sqrt{U_0^2+U_1^2+\cdots+U_k^2+\cdots} \tag{8.6}$$

因此,非正弦周期电流或电压信号的有效值等于它的各次谐波分量(包括零次谐波)的有效

值的平方和的平方根。其中,零次谐波的有效值就是恒定分量的值,其他各次谐波的有效值与其最大值的关系是 $I_k = I_{km}/\sqrt{2}$, $U_k = U_{km}/\sqrt{2}$ 。

8.2.2 平均值

除有效值外,在实践中有时还用到平均值的概念。以电流 i 为例,用 I_{av} 表示其平均值,定义为:

$$I_{av} = \frac{1}{T}\int_0^T i\,\mathrm{d}t \qquad (8.7)$$

由式(8.7)可知,交流量的平均值实际上就是其傅里叶展开式中的直流分量,这种平均值称为代数平均值。对于那些直流分量为零的交流量,其代数平均值总为零。为了便于测量与分析,常用交流量的绝对值在一个周期内的平均值来定义交流量的平均值,并称之为绝对平均值,即

$$I_{rect} = \frac{1}{T}\int_0^T |i|\,\mathrm{d}t \qquad (8.8)$$

I_{rect} 也称为整流平均值,它相当于交流信号经全波整流后的平均值。

同样对于交流电压 u 也存在,

$$U_{rect} = \frac{1}{T}\int_0^T |u|\,\mathrm{d}t \qquad (8.9)$$

【例 8.3】 已知正弦电流 $i = I_m \cos \omega t$,计算其整流平均值并指出其有效值与整流平均值之间的关系。

解 将 $i = I_m \cos \omega t$ 代入整流平均值公式,即式(8.8),可得:

$$I_{rect} = \frac{1}{2\pi}\int_0^{2\pi} |I_m \cos \omega t|\,\mathrm{d}\omega t = \frac{2I_m}{\pi} = 0.637 I_m = 0.898 I$$

或 $I = 1.11 I_{rect}$,即正弦波的有效值是其整流平均值的 1.11 倍。

在此应注意,对于同一非正弦周期电流,采用不同类型的仪表进行测量会有不同的结果。例如磁电式仪表指针偏转角度正比于被测量的直流分量,其读数为被测量的直流量;电磁系仪表指针偏转角度正比于被测量的有效值平方,读数为被测量的有效值;整流系仪表指针偏转角度正比于被测量的整流平均值,其读数为整流平均值乘以 1.11,对于正弦量而言,测量结果为其有效值,即 $I = 1.11 I_{rect}$,对于非正弦量而言则没有实在意义。因此,在测量非正弦周期量时要合理地选择测量仪表。

8.2.3 平均功率

前已述及,平均功率定义为:

$$P = \frac{1}{T}\int_0^T p(t)\,\mathrm{d}t \qquad (8.10)$$

式中, $p(t)$ 为瞬时功率。

设二端网络输入端口的周期电压 $u(t)$ 和周期电流 $i(t)$ 为关联参考方向,其傅里叶级数分别为:

$$u(t) = U_0 + \sum_{k=1}^{\infty} U_{km}\cos(k\omega t + \varphi_{uk})$$

$$i(t) = I_0 + \sum_{k=1}^{\infty} I_{km}\cos(k\omega t + \varphi_{ik})$$

式中:φ_{uk} 和 φ_{ik} 分别为 k 次谐波电压和电流的初相位。则瞬时功率 $p(t)$ 为:

$$p(t) = u(t)i(t) = \left[U_0 + \sum_{k=1}^{\infty} U_{km}\cos(k\omega t + \varphi_{uk})\right]\left[I_0 + \sum_{k=1}^{\infty} I_{km}\cos(k\omega t + \varphi_{ik})\right]$$

此多项式乘积展开式中可分为两种类型,一种类型是同次谐波电压、电流的乘积,它们在一个周期内的平均值分别为:

$$\frac{1}{T}\int_0^T U_0 I_0 \,\mathrm{d}t = U_0 I_0$$

$$\frac{1}{T}\int_0^T U_{km}\cos(k\omega t + \varphi_{uk})I_{km}\cos(k\omega t + \varphi_{ik})\,\mathrm{d}t = U_k I_k \cos(\varphi_{uk} - \varphi_{ik})$$

式中:U_k 和 I_k 分别为 k 次谐波电压和电流的有效值,$\varphi_k = \varphi_{uk} - \varphi_{ik}$ 为 k 次谐波电压与同次谐波电流之间的相位差。

另一种类型是不同次谐波电压和电流的乘积,各项乘积在一周期内的平均值均为零。

因而平均功率 P 为:

$$P = U_0 I_0 + \sum_{k=1}^{\infty} U_k I_k \cos \varphi_k \tag{8.11}$$

式(8.11)表明,在非正弦周期信号激励下,非正弦电路的平均功率为各次谐波的平均功率之和。必须注意,不同频率的电压和电流不产生平均功率。

非正弦周期信号激励下,稳态电路中的无功功率定义为各次谐波无功功率之和,即

$$Q = \sum_{k=1}^{\infty} U_k I_k \sin \varphi_k \tag{8.12}$$

非正弦周期信号激励下,稳态电路中的视在功率定义为电压和电流有效值的乘积,即

$$S = UI = \sqrt{U_0^2 + U_1^2 + \cdots + U_k^2 + \cdots} \cdot \sqrt{I_0^2 + I_1^2 + \cdots + I_k^2 + \cdots} \tag{8.13}$$

显然,视在功率不等于各次谐波视在功率之和。

非正弦周期信号激励下,稳态电路中的功率因数定义为有功功率与视在功率之比,即

$$\cos \varphi = \frac{P}{UI} \tag{8.14}$$

式(8.14)中,φ 是一个假想角,并不表示非正弦电压与电流之间存在相位差。

思考题

(1) 某一半波整流电压的最大值为 100 V,当分别用磁电系、电磁系和整流系仪表进行测量时,读数各为多少?

(2) 有效值为 100 V 的正弦电压加在电阻可以忽略的线圈两端,测得线圈中的电流有效值为 10 A,当电压

中含有三次谐波分量,而有效值仍为 100 V 时,电流的有效值为 8 A,试求此电压的基波和三次谐波的有效值。

（3）若已知某周期电流信号的傅里叶级数为 $i(t) = I_0 + \sum\limits_{k=1}^{\infty} I_{km}\cos(k\omega t + \varphi_{ik})$,请判断下列各式是否正确。

①有效值 $I = I_0 + I_1 + \cdots + I_k + \cdots$

②有效值相量 $\dot{I} = \dot{I}_0 + \dot{I}_1 + \cdots + \dot{I}_k + \cdots$

③振幅 $I_m = I_0 + I_{m1} + \cdots + I_{km}\cdots$

④有效值 $I = \sqrt{\left(\dfrac{I_0}{\sqrt{2}}\right)^2 + \left(\dfrac{I_{1m}}{\sqrt{2}}\right)^2 + \cdots}$

⑤有效值 $I = \sqrt{I_0^2 + I_1^2 + \cdots + I_k^2 + \cdots}$

⑥平均功率 $P = \sqrt{P_0^2 + P_1^2 + \cdots + P_k^2 + \cdots}$

⑦平均功率 $P = P_0 + P_1 + \cdots + P_k + \cdots$

（4）测量交流量的有效值、整流平均值、直流分量时应如何选择测量仪表?

（5）正弦波的有效值与其半波整流波的有效值和平均值之间存在什么关系式?

8.3　非正弦周期电流电路的稳态分析

由于作用于线性电路的非正弦周期性激励都可分解为一系列不同频率的谐波分量之和（包括零次谐波）,故对非正弦周期电流电路的稳态分析可采用谐波分析法,其理论依据是傅里叶级数和线性电路的叠加定理。

采用谐波分析法的具体步骤如下:

（1）信号分解

将给定的非正弦周期激励信号分解为傅里叶级数,即一系列不同频率的谐波分量之和,并根据对准确度的具体要求,取有限项高次谐波。

（2）分别计算各次谐波单独作用下的响应

分别计算各次谐波分量作用于电路时产生的响应,计算方法与直流电路及正弦稳态交流电路的计算方法完全相同。但必须注意:电感元件和电容对不同频率的谐波有不同的电抗。对于直流分量,电感元件相当于短路,电容元件相当于开路;对于基波分量,感抗为 $X_L(1) = \omega L$,容抗为 $X_C(1) = 1/\omega C$;而对于 k 次谐波分量,感抗变为 $X_L(k) = k\omega L = kX_L(1)$,容抗变为 $X_C(k) = 1/k\omega C = X_C(1)/k$,即谐波次数越高,则感抗越大,容抗越小。电阻对各次谐波来说是相同的。

（3）叠加各次谐波分量作用下的响应

应用线性电路的叠加定理,将电路在各次谐波作用下的响应进行叠加。需要注意的是,各次谐波分量响应一定以瞬时值的形式进行叠加,而不能把表示不同频率正弦量的相量直接进行加、减运算。

【例 8.4】 已知图 8.6（a）中 $\omega L_1 = 5.5\ \Omega, \omega L_2 = 4\ \Omega, 1/\omega C = 36\ \Omega, R = 10\ \Omega$, $u(t) = [20 + 100\sqrt{2}\cos\omega t + 30\sqrt{2}\cos(3\omega t - 30°)]$V,试求:①$i(t)$ 及其有效值;②电路的总有功功率。

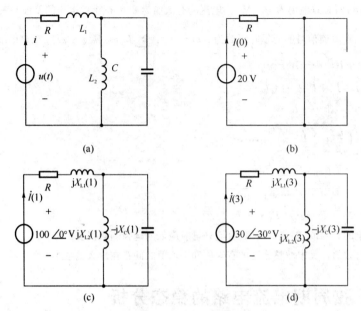

图 8.6 例 8.4 电路图

解 ①因为电源电压已分解为傅里叶级数,可直接计算各次谐波作用下的电路响应。

a. 直流响应(此时电感看做短路,电容看做开路)

直流分量 $U(0) = 20$ V 单独作用下,等效电路如图 8.6(b)所示,计算可得

$$I(0) = \frac{U(0)}{R} = \frac{20}{10} = 2 \text{ A}$$

b. 基波响应

基波分量 $u(t) = 100\sqrt{2}\cos \omega t$ V 单独作用下,等效电路如图 8.6(c)所示,用相量法计算。

$$\dot{U}(1) = 100 \underline{/0°} \text{ V}$$

$$Z(1) = R + j\omega L_1 + \frac{j\omega L_2 \cdot \frac{1}{j\omega C}}{j\omega L_2 + \frac{1}{j\omega C}} = 10 + j5.5 + \frac{j4 \times (-j36)}{j4 + (-j36)} = 10 + j10 = 10\sqrt{2}\underline{/45°} \ \Omega$$

$$\dot{I}(1) = \frac{\dot{U}(1)}{Z(1)} = \frac{100 \underline{/0°}}{10\sqrt{2}\underline{/45°}} = 5\sqrt{2}\underline{/-45°} \text{ A}$$

c. 三次谐波响应

三次谐波分量 $u(t) = 30\sqrt{2}\cos(3\omega t - 30°)$ V 单独作用下,等效电路如图 8.6(d)所示,用相量法计算。

$$\dot{U}(3) = 30 \underline{/-30°} \text{ V}$$

因为 $\qquad\qquad X_{L2}(3) = 3X_{L2}(1) = 12 \ \Omega, X_C(3) = \frac{1}{3}X_C(1) = 12 \ \Omega$

可知 L_2 与 C 出现并联谐振。该并联端口的等效阻抗为无穷大,对外可视为开路。

故可得 $\qquad\qquad\qquad\qquad\qquad \dot{I}(3) = 0$ A

d. 叠加各谐波分量产生的响应

将以上各个响应分量用瞬时表达式表示后叠加,得到 $i(t)$ 为:

$$i(t)=[2+10\cos(\omega t-45°)]\text{A}$$

其有效值为：
$$I=\sqrt{2^2+\left(\frac{10}{\sqrt{2}}\right)^2}=\sqrt{54}=7.35\text{ A}$$

②根据非正弦周期电路平均功率等于各谐波分量的平均功率之和可得：

$$P=P(0)+P(1)+P(3)=20×2+100×5\sqrt{2}×\cos 45°+0=40+500+0=540\text{ W}$$

该功率也可用下式计算：

$$P=I^2(0)R+I^2(1)R+I^2(3)R=4×10+50×10+0=540\text{ W}$$

【例 8.5】　如图 8.7(a)所示电路中,已知 $\omega L=5\ \Omega,1/\omega C=20\ \Omega,R_s=1\ \Omega,R_1=5\ \Omega,$
$R_2=10\ \Omega$,电源电压为 $u(t)=[12+100\sqrt{2}\cos \omega t+50\sqrt{2}\cos(3\omega t+30°)]\text{V}$,试求:①各支路电流
表达式及有效值;②电源发出的平均功率。

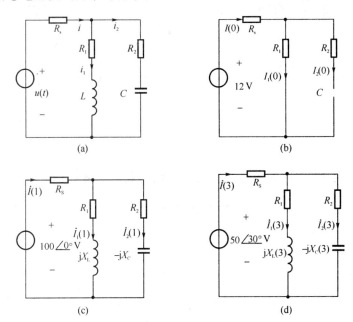

图 8.7　例 8.5 电路图

解　①因为电源电压已分解为傅里叶级数,可直接计算各次谐波作用下的电路响应。

a. 直流响应(此时电感看做短路,电容看做开路)

直流分量 $U(0)=12(\text{V})$ 单独作用下,等效电路如图 8.7(b)所示,各支路电流为：

$$I_2(0)=0\text{ A},I_1(0)=I(0)=\frac{12}{6}=2\text{ A}$$

b. 基波响应

基波分量 $u(t)=100\sqrt{2}\cos \omega t(\text{V})$ 单独作用下,等效电路如图 8.7(c)所示,用相量法计算。

$$Z_1(1)=(5+\text{j}5)\Omega,Z_2(1)=(10-\text{j}20)\Omega,$$

$$Z(1)=R_s+\frac{Z_1(1)Z_2(1)}{Z_1(1)+Z_2(1)}=1+\frac{200-\text{j}50}{15-\text{j}15}=10.7\underline{/28.2°}\ \Omega$$

$$\dot{I}(1)=\frac{\dot{U}(1)}{Z(1)}=\frac{100\underline{/0°}}{10.7\underline{/28.2°}}=9.34\underline{/-28.2°}\text{ A}$$

$$\dot{I}_1(1)=\dot{I}(1)\frac{Z_2(1)}{Z_1(1)+Z_2(1)}=9.34\,\underline{/-28.2°}\times\frac{10-j20}{15-j15}=9.94\,\underline{/46.6°}\ \text{A}$$

$$\dot{I}_2(1)=\dot{I}(1)\frac{Z_1(1)}{Z_1(1)+Z_2(1)}=9.34\,\underline{/-28.2°}\times\frac{5+j5}{15-j15}=3.08\,\underline{/61.8°}\ \text{A}$$

c. 三次谐波响应

三次谐波分量 $u(t)=50\sqrt{2}\cos(3\omega t+30°)\text{V}$ 作用于电路时,电路如图 8.7(d)所示。

此时　　　　　　　感抗 $X_L(3)=3\omega L=6(\Omega)$,容抗 $X_C(3)=\dfrac{1}{3\omega C}=\dfrac{20}{3}\ \Omega$

则　　　　　　　　　　$Z_1(3)=(5+j15)\Omega,Z_2(3)=\left(10-j\dfrac{20}{3}\right)\Omega,$

$$Z(3)=R_s+\frac{Z_1(3)Z_2(3)}{Z_1(3)+Z_2(3)}=1+\frac{150-j350/3}{15+j25/3}=11.5\,\underline{/4.2°}\ \Omega$$

$$\dot{I}(3)=\frac{\dot{U}(3)}{Z(3)}=\frac{50\,\underline{/30°}}{11.5\,\underline{/4.2°}}=4.35\,\underline{/25.8°}\ \text{A}$$

$$\dot{I}_1(3)=\dot{I}(3)\frac{Z_2(3)}{Z_1(3)+Z_2(3)}=4.35\,\underline{/25.8°}\times\frac{10-j20/3}{9+j5}=5.07\,\underline{/-37°}\ \text{A}$$

$$\dot{I}_2(3)=\dot{I}(3)\frac{Z_1(3)}{Z_1(3)+Z_2(3)}=4.35\,\underline{/25.8°}\times\frac{5+j15}{9+j5}=6.67\,\underline{/68.3°}\ \text{A}$$

d. 叠加响应并计算有效值

将以上各个响应分量用瞬时表达式表示后叠加,得到各支路电流为:

$$i(t)=I(0)+i(1)+i(3)=[2+9.34\sqrt{2}\cos(\omega t-28.2°)+4.35\sqrt{2}\cos(3\omega t+25.8°)]\text{A}$$

$$i_1(t)=I_1(0)+i_1(1)+i_1(3)=[2+9.94\sqrt{2}\cos(\omega t+46.6°)+5.07\sqrt{2}\cos(3\omega t-37°)]\text{A}$$

$$i_2(t)=I_2(0)+i_2(1)+i_2(3)=[3.08\sqrt{2}\cos(\omega t+61.8°)+6.67\sqrt{2}\cos(3\omega t+68.3°)]\text{A}$$

各支路电流有效值为:

$$I=\sqrt{2^2+9.34^2+4.35^2}=10.5\ \text{A}$$

$$I_1=\sqrt{2^2+9.94^2+5.07^2}=11.3\ \text{A}$$

$$I_2=\sqrt{3.08^2+6.67^2}=7.3\ \text{A}$$

②电源输出的平均功率为:

$$P=U(0)I(0)+U(1)I(1)\cos\varphi_1+U(3)I(3)\cos\varphi_3$$

$$=12\times2+100\times9.34\times\cos28.2°+50\times4.35\times\cos4.2°=1\ 064\ \text{W}$$

功率也可用下式计算,请读者自行推导。

$$P=I^2R_s+I_1^2R_1+I_2^2R_2=1\ 064\ \text{W}$$

思考题

(1) 已知流过 2 Ω电阻的电流 $i(t)=[2+3\sqrt{2}\cos t+\sqrt{2}\cos(2t+30°)]$A,试计算电阻两端的电压及电阻消耗的功率。

(2) 已知某电感流过电流 $i(t)=[6+10\sqrt{2}\cos t+\sqrt{2}\cos(2t+60°)]$A,感抗 $X_L(1)=\omega L=10\ \Omega$,求该电感两端的电压及其有效值。

（3）某电容器，其端电压 $u(t)=[4+5\sqrt{2}\sin(\omega t+30°)+\sqrt{2}\sin 2\omega t]$V，容抗为 $\dfrac{1}{\omega C}=5$ Ω，求流过该电容的电流及其有效值。

（4）某正弦电压有效值为 U，加在某线性电感元件两端，测得其电流有效值为 I；当电压中含有二次谐波分量、有效值仍为 U 时，将其加在该线性电感元件两端，则其电流有效值将如何变化？

知识拓展

1）非正弦周期信号实用性知识概述

（1）非正弦信号的产生

前已述及，电路中的非正弦周期信号主要来自电路的电源和负载。①正弦交流信号主要来自于交流发电机，然而，受内部磁场分布不均匀和结构对称性的影响，交流发电机输出的电压并不是理想的正弦量，而是近似正弦信号，严格来说，是非正弦周期信号。②当几个频率不同的正弦激励同时作用于线性电路时，电路中的响应就不再是正弦信号，而是非正弦周期信号。图 8.8 所示为两个不同频率正弦波 u_1 和 u_2 进行叠加后产生非正弦周期信号 u 的示例。③当电路中含有非线性元件时，即使是正弦激励作用，电路的响应也是非正弦周期信号。如表 8.1 所示的半波整流波形和全波整流波形。

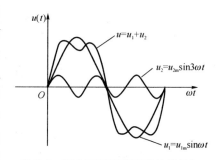

图 8.8　两个不同频率正弦波的叠加

（2）非正弦周期信号的应用

在自动控制、电子计算机等技术领域中经常用到的矩形脉冲、尖脉冲、锯齿波等都属于非正弦周期电信号，如图 8.9 所示。

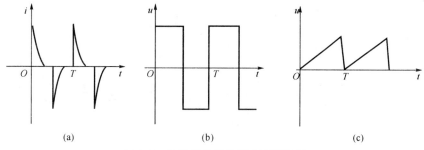

图 8.9　几种常见的非正弦周期波形

（3）非正弦周期信号的频谱图

本章第一节简单介绍了非正弦周期信号的频谱图。频谱图分为幅度频谱和相位频谱两种。由于各次谐波的角频率均为基波频率的正整数倍，所以频谱图均呈现离散性。一般如无特殊说明，频谱图通常都指幅度频谱，即将直流分量和各次谐波的振幅用一定比例的线段分别画出。

下面举例说明周期性矩形波及其频谱图特点。图 8.10 所示为在 Multisim 软件下作出的矩形波频谱图示例电路。

对该电路进行仿真，可得到图 8.11 所示各项结果，其中图 8.11(a)为函数信号发生器的矩形波参数设置图；图 8.11(b)为示波器显示的矩形波波形及参数图；图 8.11(c)为频谱分析仪中显示的该矩形波幅度频谱图。

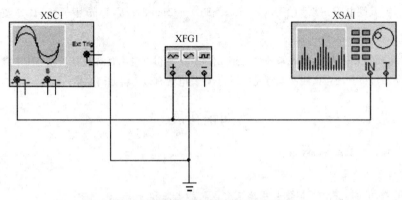

图 8.10　周期矩形波频谱图示例电路

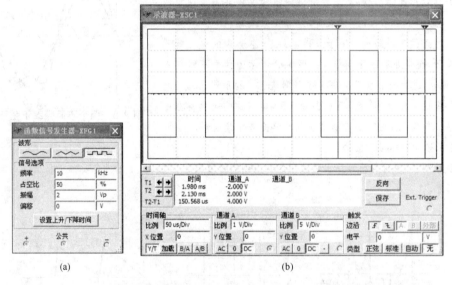

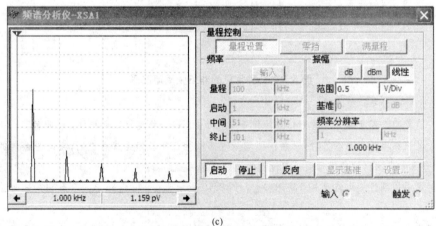

(c)

图 8.11　矩形波及其幅度频谱图

(4) 几种典型周期信号的傅里叶级数

在本章第一节中介绍了用数学方法对周期信号的傅里叶级数进行分解的方法。在工程中,通常采用查表的方法得到周期函数的傅里叶级数。电路中常见的几种周期函数波形及其傅里叶级数展开式如表 8.1 所示。

表 8.1　几种典型周期函数的傅里叶级数

名称	函数的波形	傅里叶级数	有效值	整流平均值
正弦波		$f(t) = A_m \sin \omega t$	$\dfrac{A_m}{\sqrt{2}}$	$\dfrac{2A_m}{\pi}$
半波整流波		$f(t) = \dfrac{2}{\pi} A_m \left(\dfrac{1}{2} + \dfrac{\pi}{4} \cos \omega t + \dfrac{1}{1\times3} \cos 2\omega t \right.$ $\left. - \dfrac{1}{3\times5} \cos 4\omega t + \dfrac{1}{5\times7} \cos 6\omega t - \cdots \right)$	$\dfrac{A_m}{2}$	$\dfrac{A_m}{\pi}$
全波整流波		$f(t) = \dfrac{4}{\pi} A_m \left(\dfrac{1}{2} + \dfrac{1}{1\times3} \cos \omega t - \right.$ $\left. \dfrac{1}{3\times5} \cos 2\omega t + \dfrac{1}{5\times7} \cos 6\omega t - \cdots \right)$	$\dfrac{A_m}{\sqrt{2}}$	$\dfrac{2A_m}{\pi}$
矩形波		$f(t) = \dfrac{4}{\pi} A_m \left(\sin \omega t + \dfrac{1}{3} \sin 3\omega t + \right.$ $\left. \dfrac{1}{5} \sin 5\omega t + \cdots + \dfrac{1}{k} \sin k\omega t + \cdots \right)$ （k 为奇数）	A_m	A_m
三角波		$f(t) = \dfrac{8}{\pi^2} A_m \left(\sin \omega t - \dfrac{1}{9} \sin 3\omega t + \right.$ $\dfrac{1}{25} \sin 5\omega t - \cdots + \dfrac{(-1)^{\frac{k-1}{2}}}{k^2} \sin k\omega t +$ $\left. \cdots \right)$ （k 为奇数）	$\dfrac{A_m}{\sqrt{3}}$	$\dfrac{A_m}{2}$
锯齿波		$f(t) = A_m \left[\dfrac{1}{2} - \dfrac{1}{\pi} \left(\sin \omega t + \dfrac{1}{2} \sin 2\omega t + \right. \right.$ $\left. \left. \dfrac{1}{3} \sin 3\omega t + \cdots \right) \right]$	$\dfrac{A_m}{\sqrt{3}}$	$\dfrac{A_m}{2}$

续表 8.1

名称	函数的波形	傅里叶级数	有效值	整流平均值
梯形波	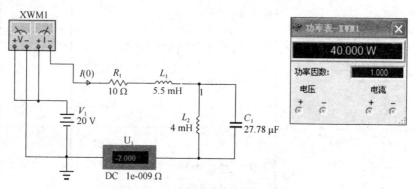	$f(t) = \dfrac{4A_m}{\omega t_0 \pi}\left(\sin \omega t_0 \sin \omega t + \dfrac{1}{9} \sin 3\omega t_0 \sin 3\omega t\right.$ $+ \dfrac{1}{25} \sin 5\omega t_0 \sin 5\omega t + \cdots +$ $\left. \dfrac{1}{k^2} \sin k\omega t_0 \sin k\omega t + \cdots \right)$ （k 为奇数）	$A_m \sqrt{1 - \dfrac{4\omega t_0}{3\pi}}$	$A_m \left(1 - \dfrac{\omega t_0}{\pi}\right)$

2) Multisim 软件仿真测试非正弦周期电路

前面介绍了非正弦周期电路的分析方法,即谐波分析法。在学习了解电路仿真软件后,我们可以通过仿真软件对非正弦周期电流电路进行仿真测试,并对谐波分析法的分析计算结果进行验证。

下面将采用 Multisim 软件对本章例 8.4(图 8.6 所示电路)进行仿真测试。在测试中,由于 Multisim 软件的局限性,我们按照例 8.4 原条件,设置 $\omega = 10^3$ rad/s,$R = 10\ \Omega$,$L_1 = 5$ mH,$L_2 = 4.4$ mH,$C = 27.78\ \mu$F。

①当直流分量单独作用时,在 Multisim 软件中作出相应等效电路如图 8.12 所示。

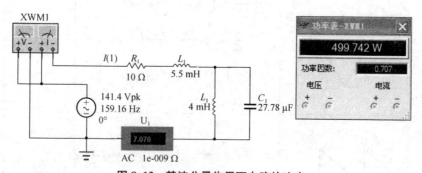

图 8.12　直流分量作用下电路的响应

已知该题目直流分量 $U(0) = 20$ V,由图 8.12 观察可知,在图示参考方向下,电源直流分量作用下电路总电流为 $I(0) = 2$ A,电源发出的有功功率为 $P(0) = 40$ W。与前面谐波分析法得到的结论一致。

②当基波(一次谐波)分量单独作用时,在 Multisim 软件中作出相应等效电路如图 8.13 所示。

图 8.13　基波分量作用下电路的响应

已知该题目基波分量为 $\dot{U}(1) = 100 \angle 0°$ V,由图 8.11 观察可知,在图示参考方向下,电源基波分量作用下电流有效值 $I(1) = 5\sqrt{2}$ A ≈ 7.070 A,电源发出的有功功率为 $P(1) = 499.731$ W ≈ 500 W。与前面谐波分析法

得到的结论一致。

③当三次谐波分量单独作用时,在 Multisim 软件中作出相应等效电路如图 8.14 所示。

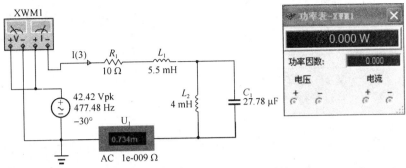

图 8.14　三次谐波分量作用下电路的响应

已知该题目三次谐波分量为 $\dot{U}(3)=30\underline{/-30°}$ V,由图 8.12 观察可知,在图示参考方向下,电源基波分量作用下电流的有效值 $I(3)=0.000\ 734$ A$=0.734$ mA,电源发出的有功功率为 $P(3)=0$ W。此时电流有效值远远小于直流分量作用下的响应(2 A)和基波作用下的响应(5 A),可近似为 0,所以与前面谐波分析法得到的结论一致(存在小的数值误差由循环小数引起)。

④按照非正弦周期电流电路中有效值的计算式,可得到该电路中电流 I 的有效值为:

$$I=\sqrt{2^2+7.07^2+0.000\ 734^2}=7.35\ \text{A}$$

$$P=P(0)+P(1)+P(3)=(40+500+0)\text{W}=540\ \text{W}$$

该结论与例 8.4 中所得结果一致。

3) MF-30 型万用表交流电压挡单元测试电路介绍

由于万用表的表头采用的是磁电系测量机构,故不能直接用来测量交流量,必须附加整流装置,将交流变换成直流。整流器就是完成这一变换任务的。磁电系表头配上整流装置就构成了整流系仪表。

(1) 整流电路

整流元件采用锗、硅二极管,也有用氧化铜整流器的。对整流元件的要求是反向电阻越大,正向电阻越小,则整流元件的质量越好。整流电路有半波整流和全波整流两种,这两种整流方式的输出波形都是非正弦周期信号。

①半波整流电路

通常半波整流电路不会只用一只整流管。因为这种电路在负半周施加反向电压时,仍有很小的反向电流流过表头,这将造成仪表指针颤抖,且有很大的反向电压加在整流元件上,易造成整流器件的击穿。

采用两只整流元件的半波整流电路可以消除指针抖动和反向击穿的可能性。MF 系列万用表采用具有反向保护作用的半波整流电路,如图 8.15 所示。在正半周时,二极管 VD_1 导通,VD_2 截止;负半周时,VD_1 截止,VD_2 导通,表头流过的是经过整流的半波整流电流 i_g,如图 8.16 所示。如果没有 VD_2 元件,在负半周时,会有很小的反向电流流过表头,将会造成仪表指针的颤动,而且还有很大的反向电压加在整流元件 VD_1 上,极易造成该元件的击穿。而采用两个整流元件后,负半周时由于 VD_2 导通,使 VD_1 两端的反向电压大为降低,起到了反向保护作用,同时表头也不再通过反向电流。

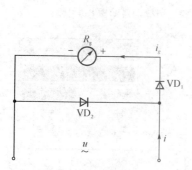

图 8.15　半波整流电路

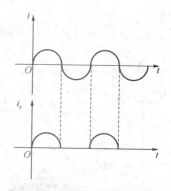

图 8.16　半波整流电路波形图

磁电系测量机构的偏转角是由平均转动力矩决定的,而平均转动力矩与整流电流 i_g 的平均值有关。若外加电流为正弦量并设为 $i = I_m \sin \omega t$,则半波整流波 i_g 的平均值为:

$$I_{cp} = \frac{1}{T} \int_0^{\frac{T}{2}} i\,dt = \frac{1}{T} \int_0^{\frac{T}{2}} I_m \sin \omega t\,dt = \frac{I_m}{\pi} = \frac{\sqrt{2}I}{\pi} = 0.45I$$

式中 I 为正弦量的有效值,上式也可表达为:

$$I = \frac{I_{cp}}{0.45} = 2.22 I_{cp}$$

上式说明被测正弦量的有效值 I 是半波整流后流入表头的半波整流电流的平均值 I_{cp} 的 2.22 倍,说明半波整流仪表的偏转角也与被测正弦交流量的有效值成正比,因此,磁电系仪表加上整流装置后可以用来测量正弦交流电量的有效值。

②全波整流电路

有时用四个整流元件组成全波桥式整流电路。则无论正半周或负半周,均有电流通过表头,故整流电流的平均值比半波时大了一倍。即

$$I_{cp} = 0.9I$$

$$I = \frac{I_{cp}}{0.9} = 1.11 I_{cp}$$

由于仪表的偏转角取决于电流平均值,而平均值又与正弦波有效值存在上面的关系,因此磁电系仪表加上整流器之后可以用来测量正弦电压的有效值。

(2) 测量线路

在万用表中,为了节省元件,希望交流电压各量程的分压电阻能与直流电压各量程的分压电阻共用,同时为了读数方便,要求交流电压的有效值读数能与直流电压的读数共用一个刻度尺,至少也要基本相同。这就产生一个问题,即在同样的分压电阻情况下,当被测交流电压是 1 V 的有效值时,通过电表的平均电流与被测直流电压也是 1 V 时通过电表的电流相比较,半波整流时是直流时的 0.45 倍,指针的偏转角显然比直流时要小,这就需要在交流测量线路中增加与表头并联的分流器电阻,以提高流过表头的电流。图 8.17 是 MF-30 型万用表的交流电压测量线路,与第 2 章"知识拓展"中图 2.30 所示的直流电压测量线路相比较可知,在同量程下,与表头并联的分流电阻是不相同的。例如同在 500 V 量程时,直流电压测量线路中,表头的分流电阻是 $R_1 \sim R_5$,而在交流电压测量线路中,则是 $R_1 \sim R_7$。但它们的分压电阻却是一样的($R_{11} \sim R_{14}$)。

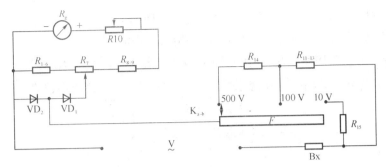

图 8.17　MF‐30 型万用表交流电压测量线路

此处也可以理解为,MF‐30 型万用表的表头满偏电流为 40.6 μA,说明在测量直流量时满偏电流为 40.6 μA,而在测量半波整流电流时,则 40.6 μA 应是半波整流波的平均值才能满偏,即正弦交流的有效值应是 40.6 μA/0.45＝90.2 μA 才能经半波整流后使表头满偏。

本章小结

(1) 非正弦周期信号的分解是对非正弦周期电流电路进行分析的基础。在非正弦周期信号及其分解的学习中,应当注意以下几点:

①若周期为 T 的周期信号 $f(t)$ 满足狄里赫利条件,就可以分解为一个收敛的无穷三角级数,即傅里叶级数。电工技术中所遇到的周期函数一般都满足这个条件,都可以分解为傅里叶级数。

②将一个周期函数分解为傅里叶级数,实质就是计算傅里叶系数 a_k、b_k 和 a_0。

(2) 在对称波形的傅里叶级数的学习中,应当注意以下几点:

①关于横轴对称的周期函数,其傅里叶级数展开式中没有直流分量,即 $a_0＝0$。

②关于原点对称的周期函数,其傅里叶级数展开式仅含正弦项而不含直流分量和余弦谐波分量,即 $a_0＝0$ 且 $a_k＝0$。

③关于纵轴对称的周期函数,其傅里叶级数展开式只有直流分量和余弦谐波分量而不含正弦谐波分量,即 $b_k＝0$。

④若周期函数将波形移动半个周期后与原波形对称于横轴,称为镜对称函数,其傅里叶级数展开式中只含有奇次谐波而不含直流分量和偶次谐波。故有时称镜对称函数为奇次谐波函数。

(3) 在学习与非正弦周期电流电路有关的参数时,应当注意以下几点:

①有效值:任何周期信号的有效值都等于它的方均根值。

a. 非正弦周期电流或电压信号的有效值等于它的各次谐波分量(包括零次谐波)的有效值的平方和的平方根。

b. 零次谐波的有效值就是恒定分量的值,其他各次谐波有效值与最大值的关系与正弦量相同。

②平均值

a. 代数平均值:交流量的平均值实际上就是其傅里叶展开式中的直流分量,这种平均值称之为代数平均值,如用 I_{av} 表示电流 i 的代数平均值。

　　b. 绝对平均值：常用交流量的绝对值在一个周期内的平均值来定义交流量的平均值（也称绝对平均值或整流平均值），如用 I_{rect} 表示电流的绝对平均值。

　　c. 对于同一非正弦周期电流，采用不同类型的仪表进行测量会有不同的结果。磁电式仪表读数为被测量的直流量；电磁系仪表读数为被测量的有效值；整流系仪表读数为被测量的整流平均值乘以 1.11，对于正弦量而言，测量结果为其有效值（如 $I = 1.11 I_{rect}$），对于非正弦量而言则没有实在意义。在测量时要合理地选择测量仪表。

　　③平均功率

　　a. 有功功率　即非正弦电路的平均功率为各次谐波的平均功率之和。不同频率的电压和电流不产生平均功率。

　　b. 无功功率　非正弦电流电路的无功功率定义为各次谐波无功功率之和。

　　c. 视在功率　非正弦电流电路的视在功率定义为电压和电流有效值的乘积。视在功率不等于各次谐波视在功率之和。

　　d. 功率因数　非正弦电路的功率因数定义为有功功率与视在功率之比。此时对应的功率因数角只是一个假想角，并不表示非正弦电压与电流之间存在相位差。

　　(4) 在非正弦周期电流电路的分析学习中，应当注意以下几点：

　　①非正弦周期电路稳态响应的分析计算采用谐波分析法。其理论依据是傅里叶级数和线性电路的叠加定理。

　　②采用谐波分析法的具体步骤如下：

　　a. 将非正弦周期信号分解为傅里叶级数表达式；b. 计算各次谐波分量分别作用下电路的稳态响应；c. 叠加各次谐波作用下的稳态响应。

习题 8

　　8.1　判断图 8.18 所示电路中各非正弦周期电压、电流含有哪些谐波分量，并判断是否含有直流分量。

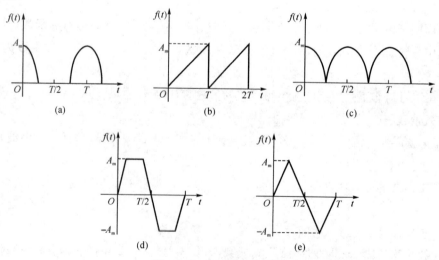

图 8.18　习题 8.1 电路图

8.2 试将图 8.18 所示函数展开为傅里叶级数。

8.3 已知某二端网络端口处的电压和电流的瞬时值表达式分别为：

$$u(t)=[50+20\sqrt{2}\cos(\omega t+20°)+6\sqrt{2}\cos(3\omega t+80°)]\text{V}$$

$$i(t)=[20+10\sqrt{2}\cos(\omega t-10°)+5\sqrt{2}\cos(3\omega t+20°)]\text{A}$$

试求电压、电流的有效值及电路所消耗的平均功率。

8.4 求图 8.18 中各函数的有效值、代数平均值和整流平均值。

8.5 一个 RLC 串联电路，已知元件参数为 $R=11\ \Omega, L=0.015\ \text{H}, C=70\ \mu\text{F}$。如外加电压 $u(t)=[11+100\sqrt{2}\cos 1\,000t-25\sqrt{2}\sin 2\,000t]\text{V}$，试求电路中的电流及电路消耗的功率。

8.6 如图 8.19 所示电路中，已知 $R=30\ \Omega, L=30\ \text{mH}, C=33.3\ \mu\text{F}, \omega=1\,000\ \text{rad/s}$，电源电压 $u(t)=[150+90\sqrt{2}\cos(\omega t+90°)+10\cos(2\omega t+60°)]\text{V}$。试求：①电阻 R 上的电流、电压及其有效值；②电路所消耗的功率。

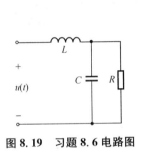

图 8.19 习题 8.6 电路图

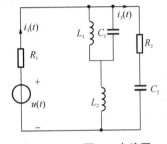

图 8.20 习题 8.7 电路图

8.7 如图 8.20 所示电路中，已知 $u(t)=(10+20\sqrt{2}\cos\omega t+10\sqrt{2}\cos 3\omega t)\text{V}$，$\omega=314\ \text{rad/s}, R_1=R_2=10\ \Omega, L_1=106.1\ \text{mH}, L_2=13.3\ \text{mH}, C_1=95.6\ \mu\text{F}, C_2=159.2\ \mu\text{F}$。要求：①求出 $i_1(t)$、$i_2(t)$ 及其有效值；②计算电路总的有功功率。

8.8 一个 RLC 串联电路，外加电压 $u(t)=[100+60\cos 314t+50\cos(942t-30°)]\text{V}$，电路中电流为 $i(t)=[10\cos 314t+1.755\cos(942t+\theta_2)]\text{A}$，求：①$R$、$L$、$C$ 的值；②θ_2 的值；③电路消耗的有功功率。（本题中 t 以 s 为单位）

8.9 如图 8.21 所示电路中，已知 $u_R(t)=(50+10\cos\omega t)\text{V}, R=100\ \Omega, L=20\ \text{mH}$，$C=20\ \mu\text{F}$，其中 $\omega=10^3\ \text{rad/s}$，求：①电源电压 $u(t)$ 及其有效值；②电源输出功率。

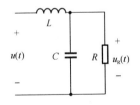

图 8.21 习题 8.9 电路图

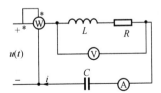

图 8.22 习题 8.10 电路图

8.10 如图 8.22 所示电路中，已知 $R=6\ \Omega, \omega L=2\ \Omega, 1/\omega C=18\ \Omega$，外加电压 $u(t)=[180\cos(\omega t-30°)+18\cos 3\omega t+9\cos(5\omega t+30°)]\text{V}$，求：①电流 i 及其有效值；②电路中电压表、电流表和功率表的读数。

8.11 如图 8.23 所示电路中，已知 $u(t)=[U_{1\text{m}}\cos(1\,000t+\varphi_1)+U_{3\text{m}}\cos(3\,000t+\varphi_3)]\text{V}$，

$C = 0.125 \mu F$,若想使基波输出至负载而滤去三次谐波,则 L_1 和 C_1 应分别取何值?

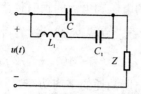

图 8.23   习题 8.11 电路图

8.12   在 RC 串联电路中,已知电流为 $i(t) = (2\cos 314t + \cos 942t)$ A,电源电压有效值为 155 V,且不含直流分量,电源输出的功率为 150 W,求电阻 R 和电容 C 的值。

8.13   已知某二端网络的端口电压和电流分别为:
$$u(t) = (100 + 50\sin 500t + 30\sin 1\,000t) \text{V},$$
$$i(t) = [1.667\sin(500t + 86.19°) + 15\sin 1\,000t] \text{A}$$

要求:①求此二端网络吸收的功率;②若用一个 RLC 串联电路来模拟这个二端网络,问 R、L、C 应取何值?

9 二端口网络

若网络中某一端钮流入的电流恒等于从另一端钮流出的电流,那么这对端钮称为一个端口。我们把"流入一对端钮中一个端钮的电流等于流出另一个端钮的电流"这一条件称为端口条件。前面介绍的二端网络是指具有两个端钮且满足端口条件的网络,也称为单端口网络或单口网络。以此类推,如果网络中有 2N 个端钮与外电路连接,且两两满足端口条件,则可称该网络为 N 端口网络。本章介绍具有四个端钮且满足端口条件的网络,即二端口网络或称双口网络。

9.1 二端口网络概述

图 9.1(a)所示是一个单端口网络,有一个端口电压和一个端口电流。无源线性电阻单端口网络特性通常可以用一个 VAR 方程来描述。一个元件就是最简单的单端口网络。

图 9.1(b)是具有两个端口电压和两个端口电流的二端口网络。其端口特性需要用 $\dot{U}_1$、$\dot{U}_2$、$\dot{I}_1$、$\dot{I}_2$ 关系的两个方程来描述。根据方程组中不同参数类型可分为 Z 参数(或称 R 参数)、Y 参数(或称 G 参数)、H 参数、A 参数(或称 T 参数)。这些参数由二端口网络内部的元件及其连接方式决定,当二端口网络参数确定后,端口的电流电压关系随之确定,利用这些关系即可进行网络分析计算。

图 9.1 单端口网络和二端口网络框图

研究二端口网络具有现实意义,对于某些内部结构及元件特性无法确定的二端口网络,只需要明确该网络的端口电压、电流及相互之间的关系,就可以通过上述参数来表示这种关系。通过这些参数,就可以分析出二端口网络中一个端口的电压和电流发生变化时,另一个端口的电压和电流变化情况;同时还可以利用这些参数比较不同的二端口网络在传递电能和信号方面的性能优劣。

二端口网络内部含有独立电源时称为含源二端口网络;内部不含独立电源时称为无源二端口网络。根据构成网络的元件是线性还是非线性,二端口网络又可以分为线性二端口网络和非线性二端口网络两种。本章主要讨论线性无源二端口网络的参数及其方程。

网络分析中常出现的变压器、滤波器、放大器电路等都可作为二端口网络来进行分析。在分析的过程中可以不考虑其内部的组成结构,只观察两个端口的电压电流,这给网络分析带来极大的便利。

思考题

(1) 端口与端钮的关系是什么?

(2) 端口条件是什么?

(3) 二端网络是单口网络,四端网络是否都是双口网络?

9.2　二端口网络的参数方程

　　线性二端口网络的网络特性由两个端口的电压电流 $\dot{U}_1$、$\dot{U}_2$、$\dot{I}_1$、$\dot{I}_2$ 关系来描述。根据自变量和因变量选取的不同可得到不同的参数方程。方程中的参数都可以通过计算或者实验测量得到。本节将以图 9.2 所示无源线性二端口网络为例,详细介绍四种常见的参数及其方程。

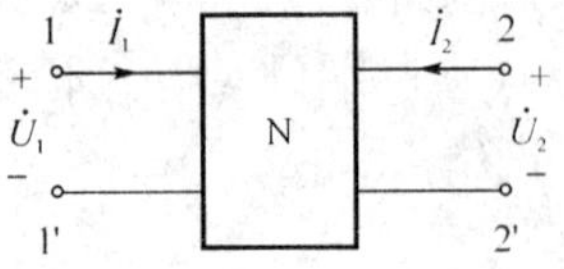

图 9.2　无源线性二端口网络

9.2.1　Z 参数方程

　　图 9.2 中,若端口电流 $\dot{I}_1$ 和 $\dot{I}_2$ 为自变量,端口电压 $\dot{U}_1$ 和 $\dot{U}_2$ 为因变量。由于该网络为线性网络,端口电压 $\dot{U}_1$ 和 $\dot{U}_2$ 可由两个电流 $\dot{I}_1$、$\dot{I}_2$ 共同作用得到。由叠加定理,将两个电流(相当于两个电流源)分别单独作用所产生的电压进行叠加,可建立如式(9.1)所示的方程组。

$$\left.\begin{array}{l} \dot{U}_1 = Z_{11}\dot{I}_1 + Z_{12}\dot{I}_2 \\ \dot{U}_2 = Z_{21}\dot{I}_1 + Z_{22}\dot{I}_2 \end{array}\right\} \tag{9.1}$$

　　该方程组称为二端口网络的 Z 参数方程。式中 Z_{11}、Z_{12}、Z_{21}、Z_{22} 称为 Z 参数。该组参数的定义及物理意义如下:

$$Z_{11} = \left.\frac{\dot{U}_1}{\dot{I}_1}\right|_{\dot{I}_2=0} \tag{9.2a}$$

Z_{11} 为输出端口开路时,输入端口的入端阻抗,或称为策动点阻抗;

$$Z_{12} = \left.\frac{\dot{U}_1}{\dot{I}_2}\right|_{\dot{I}_1=0} \tag{9.2b}$$

Z_{12} 为输入端口开路时,输入端口电压与输出端口电流构成的转移阻抗;

$$Z_{21} = \left.\frac{\dot{U}_2}{\dot{I}_1}\right|_{\dot{I}_2=0} \tag{9.2c}$$

Z_{21} 为输出端口开路时,输出电压与输入电流构成的转移阻抗;

$$Z_{22} = \left.\frac{\dot{U}_2}{\dot{I}_2}\right|_{\dot{I}_1=0} \tag{9.2d}$$

Z_{22} 为输入端口开路时,输出端口的入端阻抗或策动点阻抗。

　　Z 参数在输入或输出端口开路时确定,且具有阻抗的量纲,故也称为开路阻抗参数。Z 参数与网络内部结构和参数及电源频率有关而与电源大小无关。

将式(9.1)写成矩阵形式,则有:

$$\begin{bmatrix} \dot{U}_1 \\ \dot{U}_2 \end{bmatrix} = \begin{bmatrix} Z_{11} & Z_{12} \\ Z_{21} & Z_{22} \end{bmatrix} \begin{bmatrix} \dot{I}_1 \\ \dot{I}_2 \end{bmatrix} = [Z] \begin{bmatrix} \dot{I}_1 \\ \dot{I}_2 \end{bmatrix} \quad (9.3)$$

式中:

$$\boldsymbol{Z} = [Z] = \begin{bmatrix} Z_{11} & Z_{12} \\ Z_{21} & Z_{22} \end{bmatrix} \quad (9.4)$$

称为二端口的开路阻抗矩阵或 Z 参数矩阵。

【例9.1】 图9.3所示二端口网络中,已知 $R_1 = R_3 = 1\ \Omega$, $R_2 = 2\ \Omega$,求该二端口网络的 Z 参数矩阵。

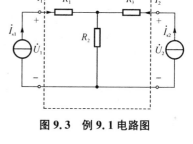

图9.3 例9.1电路图

解 由叠加定理和式(9.2)可得:

$$Z_{11} = \frac{\dot{U}_1}{\dot{I}_1}\bigg|_{i_2=0} = \frac{2\dot{I}_1}{\dot{I}_1} = 2\ \Omega, \quad Z_{12} = \frac{\dot{U}_1}{\dot{I}_2}\bigg|_{i_1=0} = \frac{\dot{I}_2}{\dot{I}_2} = 1\ \Omega$$

$$Z_{21} = \frac{\dot{U}_2}{\dot{I}_1}\bigg|_{i_2=0} = \frac{\dot{I}_1}{\dot{I}_1} = 1\ \Omega, \quad Z_{22} = \frac{\dot{U}_2}{\dot{I}_2}\bigg|_{i_1=0} = \frac{3\dot{I}_2}{\dot{I}_2} = 3\ \Omega$$

$\boldsymbol{Z}$ 参数矩阵为:

$$\boldsymbol{Z} = \begin{bmatrix} 2 & 1 \\ 1 & 3 \end{bmatrix}\ \Omega$$

从上例中可见, $Z_{12} = Z_{21}$。可以证明,对于任意一个不含独立源和受控源的线性二端口网络, $Z_{12} = Z_{21}$ 这个结论总是成立的。具有这种特性的二端口网络也称为互易二端口网络。任何一个互易二端口网络, Z 参数中只有三个是独立的。

若互易二端口网络的两个端口可以交换而端口电压、电流数值不变,则为对称二端口网络。对于对称二端口网络还存在 $Z_{11} = Z_{22}$,此时 Z 参数中只有两个是独立的。

9.2.2 Y 参数方程

图9.2所示二端口网络中,若端口电压 $\dot{U}_1$ 和 $\dot{U}_2$ 为自变量,端口电流 $\dot{I}_1$ 和 $\dot{I}_2$ 为因变量。同理,根据叠加定理,将两个电压源分别单独作用时产生的电流相叠加,可建立式(9.5)所示方程组。

$$\left.\begin{aligned} \dot{I}_1 &= Y_{11}\dot{U}_1 + Y_{12}\dot{U}_2 \\ \dot{I}_2 &= Y_{21}\dot{U}_1 + Y_{22}\dot{U}_2 \end{aligned}\right\} \quad (9.5)$$

式(9.5)称为二端口网络的 Y 参数方程,式中 Y_{11}、Y_{12}、Y_{21}、Y_{22} 称为 Y 参数,该组参数的定义及物理意义如下:

Y_{11} 为输出端口短路时,输入端口的入端导纳,或称为策动点导纳;

$$Y_{11} = \frac{\dot{I}_1}{\dot{U}_1}\bigg|_{\dot{U}_2=0} \quad (9.6a)$$

Y_{12} 为输入端口短路时,输入端口电流与输出端口电压构成的转移导纳;

$$Y_{12} = \frac{\dot{I}_1}{\dot{U}_2}\bigg|_{\dot{U}_1=0} \tag{9.6b}$$

Y_{21} 为输出端口短路时,输出电流与输入电压构成的转移导纳;

$$Y_{21} = \frac{\dot{I}_2}{\dot{U}_1}\bigg|_{\dot{U}_2=0} \tag{9.6c}$$

Y_{22} 为输入端口短路时,输出端口的入端导纳或策动点导纳。

$$Y_{22} = \frac{\dot{I}_2}{\dot{U}_2}\bigg|_{\dot{U}_1=0} \tag{9.6d}$$

由于 Y 参数在输入或输出端口短路时确定且具有导纳的量纲,因此也称为短路导纳参数。Y 参数同样是一组只与网络内部结构、参数及电源频率有关而与电源电压的大小无关的参数。

将式(9.5)写成矩阵形式,则有:

$$\begin{bmatrix} \dot{I}_1 \\ \dot{I}_2 \end{bmatrix} = \begin{bmatrix} Y_{11} & Y_{12} \\ Y_{21} & Y_{22} \end{bmatrix} \begin{bmatrix} \dot{U}_1 \\ \dot{U}_2 \end{bmatrix} = [Y] \begin{bmatrix} \dot{U}_1 \\ \dot{U}_2 \end{bmatrix} \tag{9.7}$$

其中

$$\boldsymbol{Y} = [Y] = \begin{bmatrix} Y_{11} & Y_{12} \\ Y_{21} & Y_{22} \end{bmatrix} \tag{9.8}$$

称为二端口的 Y 参数矩阵或短路导纳矩阵。

同样,对于任意一个互易二端口网络有 $Y_{12} = Y_{21}$,即 Y 参数中只有 3 个是独立的。并且对于同一个二端口网络,其 Z 参数矩阵和 Y 参数矩阵的关系为互逆关系,即

$$\boldsymbol{Z} = \boldsymbol{Y}^{-1} \text{ 或 } \boldsymbol{Y} = \boldsymbol{Z}^{-1}$$

【例 9.2】 图 9.4 所示电路中,R_1、R_2、R_3 构成一个二端口网络,已知 $R_1 = R_3 = 2\ \Omega$,$R_2 = 1\ \Omega$,求该二端口网络的 Y 参数方程。

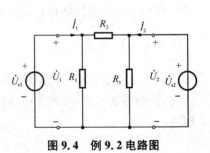

图 9.4　例 9.2 电路图

解　由式 9.6 可得:

$$Y_{11} = \frac{\dot{I}_1}{\dot{U}_1}\bigg|_{\dot{U}_2=0} = \frac{\left(\dfrac{1}{R_1} + \dfrac{1}{R_2}\right) \times \dot{U}_1}{\dot{U}_1} = 1.5\ \text{S}$$

$$Y_{12} = \frac{\dot{I}_1}{\dot{U}_2}\bigg|_{\dot{U}_1=0} = \frac{\left(-\dfrac{1}{R_2}\right) \times \dot{U}_2}{\dot{U}_2} = -1\ \text{S}$$

$$Y_{21} = \frac{\dot{I}_2}{\dot{U}_1}\bigg|_{\dot{U}_2=0} = \frac{\left(-\dfrac{1}{R_2}\right) \times \dot{U}_1}{\dot{U}_1} = -1\ \text{S}$$

$$Y_{22} = \frac{\dot{I}_2}{\dot{U}_2}\bigg|_{\dot{U}_1=0} = \frac{\left(\dfrac{1}{R_2} + \dfrac{1}{R_3}\right) \times \dot{U}_2}{\dot{U}_2} = 1.5\ \text{S}$$

Y 参数矩阵为:

$$Y = \begin{bmatrix} 1.5 & -1 \\ -1 & 1.5 \end{bmatrix} \text{S}$$

从上例中可见,参数 $Y_{12} = Y_{21}$,该网络是一个互易二端口网络。该网络 Y 参数中还存在 $Y_{11} = Y_{22}$,则该网络又是一个对称二端口网络,即该网络只有两个独立的 Y 参数。此结论可推广至任意对称二端口网络的 Z 参数和 Y 参数。

【例 9.3】 求图 9.5 所示二端口的 Y 参数和 Z 参数。

解 由 KCL 有

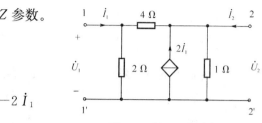

图 9.5 例 9.3 电路图

$$\dot{I}_1 = \frac{1}{2}\dot{U}_1 + \frac{1}{4}(\dot{U}_1 - \dot{U}_2) = \frac{3}{4}\dot{U}_1 - \frac{1}{4}\dot{U}_2$$

$$\dot{I}_2 = \dot{U}_2 - 2\dot{I}_1 - \frac{1}{4}(\dot{U}_1 - \dot{U}_2) = -\frac{1}{4}\dot{U}_1 + \frac{5}{4}\dot{U}_2 - 2\dot{I}_1$$

由上两式得:

$$\dot{I}_2 = -\frac{1}{4}\dot{U}_1 + \frac{5}{4}\dot{U}_2 - 2\left(\frac{3}{4}\dot{U}_1 - \frac{1}{4}\dot{U}_2\right) = -\frac{7}{4}\dot{U}_1 + \frac{7}{4}\dot{U}_2$$

由式(9.5)可得 Y 参数:

$$Y_{11} = \frac{3}{4}\,\text{S} \quad Y_{12} = -\frac{1}{4}\,\text{S}$$

$$Y_{21} = -\frac{7}{4}\,\text{S} \quad Y_{22} = \frac{7}{4}\,\text{S}$$

所以,该网络的 Y 参数矩阵为:

$$Y = \begin{bmatrix} \dfrac{3}{4} & -\dfrac{1}{4} \\ -\dfrac{7}{4} & \dfrac{7}{4} \end{bmatrix} \text{S}$$

由 Y 参数矩阵可得网络的 Z 参数矩阵:

$$Z = Y^{-1} = \begin{bmatrix} 2 & \dfrac{2}{7} \\ 2 & \dfrac{6}{7} \end{bmatrix} \Omega$$

在例 9.3 中,由于网络中含有受控源,故其 Y 参数 $Y_{12} \neq Y_{21}$,即不满足互易二端口网络的条件,该网络的独立 Z 参数和 Y 参数都为 4 个。此结论可推广至所有含有受控源的二端口网络。

9.2.3　H 参数方程

图 9.2 中,若将二端口网络的 $\dot{I}_1$ 和 $\dot{U}_2$ 作为自变量,$\dot{U}_1$ 和 $\dot{I}_2$ 作为因变量,可建立如下方程组

$$\left.\begin{array}{l} \dot{U}_1 = H_{11}\dot{I}_1 + H_{12}\dot{U}_2 \\ \dot{I}_2 = H_{21}\dot{I}_1 + H_{22}\dot{U}_2 \end{array}\right\} \tag{9.9}$$

式(9.9)称为二端口网络的 H 参数方程,式中 H_{11}、H_{12}、H_{21}、H_{22} 称为 H 参数,该组参数的定义及物理意义如下:

H_{11} 为输出端口短路时,输入端口的入端阻抗,或称为策动点阻抗;

$$H_{11} = \left.\frac{\dot{U}_1}{\dot{I}_1}\right|_{\dot{U}_2 = 0} \tag{9.10a}$$

H_{12} 为输入端口开路时, 输入和输出端口电压的比值;

$$H_{12} = \left.\frac{\dot{U}_1}{\dot{U}_2}\right|_{\dot{I}_1=0} \tag{9.10b}$$

H_{21} 为输出端口短路时, 输出端口短路电流与输入端口的入端电流之比值;

$$H_{21} = \left.\frac{\dot{I}_2}{\dot{I}_1}\right|_{\dot{U}_2=0} \tag{9.10c}$$

H_{22} 为输入端口开路时, 输出端口的入端导纳。

$$H_{22} = \left.\frac{\dot{I}_2}{\dot{U}_2}\right|_{\dot{I}_1=0} \tag{9.10d}$$

H_{11}、H_{12} 分别具有阻抗、导纳量纲, H_{21} 和 H_{22} 为无量纲的电压比值和电流比值, 因此 H 参数又称混合参数。

将式(9.9)方程组可写成矩阵形式,

$$\begin{bmatrix} \dot{U}_1 \\ \dot{I}_2 \end{bmatrix} = \begin{bmatrix} H_{11} & H_{12} \\ H_{21} & H_{22} \end{bmatrix} \begin{bmatrix} \dot{I}_1 \\ \dot{U}_2 \end{bmatrix} = [H] \begin{bmatrix} \dot{I}_1 \\ \dot{U}_2 \end{bmatrix} \tag{9.11}$$

其中

$$\boldsymbol{H} = [H] = \begin{bmatrix} H_{11} & H_{12} \\ H_{21} & H_{22} \end{bmatrix} \tag{9.12}$$

称为二端口网络的 H 参数矩阵或混合参数矩阵。

H 参数对于互易二端口网络有 $H_{12} = -H_{21}$, 对于对称二端口网络还有 $H_{11}H_{22} - H_{12}H_{21} = 1$。

如果将二端口网络的 $\dot{U}_1$ 和 $\dot{I}_2$ 作为自变量, $\dot{I}_1$ 和 $\dot{U}_2$ 作为因变量, 则可建立另一种混合参数方程即 H' 参数方程。该参数方程与 H 参数方程类似, 这里不做赘述。

放大电路中的晶体管常用 H 参数模型作为其等效电路。

【例 9.4】 图 9.6(a)所示二端口网络中, 已知 $R_1 = 10\ \Omega$, $R_2 = 1\ \Omega$, 求该二端口网络的 H 参数。

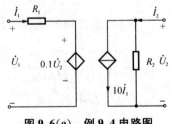

图 9.6(a) 例 9.4 电路图

解 根据 H 参数的物理含义, 首先在输出端加入电流源 $\dot{I}_1$, 输出端口短路使得 $\dot{U}_2 = 0$, 如图 9.6(b)有:

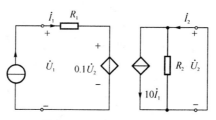

图 9.6(b) **例 9.4 电路图**

$$H_{11} = \frac{\dot{U}_1}{\dot{I}_1}\bigg|_{\dot{U}_2=0} = \frac{\dot{U}_1}{\dot{U}_1/10\ \Omega} = 10\ \Omega$$

$$H_{21} = \frac{\dot{I}_2}{\dot{I}_1}\bigg|_{\dot{U}_2=0} = \frac{10\dot{I}_1}{\dot{I}_1} = 10$$

输入端口开路 $\dot{I}_1 = 0$，如图 9.6(c)，根据定义得：

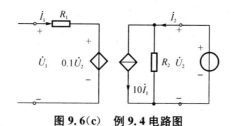

图 9.6(c) **例 9.4 电路图**

$$H_{12} = \frac{\dot{U}_1}{\dot{U}_2}\bigg|_{\dot{I}_1=0} = \frac{0.1\dot{U}_2}{\dot{U}_2} = 0.1$$

$$H_{22} = \frac{\dot{I}_2}{\dot{U}_2}\bigg|_{\dot{I}_1=0} = \frac{\dot{I}_2}{\dot{I}_2 \times 1} = 1\ \text{S}$$

得 H 参数矩阵：

$$\boldsymbol{H} = \begin{bmatrix} 10 & 0.1 \\ 10 & 1 \end{bmatrix}$$

例 9.4 所示二端口网络内含有受控源，因此不满足互易二端口网络的条件，其 $H_{12} \neq -H_{21}$。

9.2.4 A 参数方程

图 9.2 中，若将二端口网络的 $\dot{U}_2$ 和 $\dot{I}_2$ 作为自变量，$\dot{U}_1$ 和 $\dot{I}_1$ 作为因变量，可建立如下特性方程组

$$\left.\begin{array}{l} \dot{U}_1 = A\dot{U}_2 + B(-\dot{I}_2) \\ \dot{I}_1 = C\dot{U}_2 + D(-\dot{I}_2) \end{array}\right\} \tag{9.13}$$

式(9.13)称为二端口网络的 A 参数方程，A、B、C、D 称为二端口网络的 A 参数(或 T 参数)。$\dot{I}_2$ 前有"—"是由于习惯上二端口网络中 $\dot{I}_2$ 标示的参考方向为流入电流，但实际上使用 A 参数分析网络时 2 号端口作为输出端口输出电流更方便。该组参数的定义与物理意义如下：

A 为输出端口开路时的电压比

$$A=\dfrac{\dot{U}_1}{\dot{U}_2}\bigg|_{\dot{I}_2=0} \tag{9.14a}$$

B 为输出端口短路时的转移阻抗

$$B=\dfrac{\dot{U}_1}{-\dot{I}_2}\bigg|_{\dot{U}_2=0} \tag{9.14b}$$

C 为输出端口开路时的转移导纳

$$C=\dfrac{\dot{I}_1}{\dot{U}_2}\bigg|_{\dot{I}_2=0} \tag{9.14c}$$

D 为输出端口短路时的电流比

$$D=\dfrac{\dot{I}_1}{-\dot{I}_2}\bigg|_{\dot{U}_2=0} \tag{9.14d}$$

A 参数也属于混合参数,工程上常称为(正向)传输参数或 T 参数。

对于互易二端口网络还有 $\Delta A=\begin{vmatrix}A&B\\C&D\end{vmatrix}=1$,即只有 3 个独立 A 参数。对于对称二端口网络还有 $A=D$,即只有 2 个独立的 A 参数。

若以 $\dot{U}_1$ 和 $\dot{I}_1$ 作为自变量,$\dot{U}_2$ 和 $\dot{I}_2$ 作为因变量,则可得到另一组传输参数方程,称为反向传输参数方程,在此不做赘述。

【例 9.5】 图 9.7 所示二端口网络中,已知 $R_1=R_2=1\ \Omega$,求该二端口网络的 A 参数矩阵。

解 由式(9.14)

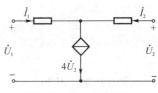

图 9.7　例 9.5 电路图

$$A=\dfrac{\dot{U}_1}{\dot{U}_2}\bigg|_{\dot{I}_2=0}=\dfrac{5\dot{U}_2}{\dot{U}_2}=5$$

$$C=\dfrac{\dot{I}_1}{\dot{U}_2}\bigg|_{\dot{I}_2=0}=\dfrac{4\dot{U}_2}{\dot{U}_2}=4\ \text{S}$$

$$B=\dfrac{\dot{U}_1}{-\dot{I}_2}\bigg|_{\dot{U}_2=0}=\dfrac{-2\dot{I}_2}{-\dot{I}_2}=2\ \Omega$$

$$D=\dfrac{\dot{I}_1}{-\dot{I}_2}\bigg|_{\dot{U}_2=0}=\dfrac{-\dot{I}_1}{-\dot{I}_2}=1$$

得 A 参数矩阵为

$$\boldsymbol{A}=\begin{bmatrix}5&2\\4&1\end{bmatrix}$$

由例 9.5 可以看出,根据参数定义可以快速求出各参数。同时,A 参数为混合参数,A、D 无量纲。B、C 的单位分别为阻抗单位和导纳单位。

9.2.5　各类参数之间的相互转换

以上 4 种参数方程,均可表示二端口网络的端口特性。具体采用哪种矩阵参数进行分析计算,需要根据实际情况考虑:(1) 所选用的参数是否便于计算;(2) 所选用的参数方程对分析该问题是否方便。如在电子技术中晶体管电路的分析常用 H 参数,因为 H 参数能从晶体管静态曲线直接获得;在电力与电信领域中通常用 A 参数(T 参数),便于分析信号的传输和变换。二端口网络的各种参数是从不同角度,对同一二端口网络外部特性的描述。各种网络参数之间存在内部联系,可从一种参数推算出其他各种参数,这种推算关系可以从参数的基本方程中得到。不同参数之间的转换如表 9.1 所示。

表 9.1　各种参数之间的转化关系以及特殊条件下的参数

名　称	Z 参数	Y 参数	H 参数	$A(T)$ 参数
Z 参数	Z_{11}　Z_{12} Z_{21}　Z_{22}	$\dfrac{Y_{22}}{\Delta Y}$　$-\dfrac{Y_{12}}{\Delta Y}$ $-\dfrac{Y_{21}}{\Delta Y}$　$\dfrac{Y_{11}}{\Delta Y}$	$\dfrac{\Delta H}{H_{12}}$　$\dfrac{H_{12}}{H_{22}}$ $-\dfrac{H_{21}}{H_{22}}$　$\dfrac{1}{H_{22}}$	$\dfrac{A}{C}$　$\dfrac{\Delta A}{C}$ $\dfrac{1}{C}$　$\dfrac{D}{C}$
Y 参数	$\dfrac{Z_{22}}{\Delta Z}$　$-\dfrac{Z_{12}}{\Delta Z}$ $-\dfrac{Z_{21}}{\Delta Z}$　$\dfrac{Z_{11}}{\Delta Z}$	Y_{11}　Y_{12} Y_{21}　Y_{22}	$\dfrac{1}{H_{11}}$　$-\dfrac{H_{12}}{H_{11}}$ $\dfrac{H_{21}}{H_{11}}$　$\dfrac{\Delta H}{H_{11}}$	$\dfrac{D}{B}$　$-\dfrac{\Delta A}{B}$ $-\dfrac{1}{B}$　$\dfrac{A}{B}$
H 参数	$\dfrac{\Delta Z}{Z_{22}}$　$\dfrac{Z_{12}}{Z_{22}}$ $-\dfrac{Z_{21}}{Z_{22}}$　$\dfrac{1}{Z_{22}}$	$\dfrac{1}{Y_{11}}$　$-\dfrac{Y_{12}}{Y_{11}}$ $\dfrac{Y_{21}}{Y_{11}}$　$\dfrac{\Delta Y}{Y_{11}}$	H_{11}　H_{12} H_{21}　H_{22}	$\dfrac{B}{D}$　$\dfrac{\Delta A}{D}$ $-\dfrac{1}{D}$　$\dfrac{C}{D}$
$A(T)$ 参数	$\dfrac{Z_{11}}{Z_{21}}$　$\dfrac{\Delta Z}{Z_{21}}$ $\dfrac{1}{Z_{21}}$　$\dfrac{Z_{22}}{Z_{21}}$	$-\dfrac{Y_{22}}{Y_{21}}$　$-\dfrac{1}{Y_{21}}$ $-\dfrac{\Delta Y}{Y_{21}}$　$-\dfrac{Y_{11}}{Y_{21}}$	$-\dfrac{\Delta H}{H_{21}}$　$-\dfrac{H_{11}}{H_{21}}$ $-\dfrac{H_{22}}{H_{21}}$　$-\dfrac{1}{H_{21}}$	A　B C　D
矩阵行列式	$\|\Delta\boldsymbol{Z}\|=\begin{vmatrix} Z_{11} & Z_{12} \\ Z_{21} & Z_{22} \end{vmatrix}$	$\|\Delta\boldsymbol{Y}\|=\begin{vmatrix} Y_{11} & Y_{12} \\ Y_{21} & Y_{22} \end{vmatrix}$	$\|\Delta\boldsymbol{H}\|=\begin{vmatrix} H_{11} & H_{12} \\ H_{21} & H_{22} \end{vmatrix}$	$\|\Delta\boldsymbol{A}\|=\begin{vmatrix} A & B \\ C & D \end{vmatrix}$
互易条件	$Z_{12}=Z_{21}$	$Y_{12}=Y_{21}$	$H_{12}=-H_{21}$	$\Delta A=1$
对称条件	$Z_{12}=Z_{21}$ $Z_{11}=Z_{22}$	$Y_{12}=Y_{21}$ $Y_{11}=Y_{22}$	$H_{12}=-H_{21}$ $\Delta H=1$	$\Delta A=1$ $A=D$

【例 9.6】　求图 9.8 所示理想变压器的 A、H、Z 和 Y 参数矩阵。

解　已知理想变压器的伏安关系为:

$$\left.\begin{array}{l} \dot{U}_1 = -n\dot{U}_2 \\ \dot{I}_1 = \dfrac{1}{n}\dot{I}_2 = -\dfrac{1}{n}(-\dot{I}_2) \end{array}\right\}$$

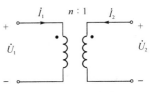

图 9.8　例 9.6 电路图

该方程直接转化传输矩阵:

$$\boldsymbol{A} = \begin{bmatrix} -n & 0 \\ 0 & -\dfrac{1}{n} \end{bmatrix}$$

将伏安关系改写为:

$$\left.\begin{array}{l} \dot{U}_1 = -n\dot{U}_2 \\ \dot{I}_2 = n\dot{I}_1 \end{array}\right\}$$

得 H 参数矩阵：

$$H=\begin{bmatrix} 0 & -n \\ n & 0 \end{bmatrix}$$

由表 9.1，A 参数与 Z 参数和 Y 参数的关系，可得：

$$Z=\begin{bmatrix} \dfrac{A}{C} & \dfrac{\Delta A}{C} \\[2mm] \dfrac{1}{C} & \dfrac{D}{C} \end{bmatrix}$$

$$Y=\begin{bmatrix} \dfrac{D}{B} & -\dfrac{\Delta A}{B} \\[2mm] -\dfrac{1}{B} & \dfrac{A}{B} \end{bmatrix}$$

由于 $C=0,B=0$，所以 Z 参数和 Y 参数是不存在的。可以看出，同一二端口网络的端口特征和外部特性可以用不同参数矩阵来表示。但是需要注意的是，对于确定的二端口网络，其伏安关系是唯一的；另外对于某些类型的二端口网络，并不是所有参数都存在。

思考题

(1) 无源线性二端口网络的参数与什么有关？增加二端口网络的输入电压或电流是否影响各种参数？

(2) 试写出二端口网络的 Z 参数和 Y 参数方程，并说明二者矩阵的关系。

(3) 分别写出图 9.9 所示两个 RC 网络的 A 参数。

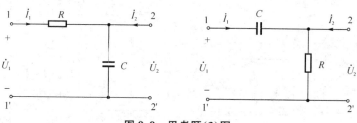

图 9.9　思考题(3)图

9.3　二端口网络的等效电路

当两个线性二端口网络具有相同的参数方程时，称两个二端口网络相互等效（与戴维南等效电路和诺顿等效电路类似）。当已知线性二端口网络的参数方程时，可以由参数方程得到最简的等效二端口网络。除直接根据参数方程得到等效二端口网络外，还可以根据前面介绍的电阻电路等效变换的方法，依据任何复杂的线性无源单口网络（纯电阻电路）的外部特性等效为 1 个阻抗或者导纳。同样的，任何线性无源二端口网络由 3 个独立参数确定，也能用 3 个阻抗或导纳组成的具有相同的参数方程的简单二端口网络来等效。由 3 个阻抗或导纳组成的二端口网络可能有两种形式：T 型等效网络和 π 型等效网络。

9.3.1　T 型等效电路

T 型网络如图 9.10 所示，该网络中只含有 3 个阻抗，是最简单的二端口网络之一。该网络的 Z 参数为：

图 9.10　T 型网络

$$Z_{11} = \frac{\dot{U}_1}{\dot{I}_1}\bigg|_{i_2=0} = Z_1 + Z_3$$

$$Z_{22} = \frac{\dot{U}_2}{\dot{I}_2}\bigg|_{i_1=0} = Z_2 + Z_3$$

$$Z_{12} = \frac{\dot{U}_1}{\dot{I}_2}\bigg|_{i_1=0} = Z_{21} = \frac{\dot{U}_2}{\dot{I}_1}\bigg|_{i_2=0} = Z_3 \qquad (9.15)$$

若已知线性无源二端口网络的 Z 参数,则可以确定该二端口网络等效的 T 型网络的阻抗为:

$$Z_1 = Z_{11} - Z_{12}, Z_2 = Z_{22} - Z_{12}, Z_3 = Z_{12} \qquad (9.16)$$

9.3.2 π型等效电路

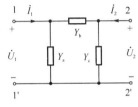

图 9.11 π型网络

π型网络如图 9.11 所示,该网络中含有 3 个导纳。π 型网络的 Y 参数为:

$$Y_{11} = Y_a + Y_b, Y_{22} = Y_c + Y_b, Y_{12} = Y_{21} = -Y_b \qquad (9.17)$$

若给定线性无源二端口网络的 Y 参数,则可以确定该二端口网络等效的 π 型网络的导纳为:

$$Y_a = Y_{11} + Y_{12}, Y_c = Y_{22} + Y_{12}, Y_b = -Y_{12} \qquad (9.18)$$

【例 9.7】 已知某二端口网络的 Z 参数为 $\boldsymbol{Z} = \begin{bmatrix} 3 & 2 \\ 2 & 3 \end{bmatrix} \Omega$,求该二端口网络的 T 型和 π 型等效网络。

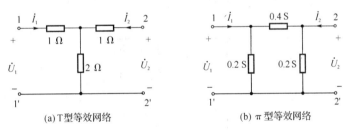

(a) T 型等效网络   (b) π 型等效网络

图 9.12 例 9.7 所示二端口网络的等效网络图

解 (1) 已知 Z 参数可得到 T 型等效电路的 3 个电阻值

$$Z_1 = Z_{11} - Z_{12} = 3 - 2 = 1 \ \Omega$$
$$Z_2 = Z_{22} - Z_{12} = 3 - 2 = 1 \ \Omega$$
$$Z_3 = Z_{12} = Z_{21} = 2 \ \Omega$$

由结论可得到该二端口网络的 T 型等效电路如图 9.12(a)所示。

(2) 利用 Z 参数与 Y 参数的关系求 Y 参数

$$\boldsymbol{Y} = \boldsymbol{Z}^{-1} = \frac{\begin{bmatrix} 3 & -2 \\ -2 & 3 \end{bmatrix}}{\begin{vmatrix} 3 & 2 \\ 2 & 3 \end{vmatrix}} = \frac{\begin{bmatrix} 3 & -2 \\ -2 & 3 \end{bmatrix}}{5} = \begin{bmatrix} 0.6 & -0.4 \\ -0.4 & 0.6 \end{bmatrix} S$$

根据 Y 参数求 π 型等效电路的 3 个导纳,得

$$Y_a = Y_{11} + Y_{12} = (0.6 - 0.4)S = 0.2\ S$$
$$Y_c = Y_{22} + Y_{12} = (0.6 - 0.4)S = 0.2\ S$$
$$Y_b = -Y_{12} = 0.4\ S$$

由结论可得到二端口网络的 π 型等效电路如图 9.12(b)所示。

9.3.3 含受控源的等效电路

若已知二端口网络的 Z 参数,由其 Z 参数方程:

$$\left. \begin{array}{l} \dot{U}_1 = Z_{11}\dot{I}_1 + Z_{12}\dot{I}_2 \\ \dot{U}_2 = Z_{21}\dot{I}_1 + Z_{22}\dot{I}_2 \end{array} \right\}$$

可以直接得到如图 9.13 所示等效电路。电路中包含两个电流控制电压源和两个电阻。任意一个二端口网络都能用该等效网络表示。

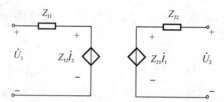

图 9.13 二端口网络的 Z 参数等效电路

若二端口网络的 Y 参数方程:

$$\left. \begin{array}{l} \dot{I}_1 = Y_{11}\dot{U}_1 + Y_{12}\dot{U}_2 \\ \dot{I}_2 = Y_{21}\dot{U}_1 + Y_{22}\dot{U}_2 \end{array} \right\}$$

也可以得到的一个含有受控电流源的等效电路如图 9.14 所示。

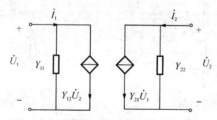

图 9.14 二端口网络的 Y 参数等效电路

思考题

(1) 已知二端口网络参数,可以得到多少个等效二端口网络?

(2) 是否所有二端口网络都有 T 型等效网络和 π 型等效网络?

(3) T 型网络和 π 型网络是否可以互相转化? 如何转化?

9.4 具有端接的二端口网络

当二端口网络外接输入和输出时,称为具有端接的二端口网络。在实际应用中,二端口网络输入端接上级网络或电源,输出端连接下级网络或负载。当只在输出端接负载或下级二端口网络时,称为单端接二端口网络。当输入端接入电源或者信号源(含电源内阻)的同时输出端接入负载,则称为双端接二端口网络。

在具有端接的二端口网络中,根据其实际应用通常要分析:

(1)输入阻抗或策动点阻抗 $Z_i = \dot{U}_1 / \dot{I}_1$;

(2)输出端看入的戴维南等效电路的开路电压$\dot{U}_{\infty}$和输出阻抗 Z_o;

(3)信号分析中常用的输出电压与输入电压的比值(转移电压比 $A_u = \dot{U}_2 / \dot{U}_1$)和输出电流与输入电流的比值(转移电流比 $A_i = \dot{I}_2 / \dot{I}_1$)。

9.4.1 单端接的二端口网络

已知二端口网络的 Z 参数方程为:

$$\left. \begin{array}{l} \dot{U}_1 = Z_{11}\dot{I}_1 + Z_{12}\dot{I}_2 \\ \dot{U}_2 = Z_{21}\dot{I}_1 + Z_{22}\dot{I}_2 \end{array} \right\}$$

将二端口网络的输出端接入负载 Z_L 后可得单端接的二端口网络,如图 9.15 所示。

由图可得输出端 $2-2'$ 的电压电流关系为:

$$\dot{U}_2 = -Z_L\dot{I}_2 \qquad (9.19)$$

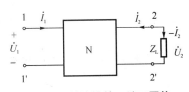

图 9.15 单端接的二端口网络

代入第二个 Z 参数方程中消去 $\dot{U}_2$,得 $\dot{I}_1$ 与 $\dot{I}_2$ 的关系式:

$$Z_{21}\dot{I}_1 + (Z_{22} + Z_L)\dot{I}_2 = 0 \qquad (9.20)$$

整理得转移电流比:

$$\frac{\dot{I}_2}{\dot{I}_1} = -\frac{Z_{21}}{Z_{22} + Z_L} \qquad (9.21)$$

类似地,可推导出转移电压比:

$$A_u = \frac{\dot{U}_2}{\dot{U}_1} = \frac{Z_{21}Z_L}{Z_{11}Z_L + \Delta Z} \qquad (9.22)$$

由二端口的第一个 Z 参数方程,可得输入阻抗:

$$Z_i = \frac{\dot{U}_1}{\dot{I}_1} = Z_{11} + Z_{12}\frac{\dot{I}_2}{\dot{I}_1} \qquad (9.23)$$

将式(9.21)代入上式,得 Z 参数和负载阻抗表示的输入阻抗:

$$Z_i = Z_{11} - \frac{Z_{12}Z_{21}}{Z_{22} + Z_L} = \frac{Z_{11}Z_L + \Delta Z}{Z_{22} + Z_L} \qquad (9.24)$$

9.4.2 双端接的二端口网络

将二端口网络的输入端接入电源和内阻,输出端接入负载,构成一个双端接二端口网络,如图 9.16 所示。

若二端口网络的 Z 参数方程为:

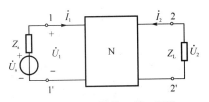

图 9.16 双端接的二端口网络

$$\left.\begin{array}{l}\dot{U}_1 = Z_{11}\dot{I}_1 + Z_{12}\dot{I}_2 \\ \dot{U}_2 = Z_{21}\dot{I}_1 + Z_{22}\dot{I}_2\end{array}\right\}$$

则由图 9.16 可得二端口网络端口电压与电流伏安特性，

$$\dot{U}_1 = \dot{U}_s - Z_S\dot{I}_1 \tag{9.25}$$

$$\dot{U}_2 = -Z_L\dot{I}_2 \tag{9.26}$$

通过对以上四个方程进行分析计算可以得到二端口网络的输入阻抗为：

$$Z_i = \frac{\dot{U}_1}{\dot{I}_1} = \frac{Z_{11}Z_{22} + Z_{11}Z_L - Z_{12}Z_{21}}{Z_{22} + Z_L} \tag{9.27}$$

将电源 $\dot{U}_s$ 置零，输出端看入的等效阻抗为：

$$Z_0 = Z_{22} - \frac{Z_{12}Z_{21}}{Z_{11} + Z_S} = \frac{Z_{22}Z_S + \Delta Z}{Z_{11} + Z_S} \tag{9.28}$$

若输出端开路 $\dot{I}_2 = 0$，负载端口的开路电压 $\dot{U}_2 = \dot{U}_{OC}$。此时 Z 参数方程为：

$$\left.\begin{array}{l}\dot{U}_1 = Z_{11}\dot{I}_1 \\ \dot{U}_2 = Z_{21}\dot{I}_1\end{array}\right\} \tag{9.29}$$

联立式(9.25)和式(9.29)，可解得：

$$\dot{U}_{OC} = \dot{U}_2 = \frac{Z_{21}}{Z_{11} + Z_s}\dot{U}_s \tag{9.30}$$

故可得该二端口网络输出端口的等效电路如图 9.17(b)所示。

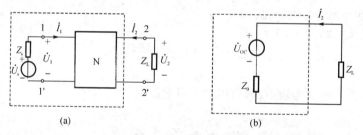

图 9.17　双端接的二端口网络及其戴维南等效电路

由以上结论还可推出，双端接二端口网络的输出电压与输入电压源的电压之比为：

$$\frac{\dot{U}_2}{\dot{U}_s} = \frac{-Z_L\dot{I}_2}{\dot{U}_s} = \frac{Z_{21}Z_L}{(Z_S + Z_{11})(Z_L + Z_{22}) - Z_{12}Z_{21}} \tag{9.31}$$

【例 9.8】 已知双端接二端口网络的 Z 参数矩阵为 $\boldsymbol{Z} = \begin{bmatrix} 5 & 2 \\ 10 & 6 \end{bmatrix}\Omega$，$\dot{U}_s = 5$ V、$Z_s = 1\ \Omega$、

$Z_L = 4\ \Omega$。要求：①列出 Z 参数方程求并求 $\dot{I}_2$；②计算负载的功率；③计算输入端口的功率；④计算获得最大功率时的负载阻抗以及最大功率。

解　(1) 由已知 Z 参数矩阵得 Z 参数方程

$$\left.\begin{array}{l}\dot{U}_1 = 5\,\dot{I}_1 + 2\,\dot{I}_2\\ \dot{U}_2 = 10\,\dot{I}_1 + 6\,\dot{I}_2\end{array}\right\}$$

补充方程:

$$\dot{U}_1 = 5 - \dot{I}_1$$

$$\dot{U}_2 = -4\,\dot{I}_2$$

由式(9.28)知,

$$\frac{\dot{U}_2}{\dot{U}_s} = \frac{-Z_L\,\dot{I}_2}{\dot{U}_s} = \frac{Z_{21}Z_L}{(Z_S+Z_{11})(Z_L+Z_{22})-Z_{12}Z_{21}} = \frac{40}{60-20} = 1$$

$$\dot{U}_2 = 5\ \text{V}$$

所以

$$\dot{I}_2 = \frac{\dot{U}_2}{-Z_L} = \frac{5}{-4} = -1.25\ \text{A}$$

(2) 负载所得功率

$$P_2 = \frac{U_2^2}{Z_L} = \frac{25}{4}\ \text{W} = 6.25\ \text{W}$$

(3) 为求输入端口的功率,先求输入阻抗

$$Z_i = Z_{11} - \frac{Z_{12}Z_{21}}{Z_{22}+Z_L} = \frac{Z_{11}Z_L+\Delta Z}{Z_{22}+Z_L} = 3\ \Omega$$

$$\dot{I}_1 = \frac{\dot{U}_s}{Z_S+Z_i} = \frac{5}{1+3} = 1.25\ \text{A}$$

输入端口消耗的功率为:
$$P_1 = I_1^2 Z_i = 1.25^2 \times 3\ \text{W} = 4.6875\ \text{W}$$

(4) 由最大功率传输定理,获得最大功率时负载阻抗应等于除负载外电路的戴维南等效阻抗 Z_0 的共轭值。由式(9.28)得:

$$Z_0 = Z_{22} - \frac{Z_{21}}{Z_{11}+Z_S} = \frac{Z_{22}Z_S+\Delta Z}{Z_{11}+Z_S} = \frac{8}{3}\ \Omega$$

$$Z_L = Z_0^* = \frac{8}{3}\ \Omega$$

$$\dot{U}_{OC} = \frac{Z_{21}}{Z_{11}+Z_S}\dot{U}_s = \frac{10}{5+1}\times 5\ \text{V} = \frac{25}{3}\ \text{V}$$

因此,负载最大功率为:

$$P_{max} = \frac{U_{OC}^2}{4\times \text{Re}[Z_0]}$$

$$P_{max} = \frac{\left(\frac{25}{3}\right)^2}{4\times\frac{8}{3}} = 6.51\ \text{W}$$

思考题

(1) 图 9.18 所示二端口网络是单端接还是双端接二端口网络?

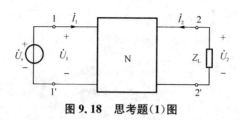

图 9.18　思考题(1)图

(2) 二端口网络的单端接和双端接分别有什么特点?

(3) 试用 Y、H 和 A 参数表示双端接二端口网络的戴维南等效电路的开路电压和输入阻抗。

9.5　二端口网络的特性阻抗

在二端口网络的应用中,常要求负载阻抗能获得最大的有功功率,即要求输入端口的等效阻抗与电源内阻相匹配、输出端口等效阻抗与负载阻抗相匹配。

如图 9.19(a)所示含有二端口网络的电路中,以 $1-1'$ 为输入端口,$2-2'$ 为输出端口。已知二端口网络的 A 参数,在输出端口接入负载 Z_{L2},则从输入端口看入,其等效阻抗为 Z_i,即

$$Z_i = \frac{\dot{U}_1}{\dot{I}_1} = \frac{AZ_{L2} + B}{CZ_{L2} + D} \tag{9.32}$$

若在输入端口接入负载 Z_{L1},如图 9.19(b),则从输出端口看入,其等效阻抗为 Z_o,则有:

$$Z_o = \frac{\dot{U}_2}{\dot{I}_2} = \frac{DZ_{L1} + B}{CZ_{L1} + A} \tag{9.33}$$

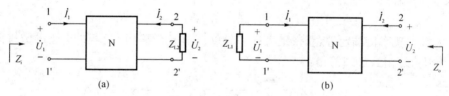

图 9.19　二端口网络的两种特性阻抗

若对于二端口网络存在两个阻抗 Z_{c1} 和 Z_{c2},使得输入端口的等效阻抗与电源内阻相匹配、输出端口的等效阻抗与负载阻抗相匹配,即 $Z_i = Z_{L1} = Z_{c1}$ 及 $Z_o = Z_{L2} = Z_{c2}$,即称这一对阻抗 Z_{c1} 和 Z_{c2} 为该二端口网络的特性阻抗。将其代入式(9.32)和(9.33)则有:

$$Z_{c1} = \frac{AZ_{c2} + B}{CZ_{c2} + D} \tag{9.34}$$

$$Z_{c2} = \frac{DZ_{c1} + B}{CZ_{c1} + A} \tag{9.35}$$

可以解得:

$$Z_{c1} = \sqrt{\frac{AB}{CD}} \tag{9.36}$$

$$Z_{c2} = \sqrt{\frac{BD}{AC}} \tag{9.37}$$

由式(9.36)和式(9.37)可得,特性阻抗 Z_{c1} 和 Z_{c2} 仅由二端口网络的参数决定。

对于对称二端口网络,其 A 参数有 $A=D$,代入式(9.36)和式(9.37)得到:

$$Z_c = Z_{c1} = Z_{c2} = \sqrt{\frac{B}{C}} \qquad (9.38)$$

此时,Z_c 称为对称二端口网络的特性阻抗。

思考题

简述特性阻抗的物理意义。

9.6 二端口网络的连接

为简化电路分析,常将复杂的二端口网络分解为数个简单的二端口网络按一定的方式的连接。在电路的设计中,也将若干简单的二端口网络按一定的方式连接使其满足所需要的复杂二端口网络的特性。常用的二端口网络的连接方式主要包括有串联、并联和级联。

9.6.1 二端口网络的串联

二端口网络的串联是指二端口网络的对应端顺次相串联且连接后每个端口都满足端口条件。图 9.20 是两个二端口网络的串联。

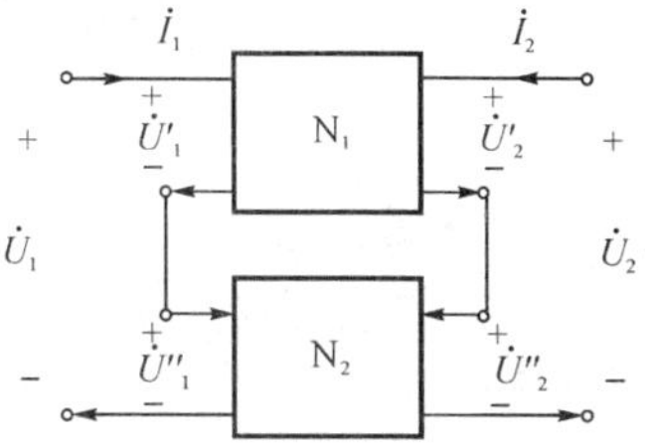

若网络 N_1 和 N_2 的 Z 参数分别为:

图 9.20 二端口网络的串联

$$Z' = \begin{bmatrix} Z_{11}' & Z_{12}' \\ Z_{21}' & Z_{22}' \end{bmatrix}, Z'' = \begin{bmatrix} Z_{11}'' & Z_{12}'' \\ Z_{21}'' & Z_{22}'' \end{bmatrix}$$

由串联的特点,连接后的二端口网络端口电流不变,端口电压为两个二端口网络端口电压的叠加:

$$\dot{I}_1' = \dot{I}_1'' = \dot{I}_1, \dot{I}_2' = \dot{I}_2'' = \dot{I}_2$$

$$\dot{U}_1 = \dot{U}_1' + \dot{U}_1'' = (Z_{11}' + Z_{11}'')\dot{I}_1 + (Z_{12}' + Z_{12}'')\dot{I}_2$$

$$\dot{U}_2 = \dot{U}_2' + \dot{U}_2'' = (Z_{21}' + Z_{21}'')\dot{I}_1 + (Z_{22}' + Z_{22}'')\dot{I}_2$$

连接后的二端口网络的 Z 参数为:

$$\begin{aligned} Z_{11} = Z_{11}' + Z_{11}'' \quad Z_{12} = Z_{12}' + Z_{12}'' \\ Z_{21} = Z_{21}' + Z_{21}'' \quad Z_{22} = Z_{22}' + Z_{22}'' \end{aligned} \qquad (9.39)$$

写成矩阵形式:

$$\mathbf{Z} = \mathbf{Z}' + \mathbf{Z}'' \qquad (9.40)$$

n 个二端口网络串联组成的二端口网络的 Z 参数矩阵为各个二端口网络 Z 参数矩阵之和:

$$\mathbf{Z} = \mathbf{Z}_1 + \mathbf{Z}_2 + \cdots + \mathbf{Z}_n = \sum_{i=1}^{n} \mathbf{Z}_i \qquad (9.41)$$

9.6.2　二端口网络的并联

二端口网络的并联是指二端口网络的对应端相并联，且连接之后所有端口依旧满足端口条件。两个二端口网络的并联如图 9.21 所示。

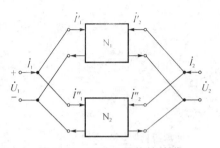

若两个二端口网络的 Y 参数分别为：

$$Y'=\begin{bmatrix} Y_{11}' & Y_{12}' \\ Y_{21}' & Y_{22}' \end{bmatrix}, Y''=\begin{bmatrix} Y_{11}'' & Y_{12}'' \\ -Y_{21}'' & Y_{22}'' \end{bmatrix}$$

图 9.21　二端口网络的并联

由并联的特点，连接组成的二端口网络端口电压不变，端口电流为两个二端口网络端口电流的叠加，可得：

$$\dot{U}_1 = \dot{U}_1' = \dot{U}_1'', \dot{U}_2 = \dot{U}_2' = \dot{U}_2''$$

$$\dot{I}_1 = \dot{I}_1' + \dot{I}_1'' = (Y_{11}' + Y_{11}'')\dot{U}_1 + (Y_{12}' + Y_{12}'')\dot{U}_2$$

$$\dot{I}_2 = \dot{I}_2' + \dot{I}_2'' = (Y_{21}' + Y_{21}'')\dot{U}_1 + (Y_{22}' + Y_{22}'')\dot{U}_2$$

连接后的二端口网络的 Y 参数为：

$$\begin{aligned} Y_{11} = Y_{11}' + Y_{11}'' \quad Y_{12} = Y_{12}' + Y_{12}'' \\ Y_{21} = Y_{21}' + Y_{21}'' \quad Y_{22} = Y_{22}' + Y_{22}'' \end{aligned} \tag{9.42}$$

写成矩阵形式：

$$Y=Y'+Y'' \tag{9.43}$$

n 个二端口网络并联得到的二端口网络的 Y 参数矩阵为各个二端口网络 Y 参数矩阵之和。

$$Y=Y_1+Y_2+\cdots+Y_n=\sum_{i=1}^{n} Y_i \tag{9.44}$$

9.6.3　二端口网络的级联

级联是最简单也是应用最广泛的一种二端口网络连接方式。二端口网络的级联是指将二端口网络的输出端与另一个二端口网络的输入端相连接，且连接后每个端口满足端口条件。两个二端口网络级联如图 9.22 所示。

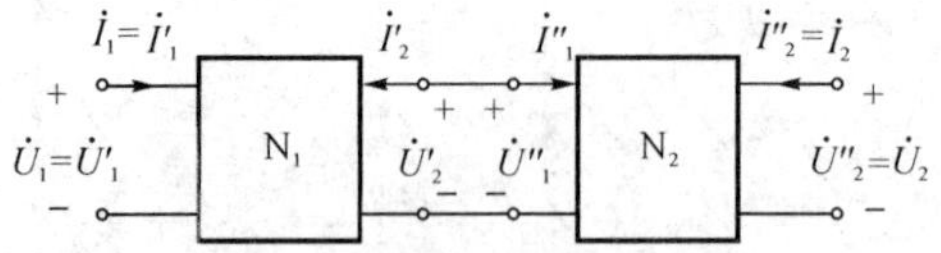

图 9.22　二端口网络的级联

设两端口 N₁ 和 N₂ 的 A 参数矩阵分别为：

$$A'=\begin{bmatrix} A' & B' \\ C' & D' \end{bmatrix}, A''=\begin{bmatrix} A'' & B'' \\ C'' & D'' \end{bmatrix}$$

两个二端口网络 A 参数方程写成矩阵方程形式有：

$$\begin{bmatrix} \dot{U}_1{}' \\ \dot{I}_1{}' \end{bmatrix} = \mathbf{A}' \begin{bmatrix} \dot{U}_2{}' \\ -\dot{I}_2{}' \end{bmatrix}, \begin{bmatrix} \dot{U}_1{}'' \\ \dot{I}_1{}' \end{bmatrix} = \mathbf{A}'' \begin{bmatrix} \dot{U}_2{}'' \\ -\dot{I}_2{}'' \end{bmatrix} \tag{9.45}$$

根据级联的特点连接而成的二端口网络,输入端为上级二端口网络的输入端,输出端为下级二端口网络的输出端。则有:

$$\dot{U}_1 = \dot{U}_1{}', \dot{U}_2{}' = \dot{U}_1{}'', \dot{U}_2{}'' = \dot{U}_2$$
$$\dot{I}_1 = \dot{I}_1{}'', \dot{I}_2{}' = -\dot{I}_1{}'', \dot{I}_2{}'' = \dot{I}_2$$

将上式代入式(9.45)可得:

$$\begin{bmatrix} \dot{U}_1 \\ \dot{I}_1 \end{bmatrix} = \begin{bmatrix} \dot{U}_1{}' \\ \dot{I}_1{}' \end{bmatrix} = \mathbf{A}' \begin{bmatrix} \dot{U}_2{}' \\ -\dot{I}_2{}' \end{bmatrix} = \mathbf{A}' \begin{bmatrix} \dot{U}_1{}'' \\ \dot{I}_1{}'' \end{bmatrix} = \mathbf{A}'\mathbf{A}'' \begin{bmatrix} \dot{U}_2{}'' \\ -\dot{I}_2{}'' \end{bmatrix}$$

$$= \mathbf{A}'\mathbf{A}'' \begin{bmatrix} \dot{U}_2 \\ -\dot{I}_2 \end{bmatrix} = \mathbf{A} \begin{bmatrix} \dot{U}_2 \\ -\dot{I}_2 \end{bmatrix} \tag{9.46}$$

级联后二端口与 N_1 和 N_2 的 A 参数矩阵的关系为:

$$\mathbf{A} = \mathbf{A}'\mathbf{A}'' = \begin{bmatrix} A'A'' + B'C'' & A'B'' + B'D'' \\ C'A'' + D'C'' & C'B'' + D'D'' \end{bmatrix} \tag{9.47}$$

n 个二端口网络级联时,连接后的二端口网络的 A 参数矩阵是各个二端口网络 A 参数矩阵的乘积。

$$\mathbf{A} = \mathbf{A}_1 \mathbf{A}_2 \cdots \mathbf{A}_n = \prod_{i=1}^{n} \mathbf{A}_i \tag{9.48}$$

【例 9.9】 已知两个二端口网络 N_1 和 N_2 的 Z 参数分别为 $\mathbf{Z}_1 = \begin{bmatrix} 3 & 2 \\ 2 & 4 \end{bmatrix} \Omega$ 和 $\mathbf{Z}_2 = \begin{bmatrix} 2 & 1 \\ 2 & 5 \end{bmatrix} \Omega$,求:①$N_1$ 和 N_2 串联时的 Z 参数;②并联时的 Y 参数;③级联时的 A 参数。

解 ①当两个二端口网络串联后的二端口网络的 Z 参数为:

$$\mathbf{Z} = \mathbf{Z}_1 + \mathbf{Z}_2 = \begin{bmatrix} 3 & 2 \\ 2 & 4 \end{bmatrix} + \begin{bmatrix} 2 & 1 \\ 2 & 5 \end{bmatrix} = \begin{bmatrix} 5 & 3 \\ 4 & 9 \end{bmatrix}$$

②已知 N_1 和 N_2 的 Z 参数先分别求其 Y 参数:

$$\mathbf{Y}_1 = \mathbf{Z}_1^{-1} = \frac{\begin{bmatrix} 4 & -2 \\ -2 & 3 \end{bmatrix}}{\begin{vmatrix} 3 & 2 \\ 2 & 4 \end{vmatrix}} = \frac{\begin{bmatrix} 4 & -2 \\ -2 & 3 \end{bmatrix}}{8} = \begin{bmatrix} 0.5 & -0.25 \\ -0.25 & 0.375 \end{bmatrix} S$$

$$\mathbf{Y}_2 = \mathbf{Z}_2^{-1} = \frac{\begin{bmatrix} 5 & -1 \\ -2 & 2 \end{bmatrix}}{\begin{vmatrix} 2 & 1 \\ 2 & 5 \end{vmatrix}} = \frac{\begin{bmatrix} 5 & -1 \\ -2 & 2 \end{bmatrix}}{8} = \begin{bmatrix} 0.625 & -0.125 \\ -0.25 & 0.25 \end{bmatrix} S$$

并联后的二端口网络的 Y 参数为:

$$\mathbf{Y} = \mathbf{Y}_1 + \mathbf{Y}_2 = \begin{bmatrix} 0.5 & -0.25 \\ -0.25 & 0.375 \end{bmatrix} + \begin{bmatrix} 0.625 & -0.125 \\ -0.25 & 0.25 \end{bmatrix} = \begin{bmatrix} 1.125 & -0.375 \\ -0.5 & 0.625 \end{bmatrix} S$$

③先求 N_1 和 N_2 的 A 参数

查表 9.1,可得:

$$A_1 = \begin{bmatrix} \dfrac{Z_{11}}{Z_{21}} & \dfrac{\Delta Z}{Z_{21}} \\ \dfrac{1}{Z_{21}} & \dfrac{Z_{22}}{Z_{21}} \end{bmatrix} = \begin{bmatrix} 1.5 & 4 \\ 0.5 & 2 \end{bmatrix}$$

$$A_2 = \begin{bmatrix} \dfrac{Z_{11}}{Z_{21}} & \dfrac{\Delta Z}{Z_{21}} \\ \dfrac{1}{Z_{21}} & \dfrac{Z_{22}}{Z_{21}} \end{bmatrix} = \begin{bmatrix} 1 & 4 \\ 0.5 & 2.5 \end{bmatrix}$$

级联后的二端口网络的 A 参数为:

$$A = A_1 A_2 = \begin{bmatrix} 1.5 & 4 \\ 0.5 & 2 \end{bmatrix} \times \begin{bmatrix} 1 & 4 \\ 0.5 & 2.5 \end{bmatrix} = \begin{bmatrix} 3.5 & 16 \\ 1.5 & 7 \end{bmatrix}$$

思考题

(1) 三种连接方式的特点分别是什么?

(2) 二端口网络除串联、并联和级联是否还有其他的连接方式? 试描述之。

(3) 多个二端口网络连接时,若存在不满足端口条件的二端口网络是否还存在叠加关系?

知识拓展

(1) 二端口网络应用实例

在实际应用中,可将满足端口性质的网络都作为二端口网络来处理。在电子电路的分析和设计中常见的电子线路如变压器、滤波器、晶体管、移相器、衰减器、放大器电路、反馈网络等都可以看做是二端口网络。

变压器是日常生活中最常见的二端口网络之一。它原理简单,主要利用电磁感应原理改变电流。最主要的部件是铁芯和线圈。图 9.23 是铁芯变压器的结构原理图,该变压器由软磁材料做成的铁芯和两个匝数不同的线圈绕组构成,接电源的绕组为初级线圈,接负载的绕组为次级线圈。Φ 表示铁芯中产生的交变磁通。

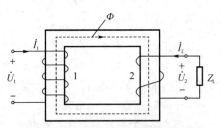

图 9.23　铁芯变压器结构原理图

变压器的主要功能有电压变换、电流变换、阻抗变换以及电气隔离、稳压等等。发电厂使用电力变压器将电能转化成高电压低电流的形式进行远距离传输,大大减少了输送途中的损失。在我国西部大开发中的西电东送工程,就主要是把贵州、云南、广西、内蒙古等西部省区的电力资源采用超高电压进行远距离传送到电力紧缺的珠江三角洲、沪宁杭和京津唐工业基地。除用于输配电系统的升降电压电力变压器外,还有用于测量仪表和继电保护装置的仪用变压器;对电器设备进行高压测试的试验变压器,以及如电炉、整流、调整、移相等特种变压器。

(2) 二端口网络的参数测量

当二端口网络内部结构已知且较简单时,可以由参数的定义直接计算。或采用节点电压方程、网孔电流方程计算比较简单。当二端口网络内部结构未知或太复杂难以计算时，可以采用测量端口电压电流的方法计算。根据每个参数的物理意义进行。以测量 A 参数为例，将二端口网络输出端口开路，测得第一组数据输入端口的电压电流为 $u_1=100\cos 500t$ V，$i_1=500\cos(500t-30°)$A，输出端电压为 $u_2=150\cos 500t$ V；当输出端口短路时，测得第二组数据 $u_1'=20\cos 500t$ V，$i_1'=5\cos(500t+15°)$A，输出端口电流为 $i_2'=2.5\cos(500t-45°)$A。

将第一组测量结果写成相量形式 $\dot{U}_1=100\underline{/0°}$ V，$\dot{U}_2=50\underline{/15°}$ V，$\dot{I}_1=50\underline{/-30°}$ A，由 A 参数的定义：

$$A=\frac{\dot{U}_1}{\dot{U}_2}\bigg|_{i_2=0}=2\underline{/-15°}$$

$$C=\frac{\dot{I}_1}{\dot{U}_2}\bigg|_{i_2=0}=1\underline{/-45°}\ \text{S}$$

将第二组测量结果写成相量形式 $\dot{U}_1=20\underline{/0°}$ V，$\dot{I}_1'=5\underline{/15°}$ A，$\dot{I}_2'=2.5\underline{/-45°}$ A，得：

$$B=\frac{\dot{U}_1'}{\dot{I}_2'}\bigg|_{\dot{U}_2=0}=8\underline{/-45°}\ \Omega$$

$$D=\frac{\dot{I}_1'}{\dot{I}_2'}\bigg|_{\dot{U}_2=0}=2\underline{/30°}$$

该二端口网络的 A 参数为：

$$\boldsymbol{A}=\begin{bmatrix}2\underline{/-15°} & 8\underline{/-45°} \\ 1\underline{/-45°} & 2\underline{/30°}\end{bmatrix}$$

（3）新型芯片介绍

晶体管可以看做二端口网络。由晶体管技术发展起来的集成电路已应用于生活的各个方面。集成电路是采用半导体制作工艺，在一块较小的单晶硅片上制作出许多晶体管及电阻器电容器等元器件，并按照多层或者隧道布线的方法将各元器件组合成完整的电子电路。在行业内又常称为芯片或用缩写 IC 表示。常用的集成电路有稳压集成电路、运放集成电路、语音集成电路、数字集成电路和时基集成电路等。数字集成电路品种繁多，包括各种门电路、触发器、计数器、编译码器、存储器等数百种器件，按导电类型的不同可分为：双极型（主要为 TTL 电路）和单极型（CMOS、NMOS 和 PMOS 等）。

TTL 电路是 Transistor-Transistor-Logic（晶体管-晶体管-逻辑电路）的缩写。它采用双极型工艺制造，具有高速低功耗和品种多等特点。从 1962 年 Beason、Fair child 等人研发出第一代产品 SN54/74 系列以来，不断更新经过第二代 STTL 和 LSTTL，目前已经发展到第三代 LSTTL 和 ALSTTL。目前 TTL 数字集成电路约有 400 多个品种。

1963 年 Wan lass 开发出 CMOS 逻辑门。CMOS（Complementary Metal Oxide Semiconductor）指互补金属氧化物（PMOS 管和 NMOS 管）共同构成的互补型 MOS 集成电路制造工艺。相较于其他逻辑电路系列，CMOS 具有：允许的电源电压范围宽，方便电源电路的设计；逻辑摆幅大，使电路抗干扰能力强；静态功耗低；隔离栅结构使 CMOS 器件的输入电阻极大，从而使 CMOS 期间驱动同类逻辑门的能力较强等优点。CMOS 发展比 TTL 晚，但在很多场合以其较高的优越性已逐渐取代 TTL。

（4）电路分析软件在二端口网络分析中的应用

二端口网络参数的确定是二端口网络分析中的重点内容。一旦确定了二端口网络的参数，就掌握了该网络的特性。Multisim 软件中丰富的仪器仪表，方便快捷的仿真能够快速帮助得到二端口网络的参数。

以小信号工作状态下的晶体管等效电路为例，等效电路如图 9.24(b) 所示。晶体管低频小信号工作时，晶体管可等效为电阻和线性受控电流源组成的二端口网络，因此无论交流电压和交流电流用相量还是瞬时值表示，H 参数都一样，而且都为实数。若已知二端口网络的 H 参数，则由其 H 参数方程可得图 9.24 所示的等效电路。H 参数的定义可分析计算得：$\boldsymbol{H}=\begin{vmatrix}R_1 & 0 \\ \beta & \dfrac{1}{R_2}\end{vmatrix}$。

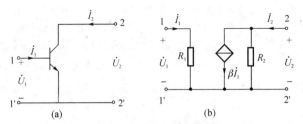

图 9.24　晶体管及其等效电路

设等效电路中 $R_1=1\ \Omega$，$R_2=3\ \Omega$，$\beta=0.3$。使用 Multisim10.0 软件对该等效电路采用实验测量的方式确定 H 参数。

①将二端口网络的输出端口短路 $\dot U_1=0$ V，输入端阻抗和转移电流比 $H_{11}=\left.\dfrac{\dot U_1}{\dot I_1}\right|_{\dot U_2=0}$、$H_{12}=\left.\dfrac{\dot U_1}{\dot U_2}\right|_{\dot I_1=0}$，Multisim 软件中的仿真电路图如图 9.25 所示，在输入端接入 12 V 电压源，将输出端短路。在输入端分别设置电压表和电流表测量输入端电压、电流值；在输出端设置电流表测量输出端电流值。测得输入端 $\dot U_1=12$ V，$\dot I_1=12$ A，输入端 $\dot I_2=3.6$ A。可计算得 $H_{11}=1\ \Omega$、$H_{21}=0.3$。

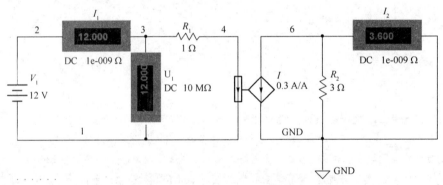

图 9.25　输入端口短路时的测量值

②将输入端口开路 $\dot I_1=1$ A，输出端接入 12 V 电压源，在输入端放置电压表，输出端放置电压表和电流表。仿真电路如图 9.26 所示。测量结果为输入端 $\dot U_1=0$ V，输出端 $\dot U_2=12$ V，$\dot I_2=4$ A。计算输入和输出端口电压的比值 $H_{21}=\left.\dfrac{\dot I_2}{\dot I_1}\right|_{\dot U_2=0}$ 和输出端口的入端导纳 $H_{22}=\left.\dfrac{\dot I_2}{\dot U_2}\right|_{\dot I_1=0}$，可得 $H_{12}=0$，$H_{22}=\dfrac{1}{3}$ S。

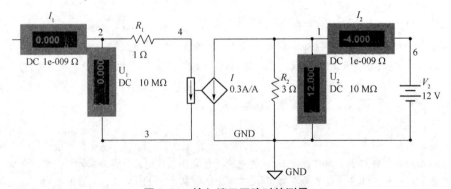

图 9.26　输入端口开路时的测量

对比分析计算值和测量结果可以得到：$H_{11}=R_1=1\ \Omega$，$H_{12}=0$，$H_{21}=\beta=0.3$，$H_{22}=\dfrac{1}{R_2}=\dfrac{1}{3}$。计算值与测量结果相同。

可以看出，使用 Multisim 软件对二端口网络的网络参数分析十分方便。本例中仅计算了 H 参数。对于其数只需了解其参数的定义满足测试条件也通过 Multisim 仿真快速得到。

本章小结

(1) 具有四个端钮,且满足端口条件的网络即二端口网络或称双口网络。依照二端口网络的电压电流关系方程组,常用的二端口网络的参数有开路阻抗参数(Z 参数)、短路导纳参数(Y 参数)、混合参数(H 参数)、传输参数(A 参数)等。

(2) 四种参数可以互相转化,但对于给定的二端口网络,并不是所有的参数都存在。若网络为无源线性二端口网络满足互易条件,其 Z 参数和 Y 参数具有 3 个相互独立的参数,可以用 T 型或 π 型网络来等效。若为对称互易二端口网络则只有 2 个独立 Z 参数和 Y 参数。

(3) 当输入端口的等效阻抗与负载阻抗匹配时,输入端口的等效阻抗称为输入端的特性阻抗,当输出端口的等效阻抗与电源内阻相匹配时,该阻抗称为输出端特性阻抗。当输入特性阻抗等于输出特性阻抗时为二端口网络的特性阻抗。

(4) 二端口网络的输出端连接着负载或同时输入端也接入了电源或者信号源,称之为具有端接的二端口网络。只在输出端接入负载称为单端接二端口网络;输入输出端同时接入负载和电源时为双端接二端口网络。

(5) 复杂二端口网络可以看做是简单二端口网络按照一定方式连接而成。常见的连接方式有串联、并联和级联。连接后的所有二端口网络依旧满足端口条件。对于串联、并联和级联后的二端口网络的 Z 参数、Y 参数和 A 参数分别可以由原二端口网络的参数计算而得。

习题 9

9.1　求图 9.27 所示二端口网络的 Z 参数矩阵。

9.2　图 9.28 所示二端口网络中,已知 $R=2\ \Omega, Z_L=\mathrm{j}1\ \Omega, Z_C=-\mathrm{j}1\ \Omega$,求该二端口网络的 Z、Y 参数矩阵。

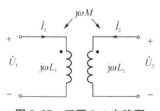

图 9.27　习题 9.1 电路图

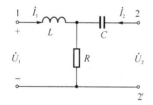

图 9.28　习题 9.2 电路图

9.3　图 9.29 所示二端口网络中,已知 $R_1=0.5\ \Omega, R_2=2\ \Omega, R_3=2\ \Omega, R_4=1.5\ \Omega$,求该二端口网络的 Z 参数和 Y 参数矩阵。

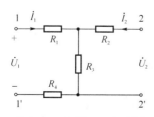

图 9.29　习题 9.3 电路图

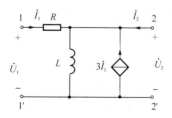

图 9.30　习题 9.4 电路图

9.4 图 9.30 所示二端口网络中,已知 $R=2\ \Omega,C=-\mathrm{j}1\ \Omega,\dot{U}_c=3\ \dot{I}_1$,求该二端口网络的 Z、Y、H 和 A 参数。

9.5 图 9.31 所示二端口网络中,已知 $n=2,R_1=1\ \Omega,R_2=5\ \Omega$,求该二端口网络的 T 型和 π 型等效电路。

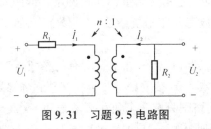

图 9.31 习题 9.5 电路图

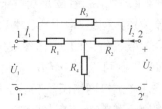

图 9.32 习题 9.6 电路图

9.6 图 9.32 所示二端口网络中,已知 $R_1=R_2=R_3=3\ \Omega,R_4=1\ \Omega$,求该二端口网络的 T 型和 π 型等效电路。

9.7 图 9.33 所示对称互易二端口网络中,已知 $Z_1=Z_2=200\ \Omega,Z_3=800\ \Omega$,求该二端口网络的特性阻抗。

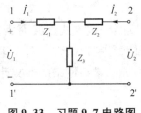

图 9.33 习题 9.7 电路图

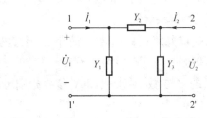

图 9.34 习题 9.8 电路图

9.8 对称互易二端口网络如图 9.34 所示,其中 $Y_1=Y_3=\dfrac{1}{3}\ \mathrm{S},Y_2=1\ \mathrm{S}$,求该二端口网络的特性阻抗。

9.9 已知二端口网络如图 9.35 所示,其 Z 参数为 $\boldsymbol{Z}=\begin{bmatrix}0.5 & 2\\0.5 & 0\end{bmatrix}\Omega$,输出端负载 $Z_L=3\ \Omega$,求输入阻抗 Z_{in}。

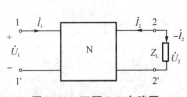

图 9.35 习题 9.9 电路图

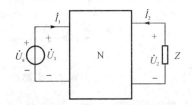

图 9.36 习题 9.10 电路图

9.10 电路如图 9.36 所示,已知 $\dot{U}_s=15\ \mathrm{V}$,当 $Z_L=\infty$ 时,$\dot{I}_1=15\ \mathrm{A},\dot{U}_2=7.5\ \mathrm{V}$;$Z_L=0$ 时,$\dot{I}_1=3\ \mathrm{A},\dot{I}_2=-1\ \mathrm{A}$,求:①二端口网络的 Z 参数;②$Z=2.5\ \Omega$ 时,输入阻抗 Z_{in}。

9.11 电路如图 9.37 所示,已知 Z 参数矩阵为 $\boldsymbol{Z}=\begin{bmatrix}1 & -5\\10 & 100\end{bmatrix}$,$\dot{U}_s=5\ \mathrm{V}$,$Z_s=1\ \Omega$,$Z_L=50\ \Omega$,要求:①求 $\dot{U}_2$;②求负载的功率;③当 $Z_L=?$ 时,负载能获得最大功率? 该最大功率为多少?

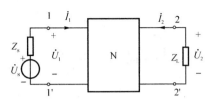

图 9.37 习题 **9.11, 9.12, 9.13 电路图**

9.12 已知电路如图 9.37 所示,已知二端口网络的 Y 参数矩阵为 $\boldsymbol{Y}=\begin{bmatrix} 1 & -2 \\ 3 & 2 \end{bmatrix}$S, $\dot{U}_\mathrm{s}=4$ V, $Z_\mathrm{s}=1$ Ω, $Z_\mathrm{L}=0.2$ Ω,要求:①求 $\dot{U}_2$;②$Z_\mathrm{L}=?$ 时,负载能获得最大功率?该最大功率为多少?

9.13 已知如图 9.37 所示二端口网络的 Z 参数 $\boldsymbol{Z}=\begin{bmatrix} 6 & 4 \\ 5 & 8 \end{bmatrix}\Omega$, $\dot{U}_\mathrm{s}=36$ V, $Z_\mathrm{s}=4$ Ω, $Z_\mathrm{L}=12$ Ω,要求:①求 $\dot{I}_1$、$\dot{I}_2$;②计算输出电压比 A_u 和输出电流比 A_i。

9.14 已知图 9.38 中,二端口网络 N 的 A 参数矩阵为 $\boldsymbol{A}=\begin{bmatrix} A & B \\ C & D \end{bmatrix}$,求该二端口网络的 A 参数。

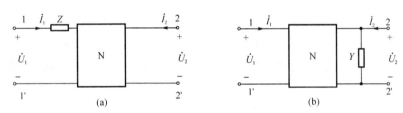

图 9.38 习题 9.14 电路图

9.15 如图 9.39 所示为两个二端口网络级联电路,已知二端口网络 N 的 A 参数矩阵为 $\boldsymbol{A}=\begin{bmatrix} 0 & 4 \\ \dfrac{1}{4} & 0 \end{bmatrix}$, $\dot{U}_\mathrm{s}=10$ V, $Z_\mathrm{L}=Z_\mathrm{s}=1$ Ω,理想变压器的变压比 $n=2$,求级联后等效二端口网络的 A 参数。

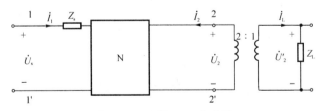

图 9.39 习题 9.15 电路图

10 简单非线性电阻电路

本章首先介绍非线性电阻元件的主要特性,接着讨论非线性电阻电路的三种基本分析方法:图解法、小信号分析法和折线法。本章主要要求掌握非线性电阻元件的概念及其特性,了解常用的三种非线性电阻电路的分析方法。

10.1 非线性电阻元件

本书前面讨论的都是线性电路,即电路元件(如电阻、电感、电容)都是线性元件。若电路中至少有一个元件是无源非线性元件,则称为非线性电路。电路中含有非线性电阻的电路称为非线性电阻电路。严格地讲,实际电路都是非线性电路。在一定条件内,当非线性电路中元件的非线性特性可以忽略时,可以将非线性电路作为线性电路来处理,一般情况下,则采用非线性电路分析方法来分析。

非线性电阻电路的基本分析依据依然是基尔霍夫定律(KVL、KCL)和元件自身伏安特性约束(VAR)。但由于非线性电阻元件的伏安关系不再是线性的,因此所列写的电路方程也不再是线性方程,同时线性电路的一些分析方法和基本定理(如齐性定律和叠加定律等)将不再适用于非线性电路。

10.1.1 非线性电阻元件的伏安特性

非线性电阻元件符号如图 10.1 所示,电阻元件的端电压 u 与端电流 i 之间的约束关系可用伏安特性曲线或下列函数来表示:

$$u = f(i) \text{ 或 } i = g(u)$$

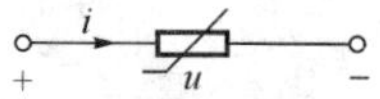

图 10.1 非线性电阻元件符号

图 10.2 为几种常见的非线性电阻元件的伏安特性曲线。其中图(a)为非线性变阻管的伏安特性曲线,其特性曲线关于原点对称,故称为双向型电阻;图(b)为某充气二极管的伏安特性曲线,电阻中的两端电压是其电流的单值函数。故将此类电阻称为电流控制型电阻,简称流控电阻;图(c)为某隧道二极管的伏安特性曲线,电阻中的电流是其两端电压的单值函数,故将这类电阻称为电压控制型电阻,简称压控电阻;图(d)为半导体二极管的伏安特性曲线,电阻电压既是电流的单值函数,同时电流也是电压的单值函数,因此,它既是压控型又是流控型电阻元件。同样,图(a)也既是压控型又是流控型电阻元件。

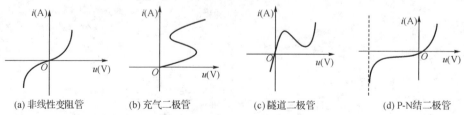

(a) 非线性变阻管   (b) 充气二极管   (c) 隧道二极管   (d) P-N结二极管

图 10.2 常见非线性电阻元件的伏安特性曲线

特性曲线是单调曲线的电阻也可称为单调电阻,图(a)、(d)所示即为单调电阻的伏安特性曲线。

10.1.2 静态电阻与动态电阻

为了便于计算,对于非线性电阻元件有时引用静态电阻 R 和动态电阻 R_{d} 的概念。

静态工作点处非线性电阻的电压与电流之比定义为静态电阻,用 R 表示,即

$$R = \frac{U_0}{I_0} \tag{10.1}$$

静态工作点位置不同,其静态电阻值也不同。如图 10.3 所示,不同的静态工作点 Q' 和 Q'' 的静态电阻值不同。

非线性电阻在某一静态工作点处电压的增量 Δu 与电流的增量 Δi 之比的极限,称为该静态工作点处的动态电阻,用 R_{d} 表示,即

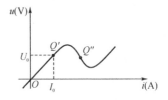

图 10.3 非线性电阻的静态工作点

$$R_{d} = \lim_{\Delta i \to 0} \frac{\Delta u}{\Delta i} = \frac{\mathrm{d}u}{\mathrm{d}i} \tag{10.2}$$

动态电阻的大小也与静态工作点的位置有关。

一般情况下,静态电阻和动态电阻不相等,静态电阻总是正值,而动态电阻则有可能出现负值。当动态电阻为正值时,表示电流随电压的增加而增加;当动态电阻为负值时,表示电流随电压的增加而减小。同时,在特性曲线的不同工作点有不同的静态电阻和动态电阻。

思考题

(1) 欧姆定律是否适用于非线性元件?

(2) 简述动态电阻的物理意义。

10.2 非线性电阻电路的分析方法

非线性电阻电路的分析方法主要有图解法、小信号分析法、折线法等。使用中应根据具体电路及其特点确定分析方法。

10.2.1 图解法

若已知非线性电阻的特性曲线,则可采用图解法分析。

1) 曲线相交法

若电路中只含有一个非线性电阻元件,通常可以将其线性部分等效化简成戴维南电路或诺顿电路,如图 10.4(a)所示,得到等效电路的端口方程为:

$$U = U_{OC} - R_{eq}I \tag{10.3}$$

反映该端口伏安关系的伏安特性曲线应是一条直线,又称为等效戴维南电路的负载线,如图 10.4(b)中曲线②所示,在 U-I 平面上非线性电阻元件的特性曲线为①,能同时满足端口两

边约束条件的是负载线与非线性电阻特性曲线的交点 Q,因此 Q 点的坐标(U,I)就是电路的解。这种方法称为曲线相交法。曲线相交法在电子技术中讨论晶体管电路的静态工作点时得到应用。

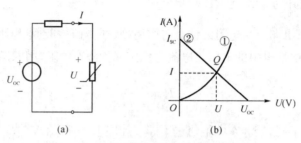

图 10.4   含有非线性电阻元件的图解法

2) 曲线相加法

如果电路中的非线性电阻不止一个,它们之间存在串、并联的关系,则可以用一个等效电阻代替(也是非线性的),采用曲线相加法可以得到其特性曲线。图 10.5(a)所示为两个非线性电阻串联,由于两电阻串联时流过的电流相同,故将两个非线性电阻的特性曲线在电流相同时的电压相加,即可得到总电压与电流的关系曲线,这就是等效非线性电阻的伏安特性曲线,如图 10.5(b)中$U=f(I)$所示。同样,对于非线性电阻并联的情况,也可以根据其两端电压相等的特点,利用曲线相加法对电压相同点的电流相加来求得等效电阻的特性曲线。

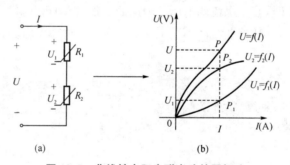

图 10.5   非线性电阻串联电路的图解法

【例 10.1】   图 10.6(a)所示电路中,已知$U_{s1}=9$ V,$U_{s2}=6$ V,$R_1=3$ Ω,$R_2=6$ Ω,R 为非线性电阻,其伏安特性曲线如图 10.6(c)所示,求电流 I。

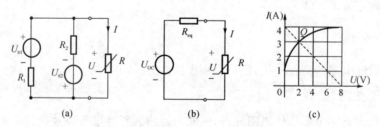

图 10.6   例 10.1 电路图

解   ①由于电路中仅含有一个非线性电阻,则可先将非线性电阻左侧电路等效化简为戴维南电路,如图 10.6(b)所示。其中:

$$U_{OC}=8 \text{ V}, R_{eq}=2 \text{ Ω}$$

则其端口的伏安特性方程为：

$$U = U_{OC} - R_{eq}I$$

②利用曲线相交法,该端口特性方程对应图10.6(c)中负载线(虚线),并与非线性电阻R的特性曲线的交点为Q,即$U=2\text{ V},I=3\text{ A}$。

10.2.2　小信号分析法

小信号分析法是电子电路中分析非线性电路的一个重要方法。

如果电路中不仅有作为偏置电压的直流电源U_0作用,同时还有随时间变动的输入电压$u_s(t)$作用。假设在任意时刻满足$U_0 \gg |u_s(t)|$,则将$u_s(t)$称为小信号电压,可以采用小信号分析法分析这类电路。

图10.7(a)所示电路中,直流电压源U_0为偏置电压,电阻R_0为线性电阻,非线性电阻R的伏安特性曲线如图10.7(b)中$g(u)$所示。小信号电压为$u_s(t)$,且$|u_s(t)| \ll U_0$总成立。

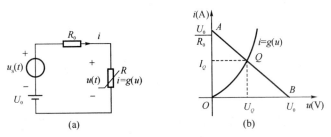

图 10.7　非线性电路的小信号分析

首先按照 KVL 列出电路方程：

$$U_0 + u_s(t) = R_0 i(t) + u(t) \tag{10.4}$$

当$u_s(t)=0$时,即只有直流电压源单独作用时,电路的负载线$\overline{AB}$见图10.7(b),由曲线相交法可得到静态工作点$Q(U_Q, I_Q)$。

当$u_s(t) \neq 0$时,由于$|u_s(t)| \ll U_0$,则电路的解$u(t)$、$i(t)$必在工作点$Q(U_Q, I_Q)$附近,可以近似地写为：

$$\begin{cases} u(t) = U_Q + \Delta u \\ i(t) = I_Q + \Delta i \end{cases} \tag{10.5}$$

式中,Δu和Δi是由小信号电压$u_s(t)$所引起的偏差。在任何时刻t,Δu和Δi相对U_Q、I_Q都是很小的量。

又由于非线性电阻满足：$\qquad i(t) = g(u)$

将式(10.5)代入可得：

$$I_Q + \Delta i = g(U_Q + \Delta u) \tag{10.6}$$

由于Δu很小,可以将(10.6)等式右边在Q点附近用泰勒级数展开并取级数前两项,可得：

$$I_Q + \Delta i \approx g(U_Q) + \left.\frac{\mathrm{d}g}{\mathrm{d}u}\right|_{U_Q} \Delta u \tag{10.7}$$

由于$I_Q = g(U_Q)$,故由式(10.7)可得：

$$\Delta i \approx \frac{\mathrm{d}g}{\mathrm{d}u}\bigg|_{U_Q} \Delta u$$

而 $\dfrac{\mathrm{d}g}{\mathrm{d}u}\bigg|_{U_Q} = G_d = \dfrac{1}{R_d}$，$G_d$ 和 R_d 分别为非线性电阻在工作点 (U_Q, I_Q) 处的动态电导和动态电阻，都为常量，因此：

$$\Delta i = G_d \Delta u \ \text{或} \ \Delta u = R_d \Delta i \tag{10.8}$$

即由小信号电压 $u_s(t)$ 产生的电压 Δu 和电流 Δi 之间的关系是线性的。

由叠加定理可得：
$$u_s(t) = R_0 \Delta i + \Delta u \tag{10.9}$$

又因为在工作点处有 $\Delta u = R_d \Delta i$，代入式(10.9)得：

$$u_s(t) = R_0 \Delta i + R_d \Delta i \tag{10.10}$$

画出满足式(10.10)的非线性电阻在工作点 (U_Q, I_Q) 处的小信号等效电路，如图 10.8 所示。于是，求得：

$$\Delta i = \frac{u_s(t)}{R_0 + R_d} \quad \Delta u = R_d \Delta i = \frac{R_d u_s(t)}{R_0 + R_d}$$

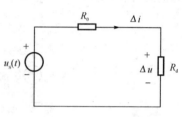

图 10.8　小信号等效电路图

【例 10.2】　图 10.9(a)所示电路中，直流电流源 $I_0 = 10$ A，$R_0 = 1/3 \ \Omega$，非线性电阻为电压控制型，其伏安特性曲线如图 10.9(b)所示，用函数表示为：

$$i = g(u) = \begin{cases} u^2 & (u > 0) \\ 0 & (u < 0) \end{cases}$$

其中小信号电流源为：$i_s(t) = 0.5\cos t$ A。试求：①静态工作点；②在工作点处由小信号产生的电压和电流。

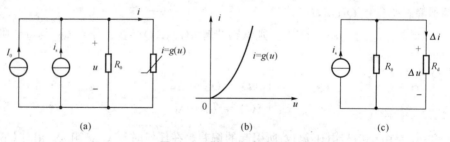

图 10.9　例 10.2 电路图

解　①应用 KCL，有：

$$\frac{1}{R_0}u + i = I_0 + i_s$$

代入已知条件，可得：　　　　　$3u + g(u) = 10 + 0.5\cos t$

令上式中 $i_s = 0$，可得：　　　　　$3u + g(u) = 10$

把 $g(u) = u^2 (u > 0)$ 代入上式并求解所得方程，可得对应静态工作点的电压和电流分别为：

$$U_Q = 2 \ \text{V}, I_Q = 4 \ \text{A}$$

该工作点也可采用曲线相交法求得。

②由前面结论及已知条件可得工作点处的动态电导为：

$$G_d = \frac{dg(u)}{du}\bigg|_{U_Q} = \frac{d}{du}(u^2)\bigg|_{U_Q} = 2u\bigg|_{U_Q=2} = 4 \text{ S}$$

该电路的小信号等效电路如图 10.9(c)，可求出非线性电阻的小信号电压和电流为：

$$\Delta u = \frac{0.5}{7}\cos t = 0.071\ 4\cos t \text{ V}$$

$$\Delta i = \frac{2}{7}\cos t = 0.286\cos t \text{ A}$$

电路的全解，亦即非线性电阻的电压、电流为：

$$u = U_Q + \Delta u = (2 + 0.071\ 4\cos t) \text{V}$$

$$i = I_Q + \Delta i = (4 + 0.286\cos t) \text{A}$$

10.2.3 折线法

折线法是研究非线性电路的一种有效方法，它的特点是把对非线性电路的求解过程分成几个线性区段，对每个线性区段可以应用线性电路的方法进行分析计算。

通常对于确定的伏安特性曲线，先根据其不同的工作区域进行分段，然后采用分段线性法即折线法来近似地表示每一段区域的特性曲线，在每个工作区域内将非线性电阻等效为一个无源或有源的线性端口电路，然后进行计算。

首先以理想二极管模型为例来进行讨论。图 10.10(a)为理想二极管的电路符号，在电压为正向时，即电压加在"＋"端，理想二极管完全导通，相当于短路；在电压反向时，即电压加在"－"端，理想二极管完全不导通，电流为零，相当于开路，其伏安特性如图 10.10(b)所示。在分析计算时可以根据不同工作范围分别进行线性等效。

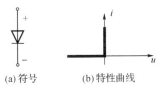

(a) 符号　　　　(b) 特性曲线

图 10.10　理想二极管符号及其伏安特性曲线

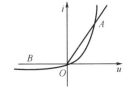

图 10.11　实际二极管伏安特性的折线模型

实际二极管可以看做由理想二极管和线性电阻组成模型，当这个二极管加正向电压时，二极管相当于一个线性电阻；加反向电压时，二极管完全不导通。其伏安特性用图 10.11 中的折线$\overline{BOA}$来表示，其中直线$\overline{OA}$和$\overline{BO}$分别表示其外加正向电压和反向电压时的伏安特性。

思考题

(1) 简述静态工作点的物理意义。

(2) 简述三种非线性电路分析方法及各自的适用场合。

知识拓展

(1) 典型非线性元件——二极管

二极管是常见的非线性元件。当前的独立电子元件和集成电路(IC)绝大部分基于半导体工艺，也称为半导体二极管或者晶体二极管。常见的半导体材料是硅(Si)和锗(Ge)，石墨烯作为新型的半导体材料，成为未来新型材料电子元件发展的一个方向。

　　二极管也称为 PN 结,采用不同的掺杂工艺,通过扩散作用,将 P 型半导体与 N 型半导体制作在同一块半导体(通常是硅或锗)基片上,在它们的交界面就形成空间电荷区,称为 PN 结。也有一些特殊工艺的二极管,比如肖特基二极管,则是利用金属与半导体接触形成的金属—半导体结原理制作的。

　　二极管按照功能可以分成:发光二极管、稳压二极管、光电二极管、整流二极管等。常见二极管的电路符号如图 10.12 所示。

(a) 发光二极管　　　(b) 稳压二极管　　　(c) 光电二极管

图 10.12　常见二极管的电路符号

　　(2) 二极管的 U-I 特性

　　前面介绍的二极管分析模型未考虑二极管的反向击穿电压,因为普通二极管在使用过程中必须保证反向电压小于其反向击穿电压,否则会导致二极管被击穿损坏。而稳压管由于结构特殊,其工作在反向击穿电压区。考虑到二极管的反向击穿电压,实际二极管的 U-I 特性曲线如图 10.13 所示。二极管正向导通时,流过二极管的电流随着正向电压的增大而增大,当正向电压超过一定值时,电流迅速增大,可以近似认为电阻为零;当二极管两端加反向电压时,二极管本身存在很小的反向暗电流,当反向电压超过一定值时,反向电流迅速增大,此时二极管被击穿,此电压称为二极管反向击穿电压,用 U_{BR} 表示(图 10.13 所示)。

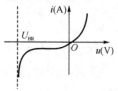

**图 10.13　实际二极管的
伏安特性曲线**

　　利用其单向导通的 U-I 特性,二极管在电子通信、工业、节能环保等多个领域都有着广泛的应用。

　　(3) 二极管的应用

　　①发光二极管

　　二极管中的电子与空穴复合时能辐射出可见光,因而可以用来制成发光二极管。发光二极管简称 LED,由含镓(Ga)、砷(As)、磷(P)、氮(N)等的化合物制成。砷化镓二极管发红光,磷化镓二极管发绿光,碳化硅二极管发黄光,氮化镓二极管发蓝光,将前面若干种光"混合"后可以产生白光。

　　LED 是一种能将电能转化为光能的半导体电子元件,被称为"第四代光源",相比传统白炽灯和荧光灯,具有节能、环保、安全、寿命长、功耗低等优点。LED 广泛应用在电子显示屏、交通信号灯、汽车用灯以及家用照明等领域。

　　2014 年以来,普通照明的全球市场为 595 亿美元,其中,LED 灯具占三分之一,2014 年中国大陆 LED 市场规模同比增长 14.4%,达到 126.2 亿美元。其中进口额 61.7 亿美元,占市场需求的 48.9%。预计市场规模将以年均 10% 以上的速度增长。

　　②稳压二极管

　　稳压管又称齐纳二极管,其稳定电压即二极管的反向击穿电压。稳压管在直流稳压电源设计中获得广泛应用,当供电电源发生一定电压波动时,稳压管的作用是能够使电路有一个相对稳定的工作电压。

　　③光电二极管

　　光电二极管是一种可以将光信号转换成电信号的光电传感器。它同样工作在反向电压下,当没有光照时,光电二极管的反向电流很小,称为暗电流;有光照时,反向电流迅速增大,称为光电流。光照强度越强,反向电流越大。

　　④整流二极管

　　整流二极管是一种将交流电转变成直流电的半导体器件。整流电路由电源变压器、整流二极管和负载电阻组成,如图 10.14(a) 所示,其工作原理如下:变压器先将市电电压(中国为 220 V)变换为所需的交流电压,再由整流二极管将交流电压变换为脉动直流电压。整流可以分为半波整流和全波整流,图 10.14(a) 所示电路为半波整流电路,输出电压的波形如图 10.14(b) 所示。

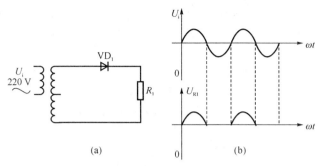

图 10.14　二极管半波整流电路及波形

（4）Multisim 软件仿真测试非线性电阻电路

①半波整流电路

利用 Multisim 软件，按照图 10.14 所示半波整流电路进行绘图，如图 10.15 所示。

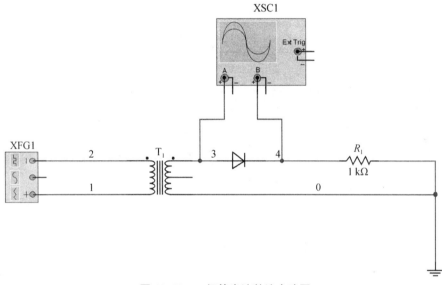

图 10.15　二极管半波整流电路图

对图 10.15 所示电路进行仿真，得到图 10.16 所示半波整流电路输出电压仿真波形。其中图 10.16(a)是经过变压器变压以后的交流电压波形，即图 10.15 中示波器 A 端口的波形；图 10.16(b)是经过二极管半波整流后的电压波形，即图 10.15 中示波 B 器端口的波形。从图 10.16 可知，经过二极管的整流已经将图 10.16(a)中的交流电压转化为图 10.16(b)中的直流电压。

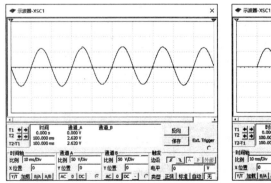
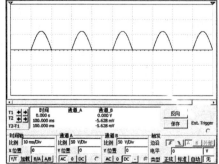

(a) 变压器输出电压波形　　　　　　　　(b) 二极管输出电压波形

图 10.16　二极管半波整流电路仿真波形图

　　分析该输出波形可知,当二极管两端加正向电压时电路导通,当二极管两端加反向电压时,电路近似"开路"。因此,经过变压后的交流电压只有正半周期能通过二极管输出,负半周期被截止,交流电压变为脉动的直流电压,该仿真结果与之前对二极管半波整流电路的功能介绍完全一致。

　　②全波整流电路

　　二极管半波整流电路只利用了交流电源的正半周期,电源利用效率较低。为了更好地利用交流电源,可以采用全波整流电路。利用 Multisim 软件绘制的二极管全波整流电路如图 10.17 所示。

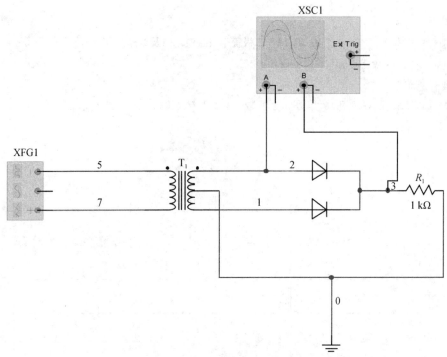

图 10.17　二极管全波整流电路图

　　对图 10.17 电路进行仿真,得到图 10.18 所示仿真波形。其中图 10.18(a)是经过变压器变压以后的交流电压波形,即图 10.17 中示波器 A 端口的波形;10.18(b)是经过二极管全波整流后的电压波形,即图 10.17 中示波器 B 端口的波形。从图 10.18 可知,经过二极管的整流已经将图 10.18(a)的交流电压转化为图 10.18(b)的直流电压,而且转换后的脉动直流电压是全周期的。该仿真结果对全波整流电路的功能进行了有效验证。

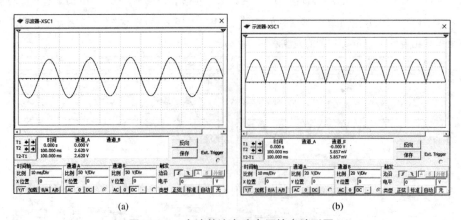

图 10.18　全波整流电路电压输出波形图

本章小结

(1) 非线性电阻元件的伏安特性为非线性曲线,因此欧姆定律、齐性定律和叠加定律不再适用。根据非线性电阻元件伏安特性曲线的不同,可以分为双向型电阻、压控型电阻、流控型电阻和单调电阻等。为了更好地分析非线性电阻,引入了静态电阻 R 和动态电阻 R_d 的概念。静态电阻是静态工作点处非线性电阻的电压与电流之比。动态电阻是在某一静态工作点处电压的增量 Δu 与电流的增量 Δi 之比。一般情况下,静态电阻和动态电阻不相等,并且静态电阻总是正值,而动态电阻则有可能出现负值。

(2) 非线性电阻电路的分析方法主要有图解法、小信号分析法、折线法等。若已知非线性电阻的特性曲线,则可采用图解法分析(当电路只含有一个非线性电阻时,可采用曲线相交法;当电路中含有多个非线性电阻时,可以采用曲线相加法)。若电路中不仅有作为偏置电压的直流电源 U_0 作用,同时还有随时间变动的输入电压 $u_s(t)$ 作用,假设在任意时刻满足 $U_0 \gg |u_s(t)|$,则将 $u_s(t)$ 称为小信号电压,可以采用小信号分析法分析这类电路。

习题 10

10.1 图 10.19(a) 所示电路中 $U_{OC} = 60$ V,$R_{eq} = 800$ Ω,非线性电阻 R 的伏安特性如图 10.19(b),试求:①电路的静态工作点;②非线性电阻在静态工作点的静态电阻。

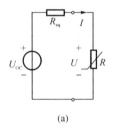 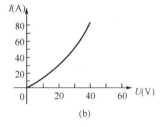

图 10.19 习题 10.1 电路图

10.2 与电压源 u_s 并联的非线性电阻的电压电流特性为 $i = 7u + u^2$。试求:①$u_s = 1$ V 时的电流 i;②$u_s = 2$ V 时的电流 i;③讨论叠加定律是否适用于非线性电路。

10.3 试用图解法求图 10.20(a) 所示电路中的电流 I。已知 $U_{s1} = 10$ V,$I_s = -1$ A,$R_1 = 2$ Ω,$R_2 = 4$ Ω,$R_3 = 6$ Ω,非线性电阻 R 的伏安特性曲线如图 10.20(b) 所示。

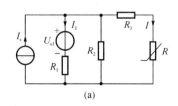 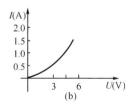

图 10.20 习题 10.3 电路图

10.4 设有一个非线性电阻的特性为 $i = 4u^3 - 3u$,要求:①该电阻是压控电阻还是流控电阻?②若 $u = \cos \omega t$,求该电阻上的电流 i。

10.5 图 10.21 所示电路中两个非线性电阻的伏安特性方程分别为 $u_1=2i+i^2$ 和 $u_2=3i^2$。试用曲线相交法和曲线相加法求 i、u_1、u_2。

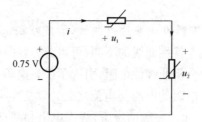

图 10.21 习题 10.5 电路图

10.6 非线性电阻电路如图 10.22(a)所示，非线性电阻的伏安特性曲线如图 10.22(b)所示，试求其电压 U 和电流 I。

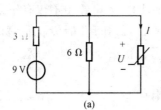 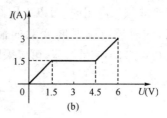

图 10.22 习题 10.6 电路图

11 分布参数电路

当一实际电路的尺寸远小于它的工作频率下电磁波的波长时,可以用集中参数元件如电阻、电感、电容等元件构造它的电路模型。否则,当实际电路的尺寸可与其工作频率下电磁波的波长相比拟时,就需要考虑电路参数的分布性,来建立相应的电路模型。本章首先介绍分布参数电路的概念并建立均匀传输线方程,其次讨论传输线的正弦稳态解和沿线电压、电流分布情况,然后讨论均匀传输线上的电压和电流行波,最后分析均匀传输线的集中参数等效电路和无损耗线及其工作状态。

11.1　均匀传输线及其方程

在本书第 1 章中曾经指出,实际电路的参数都具有分布性,只有在实际电路的尺寸远小于电路工作频率所对应的波长 λ 时,才能用集中参数电路作为实际电路的模型。在本章之前,我们所研究的电路都是所谓的集中参数电路。分析集中参数电路时,各种电路参数(电阻、电感和电容)都集中在某些元件上,各元件间用理想导线相连,形成集中参数电路。例如一电感线圈,在集中参数电路中常用一个电感(或电阻与电感的串联)作为其等效电路元件,用其自感系数表示其参数。然而任何实际电路的参数都具有分布性,电感线圈的电感(及自感系数)是分布在它的每一线匝上的,实际的电阻器,其电阻也是分布在它的全部长度上。在建立集中参数电路模型时,上述参数的分布性将被忽略而用集中参数的电路元件近似表示其作用。

例如,电力系统的工作频率为 50 Hz,对应的波长 $\lambda = \dfrac{c}{f} = \dfrac{3 \times 10^8}{50} = 6\,000$ km(v 为电磁波波速,对于架空线这一速度接近光速),当远距离高压输入线很长时,就不能将其作为集中参数电路处理。研究雷电过电压时,由于雷电冲击波的波长很短、频率很高,输电线路一般应按分布参数考虑。此外,在通信工程、计算机和各种控制设备中使用的传输线以及高速电路中的互连线,虽然其实际尺寸不大,但当工作频率很高时,也必须作为分布参数电路来考虑。

11.1.1　均匀传输线

传输线是用来传送电能或信号的,因传输线的相对长度较长,而电磁波的传播速度有限(接近于光速),所以当电压接到传输线的输入端时,电压不能立即传遍全线。这就是说传输线上的电流和来回两线之间的电压不仅是时间 t 的函数,同时也是距离 x 的函数,即 $u = u(t,x)$,$i = i(t,x)$。

传输线通过电流会发热,这表示传输线本身是有电阻的且电阻分布在全线上。电流通过传输线,在导线周围产生磁场,因此传输线有电感效应且电感也分布在全线上,这将导致导线间的电压是沿线连续改变的。两线间有电压就有电场,于是两线间有分布电容效应,存在位移电流。如果两线间电压较高,则漏电流也不容忽略,这表明两线间存在分布在全线上的电导。这样,在沿线不同的地方,导线中的电流也不同。

总之,为了计及沿线电压和电流的变化,必须认为导线的每一长度单元都具有电阻和电感,而导线间则具有电容和电导。如果传输线的电阻和电感以及传输线间的电容和电导是沿线均匀分布的,这种传输线就称为均匀传输线。

　　均匀传输线的参数是以单位长度的参数来表示的,即来回两导线单位长度的电阻 $R_0(\Omega/m)$、电感 $L_0(H/m)$、电容 $C_0(F/m)$ 和电导 $G_0(S/m)$。R_0、L_0、C_0 和 G_0 称为传输线的原参数,并可以通过电磁场理论计算给出或通过测量来确定。对于均匀传输线,各原参数沿传输线应处处相等;否则,称为非均匀传输线。实际的传输线很难做到完全均匀,例如架空线路中存在杆塔、导线自重产生的下垂和大地的影响等,但为了便于分析,在不影响工程分析精度的前提下,仍可视为均匀传输线。

11.1.2　均匀传输线方程

　　均匀传输线上各处电压与电流的关系比集中参数电路要复杂些,因为电压 u 和电流 i 不仅是时间 t 的函数,同时也是距离 x 的函数。典型的传输线电路如图 11.1 所示,始端接电压源 u_1,终端接负载 Z_L,需分析距始端 x 处的电压和电流。

　　为列写电路方程,在线路距始端 x 处取一微段 dx,如图 11.1 所示。由于这一段长度极短,可以忽略这段长度上参数的分布性,用图 11.2 所示的集中参数电路作为其模型,这样整个均匀传输线就相当于由无穷多个这种微分段级联组成。

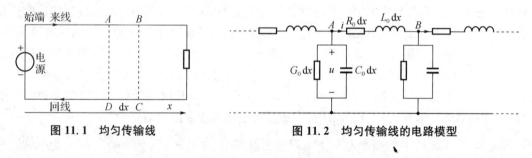

图 11.1　均匀传输线　　　　　　　　　图 11.2　均匀传输线的电路模型

　　设任一时刻 t,沿 x 正方向,电压和电流的增加率分别为 $\dfrac{\partial u}{\partial x}$ 和 $\dfrac{\partial i}{\partial x}$,且图 11.2 中 A 点的电压和电流分别为 u 和 i,则 B 点的电压和电流分别为 $u+\dfrac{\partial u}{\partial x}dx$ 和 $i+\dfrac{\partial i}{\partial x}dx$。根据基尔霍夫定律可列出微段 dx 的电压、电流方程:

$$u-\left(u+\frac{\partial u}{\partial x}dx\right)=(R_0 dx)i+(L_0 dx)\frac{\partial i}{\partial t} \tag{11.1}$$

$$i-\left(i+\frac{\partial u}{\partial x}dx\right)=G_0 dx\left(u+\frac{\partial u}{\partial x}dx\right)+C_0 dx\frac{\partial}{\partial t}\left(u+\frac{\partial}{\partial x}dx\right) \tag{11.2}$$

　　为书写简便,在上式中省略 (x,t)。整理上面两式,并略去二阶微分项,得:

$$\begin{cases} -\dfrac{\partial u}{\partial x}=R_0 i+L_0\dfrac{\partial i}{\partial t} \\[2mm] -\dfrac{\partial i}{\partial x}=G_0 u+C_0\dfrac{\partial u}{\partial t} \end{cases} \tag{11.3}$$

　　式(11.3)即为均匀传输线的电压、电流所满足的方程,该方程也称为电报方程。它是一组含 u、i 对距离 x 和时间 t 的偏导数方程,即偏微分方程。在一般情况下,它的时域解析解是不易求出的。

思考题

(1) 谈谈集中参数电路和分布参数电路的区别?

(2) 研究雷电过电压时,输电线路一般应按什么参数电路考虑?

(3) 可以把均匀传输线看作是由一系列什么元件构成的器件?

11.2 均匀传输线方程的正弦稳态解

本节研究均匀传输线在始端电源是角频率为 ω 的正弦时间函数时电路的稳态分析。在这种情况下,沿线的电压、电流是同一频率的正弦时间函数,因此,可用相量法分析沿线的电压和电流。

11.2.1　正弦稳态情况下均匀传输线方程的通解

图 11.3 所示为正弦交流电源工作下的均匀传输线等效电路。

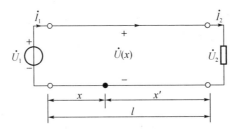

图 11.3　正弦交流工作下的均匀传输线等效电路

图 11.3 中,均匀传输线始端接正弦电压源 $\dot{U}_1$(角频率为 ω),终端负载阻抗为 Z_L。沿线电压和电流表示为:

$$u(x,t)=\mathrm{Re}\left[\sqrt{2}\dot{U}(x)\mathrm{e}^{\mathrm{j}\omega t}\right],\; i(x,t)=\mathrm{Rm}\left[\sqrt{2}\dot{I}(x)\mathrm{e}^{\mathrm{j}\omega t}\right] \tag{11-4}$$

式中:$\dot{U}(x)$ 和 $\dot{I}(x)$ 均为 x 的函数,简写为 $\dot{U}$ 和 $\dot{I}$,因而方程(11.3)可以写成以下形式:

$$\begin{cases} -\dfrac{\mathrm{d}\dot{U}}{\mathrm{d}x}=(R_0+\mathrm{j}\omega L_0)\dot{I}=Z_0\dot{I} \\[2mm] -\dfrac{\mathrm{d}\dot{I}}{\mathrm{d}x}=(G_0+\mathrm{j}\omega C_0)\dot{U}=Y_0\dot{U} \end{cases} \tag{11.5}$$

其中,$Z_0=R_0+\mathrm{j}\omega L_0$ 为单位长度的复阻抗,$Y_0=G_0+\mathrm{j}\omega C_0$ 为单位长度的复导纳。原来的偏导数变为只对 x 的全导数,这是由于电压相量 $\dot{U}(x)$ 和电流相量 $\dot{I}(x)$ 已不是时间 t 的函数。将式(11.5)的两边再对 x 求导,得:

$$\begin{cases} \dfrac{\mathrm{d}^2\dot{U}(x)}{\mathrm{d}x^2}=Z_0Y_0\dot{U}(x)=\gamma^2\dot{U}(x) \\[2mm] \dfrac{\mathrm{d}^2\dot{I}(x)}{\mathrm{d}x^2}=Z_0Y_0\dot{I}(x)=\gamma^2\dot{I}(x) \end{cases} \tag{11.6}$$

式中:

$$\gamma=\sqrt{(R_0+\mathrm{j}\omega L_0)(G_0+\mathrm{j}\omega C_0)}=\alpha+\mathrm{j}\beta \tag{11.7}$$

γ是由线路原参数和频率决定得复常数,称为线路的传播常数,单位为 m^{-1},其实部 α 称为衰减常数,虚部 β 称为相位常数。

式(11.7)是常系数二阶线性齐次微分方程,其通解具有下列形式:

$$\begin{cases} \dot{U}=A_1 e^{-\gamma x}+B_1 e^{\gamma x} \\ \dot{I}=A_2 e^{-\gamma x}+B_2 e^{\gamma x} \end{cases} \tag{11.8}$$

式中:A_1、A_2、B_1、B_2为积分常数,由边界条件确定。由式(11.5)和式(11.8)得到:

$$\dot{I}=\frac{1}{Z}\frac{d\dot{U}}{dx}=-\frac{1}{Z_0}(-\gamma A_1 e^{-\gamma x}+\gamma B_1 e^{\gamma x})=\frac{\gamma}{Z_0}(A_1 e^{-\gamma x}-B_1 e^{\gamma x})=\frac{A_1}{Z_C}e^{-\gamma x}-\frac{B_1}{Z_C}e^{\gamma x} \tag{11.9}$$

式中 Z_C 为传输线的特性阻抗,是一个与均匀传输线的原参数及电源频率有关的参数,$Z_C=\dfrac{Z_0}{\gamma}$ $=\sqrt{\dfrac{Z_0}{Y_0}}=\sqrt{\dfrac{R_0+j\omega L_0}{G_0+j\omega C_0}}$。通常 γ 和 Z_c 称为传输线的副参数,而把决定副参数的 R_0、L_0、C_0、G_0 称为传输线的原参数。

将式(11.9)与式(11.8)中的第二式比较得:$A_2=\dfrac{A_1}{Z_C}$,$B_2=-\dfrac{B_1}{Z_C}$

如上所述,式(11.5)的通解为:

$$\begin{cases} \dot{U}=A_1 e^{-\gamma x}+B_1 e^{\gamma x} \\ \dot{I}=\dfrac{A_1}{Z_C}e^{-\gamma x}-\dfrac{B_1}{Z_C}e^{\gamma x} \end{cases} \tag{11.10}$$

1) 已知均匀传输线始端电压 $\dot{U}_1$ 和电流 $\dot{I}_1$

在始端处 $x=0$,则由式(11.10)得:

$$\dot{U}_1=A_1+B_1$$
$$\dot{I}_1=\frac{A_1}{Z_C}-\frac{B_1}{Z_C}$$

解得:$A_1=\dfrac{1}{2}(\dot{U}_1+Z_C\dot{I}_1)$,$B_1=\dfrac{1}{2}(\dot{U}_1-Z_C\dot{I}_1)$。

将 A_1 和 B_1 代入(11.10)中可得传输线上离始端距离为 x 处的电压相量 $\dot{U}$ 及电流相量 $\dot{I}$ 分别为:

$$\begin{cases} \dot{U}=\dfrac{1}{2}(\dot{U}_1+Z_C\dot{I}_1)e^{-\gamma x}+\dfrac{1}{2}(\dot{U}_1-Z_C\dot{I}_1)e^{\gamma x} \\ \dot{I}=\dfrac{1}{2Z_C}(\dot{U}_1+Z_C\dot{I}_1)e^{-\gamma x}-\dfrac{1}{2Z_C}(\dot{U}_1-Z_C\dot{I}_1)e^{\gamma x} \end{cases} \tag{11.11}$$

利用双曲函数:

$$\sinh\gamma x=\frac{1}{2}(e^{\gamma x}-e^{-\gamma x}),\cosh\gamma x=\frac{1}{2}(e^{\gamma x}+e^{-\gamma x})$$

式(11.11)可改写为:

$$\begin{cases} \dot{U} = \dot{U}_1 \cosh\gamma x - Z_C \dot{I}_1 \sinh\gamma x \\ \dot{I} = \dot{I}_1 \cosh\gamma x - \dfrac{\dot{U}_1}{Z_C} \sinh\gamma x \end{cases} \tag{11.12}$$

式(11.11)和式(11.12)就是均匀传输线在给定始端边界条件下的正弦稳态解。

2）已知均匀传输线终端电压$\dot{U}_2$和电流$\dot{I}_2$

设均匀传输线长度为l,则在终端处$x=l$。如果长线终端的电压相量$\dot{U}_2$与电流相量$\dot{I}_2$为已知,同上述推导方法类似可得传输线上距始端x处的电压相量$\dot{U}$和电流相量$\dot{I}$分别为:

$$\begin{cases} \dot{U} = \dfrac{1}{2}(\dot{U}_2 + Z_C \dot{I}_2)e^{\gamma(l-x)} + \dfrac{1}{2}(\dot{U}_2 - Z_C \dot{I}_2)e^{-\gamma(l-x)} \\ \dot{I} = \dfrac{1}{2Z_C}(\dot{U}_2 + Z_C \dot{I}_2)e^{\gamma(l-x)} - \dfrac{1}{2Z_C}(\dot{U}_2 - Z_C \dot{I}_2)e^{-\gamma(l-x)} \end{cases} \tag{11.13}$$

如果把计算距离的起点改为终端,则线上距始端为x的点到终端的距离为$x'=l-x$,其正方向由终端指向始端,这时距始端x处,即距终端x'处,如图11.4所示,则式(11.13)可改写为:

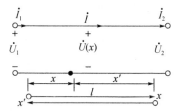

图 11.4 x'轴与x轴的关系图

$$\begin{cases} \dot{U} = \dfrac{1}{2}(\dot{U}_2 + Z_C \dot{I}_2)e^{\gamma x'} + \dfrac{1}{2}(\dot{U}_2 - Z_C \dot{I}_2)e^{-\gamma x'} \\ \dot{I} = \dfrac{1}{2Z_C}(\dot{U}_2 + Z_C \dot{I}_2)e^{\gamma x'} - \dfrac{1}{2Z_C}(\dot{U}_2 - Z_C \dot{I}_2)e^{-\gamma x'} \end{cases} \tag{11.14}$$

利用双曲函数,式(11.14)又可写成:

$$\begin{cases} \dot{U} = \dot{U}_2 \cosh\gamma x' + Z_C \dot{I}_2 \sinh\gamma x' \\ \dot{I} = \dot{I}_2 \cosh\gamma x' + \dfrac{\dot{U}_2}{Z_C} \sinh\gamma x' \end{cases} \tag{11.15}$$

式(11.14)和式(11.15)就是均匀传输线在给定终端边界条件下的正弦稳态解。

由式(11.15)可得始端电压、电流与终端电压、电流之间的关系为:

$$\begin{cases} \dot{U}_1 = \dot{U}_2 \cosh\gamma l + Z_C \dot{I}_2 \sinh\gamma l \\ \dot{I}_1 = \dot{I}_2 \cosh\gamma l + \dfrac{\dot{U}_2}{Z_C} \sinh\gamma l \end{cases} \tag{11.16}$$

若将传输线视作双口网络,则其传输参数矩阵为:

$$\boldsymbol{T} = \begin{bmatrix} \cosh\gamma l & Z_C \sinh\gamma l \\ \dfrac{1}{Z_C}\sinh\gamma l & \cosh\gamma l \end{bmatrix} \tag{11.17}$$

可见,均匀传输线为对称双口网络。

【例 11.1】 某三相高压输电线长 300 km,线路参数 $R_0 = 0.08\ \Omega/\mathrm{km}$,$L_0 = 1.33\ \mathrm{mH/km}$,$C_0 = 8.5 \times 10^{-3}\ \mu\mathrm{F/km}$,$G_0 = 0.1 \times 10^{-6}\ \mathrm{S/km}$。若要求终端在维持线电压为 220 kV 的前提下输出 200 MW 功率,功率因数为 0.9(感性),试求线路始端的相电压和相电流。

解 首先求传播常数 γ 和特性阻抗 Z_C。

$$\gamma = \sqrt{(R_0 + \mathrm{j}\omega L_0)(G_0 + \mathrm{j}\omega C_0)}$$
$$= \sqrt{(0.08 + \mathrm{j}2\pi \times 50 \times 1.33 \times 10^{-3})(0.1 \times 10^{-6} + \mathrm{j}2\pi \times 50 \times 8.5 \times 10^{-9})}$$
$$= 1.066 \times 10^{-3}\underline{/83.51°}\ \mathrm{km}^{-1}$$

$$Z_\mathrm{C} = \sqrt{\frac{R_0 + \mathrm{j}\omega L_0}{G_0 + \mathrm{j}\omega C_0}} = \sqrt{\frac{0.08 + \mathrm{j}2\pi \times 50 \times 1.33 \times 10^{-3}}{0.1 \times 10^{-6} + \mathrm{j}2\pi \times 50 \times 8.5 \times 10^{-9}}}$$
$$= 400\underline{/-4.34°}\ \Omega$$

$$\gamma l = 1.066 \times 10^{-3}\underline{/83.51°} \times 300 = 0.036\,1 + \mathrm{j}0.317\,8$$
$$\mathrm{e}^{\gamma l} = \mathrm{e}^{0.036\,1 + \mathrm{j}0.317\,8} = 0.984\,8 + \mathrm{j}0.324\,2$$
$$\mathrm{e}^{-\gamma l} = \mathrm{e}^{-(0.036\,1 + \mathrm{j}0.317\,8)} = 0.916\,1 - \mathrm{j}0.301\,6$$

$$\cosh\gamma l = \frac{1}{2}(\mathrm{e}^{\gamma l} + \mathrm{e}^{-\gamma l}) = \frac{1}{2}(0.984\,8 + \mathrm{j}0.324\,2 + 0.916\,1 - \mathrm{j}0.301\,6)$$
$$= 0.951\underline{/0.68°}$$

$$\sinh\gamma l = \frac{1}{2}(\mathrm{e}^{\gamma l} - \mathrm{e}^{-\gamma l}) = \frac{1}{2}(0.984\,8 + \mathrm{j}0.324\,2 - 0.916\,1 + \mathrm{j}0.301\,6)$$
$$= 0.32\underline{/83.75°}$$

设终端相电压为 $\dot{U}_2 = \dfrac{220}{\sqrt{3}}\underline{/0°} = 127\underline{/0°}\ \mathrm{kV}$,则可得

$$I_2 = \frac{P_2}{\sqrt{3}U_2\cos\varphi_2} = \frac{200 \times 10^6}{\sqrt{3} \times 220 \times 10^3 \times 0.9} = 0.58\ \mathrm{kA}$$

又因 $\varphi_2 = \arccos 0.9 = 25.84°$。

所以 $\dot{I}_2 = 0.58\underline{/-25.84°}\ \mathrm{kA}$。

于是可得始端相电压和相电流为:

$$\dot{U}_1 = \dot{U}_2 \mathrm{ch}\gamma l + Z_\mathrm{C}\dot{I}_2 \mathrm{sh}\gamma l$$
$$= 127 \times 0.95\underline{/0.68°} + 400\underline{/-4.34°} \times 0.58\underline{/-25.84°} \times 0.32\underline{/83.75°}$$
$$= 175.12\underline{/20.22°}\ \mathrm{kV}$$

$$\dot{I}_1 = \frac{\dot{U}_2}{Z_\mathrm{C}}\mathrm{sh}\gamma l + \dot{I}_2 \mathrm{ch}\gamma l$$
$$= \frac{127\underline{/0°}}{400\underline{/-4.34°}} \times 0.32\underline{/83.75°} + 0.58\underline{/-25.84°} \times 0.95\underline{/0.68°}$$
$$= 0.52\underline{/-15.05°}\ \mathrm{kA}$$

11.2.2 均匀传输线的特性阻抗

特性阻抗 Z_C 是描述传输线性能的一个重要参数,是同向电压、电流行波相量的比值,又称为波阻抗。特性阻抗的值取决于线路参数和传输线上所传播的电磁波的频率,可写为:

$$Z_C = \sqrt{\frac{Z_0}{Y_0}} = \sqrt{\frac{R_0 + j\omega L_0}{G_0 + j\omega C_0}} = z_C \underline{/\varphi_C} \tag{11.18}$$

式中:z_C 为特性阻抗的模;φ_C 为特性阻抗的辐角。

在直流情况下,有 $Z_C = \sqrt{\dfrac{R_0}{G_0}} = z_C$。

此时特性阻抗为纯电阻。

满足条件 $R_0/L_0 = G_0/C_0$ 的传输线称为无畸变线。对无畸变线有:

$$Z_C = \sqrt{\frac{R_0\left(1 + j\omega\dfrac{L_0}{R_0}\right)}{G_0\left(1 + j\omega\dfrac{C_0}{G_0}\right)}} = \sqrt{\frac{R_0}{G_0}} = \sqrt{\frac{L_0}{C_0}} \tag{11.19}$$

其特性阻抗也是纯电阻。

对超高压输电线,由于导线截面积较大,所以 $\omega L_0 \gg R_0,\omega C_0 \gg G_0$,因此:

$$Z_C \approx \sqrt{\frac{L_0}{C_0}}$$

即此时可近似将波阻抗当作纯电阻来处理。

对工作频率较高的传输线,同样有类似的结果。

一般情况下,架空线的波阻抗为 $300 \sim 400\ \Omega$,而电缆线路则由于其线间距比架空线小且线间绝缘材料的介电常数要大于空气的介电常数,故其 C_0 要较架空线大,L_0 要较架空线小,所以电缆的特性阻抗比架空线特性阻抗小,常用的电缆波阻抗有 $75\ \Omega$ 和 $50\ \Omega$ 两种。

11.2.3 均匀传输线的传播常数

传播常数 γ 也是描述传输线性能的重要参数,其实部 α 称为传输线的衰减常数,反映了波传播过程中传输线的衰减性能,单位用 dB/m 表示;其虚部 β 称为传输线的相位常数,反映了波传播过程中的相位变化,单位用 rad/m 表示。

由式(11.7)可得:

$$|\gamma|^2 = \alpha^2 + \beta^2 = \sqrt{(R_0^2 + \omega^2 L_0^2)(G_0^2 + \omega^2 C_0^2)}$$
$$\gamma^2 = \alpha^2 - \beta^2 + j2\alpha\beta = (R_0 G_0 - \omega^2 L_0 C_0) + j(G_0\omega L_0 + R_0\omega C_0)$$

由以上两式可得:

$$\alpha = \sqrt{\frac{1}{2}\left[R_0 G_0 - \omega^2 L_0 C_0 + \sqrt{(R_0^2 + \omega^2 L_0^2)(G_0^2 + \omega^2 C_0^2)}\right]} \tag{11.20}$$

$$\beta = \sqrt{\frac{1}{2}\left[\omega^2 L_0 C_0 - R_0 G_0 + \sqrt{(R_0^2 + \omega^2 L_0^2)(G_0^2 + \omega^2 C_0^2)}\right]} \tag{11.21}$$

由式(11.20)、式(11.21)可见,衰减常数 α 随 R_0、G_0 的增大而单调增长;相位常数 β 则随 L_0、C_0 和频率的增大而单调增长。对无畸变线,则由式(11.20)和式(11.21)进一步求得:

$$\alpha = \sqrt{R_0 G_0}\ ,\beta = \omega\sqrt{L_0 C_0}$$

【例 11.1】 已知某无损耗线均匀传输线的原始参数为 $L_0 = 1.777\ 7$ mH/km,$C_0 = 0.1\ \mu$F/km,工作频率 $f = 150$ kHz。求特性阻抗 Z_C,衰减常数 α,相位常数 β。

解 特性阻抗为：

$$Z_C = \sqrt{\frac{L_0}{C_0}} = \sqrt{\frac{1.777\times10^{-3}\times10^{-3}}{0.1\times10^{-6}\times10^{-3}}} = 133.33 \ \Omega$$

衰减常数 $\alpha=0$，相移常数 β 为：

$$\beta = \omega\sqrt{L_0 C_0} = 2\pi\times150\times10^3\sqrt{1.777\times10^{-3}\times10^{-3}\times0.1\times10^{-6}\times10^{-3}} = 0.013 \ (\mathrm{rad/m})$$

思考题

(1) 简述均匀传输线的特性阻抗和传播常数的含义和特性。

(2) 描述均匀传输线的正弦稳态解方程。

11.3 均匀传输线上的行波和波的反射

上节分析了在正弦交流下均匀线上电压、电流相量沿线分布的规律，电压、电流均由两个分量叠加而成，与直流不同的是相量叠加要考虑相位，有效值和相位分别是距离 x 的函数。本节通过研究均匀传输线正弦稳态解的意义，说明传输线上的电压、电流具有波动的形式。

11.3.1 均匀传输线方程的正弦稳态解对应的时间函数

均匀传输线方程正弦稳态解的一般形式(11.14)都包含有两项，因此传输线上任一处的电压相量 $\dot{U}$ 和电流相量 $\dot{I}$ 都可以看成是由两个分量组成的，即

$$\begin{cases} \dot{U}=\dot{U}^+ + \dot{U}^- \\ \dot{I}=\dot{I}^+ - \dot{I}^- \end{cases} \tag{11.22}$$

其中

$$\dot{U}^+ = A_1 \mathrm{e}^{-\gamma x} = \frac{1}{2}(\dot{U}_1 + Z_C \dot{I}_1)\mathrm{e}^{-\gamma x} = |A_1|\mathrm{e}^{\mathrm{j}\varphi_+} \cdot \mathrm{e}^{-\gamma x}$$

$$\dot{U}^- = B_1 \mathrm{e}^{\gamma x} = \frac{1}{2}(\dot{U}_1 - Z_C \dot{I}_1)\mathrm{e}^{\gamma x} = |B_1|\mathrm{e}^{\mathrm{j}\varphi_-} \cdot \mathrm{e}^{\gamma x}$$

$$\dot{I}^+ = \frac{\dot{U}^+}{Z_C}, \ \dot{I}^- = \frac{\dot{U}^-}{Z_C}$$

并且 $\dot{U}^+$、$\dot{U}^-$ 和 $\dot{I}^+$ 的参考方向分别与 $\dot{U}$ 和 $\dot{I}$ 相同，但 $\dot{I}^-$ 的参考方向与 $\dot{I}$ 相反。

由于 $\gamma=\alpha+\mathrm{j}\beta$，所以

$$\dot{U} = |A_1|\mathrm{e}^{-\alpha x}\mathrm{e}^{\mathrm{j}(\varphi_+ - \beta x)} + |B_1|\mathrm{e}^{\alpha x}\mathrm{e}^{\mathrm{j}(\varphi_- + \beta x)} \tag{11.23}$$

则由式(11.23)可写出电压的时间函数形式为：

$$u = u^+ + u^- = \sqrt{2}|A_1|\mathrm{e}^{-\alpha x}\cos(\omega t - \beta x + \varphi_+) + \sqrt{2}|B_1|\mathrm{e}^{\alpha x}\cos(\omega t + \beta x + \varphi_-)$$

$$\tag{11.24}$$

这样，u 就可以看作是两个电压分量 u^+ 和 u^- 的叠加。下面分别来研究电压的两个分量 u^+ 和 u^- 随时间和空间距离变化的规律。

11.3.2　均匀传输线上的正向行波和反向行波

电压的第一个分量 u^+ 既是时间 t 的函数，又是空间距离 x 的函数。在线上任一指定点（x 为定值）来观察 u^+，它随时间按正弦规律变化；而在任一指定时刻（t 为固定）来观察，u^+ 沿线按减幅正弦规律分布，如图 11.5 所示。

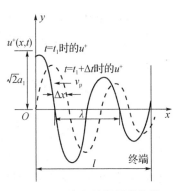

图 11.5　正向行波沿线的传播

从图 11.5 可看出，u^+ 的曲线随着时间的推移向 x 增加的方向移动（即从线的始端向终端的方向运动）。这种沿线向某一方向不断移动的波称为行波。由于 u^+ 是从始端向终端方向行进，故称为正向行波，也称为入射波。

对于 u^+ 的传播速度，首先分析 u^+ 任一具有固定相位的点的移动速度。由于相位（$\omega t - \beta x + \varphi_+$）既与时间 t 有关，又与距离 x 有关，随着时间 t 的增加，要保持相位不变，距离 x 也必须相应地增加。对该式求微分，可得 $\omega \mathrm{d}t - \beta \mathrm{d}x = 0$，于是 $\mathrm{d}x = \dfrac{\omega}{\beta}\mathrm{d}t$，表明所选定的点沿传输线移动的距离与时间成正比，因此该点将随时间的增加由传输线的始端向终端移动。

具有任意确定相位的点移动的速度称为相速，记为 v_{p}，得：

$$v_{\mathrm{p}} = \frac{\mathrm{d}x}{\mathrm{d}t} = \frac{\omega}{\beta} \tag{11.25}$$

由于 ω 和 β 是与所选相位无关的常数，所以 u^+ 的所有具有不同相位的点沿传输线运动的速度皆相同，因此相速也就是整个正方向电压行波沿传输线传播的速度。

在行波传播方向上，行波相位相差 2π 的两点间的距离称为行波的波长，用 λ 表示。有：

$$\omega t - \beta(x+\lambda) + \varphi_+ - (\omega t - \beta x + \varphi_+) = 2\pi$$

$$\lambda = \frac{2\pi}{\beta} = \frac{2\pi}{\omega/v} = \frac{v}{f} = vT \tag{11.26}$$

即 λ 也表示在一个周期的时间内行波所行进的距离。

对应电压的第二个分量 u^-，用与正向行波相同的分析方法可知，u^- 也是一个行波，其相速和波长均与正向行波相同，但由于 u^- 相位中所含与 x 有关项是 $+\beta x$，所以，这个行波的行进方向与 u^+ 相反，是沿 x 减少的方向，即由终端到始端，故称为反向行波。反向行波沿着其行进方向（即 x 减少的方向）幅值也是逐渐衰减的。

由上述分析可知，传输线上各处的电压均可认为是由两个相反方向行进的波 即正向行波和反向行波叠加而成的。

同样，传输线上各处的电流也可以看作是正向电流行波和反向电流行波叠加的结果，即 $i = i^+ - i^-$，它们的相速和波长与电压行波相同。电流的正向行波分量为 $\dot{I}^+ = \dot{U}^+/Z_{\mathrm{C}}$，反向行波分量为 $\dot{I}^- = \dot{U}^-/Z_{\mathrm{C}}$。所以

$$\frac{\dot{U}^+}{\dot{I}^+} = \frac{\dot{U}^-}{\dot{I}^-} = Z_{\mathrm{C}} = |Z_{\mathrm{C}}| \underline{/\varphi_{\mathrm{C}}} \tag{11.27}$$

其中特性阻抗的模为：

$$|Z_{\rm C}|=\sqrt[4]{\frac{R_0^2+\omega^2 L_0^2}{G_0^2+\omega^2 C_0^2}} \tag{11.28}$$

可见,波阻抗等于电压正向行驶与电流正向行驶之比或电压反向行波与电流反向行波之比。电流的瞬时表达式为:

$$i=i^+-i^-=\sqrt{2}\,\frac{|A_1|}{|Z_{\rm C}|}{\rm e}^{-\alpha x}\cos(\omega t-\beta x+\varphi_+-\varphi_{\rm C})-\sqrt{2}\,\frac{|B_1|}{|Z_{\rm C}|}{\rm e}^{\alpha x}\cos(\omega t+\beta x+\varphi_--\varphi_{\rm C}) \tag{11.29}$$

必须指出,电压的正向行波、反向行波和总电压的参考方向是相同的,所以总电压是两个电压行波的相加;而电流的正向行波与总电流参考方向相同,但反向行波与总电流的参考方向相反,所以总电流是正向行波减去反向行波,如图11.6所示。

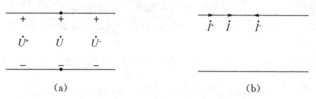

图 11.6　电压电流行波的参考方向

11.3.3　波的反射与终端匹配

设线路终端所接负载阻抗是$Z_{\rm L}$,如图11.6所示。则终端电压$\dot U_2$和终端电流$\dot I_2$之比为$Z_{\rm L}$,而$\dot U_2$和$\dot I_2$又可以分别用它们的两个行波分量的叠加来表示,即

$$\begin{cases}\dot U_2=\dot U(x)\,|_{x=l}=\dot U_2^++\dot U_2^-\\ \dot I_2=\dot I(x)\,|_{x=l}=\dot I_2^+-\dot I_2^-\end{cases} \tag{11.30}$$

由式(11.27)和式(11.15)可得:

$$\frac{\dot U_2}{\dot I_2}=\frac{\dot U_2^++\dot U_2^-}{\dot I_2^+-\dot I_2^-}=\frac{Z_{\rm C}\dot I_2^++Z_{\rm C}\dot I_2^-}{\dot I_2^+-\dot I_2^-}=Z_{\rm L} \tag{11.31}$$

化简,得$(Z_{\rm L}+Z_{\rm C})\dot I_2^-=(Z_{\rm L}-Z_{\rm C})\dot I_2^+$,因此:

$$\frac{\dot I_2^-}{\dot I_2^+}=\frac{\dot U_2^-/Z_{\rm C}}{\dot U_2^+/Z_{\rm C}}=\frac{\dot U_2^-}{\dot U_2^+}=\frac{Z_{\rm L}-Z_{\rm C}}{Z_{\rm L}+Z_{\rm C}}=N_2 \tag{11.32}$$

式中:N_2称为终端反射系数,是一个与负载阻抗有关的复数。

(1) 当$Z_{\rm L}=Z_{\rm C}$时,$N_2=0$,故$N=0$,线上任何地方都不存在反射波,工作在这种特殊情况下的线路称为无反射线,$Z_{\rm L}=Z_{\rm C}$的工作情况称为阻抗匹配。

(2) 终端开路时($Z_{\rm L}=\infty$),$N_2=1$,发生全发射,且无符号变化。u和i是由振幅相同的入射波和反射波叠加而成的。

(3) 终端短路时($Z_{\rm L}=0$),$N_2=-1$,发生全反射,且带有符号变化。u和i是由振幅相同的入射波和反射波叠加而成的。

在负载与传输线不匹配($Z_{\rm L}\neq Z_{\rm C}$)的情况下,传输线上既有正向行波,又有反向行波。因此可认为反向行波的存在是由于正向行波在传输线终端受到与线路波阻抗不匹配的负载而引起的,故反向行波又称为反射波,正向行波又称为入射波。反射系数便是反射波电压(或电流)和入射波电压(或电流)相量的比值。

当存在反射波时,入射波的一部分功率将被反射波带回给电源,使负载吸收的功率减小;当反射波不存在时,由入射波传送到终端的功率全部被负载吸收。传输线在匹配情况下($Z_L = Z_C$)即无反射条件工作时,传输到终端的有功功率称为传输线的自然功率为:

$$P_2 = U_2 I_2 \cos\varphi_C = \frac{U_2^2}{|Z_C|}\cos\varphi_C \tag{11.33}$$

由于没有反射波,工作在此种匹配状态下的传输线路传输效率非常高,一般通信传输线就常处于这种工作状态。

由式(11.10)可得此时电压和电流的有效值分别为:

$$\begin{cases} U(x) = U_1 e^{-\alpha x} \\ I(x) = I_1 e^{-\alpha x} \end{cases}$$

沿线电压、电流的有效值均按指数规律从始端到终端单调递减。由上式有:

$$U_2 = U_1 e^{-\alpha l}$$
$$I_2 = I_1 e^{-\alpha l}$$

将此 U_2 和 I_2 的值代入式(11.33),得:$P_2 = U_1 I_1 e^{-2\alpha l}\cos\varphi_C$,而始端输入功率为 $P_1 = U_1 I_1 \cos\varphi_C$,故传输线在匹配状态下工作时的传输效率为:

$$\eta = \frac{P_2}{P_1} = e^{-2\alpha l} \tag{11.34}$$

【例11.3】 某无损线架空线长度 $l = 120$ m,在电源角频率 $\omega = 10^7$ rad/s 时测出其终端短路情况下的入端阻抗 $Z_i = j193\Omega$,求其每一千米参数。

解 无损耗线架空线中行波的波速可近似用光速代替,即 $v_p = 3 \times 10^8$ m/s,故该无损耗线的相位常数,

$$\alpha = \frac{\omega}{v_p} = \frac{10^7}{3 \times 10^8} = \frac{1}{30} \text{ rad/m}$$

同时有: $\alpha l = 4$ rad

由 $Z_i = j193 = jZ_C \tan\alpha l$ 可求得特性阻抗。

$$Z_C = \frac{193}{\tan 4} = 166.7 \ \Omega$$

对于无损耗线而言,其特性阻抗与每公里参数之间有如下关系:

$$Z_C = \sqrt{\frac{L_0}{C_0}} \text{ 且有 } v_p = \frac{1}{\sqrt{L_0 C_0}}, \text{故有 } Z_C v_p = \frac{1}{C_0}$$

求得:
$$C_0 = \frac{1}{Z_C v_p} = \frac{1}{166.7 \times 3 \times 10^8} = 2 \times 10^{-11} \text{F/m} = 0.02 \ \mu\text{F/km}$$
$$L_0 = Z_C^2 C_0 = 166.7^2 \times 0.02 \times 10^{-8} \text{H/m} = 0.55 \text{ mH/km}$$

【例11.4】 一对架空传输线的原参数是 $L_0 = 2.89 \times 10^{-3}$ H/km, $C_0 = 3.85 \times 10^{-9}$ F/km, $R_0 = 0.3 \ \Omega$/km, $G_0 = 0$。试求当工作频率为 50 Hz 时的特性阻抗 Z_C,传播常数 λ,相位速度 v_p 和

波长 λ。

解 当 $f = 50$ Hz 时有：

$$Z_0 = R_0 + j\omega L_0 = 0.3 + j0.9 = 0.96 \underline{/71.72°} \ \Omega/\text{km}$$

$$Y_0 = G_0 + j\omega C_0 = j100\pi \times 3.85 \times 10^{-9} = j1.21 \times 10^{-6} \ \text{S/km}$$

根据传输线副参数与原参数的关系,可得特性阻抗:

$$Z_c = \sqrt{\frac{Z_0}{Y_0}} = \sqrt{\frac{0.96 \underline{/71.72°}}{1.21 \times 10^{-6} \underline{/90°}}} = 890 \underline{/-9.14°} \ \Omega$$

传播常数:
$$\gamma = \sqrt{Z_0 Y_0} = \sqrt{0.96 \underline{/71.72°} \times 1.21 \times 10^{-6} \underline{/90°}}$$
$$= 1.08 \times 10^{-3} \underline{/80.86°} = 0.17 \times 10^{-3} + j1.06 \times 10^{-3} \ \text{km}^{-1}$$

即
$$\alpha = 0.17 \times 10^{-3} \ \text{km}^{-1}, \beta = 1.06 \times 10^{-3} \ \text{rad/km}$$

相位速度:
$$v_p = \frac{\omega}{\beta} = \frac{100\pi}{1.062 \times 10^{-3}} = 2.96 \times 10^5 \ \text{km/s}$$

波长:
$$\lambda = \frac{v_p}{f} = \frac{2.958 \times 10^5}{50} = 5.92 \times 10^3 \ \text{km}$$

【例 11.5】 已知某均匀传输线的传播常数 $\gamma = 7.9 \times 10^{-4} e^{j85°} \ \text{km}^{-1}$,特性阻抗 $Z_c = 318.3 e^{-j5.05°} \ \Omega$。若终端电压相量、电流相量分别为 $\dot{U}_2 = 127$ kV, $\dot{I}_2 = 0.8 e^{j15°}$ kA。求:(1) 电压的正向行波相量和反向行波相量;(2) 距终端 100 km 处的电压、电流的瞬时值表达式。传输线工作频率为 50 Hz。

解 (1) 距终端 x' 处的电压的正向行波相量。

$$\dot{U}^+(x') = \frac{1}{2}(\dot{U}_2 + Z_c \dot{I}_2) e^{\gamma x'} = \frac{1}{2}(127 + 318.3 e^{-j5.05°} \times 0.8 e^{j15°}) e^{(7.9 \times 10^{-4} e^{j85°}) x'}$$

$$= \frac{1}{2}(377.81 + j44) e^{0.689 \times 10^{-4} x'} \times e^{j7.87 \times 10^{-4} x'} = \frac{1}{2} \times 380.36 e^{j6.64°} \times e^{0.689 \times 10^{-4} x'} \times e^{j7.87 \times 10^{-4} x'}$$

$$= 190.18 e^{6.89 \times 10^{-5} x'} \times e^{j(7.87 \times 10^{-4} x' + 6.64°)} \ \text{kV}$$

距终端 x' 处的电压的反向行波相量

$$\dot{U}^-(x') = \frac{1}{2}(\dot{U}_2 - Z_c \dot{I}_2) e^{-\gamma x'} = \frac{1}{2}(127 - 250.81 - j44) e^{-(0.689 \times 10^{-4} + j7.87 \times 10^{-4})}$$

$$= 65.7 e^{-6.89 \times 10^{-5} x'} \times e^{-j(7.87 \times 10^{-4} x' + 160.4°)} \ \text{kV}$$

(1) 在 $x' = 100$ km 处,有:

$$\dot{U}^+ = 190.18 e^{6.89 \times 10^{-3}} \times e^{j\left(7.87 \times 10^{-2} \times \frac{180°}{\pi} + 6.64°\right)} = 191.5 e^{j11.15°} \ \text{kV}$$

$$\dot{U}^- = 65.7 e^{-6.89 \times 10^{-3}} \times e^{-j\left(7.87 \times 10^{-2} \times \frac{180°}{\pi} + 160.4°\right)} = 65.25 e^{-j164.9°} \ \text{kV}$$

$$\dot{I}^- = \frac{\dot{U}^-}{Z_c} = 0.21 e^{-j159.85°} \ \text{kA}$$

$$\dot{U} = \dot{U}^+ + \dot{U}^- = [191.5 e^{j11.15°} + 65.25 e^{-j164.9°}]$$
$$= (124.9 + j20.03) = 126.5 e^{j9.1°} \ \text{kV}$$

$$\dot{I} = \dot{I}^+ - \dot{I}^- = (0.6016 e^{j16.2°} - 0.205 e^{-j159.85°})$$
$$= (0.77 + j0.239) = 0.81 e^{j17.24°} \ \text{kA}$$

因此,距终端 100 km 处的电压、电流的瞬时值表达式为:

$$u(t) = 126.5\sqrt{2} \sin(314t + 9.1°) \ \text{kV}$$

$$i(t) = 0.806\sqrt{2} \sin(314t + 17.2°) \ \text{kA}$$

【例 11.6】　架空无损耗传输线的特性阻抗 $Z_C = 300\ \Omega$，线长 $l = 2$ m。当频率为 300 MHz 时，试分别画出终端开路、短路及接上匹配负载时，电压 u 和 $|\dot U|$ 沿线的分布。

　　解　无损耗线沿线电压的分布为：

$$\dot U(x) = \dot U_2 \cos\beta x + \mathrm{j} Z_C \dot I_2 \sin\beta x$$

当频率 $f = 300$ MHz 时，上式中相位常数 β 为：

$$\beta = \frac{\omega}{v_p} = \frac{2\pi f}{v_p} = \frac{2\pi \times 300 \times 10^6}{3 \times 10^8} = 2\pi\ \mathrm{rad/m}$$

　　(1) 终端开路，即 $\dot I_2 = 0$，则沿线电压为：

$$\dot U_{OC}(x) = \dot U_2 \cos\beta x = \dot U_2 \cos 2\pi x$$

其瞬时表达式为：　　　　　　$u_{OC}(x,t) = \sqrt{2} U_2 \cos 2\pi x \cos\omega t$

　　即 $u_{OC}(x,t)$ 呈驻波发布，在 $x = 0, 1, 2$ m 处 $u_{OC}(x,t)$ 值最小，在 $x = 0.5, 1.5$ m 处，$u_{OC}(x, t)$ 值最小，在 $x = 0.25, 0.75, 1.25, 1.75$ m 处，$u_{OC}(x,t)$ 总是为零。$u_{OC}(x,t)$ 的波形如图 11.12 (a)所示，$|\dot U_\infty|$ 的分布如图(b)所示。

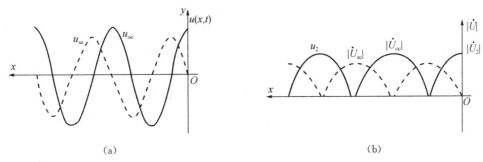

(a)　　　　　　　　　　　　　　　　(b)

图 11.7　例 11.6 波形图

　　(2) 当终端短接时，即 $\dot U_2 = 0$ 沿线电压为：

$$\dot U_{sc} = \mathrm{j} Z_C \dot I_2 \sin\beta x = \mathrm{j} Z_C \dot I_2 \sin 2\pi x$$

其瞬态表达式为：

$$u_{sc}(x,t) = \sqrt{2} Z_C I_2 \sin 2\pi x \cos(\omega t - 90°)$$

　　(3) 当传输线接匹配负载时，即 $Z_L = Z_C$，线上无反射波

　　所以传输线的分布函数为 $\dot U(x) = \dot U_2 \mathrm{e}^{+\beta x} = \dot U_2 \mathrm{e}^{2\pi x}$

　　其瞬时表达式为 $u(x,t) = \sqrt{2} U_2 \cos(\omega t + 2\pi x)$

　　即传输线工作在行波状态，沿线各处电压幅值相等。

思考题

(1) 简述均匀传输线行波的传播特性及其相互间的关系。
(2) 简述沿同一方向传播的电压行波和电流行波的关系。
(3) 试解释传输线的工作特性参数(特性阻抗、传播常数、相速和波长)。

11.4　均匀传输线的集中参数等效电路

　　当无需研究均匀传输线各处电压、电流的分布情况，只需计算线路始端和终端电压、电流

时,可将均匀线视为集中参数的对称二端口网络。在 11.2 节中式(11.16)为均匀线在正弦稳态下的传输参数方程,又可写为:

$$\begin{cases} \dot{U}_1 = (\cosh\gamma l)\dot{U}_2 + (Z_{\mathrm{C}}\sinh\gamma l)\dot{I}_2 \\ \dot{I}_1 = (\sinh\gamma l/Z_{\mathrm{C}})\dot{U}_2 + (\cosh\gamma l)\dot{I}_2 \end{cases} \tag{11.35}$$

对称二端口可用对称的 T 型 或 π 型电路来等效,分别如图 11.7 和图 11.8 所示。

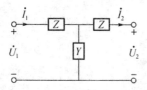

图 11.7　均匀线的 T 型等效电路

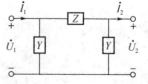

图 11.8　均匀线的 π 型等效电路

为求出 T 型等效电路中阻抗 Z 和导纳 Y 与均匀线参数的关系,应先求出 T 型电路的传输参数方程。根据基尔霍夫定律可直接写出:

$$\begin{cases} \dot{I}_1 = \dot{I}_2 + Y(Z\dot{I}_2 + \dot{U}_2) = Y\dot{U}_2 + (1+ZY)\dot{I}_2 \\ \dot{U}_1 = Z\dot{I}_1 + Z\dot{I}_2 + \dot{U}_2 = ZY\dot{U}_2 + Z(1+ZY)\dot{I}_2 + Z\dot{I}_2 + \dot{U}_2 \\ \quad = (1+ZY)\dot{U}_2 + Z(2+ZY)\dot{I}_2 \end{cases} \tag{11.36}$$

比较方程(11.35)与式(11.36)可得:

$$Y = \frac{\sinh\gamma l}{Z_{\mathrm{C}}} \quad 与 \quad 1+ZY = \cosh\gamma l$$

解得:

$$\begin{cases} Z = \dfrac{\cosh\gamma l - 1}{\sinh\gamma l} Z_{\mathrm{C}} \\ Y = \dfrac{1}{Z_{\mathrm{C}}} \sinh\gamma l \end{cases} \tag{11.37}$$

若将式(11.36)中的双曲正弦和双曲余弦展成幂级数,即

$$\cosh\gamma l = 1 + \frac{(\gamma l)^2}{2!} + \frac{(\gamma l)^4}{4!} + \cdots$$

及

$$\sinh\gamma l = \gamma l + \frac{(\gamma l)^3}{3!} + \frac{(\gamma l)^5}{5!} + \cdots$$

代入式(11.36),经运算后得:

$$\begin{cases} Z = \left[\dfrac{1}{2}\gamma l - \dfrac{1}{24}(\gamma l)^3 + \cdots \right] Z_{\mathrm{C}} \\ Y = \left[\gamma l + \dfrac{1}{6}(\gamma l)^3 + \cdots \right] \dfrac{1}{Z_{\mathrm{C}}} \end{cases} \tag{11.38}$$

如果线路相对波长较短,$|\gamma l| \ll 1$,式中含 γl 的高次方的各项可略去不计而只取第一项,则得近似公式:

$$\begin{cases} Z \approx \dfrac{1}{2}\gamma l Z_{\mathrm{C}} = \dfrac{1}{2}l(R_0 + \mathrm{j}\omega L_0) \\ Y \approx \dfrac{\gamma l}{Z_{\mathrm{C}}} = l(G_0 + \mathrm{j}\omega C_0) \end{cases} \tag{11.39}$$

即对不太长的线路可以将线间总导纳集中在线路中央进行近似,这就是所谓中距离输电线(例如在电力工程频率下 $50 \sim 200$ km 的架空线路)的电路模型,如图 11.9 所示。

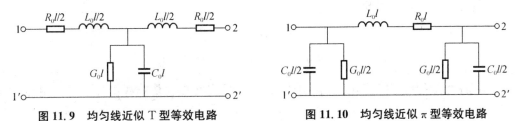

图 11.9　均匀线近似 T 型等效电路　　　图 11.10　均匀线近似 π 型等效电路

类似可得 π 型等效电路(图 11.10 所示),其参数为:

$$\begin{cases} Z = Z_{\mathrm{C}} \sinh\gamma l \\ Y = \dfrac{\cosh\gamma l - 1}{Z_{\mathrm{C}} \sinh\gamma l} \end{cases} \tag{11.40}$$

线路不太长时,仍可通过上面的方法得到近似等效电路,如图 11.10 所示。

此时:
$$\begin{cases} Z \approx l(R_0 + \mathrm{j}\omega L_0) \\ Y \approx \dfrac{1}{2}l(G_0 + \mathrm{j}\omega C_0) \end{cases} \tag{11.41}$$

在图 11.9 和图 11.10 所示的近似等效电路中,没有出现频率变量,看似这种等效电路与频率无关,其实不然。因为近似的前提条件是 $|\gamma l|$ 足够小,为此要求线长很短或频率很低,因此在线长一定时,等效电路的近似程度与传输信号的频率有关。

一条均匀线用一个集中参数二端口网络的概念来处理,只解决了线路始端和终端的电压、电流关系。如果要更好地模拟一条均匀线,研究线路上电压、电流的分布情况和它们的暂态过程,可把均匀线等分成 n 段,每一段看成一个二端口网络,每个二端口网络均用 T 型或 π 型等效电路代替。这种由许多相同的对称 T 型或 π 型二端口网络级联组成的电路可看成链形电路。为计算每个二端口网络的等效参数,只需用 l/n 代替从前的 l。这种链形电路常用于实验室对实际均匀线进行仿真研究,称为仿真线或人工线。

11.5　无损耗线及其工作状态

11.5.1　无损耗线的正弦稳态分析

如果均匀传输线沿线分布电阻及线间分布电导均为零,线路没有损耗的均匀传输线就称为无损耗线。在高频正弦交流下的传输线,由于 $R_0 \ll \omega L_0$,$G_0 \ll \omega C_0$,则在分析其电压、电流关系时可以忽略单位长度的电阻和电导,即 $R_0 \approx 0$,$G_0 \approx 0$,这时的均匀传输线就成为无损耗线,也称无损线。其传播常数 γ 为:

$$\gamma = \alpha + \mathrm{j}\beta = \mathrm{j}\beta = \mathrm{j}\omega\sqrt{L_0 C_0} \tag{11.42}$$

即 $\alpha=0,\beta=\omega\sqrt{L_0 C_0}$，也就是在无损耗线上行波传播时是不衰减的，因为无损耗线不消耗功率。其波阻抗为：

$$Z_c=\sqrt{\frac{j\omega L_0}{j\omega C_0}}=\sqrt{\frac{L_0}{C_0}}=Z_c\underline{/0^\circ}\qquad(11.43)$$

Z_c 的阻抗角为零，意味着无损耗线的特性阻抗为纯阻性的。

对于无损耗线 $\gamma=j\beta$，因此有：

$$\begin{cases}\cosh\gamma x=\cosh j\beta x=\cos\beta x\\\sinh\gamma x=\sinh j\beta x=j\sin\beta x\end{cases}\qquad(11.44)$$

已知线路始端的电压 $\dot{U}_1$ 和电流 $\dot{I}_1$，由式(11.12)可得无损耗传输线上任意一点电压、电流相量方程为：

$$\begin{cases}\dot{U}(x)=\dot{U}_1\cos\beta x-j\,\dot{I}_1 Z_c\sin\beta x\\\dot{I}(x)=-j\dfrac{\dot{U}_1}{Z_c}\sin\beta x+\dot{I}_1\cos\beta x\end{cases}\qquad(11.45)$$

反之，当终端电压 $\dot{U}_2$ 和电流 $\dot{I}_2$ 为已知量，由式(11.16)，距离终端 x' 远处的电压和电流相量为

$$\begin{cases}\dot{U}(x')=\dot{U}_2\cos\beta x'+j\,\dot{I}_2 Z_c\sin\beta x'\\\dot{I}(x')=j\dfrac{\dot{U}_2}{Z_c}\sin\beta x'+\dot{I}_2\cos\beta x'\end{cases}\qquad(11.46)$$

传输线上任一处的输入阻抗为：

$$Z=Z_c\frac{Z_2+Z_c\tanh\gamma x'}{Z_c+Z_2\tanh\gamma x'}=Z_c\frac{Z_2+jZ_c\tan\beta x'}{Z_c+jZ_2\tan\beta x'}\qquad(11.47)$$

式中：$Z_L=\dfrac{\dot{U}_2}{\dot{I}_2}$ 为终端的负载阻抗。

11.5.2 终端不同负载情况下的无损耗线

下面对终端接不同负载 Z_L 情况下无损耗线的工作特性进行分析。如图 11.11 所示。

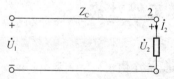

图 11.11 不同负载情况下的无损耗线

(1) 终端开路情况，即 $Z_L\to\infty$，$\dot{I}_2=0$，此时方程的解为：

$$\dot{U}_0=\dot{U}_2\cos\alpha x',\dot{I}_0=j\frac{\dot{U}_2}{Z_c}\sin\alpha x',$$

若设 $\dot{U}_2=U_2\underline{/0^\circ}$，则对应不同 x' 处电压、电流函数表达式为：

$$\begin{cases} u_0 = \sqrt{2}\,U_2\cos\alpha x'\sin\omega t = U_{0m}\sin\omega t \\ i_0 = \dfrac{\sqrt{2}\,U_2}{|Z_C|}\sin\alpha x'\sin\left(\omega t + \dfrac{\pi}{2}\right) = I_{0m}\sin\left(\omega t + \dfrac{\pi}{2}\right) \end{cases} \tag{11.48}$$

上式表明,u_0、i_0 同为时间 t 的正弦函数,其振幅分别为:

$$\begin{cases} U_{0m} = \sqrt{2}\,U_2\cos\alpha x' \\ I_{0m} = \dfrac{\sqrt{2}\,U_2}{|Z_C|}\sin\alpha x' \end{cases} \tag{11.49}$$

U_{0m},I_{0m} 均为 x' 的函数,即沿线各处电压振幅按余弦分布,电流振幅按正弦分布,当 $x' = \dfrac{\lambda}{4}$、$\dfrac{3\lambda}{4}$、$\dfrac{5\lambda}{4}$、$\cdots$ 处时,U_{0m} 恒为零,称为波节,而 I_{0m} 为最大,称为波腹。而当 $x' = 0$、$\dfrac{\lambda}{2}$、λ、$\cdots$ 处时,U_{0m} 为最大,I_{0m} 恒为零。终端开路时电压、电流有效值沿线分布图如图 11.12 所示。

此时,从 $1-1'$ 端看进去的入端阻抗 Z_i 为:

$$Z_i = \frac{\dot{U}_1}{\dot{I}_1} = -jZ_C\cot\alpha l = jX_C \tag{11.50}$$

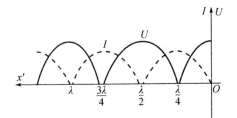
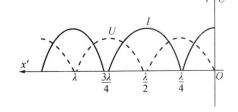

图 11.12 终端开路时的有效值分布图   **图 11.13 终端短路时的有效值分布图**

这表明,终端开路时无损耗线的入端阻抗是纯电抗,且其性质随线长 l 而变,当 $l < \dfrac{\lambda}{4}$ 时,$\alpha l < \dfrac{\pi}{2}$,$X_C < 0$,故为纯容性电抗,即小于四分之一波长的终端开路线相当于一个电容。$\dfrac{\lambda}{4} < l < \dfrac{\lambda}{2}$ 时,$\dfrac{\pi}{2} < \alpha l < \pi$,$X_C > 0$,故为纯电感性电抗。特别是当 $l = \dfrac{\lambda}{4}$ 时,$Z_i = 0$,相当于串联谐振;而当 $l = \dfrac{\lambda}{2}$ 时,$Z_i = \infty$,相当于并联谐振。

(2) 终端短路情况,即 $Z_L = 0$,$\dot{U}_2 = 0$,此时方程的解为:

$\dot{U}_s = jZ_C\dot{I}_2\sin\alpha x'$,$\dot{I}_s = \dot{I}_2\cos\alpha x'$。

仍可仿照终端开路时的分析方法,u_s、i_s 也为一种驻波,其电压、电流有效值沿线分布如图 11.13 所示。

同理,从 $1-1'$ 端看进去的入端阻抗 Z_i 为

$$Z_i = \frac{\dot{U}_1}{\dot{I}_1} = jZ_C\tan\alpha l = jX_C \tag{11.51}$$

有当 $l < \dfrac{\lambda}{4}$ 时,$X_C > 0$,故小于四分之一波长的终端短路线相对于一个电感,而当 $\dfrac{\lambda}{4} < l < \dfrac{\lambda}{2}$

时,$X_C<0$,则相当于纯电容性电抗,特别是当 $l=\dfrac{\lambda}{4}$ 时,Z_i 趋于 ∞,相当于绝缘子。

（3）终端接负载阻抗 $Z_L=Z_c$ 情况（称为匹配工作状态）,方程的解为:

$$\dot{U}=\dot{U}_2 e^{j\alpha x'},\ \dot{I}=\dot{I}_2 e^{j\alpha x'}$$

即沿线各处电压、电流有效值不变,而相位则随着距离不同有所改变。此时入端阻抗 $Z_i=Z_C$。

综上所述,在终端开路、短路和接纯电抗负载的无损耗线上,沿线电压、电流的分布均形成驻波。这是因为在以上三种情况下,天损耗线终端都没有耗能负载,入射波到达终端后,它所携带的能量被全部反射回去,即入射波在终端发生全反射,于是得到两个以相等速度反向传播的不衰减的等幅正弦行波,两者相叠加便形成驻波。

从能量角度来分析.传输线的驻波工作状态的特点是,能量不能从电源端传递到负载端。而前面讨论过的终端匹配的无损耗线,沿线只存在一个不衰减的正向行波,这是无损耗线的行波工作状态,其特点是正向行波将能量单方向地从电源端传输到负载端。当无损耗线终端接以任意负载时,线路的工作状态一般既不是单纯的驻波工作状态.也不是单纯的行波工作状态.而是二者的叠加。换言之,既有沿线电磁场能量的振荡,又有能量从电源端传输到负载端供负载消耗。

【例 11.6】 已知空气中的某均匀无损耗线长 1.5 m,特性阻抗 $Z_{C1}=300\ \Omega$,终端接有负载阻抗 $Z_L=30\ \Omega$,在距终端 0.75 m 处接有另一特性阻抗 $Z_{C2}=200\ \Omega$,长 0.75 m,终端短路的均匀无损耗线,如图 11.14 所示,若始端加以正弦电压 $u_s=900\cos2\pi\times10^8$ V。求稳态运行下始端电流的幅值。

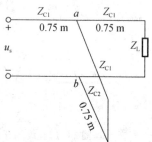

图 11.14　例 11.6 示意图

解 本题中有三段 0.75 m 长的无损耗线,首先应了解其特性,由电源频率

$$f=10^8\ \text{Hz},\omega=2\pi\times10^8\ \text{rad/s},可求得其相位常数\ \beta=\frac{\omega}{v_p}=$$

$$\frac{2\pi\times10^8}{3\times10^8}=\frac{2\pi}{3}。$$

上式中 v_p 为相速,对无损架空线,其相速可以用光速近似代入。由此可求得波长:

$$\lambda=\frac{2\pi}{\beta}=3\ \text{m},\frac{\lambda}{4}=0.75\ \text{m}。$$

所以,题目中给出 0.75 m 长度的无损耗线正好是 $\dfrac{\lambda}{4}$ 线,它具有阻抗变换作用,从图中 ab 端向终端看相当于两段 $\dfrac{\lambda}{4}$ 线接不同负载时的并联 ,故 ab 端入端的阻抗应为:

$$Z_{ab}=\frac{Z_{i1}Z_{i2}}{Z_{i1}+Z_{i2}}$$

其中,$Z_{i1}=\dfrac{Z_{C1}^2}{Z_L}=\dfrac{90\,000}{30}=3\,000\ \Omega$,$Z_{i2}=\infty$。

此处,Z_{i2} 是 $\dfrac{\lambda}{4}$ 终端短路线的入端阻抗,它相对于绝缘子。故 $Z_{ab}=3\,000\ \Omega$。

而从始端向 ab 端看又是 $\dfrac{\lambda}{4}$ 线,仍由阻抗变换关系式求得:

$$Z_i=\frac{Z_{C2}^2}{Z_{ab}}=\frac{90\,000}{3\,000}=30\ \Omega$$

故始端电流的幅值为

$$I_m = \frac{U_{sm}}{Z_i} = \frac{900}{30} = 30 \text{ A}$$

知识拓展

1) 传输线的种类

(1) 传输线根据导波类型分类如下：

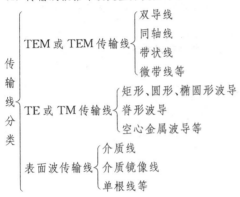

$$\text{传输线分类} \begin{cases} \text{TEM 或 TEM 传输线} \begin{cases} \text{双导线} \\ \text{同轴线} \\ \text{带状线} \\ \text{微带线等} \end{cases} \\ \text{TE 或 TM 传输线} \begin{cases} \text{矩形、圆形、椭圆形波导} \\ \text{脊形波导} \\ \text{空心金属波导等} \end{cases} \\ \text{表面波传输线} \begin{cases} \text{介质线} \\ \text{介质镜像线} \\ \text{单根线等} \end{cases} \end{cases}$$

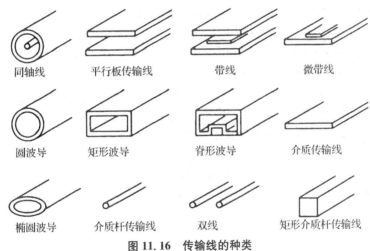

同轴线	平行板传输线	带线	微带线
圆波导	矩形波导	脊形波导	介质传输线
椭圆波导	介质杆传输线	双线	矩形介质杆传输线

图 11.16 传输线的种类

(2) 传输线根据不同频段的分类如下：

$$\text{数据频段分类} \begin{cases} \text{米波或分米波段} \begin{cases} \text{双导线} \\ \text{同轴线} \end{cases} \\ \text{厘米波波段} \begin{cases} \text{带状线} \\ \text{微带线} \\ \text{空心金属波导} \end{cases} \\ \text{毫米波波段} \begin{cases} \text{空心金属波导} \\ \text{介质镜像线、介质波导} \\ \text{微带线} \end{cases} \end{cases}$$

2) 模及相关概念

模即导行波的模式，又称传输模、正规模，是能够沿导行系统独立存在的场型，又称为导模。导模可根据沿导行系统轴向(Z方向)是否存在电磁场分量分成四类：

(1) 横电磁模(TEM 模)或传输线模；

(2) 横电模(TE 模);

(3) 横磁模(TM 模);

(4) 混合模(HE 模和 EH 模)

TE 模:电场强度矢量的纵向分量为零而磁场矢量的纵向分量不为零的简正模;

TM 模:磁场强度矢量的纵向分量为零而电场矢量的纵向分量不为零的简正模;

TEM 模:电场与磁场矢量的纵向分量处处均为零的简正模;

主模:在给定均匀波导中具有最低临界频率的传播模;

简正模:在无损波导内的无穷组导模中其电场或磁场的纵向分量为零的任何模,即系统的所有部分都以相同的频率和相位以正弦函数的形式运动的模式。

混合模:电磁波传播方向上既有电场分量又有磁场分量的波型,又称混杂模或孪生模。

3) 波导

波导指用来引导电磁波的传输线或器件,包括双导线以及各种微波器件等。但是工程中波导一般指由单个导体组成,特指空心或填充有介质的封闭腔体,支持 TE/TM 波,不支持 TEM 波;而传输线一般指由两个或多个导体组成的传输媒质,支持 TEM 波,是射频微波系统的重要组成部分,用来把载有信息的电磁波沿着传输线规定的路径自一点(端)传输到另一点(端)。

4) 常用的几种传输线

(1) 双线传输线

由两根平行的导电金属线(一般为铜、钢或铝线)构成,传送横电磁波的传输线。按结构又可分为对称型和同轴型两类。我国广泛使用的架空明线、各种对绞电缆和星绞电缆,都属于对称型的双线传输线。中同轴和小同轴电缆则属于同轴型的双线传输线。

随着频率的提高双线传输线的金属损耗和介质损耗都迅速增加,而且传输线的横向尺寸与波长相比已经不能忽略,对设备的制造工艺和维护标准都提出了更为严格的要求。特别是对称型双线传输线开放式的电磁场,回路间的耦合也愈为严重,因此传输频率较低。我国的高频对称电缆一般开放频率在 252 kHz 以下的 60 路载波系统;中同轴电缆一般开放 1 800 路载波通信系统,频率 8.5 MHz。

(2) 微带传输线

用于微波波段的一种不对称传输线,传输准 TEM 波。结构的形式较多,性能用途也不相同。标准微带的结构形式,是在较宽的接地金属带上方紧贴一层介质基片,基片的另一侧贴附一条较窄的金属长条。标准微带线是微波集成电路中常用的一种传输线。

(3) 波导管传输线

用于微波波段中由空心导电金属管构成的一种非 TEM 波传输线。波导管常用紫铜、黄铜等良导体制成,内壁还常镀有一层导电性能优良的银,使管壁具有很高的导电率。波导管的形状主要有圆形、矩形和椭圆形等多种。

波导管由于管壁导电面积大,导电率高,因而金属热损耗比较小,也没有辐射损耗(因为场是封闭的)和介质损耗(因为管内没有固体介质)。一般用于厘米波和毫米波段。

(4) 表面波传输线

由单根圆形截面的金属导体构成的波导,导体表面覆有一层某种与内部导体电特性不同的介质材料,可以露天悬挂,导引电磁波沿传输线的表面传输。

(5) 光纤传输线

利用光导纤维作传输媒质,引导光线在光纤内沿光纤规定的途径传输的传输线。根据传输模式的不同,可分为单模光纤与多模光纤两类。光纤传输线具有通信容量大、传输距离远、不受电磁干扰、抗腐蚀能力强、重量轻等许多技术上的优点,是 20 世纪 70 年代出现的一种受到广泛欢迎的传输线。

本章小结

1) 分布参数电路

当电路尺寸和电路工作频率对应的波长相比不可忽略时,电压和电流即是时间的函数,又是空间的函数,这种电路叫分布参数电路。均匀传输线即为典型的分布参数电路。

2) 均匀传输线的参数

均匀传输线的参数是以每单位长度的数值来表示的,均匀传输线的参数包括原始参数与副参数,R_0、L_0、C_0 和 G_0 称为传输线的原参数,γ 和 Z_c 称为传输线的副参数。

R_0:单位长度来回导线的总电阻(Ω/m)。

L_0:单位长度来回导线的电感(H/m)。

G_0:单位长度来回导线之间的电导(S/m)。

C_0:单位长度来回导线之间的电容(F/m)。

$Z_0 = R_0 + j\omega L_0$:正弦稳态下单位长度来回线的总阻抗(Ω/m)。

$Y_0 = G_0 + j\omega C_0$:正弦稳态下单位长度来回导线之间的导纳(S/m)。

$Z_C = \sqrt{Z_0/Y_0}$ 为传输线的特性阻抗或波阻抗(Ω),$Z_C = \sqrt{\dfrac{R_0 + j\omega L_0}{G_0 + j\omega C_0}}$。

γ:均匀传输线的传播常数($m-1$),$\gamma = \sqrt{(R_0 + j\omega L_0)(G_0 + j\omega C_0)} = \alpha + j\beta$,其中 α 为幅值衰减常数;β 为相位常数,这些常数都具有倒长度的量纲。

3) 均匀传输线的正弦稳态解

在正弦稳态情况下,若始端电压相量$\dot{U}_1$、电流相量$\dot{I}_1$已知,距始端 x 处线间电压相量$\dot{U}$和电流相量$\dot{I}$为:

$$\begin{cases} \dot{U} = \dfrac{1}{2}(\dot{U}_1 + Z_C \dot{I}_1)e^{-\gamma x} + \dfrac{1}{2}(\dot{U}_1 - Z_C \dot{I}_1)e^{\gamma x} = \dot{U}_1 \mathrm{ch}\gamma x - \dot{I}_1 Z_C \sinh\gamma x \\[2mm] \dot{I} = \dfrac{1}{2Z_C}(\dot{U}_1 + Z_C \dot{I}_1)e^{-\gamma x} - \dfrac{1}{2Z_C}(\dot{U}_1 - Z_C \dot{I}_1)e^{\gamma x} = -\dfrac{\dot{U}_1}{Z_C}\mathrm{sh}\gamma x + \dot{I}_1 Z_C \cosh\gamma x \end{cases}$$

若终端$\dot{U}_2$和$\dot{I}_2$已知,距终端 x' 处的$\dot{U}$, $\dot{I}$为:

$$\begin{cases} \dot{U} = \dfrac{1}{2}(\dot{U}_2 + Z_C \dot{I}_2)e^{\gamma x'} + \dfrac{1}{2}(\dot{U}_2 - Z_C \dot{I}_2)e^{-\gamma x'} = \dot{U}_2 \mathrm{ch}\gamma x' + \dot{I}_2 Z_C \sinh\gamma x' \\[2mm] \dot{I} = \dfrac{1}{2Z_C}(\dot{U}_2 + Z_C \dot{I}_2)e^{\gamma x'} - \dfrac{1}{2Z_C}(\dot{U}_2 - Z_C \dot{I}_2)e^{-\gamma x'} = \dfrac{\dot{U}_2}{Z_C}\mathrm{sh}\gamma x' + \dot{I}_2 \cosh\gamma x' \end{cases}$$

4) 均匀传输线的行波、正向行波、反向行波

(1) 概念

沿传输线向着某一方向不断移动的波,称为行波;

如果某行进方向是由线路始端到终端,则称之为正向行波;

如果某行进方向是由线路终端到始端,则称之为反向行波;

传输线上各处的电压(电流)均可认为是由两个行进方向相反的电压(电流)波 正向行波与反向行波叠加的结果。

(2) 传播特性

电压的正向行波分量:$\dot{U}^+=\dfrac{1}{2}(\dot{U}_1+Z_c\dot{I}_1)\mathrm{e}^{-\gamma x}$

电压的反向行波分量:$\dot{U}^-=\dfrac{1}{2}(\dot{U}_1-Z_c\dot{I}_1)\mathrm{e}^{\gamma x}$

电流的正向行波分量:$\dot{I}^+=\dfrac{1}{2}\left(\dfrac{\dot{U}_1}{Z_C}+\dot{I}_1\right)\mathrm{e}^{-\gamma x}$

电流的反向行波分量:$\dot{I}^-=\dfrac{1}{2}\left(\dfrac{\dot{U}_1}{Z_C}-\dot{I}_1\right)\mathrm{e}^{\gamma x}$

行波的传播速度:$v_p=\lambda/T=\omega/\alpha$

沿线任一处的电压$\dot{U}$及其正向行波分量$\dot{U}^+$、反向行波分量$\dot{U}^-$三者的参考方向均相同,即$\dot{U}=\dot{U}^++\dot{U}^-$沿线任一处的电流$\dot{I}$与其正向行波分量$\dot{I}^+$的参考方向相同,而与方向行波分量$\dot{I}^-$的参考方向相反,即$\dot{I}=\dot{I}^+-\dot{I}^-$。

均匀传输线电压、电流的正弦稳态解均由正向行波和反向行波两项叠加组成

$$\begin{cases}\dot{U}=A_1\mathrm{e}^{-\gamma x}+A_2\mathrm{e}^{\gamma x}=\dot{U}^++\dot{U}^-\\[2mm]\dot{I}=\dfrac{A_1}{Z_C}\mathrm{e}^{-\gamma x}-\dfrac{A_2}{Z_C}\mathrm{e}^{\gamma x}=\dot{I}^+-\dot{I}^-\end{cases}$$

研究传输线的工作状态可归结为研究这些行波的传播特性及其相互间的关系。行波是时间t和距离x的二元函数,当研究线上指定点时(x为定值),发现该点电压分量随时间按正弦规律变化;当研究指定时刻(t为定值)线上电压分量时,发现线上电压分量随距离按减幅正弦规律分布。当同时考虑时间t的距离x时,可以发现行波是一个沿传输线向着某一方向不断移动的波,该波在行进过程中波幅有衰减。

习题 11

11.1　一同轴电缆的原参数为 $R_0=7\ \Omega/\mathrm{km}$,$L_0=0.3\ \mathrm{mH/km}$,$C_0=0.2\ \mu\mathrm{F/km}$,$G_0=0.5\times10^{-6}\mathrm{S/km}$,试计算当工作频率为 800 Hz 时此电缆的特性阻抗 Z_C、传播常数 γ、相位速度 v_p 和波长 λ。

11.2　特性阻抗为 50 Ω 的同轴线,其中介质为空气,终端连接的负载 $Z_2=(50+\mathrm{j}100)\Omega$,试求终端处的反射系数,距负载 2.5 cm 处的输入阻抗和反射系数,已知线的工作波长为 10 cm。

11.3　特性阻抗 $Z_0=50$ Ω 的同轴线,工作频率 $f=100$ MHz,当终端短路时,此线最短的长度应等于多少才能使输入端相当于一个 100 pF 的电容。

11.4　一条 330 kV,$f=50$ Hz 的高压输电线长 534 km,其终端开路时的始端的入端阻抗 $Z_{1oc}=0.1\times10^{-4}\angle-89.9°\Omega$,终端短路时始端的入端阻抗 $Z_{1st}=96.3\angle82°\Omega$。试求:(1) 均匀传输线的特性阻抗 Z_C;(2) 设输电线无损耗,当始端电压为 330 kV 且负载端开路时,求终端电压$\dot{U}_2$。

11.5　某正弦激励的无损耗线,线长 $l=100$ m,特性阻抗 $Z_C=300$ Ω,波长 $\lambda=600$ m,终端开路,始端电压有效值 $U_1=100$ V。求距始端 50 m 处电压和电流有效值。

11.6　一架空无损耗均匀传输线,由 $f=75\times10^6$ Hz 的正弦电源供电,终端电压 $U_2=100$ V。分别求出终端开路和终端匹配时,距终端 1 m,2 m,4 m 处的线电压。

11.7 某四分之一波长的无损耗线的特性阻抗等于 300 Ω,在其始端接有电压为 1 V 的正弦激励源,终端负载为一个 100 Ω 电阻。试计算:(1) 终端电压$\dot{U}_2$和电流$\dot{I}_2$;(2) 始端电流$\dot{I}_1$。

11.8 两段特性阻抗分别为 Z_{c1}、Z_{c2} 的无损耗线连接的传输线如图 11.15 所示,已知终端所接负载为 $Z_2=(50+j50)\Omega$。设 $Z_{C1}=75\ \Omega,Z_{C2}=50\ \Omega$。两段线的长度都为 0.2λ(λ 为信号的波长),试求 $1-1'$ 端的输入阻抗。

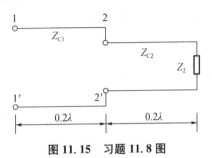

图 11.15 习题 11.8 图

11.9 如图 11.16 所示终端短路的无损耗均匀传输线全长为 17.5 m,特性阻抗 $Z_C=300$ Ω,线路始端电源频率 $f=15$ MHz,内阻 $R_s=100$ Ω,电源电压相量$\dot{U}=2e^{j0°}$ V,线路处于正弦稳态。距终端 2.5 m 处,二线间接有容抗为 $X_C=300$ Ω 的电容,距始端 5 m 处二线间接有 $R=300$ Ω 的电阻,求线路始端电压$\dot{U}_1$,电阻电压$\dot{U}_R$ 以及电容$\dot{U}_C$。

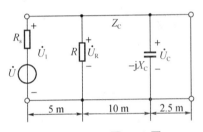

图 11.16 习题 11.9 图

习 题 答 案

习题 1

1.1　b;a;一样高

1.2　①-6 V,5 V,-11 V;②-11 V,0 V,-5 V;-6 V,5 V,-11 V;③略

1.3　-10 W,发出

1.4　-2 W,4 W,-2 W;略

1.5　略

1.6　略

1.7　①-4 A,-3 A;②12 V,-25 V;③6.25 Ω

1.8　(a) -5 V;(b) 6 V

1.9　(a) -1 A,40 V,-50 W,10 W,40 W;

　　(b) 1 A,40 V,-40 W,40 W;

　　(c) -1 A,-50 V,-50 W,10 W,40 W;

　　(d) -1 A,40 V,-50 W,10 W,40 W

1.10　(a) -2 W;-2 W;(b) -2 W;-5 W;(c) -25 W;0 W;(d) -50 W;0 W;25 W

1.11　8 V,-1.5 A,-12 W

习题 2

2.1　(a) 1 Ω;(b) 2 Ω;(c) $1.5R$;(d) 1.5 Ω

2.2　略

2.3　略

2.4　(a) 1 A;(b) 16 V

2.5　1 A

2.6　16 V

2.7　(a) -18 V;(b) 16 V;

2.8　6.002 V

2.9　7 V

2.10　-8 V,-6 Ω

2.11　(a) 2 Ω;(b) $R_b+(1+\beta)R_e$

2.12　20

2.13　11 A

2.14　0.5 A

习题 3

3.1　$i_1=3$ A,$i_2=1$ A,$i_3=2$ A

3.2　$R_1=15$ Ω

3.3 $i_x = -6$ A

3.4 $i_1 = 1$ A, $i_2 = -3$ A, $i_3 = 4$ A

3.5 $i_1 = 2/3$ A, $i_2 = 4/3$ A, $i_3 = 1/3$ A, $i_4 = -1$ A, $i_5 = 1/3$ A, $i_6 = 2/3$ A

3.6 $i_{l1} = -5$ A, $i_{l2} = -2$ A

3.7 $i_1 = 1$ A, $i_2 = -3$ A, $i_3 = 1$ A

3.8 $i_{l1} = 2$ A, $i_{l2} = 3$ A, $i_{l3} = 2$ A

3.9 $i_{l1} = 3$ A, $i_{l2} = -5$ A, $P_{u_c} = 320$ W

3.10 $U_{n1} = 4$ V

3.11 $U_{n1} = 2/3$ V, $U_{n2} = \dfrac{20}{3}$ V

3.12 $u = -77/3$ V, $P_u = -539/3$ W

3.13 $U_{n1} = 3$ V, $U_{n2} = 2$ V, $U_{n3} = \dfrac{7}{2}$ V

3.14 $U_{n1} = 10$ V, $U_{n2} = 4$ V, $P_{u_c} = 48$ W(吸收)

3.15 $U_{n1} = 7$ V, $U_{n2} = 6$ V, $U_{n3} = 9$ V, $P_{2u_1} = 126$ W

习题 4

4.1 $I_0 = 1$ A

4.2 $I = 5$ A

4.3 $I_x = -9/5$ A

4.4 $U = 42$ V

4.5 $U = 8$ V

4.6 $U = 8$ V

4.7 $U = 4$ V

4.8 $U = 2$ V

4.9 234 W

4.10 (a) $U_{OC} = 100$ V, $R_0 = 30$ Ω, $I_{SC} = 10/3$ A, $R_0 = 30$ Ω;

(b) $U_{OC} = 15$ V, $R_0 = 2$ Ω; $I_{SC} = 7.5$ A, $R_0 = 2$ Ω;

(c) $U_{OC} = 16$ V, $R_0 = 8$ Ω; $I_{SC} = 2$ A, $R_0 = 8$ Ω;

(d) $U_{OC} = 32$ V, $R_0 = 3$ Ω; $I_{SC} = 32/3$ A, $R_0 = 3$ Ω

4.11 $U_{ab} = 2$ V

4.12 (a) $U_{OC} = -12$ V, $R_0 = -4$ Ω; $I_{SC} = 3$ A, $R_0 = -4$ Ω;

(b) $U_{OC} = -18$ V, $R_0 = -4$ Ω; $I_{SC} = 4.5$ A, $R_0 = -4$ Ω;

(c) $U_{OC} = 50$ V, $R_0 = 10$ Ω; $I_{SC} = 5$ A, $R_0 = 10$ Ω;

(d) $U_{OC} = 0$ V, $R_0 = -1$ Ω; $I_{SC} = 0$ A, $R_0 = -1$ Ω

4.13 $I = 1/9$ A

4.14 $I = 2/3$ A, $U = 8$ V

4.15 $U_x = -8.6$ V

4.16 $I_{SC} = 1$ A, $R_0 = 5$ Ω, $I = 5/9$ A

4.17 $U_{OC} = -2$ V, $R_0 = 16$ Ω; $I_X = -2/17$ A

4.18 $U_{OC} = 80$ V, $R_0 = 2$ Ω; $I = 20$ A

4.19 $R = 1.6$ Ω, $P_{max} = 5.625$ W

4.20 $U_{OC}=40$ V,$R_0=12$ Ω;$I=2$ A;$R_L=R_0=12$ Ω,$P_{Lmax}=100/3$ W

4.21 $U_{OC}=0.4$ V,$R_0=1.6$ Ω;$R_L=R_0=1.6$ Ω,$P_{Lmax}=0.025$ W

4.22 $\hat{U}_2=1.6$ V

4.23 $I_1=1$ A

4.24 $I_1=0.6$ A

习题 5

5.1 略

5.2   (a) $u_C(0_+)=10$ V,$i(0_+)=-0.5$ A

     (b) $u_L(0_+)=55$ V,$i(0_+)=2.5$ A

     (c) $u_C(0_+)=0$ V,$i(0_+)=i_L(0_+)=0$ A

     (d) $u_C(0_+)=60$ V,$i_L(0_+)=3$ A $i_3(0_+)=1.5$ A $i_1(0_+)=4.5$ A

5.3 $u_C(t)=30e^{-50t}$ V,$i_C(t)=-7.5e^{-50t}$ mA

5.4 $u_L(t)=-18e^{-3\,000t}$ V,$i_L(t)=2e^{-3\,000t}$ A

5.5 $u_C(t)=10(1-e^{-0.5t})$ V

5.6 $i(t)=4(1-e^{-\frac{5}{3}t})$ A

5.7 $\tau=40$ s,$\tau=0.5$ s

5.8 $i(t)=(0.8-0.6e^{-100t})$ A

5.9 $u_C(t)=5+e^{-0.2t}$ V,$i_C(t)=-0.6e^{-0.2t}$ A

5.10 $u_C(t)=10+10e^{-0.75t}$ V,$i_C(t)=-7.5e^{-0.75t}$ A

5.11 $u_C(t)=14-4e^{-0.5t}$ V,$i(t)=(2e^{-0.5t}-2)$ A

5.12 $i_1(t)=5-3e^{-12t}$ A,$i_2(t)=5-1.2e^{-12t}$ A

5.13 $u_C(t)=50e^{-1\,000t}$ V,$i(t)=1+e^{-1\,000t}$ A

5.14 $u_C(t)=3.75-0.42e^{-1.6t}$ V,$i(t)=2.5-1.17e^{-1.6t}$ A

5.15 $i_L(t)=5.2-0.2e^{-\frac{5}{3}t}$ A

5.16 $\begin{cases} u_C(t)=2(1-e^{-t})\text{ V} & (\ln 2>t\geqslant 0) \\ u_C(t)=1+0.5e^{-2t}\text{ V} & (t\geqslant \ln 2) \end{cases}$ $i_C(t)$略

5.17 $u_C(t)=100(1-e^{-20t})\varepsilon(t)$V,$i_C(t)=0.01e^{-20t}\varepsilon(t)$A

5.18 $u_2(t)=10(1-e^{-10t})\varepsilon(t)-10(1-e^{-10(t-50)})\varepsilon(t-50)$V

5.19 (a) $u_C(\infty)=6$ V,$i(\infty)=0$ A,$\tau=5\times 10^{-13}$ s

     (b) $i(\infty)=0.5$ A,$\tau=0.01$ s

     (c) $u_C(\infty)=14$ V,$i(\infty)=-2$ A,$\tau=2$ s

     (d) $i(\infty)=0.18$ A,$\tau=\dfrac{7}{37}$ s

5.20 $u_C(t)=\dfrac{40}{3}e^{-2t}-\dfrac{4}{3}e^{-5t}$ V $t\geqslant 0$

      $i_L(t)=-\dfrac{8}{3}e^{-2t}+\dfrac{2}{3}e^{-5t}$ A $t\geqslant 0$

5.21 $u_C(t)=7.5e^{-0.2t}\sin(0.4t)$V,$i(t)=-1.5e^{-0.2t}\sin(0.4t)+3e^{-0.2t}\cos(0.4t)$

5.22 $u_C(t)=10-6e^{-2t}-4e^{-3t}$ V

习题 6

6.1　①略;②$\dot{I}_1=5\underline{/0°}$ A,$\dot{I}_2=5\underline{/60°}$ A $\dot{I}_3=5\underline{/30°}$ A;③$i_1+i_2=5\sqrt{6}\sin(314t+30°)$A,

$i_1-i_2=5\sqrt{6}\sin(314t-60°)$A

6.2　①$15\underline{/53.1°}$;②$15\underline{/-53.1°}$;③$2.68\underline{/116.6°}$;④$2.68\underline{/-116.6°}$;

　　⑤$10\underline{/90°}$;⑥$10\underline{/-90°}$;⑦$6\underline{/180°}$;⑧$6\underline{/0°}$

6.3　①$10\sqrt{3}+j10$;②$10\sqrt{3}-j10$;③$-10\sqrt{3}+j10$;④$-10\sqrt{3}-j10$;

　　⑤$j20$;⑥$-j20$;⑦-20;⑧-20;⑨$10-j10\sqrt{3}$;⑩$10+j10\sqrt{3}$

6.4　①$u=100\sqrt{2}\sin(1\,000t+39°)$V;②$u=50\sqrt{2}\sin(1\,000t-51°)$V;

　　③$u=50\sqrt{2}\sin(1\,000t+141°)$V;④$u=50\sqrt{2}\sin(1\,000t-141°)$V;

　　⑤$u=50\sqrt{2}\sin(1\,000t+143.1°)$V;⑥$u=50\sqrt{2}\sin(1\,000t-143.1°)$V;

6.5　(a) $50\sqrt{2}$ V;(b) 40 V;(c) 20 V/80 V;(d) $10\sqrt{2}$ A;(e) 40 A;(f) 20 A

6.6　(a) $I_2=0,I_1=I_3$;(b) $I_2=\sqrt{2}I_3,I_1=I_3$

6.7　①略;②电阻元件 $I=7$ A;③电感元件 $I=1$ A

6.8　元件 1 为阻值为 10 Ω 的电阻,元件 2 是容抗为 5 Ω 的电容,元件 3 是感抗为 5 Ω 的电感

6.9　(a) $Z=(3.2+j2.4)$Ω;(b) $Z=(4.88-j5.84)$ Ω

6.10　(a) $Z=42.4\underline{/8.13°}$ Ω$=(42+j6)$Ω;(b) $Z=(2+j1)$Ω

6.11　100 V

6.12　$R=36.3$ Ω,$L=0.208$ H,$C=31.8$ μF

6.13　5 V

6.14　①$\dot{I}_1=1.83\underline{/-66.7°}$ A,$\dot{I}_2=1.7\underline{/80.5°}$ A;

　　②$Z=(33.76-j5.47)$Ω,$Y=(0.028\,6+j0.004\,6)$S

6.15　$U=268.7$ V,$P=950$ W,$I_1=7.07$ A,$I_2=14.14$ A,$I=8.78$ A,$R=19$ Ω,$C=167$ μF,$L=0.1$ H

6.16　略

6.17　$\dot{I}=44.7\underline{/-10.3°}$ A

6.18　略

6.19　$\dot{I}=7.9\underline{/71.6°}$ A

6.20　$22.36\underline{/63.4°}$ V,$j2$ Ω

6.21　$(10+j20)$V

6.22　略

6.23　①$P=3$ W,$Q=0$ var,$S=3$ V·A,$\widetilde{S}=3$ V·A,$\lambda=1$;

　　②$P=8.66$ W,$Q=5$ var,$S=10$ V·A,$\widetilde{S}=(8.66+j5)$V·A,$\lambda=0.866$;

　　③$P=8.66$ W,$Q=-5$ var,$S=10$ V·A,$\widetilde{S}=(8.66-j5)$,$\lambda=0.866$;

6.24　①$\dot{I}=0.78\underline{/63.7°}$ A,$\dot{I}_1=0.39\underline{/-26.3°}$ A,$\dot{I}_2=0.88\underline{/90.2°}$ A;

　　②-30.42 var;15.21 W,45.63 var;77.44 W,-77.44 var;

　　③92.65 W,-62.23 var,111.61 V·A;

　　④0.83

6.25　①$\dot{I}_1=23.09\underline{/-54.73°}$ A,$\dot{I}_2=20$ A,$\dot{I}=38.3\underline{/-29.58°}$ A;

　　②6 666 W,$-3\,780$ var,7 660 V·A

6.26 ①22.7 A;②4 800 W,1 385 var,4 995 V·A;③0.96

6.27 ①8.92 kV·A,0.597;②268.5 μF

6.28 49.3 μF,749.6 var,678.7 var

6.29 $Z_L=(2+j2)\Omega,P_{Lmax}=4$ W

6.30 $Z_L=(4+j1)\Omega,P_{Lmax}=0.41$ W

6.31 15.6 V,24.3 W

6.32 ①10;②$U_1=10$ V,$I_1=10$ mA,$U_2=1$ V,$I_2=100$ mA;③0.1 W

6.33 2 250 V,2 250 Ω

6.34 略

6.35 $\dot{U}_{AB}=480\underline{/-45°}$ V,$\dot{U}_{BC}=480\underline{/-165°}$ V,$\dot{U}_{CA}=480\underline{/75°}$ V

6.36 1.1 A,0 A,无变化

6.37 1.9 A,3.29 A

6.38 6.1 A,10.6 A

6.39 ①$\dot{I}_A=11.54\underline{/-90°}$ A,$\dot{I}_B=11.54\underline{/-120°}$ A,$\dot{I}_C=11.54\underline{/120°}$ A,
$\dot{I}_N=16.32\underline{/-135°}$ A;

②$\dot{I}_A=11.54\underline{/-90°}$ A,$\dot{I}_B=11.54\underline{/-120°}$ A,$\dot{I}_C=0$ A

6.40 ①$\dot{I}_A=11\sqrt{2}\underline{/-75°}$ A,$\dot{I}_B=11\sqrt{2}\underline{/165°}$ A,$\dot{I}_C=11\sqrt{2}\underline{/45°}$ A;

②7 260 W,7 260 var,10 267.19 V·A

6.41 星形:3 333 W,三角形:10 kW

6.42 $\dot{I}_A=\dfrac{3}{22}\underline{/0°}$ A,$\dot{I}_B=\dfrac{3}{22}\underline{/-120°}$ A,$\dot{I}_C=0.28\underline{/85.5°}$ A,$\dot{I}_N=\dfrac{2}{11}\underline{/60°}$ A

习题 7

7.1 略

7.2 略

7.3 $R=100$ $\Omega,L=6$ H,$C=0.016$ μF,$Q=60$

7.4 $f_0=223$ kHz,$I_0=1.5$ A,$Q=433$,$U_L=U_C=6$ 495 V,$\rho=4$ 330 Ω

7.5 $R=5$ $\Omega,C=1.84\times10^{-4}$ F,$L=27.6$ mH,$f_1=70.7$ Hz

7.6 $f_0=70$ Hz

7.7 $Q=50$,$B=40$ kHz

7.8 $f_0=31.8$ kHz,$U_L=U_C=500$ V

7.9 $I_C=12$ A

7.10 $R=5\sqrt{2}$ $\Omega,X_C=5\sqrt{2}$ $\Omega,X_L=2.5\sqrt{2}$ Ω

7.11 $C=2.012\ 7$ mF,$U_{I_s}=19.94$ V

7.12 $R\approx16$ Ω

7.13 $f_0=995$ kHz,$f_0=1.6\times10^4$ kHz

7.14 ①$\dfrac{\dot{U}_2}{\dot{U}_1}=\dfrac{1}{3}\dfrac{1}{1+jQ\left(\dfrac{\omega}{\omega_0}-\dfrac{\omega_0}{\omega}\right)}$

②$Q=\dfrac{1}{3}$,$\omega_0=\dfrac{1}{RC}$,$B=3\omega_0$,$\omega_{C1}=0.5\omega_0$,$\omega_{C1}=3.5\omega_0$

7.16 $\dot{I}=6$ A

习题 8

8.1 略

8.2 略(参见表 8.1)

8.3 $U=54.2$ V,$I=22.9$ A,$P=1\ 188.2$ W

8.4 略

8.5 $[9.07\sqrt{2}\cos(1\ 000t-3.7°)+0.98\sqrt{2}\cos(2\ 000t+25.7°)]$A,916 W

8.6 ①$i_R(t)=[5+3\sqrt{2}\cos\omega t+0.065\sqrt{2}\cos(2\omega t-86.3°)]$A,5.83 A

$u_R(t)=[150+90\sqrt{2}\cos\omega t+2.15\sqrt{2}\cos(2\omega t-86.3°)]$V,174.9 V;

②$P=1\ 020.1$ W

8.7 ①$i_1(t)=[1+\cos(\omega t+45°)+\sqrt{2}\cos 3\omega t]$A,1.58 A;$i_2(t)=\cos(\omega t+45°)$A,0.7 A;②30 W

8.8 ①6 Ω,304.4 μF,33.3 mH;②47.9°;③309.2 W

8.9 ①$u(t)=50+4.47\sqrt{2}\cos(\omega t+33.7°)$V;50.2 V;②25.5 W

8.10 ①$i(t)=7.45\sqrt{2}\cos(\omega t+39.4°)+3\cos3\omega t+0.72\sqrt{2}\cos(5\omega t-16.8°)$A,7.78 A;

②51.14 V,7.78 A,363.17 W

8.11 1 H;1 μF

8.12 60 Ω,37.25 μF

8.13 ①252.7 W;②2 Ω,20 mH,50 μF

习题 9

9.1 $\boldsymbol{Z}=\begin{bmatrix} jwL_1 & jwM \\ jwM & jwL_2 \end{bmatrix}$

9.2 $\boldsymbol{Z}=\begin{bmatrix} 2+j & 2 \\ 2 & 2-j \end{bmatrix}$Ω,$\boldsymbol{Y}=\begin{bmatrix} 2-j & -2 \\ -2 & 2+j \end{bmatrix}$S

9.3 $\boldsymbol{Z}=\begin{bmatrix} 4 & 2 \\ 2 & 4 \end{bmatrix}$Ω,$\boldsymbol{Y}=\begin{bmatrix} \dfrac{1}{3} & -\dfrac{1}{6} \\ -\dfrac{1}{6} & \dfrac{1}{3} \end{bmatrix}$S

9.4 $\boldsymbol{Z}=\begin{bmatrix} 10 & 2 \\ 8 & 2 \end{bmatrix}$Ω,$\boldsymbol{Y}=\begin{bmatrix} \dfrac{1}{2} & -\dfrac{1}{2} \\ -2 & \dfrac{5}{2} \end{bmatrix}$S

$\boldsymbol{H}=\begin{bmatrix} 2 & 1 \\ -4 & \dfrac{1}{2} \end{bmatrix}$,$\boldsymbol{A}=\begin{bmatrix} \dfrac{5}{4} & \dfrac{1}{2} \\ \dfrac{1}{8} & \dfrac{1}{4} \end{bmatrix}$

9.5 $Z_1=11$ Ω,$Z_2=-5$ Ω,$Z_3=10$ Ω

$Y_1=-1$ S,$Y_2=2.2$ S,$Y_3=2$ S

9.6 $Z_1=1$ Ω,$Z_2=1$ Ω,$Z_3=2$ Ω

$Y_1=0.2$ S,$Y_2=0.2$ S,$Y_3=0.4$ S

9.7 $Z=600$ Ω

9.8　$Z_c = \dfrac{3\sqrt{7}}{7}$ Ω

9.9　$Z_{in} = \dfrac{1}{6}$ Ω

9.10　$\boldsymbol{Z} = \begin{bmatrix} 1 & -12 \\ \dfrac{1}{2} & \dfrac{3}{2} \end{bmatrix}$ Ω; $Z_{in} = \dfrac{5}{2}$ Ω

9.11　① $\dot{U}_2 = \dfrac{50}{7}$ V; ② $P_{Z_L} = \dfrac{50}{49}$ W; ③ $Z_L = 125$ Ω, $P_{max} = \dfrac{5}{4}$ W

9.12　① $\dot{U}_2 = -\dfrac{3}{5}$ V; ② $Z_L = \dfrac{1}{5}$ Ω, $P_{max} = \dfrac{9}{5}$ W

9.13　① $\dot{I}_1 = 4$ A, $\dot{I}_2 = -1$ A; ② $A_u = \dfrac{3}{5}$, $A_i = \dfrac{1}{4}$

9.14　① $\boldsymbol{A} = \begin{bmatrix} A - ZB & -ZA - B \\ C - ZD & -ZC - D \end{bmatrix}$, ② $\boldsymbol{A} = \begin{bmatrix} A + \dfrac{B}{Y} & -\dfrac{A}{Y} - B \\ C + \dfrac{D}{Y} & -\dfrac{C}{Y} - D \end{bmatrix}$

9.15　$\boldsymbol{A} = \begin{bmatrix} \dfrac{1}{2} & 4 \\ -\dfrac{1}{2} & 2 \end{bmatrix}$

习题 10

10.1　①36 V, 30 mA; ②1 200 Ω

10.2　①8 A; ②18 A; ③不能

10.3　0.42 A

10.4　①压控; ②略

10.5　0.25 A, 9/16 V, 3/16 V

10.6　3 V, 1.5 A

习题 11

11.1　$Z_C = 84.4\,\underline{/-38.91°}$ Ω, $\gamma = \sqrt{Z \cdot Y} = 5.33 \times 10^{-2} + j6.6 \times 10^{-2}$ km^{-1}

　　　$v_p = 7.66 \times 10^4$ km/s, $\lambda = 95.21$ km

11.2　$n_2 = \dfrac{\sqrt{2}}{2}\,\underline{/45°}$, $n' = \dfrac{\sqrt{2}}{2}\,\underline{/135°}$, $Z_i = 10 - j20 = 10\sqrt{5}\,\underline{/-63.5°}$ Ω

11.3　$x = 1.35$ m

11.4　$Z_C = 3.10 \times 10^{-2}\,\underline{/-3.95°}$ Ω, $\dot{U}_2 = 389.12\,\underline{/0°}$ kV

11.5　$\dot{U} = 100\sqrt{3} \approx 173.2\,\underline{/0°}$ V, $\dot{I} = j\dfrac{1}{3} \approx 0.33\,\underline{/90°}$ A

11.6　$x' = 1$ m 处 $U = 0$ V; $x' = 2$ m 处 $U = 100$ V; $x' = 4$ m 处 $U = 100$ V

11.7　(1) $\dot{U}_2 = 0.333\,\underline{/0°}$ V, $\dot{I}_2 = 3.333\,\underline{/0°}$ mA; (2) $\dot{I}_1 = 1.11\,\underline{/0°}$ mA

11.8　$Z_{11'} = (40.50 + j46.28)$ Ω

11.9　$\dot{U}_1 = 1.5\,\underline{/0°}$ V, $\dot{U}_R = 1.5\,\underline{/-90°}$ V, $\dot{U}_C = 1.5\,\underline{/90°}$ V

参 考 文 献

[1]　陈菊红. 电工基础(第 4 版)[M]. 北京:机械工业出版社,2019

[2]　李翰荪. 电路分析基础(第 5 版)[M]. 北京:高等教育出版社,2017

[3]　邱关源. 电路(第 5 版)[M]. 北京:高等教育出版社,2006

[4]　许小军. 电路分析[M]. 北京:机械工业出版社,2012

[5]　胡翔骏. 电路分析(第 3 版)[M]. 北京:高等教育出版社,2015

[6]　周守昌. 电路原理(第 2 版)[M]. 北京:高等教育出版社,2004

[7]　王玫. 电路分析基础[M]. 北京:中国电力出版社,2008

[8]　吴锡龙.《电路分析》教学指导书[M]. 北京:高等教育出版社,2004

[9]　沈元隆. 电路分析[M]. 北京:人民邮电出版社,2004

[10]　常青美. 电路分析[M]. 北京:清华大学出版社,2005

[11]　William H. Hayt. 工程电路分析[M]. 北京:电子工业出版社,2002